普通高等教育数学类基础课程系列教材

高等数学习题全解（上册）

主　编　陈丽娟　郭　英　王　欣
副主编　耿　雪　王丽莎　张　蕾　刘玉香

北京理工大学出版社
BEIJING INSTITUTE OF TECHNOLOGY PRESS

内容简介

本书是根据同济大学数学系编写的《高等数学》（第七版上册）而编写的解题指导配套用书，主要内容包括函数与极限、导数与微分、微分中值定理与导数的应用、不定积分、定积分、定积分的应用和微分方程。共分两部分，第一部分是习题全解，第二部分是试卷选编。本书知识点讲解全面，题目分析清晰明了。提高题目选取了大量考研真题和数学竞赛真题，让读者在同步学习中达到考研的备考水平，具有较高的出版价值。

本书结构完整、布局合理、习题解答清楚明了，既可作为修习此门课程的在校大学生的习题解答参考书，也可作为全国硕士研究生统一招生考试和全国大学生数学竞赛的辅导用书，还可作为讲授此门课程的大学教师的参考资料。

图书在版编目（CIP）数据

高等数学习题全解. 上册 / 陈丽娟，郭英，王欣主编. --北京：北京理工大学出版社，2021.8

ISBN 978-7-5763-0214-1

Ⅰ. ①高… Ⅱ. ①陈… ②郭… ③王… Ⅲ. ①高等数学-高等学校-题解 Ⅳ. ①O13-44

中国版本图书馆 CIP 数据核字（2021）第 169645 号

出版发行 / 北京理工大学出版社有限责任公司
社　　址 / 北京市海淀区中关村南大街 5 号
邮　　编 / 100081
电　　话 / （010）68914775（总编室）
　　　　　（010）82562903（教材售后服务热线）
　　　　　（010）68944723（其他图书服务热线）
网　　址 / http：//www. bitpress. com. cn
经　　销 / 全国各地新华书店
印　　刷 / 北京国马印刷厂
开　　本 / 787 毫米×1092 毫米　1/16
印　　张 / 17. 25
字　　数 / 511 千字
版　　次 / 2021 年 8 月第 1 版　2021 年 8 月第 1 次印刷
定　　价 / 45. 00 元

责任编辑 / 孟祥雪
文案编辑 / 孟祥雪
责任校对 / 刘亚男
责任印制 / 李志强

前 言

高等数学是非数学专业开设的一门专业基础必修课。作为一门基础学科，高等数学不仅是学好其他专业课程的前提和保障，还是很多后续课程的基础和工具，在许多学科领域里都有着重要的应用。本书是同济大学数学系编写的《高等数学》（第七版上册）的配套用书，是以指导学生理解概念、掌握基本解题为目的而编写的。

本书内容按照《高等数学》（第七版上册）的章节顺序设计，包括函数与极限、导数与微分、微分中值定理与导数的应用、不定积分、定积分、定积分的应用和微分方程。书中内容由两部分组成。第一部分是《高等数学》（第七版上册）的习题全解，每一章由以下四部分构成。

（1）主要内容：对每章涉及的基本概念、基本定理和基本公式进行系统的梳理。

（2）习题讲解：该部分对《高等数学》（第七版上册）中的所有习题给出了详细的解答，针对部分习题，本书还给出了一题多解，以培养读者的分析能力和发散思维的能力。其中，习题中打星号的章节和题目均以二维码的形式出现。

（3）提高题目：编写了一些历年考研和数学竞赛中涉及的具有参考意义的题目，目的是给愿意多学一些、多练一些的学生及准备考研和参加数学竞赛的读者提供一些自学材料，也为教师在复习、考试等环节的命题工作提供一些参考资料。

（4）章自测题：精选有代表性、测试价值高的题目，以此检测、巩固学生所学知识，达到提高应试水平的目的。

第二部分是《高等数学》试卷选编，精选了四套试卷，并提供了试题的参考答案，以二维码的形式出现。

本书知识点讲解全面，题目分析清晰明了，既对重点及常考知识点进行了归纳，又对基本题型的解题思路、解题方法和答题技巧进行了总结。同时，提高题目选取大量考研真题和数学竞赛真题，让读者在同步学习中达到考研的备考水平。

本书由陈丽娟主编，其中第一章由郭英和陈丽娟完成，第二章由王欣完成，第三章由王丽莎完成，第四章由刘玉香完成，第五章和第六章由耿雪完成，第七章由张蕾和陈丽娟完成；第二部分试卷选编由陈丽娟完成。最后全书由陈丽娟统一整理定稿。在本书编写过程中，得到了青岛理工大学教务处、理学院领导和同事的关心和帮助；北京理工大学出版社给予了的大力支持，在此一并表示衷心的感谢。

由于编者水平有限，书中难免有不足之处，敬请读者批评指正。

编　者

前言

目 录

第一部分

《高等数学》（第七版　上册）习题全解

第一章

函数与极限

一、主要内容

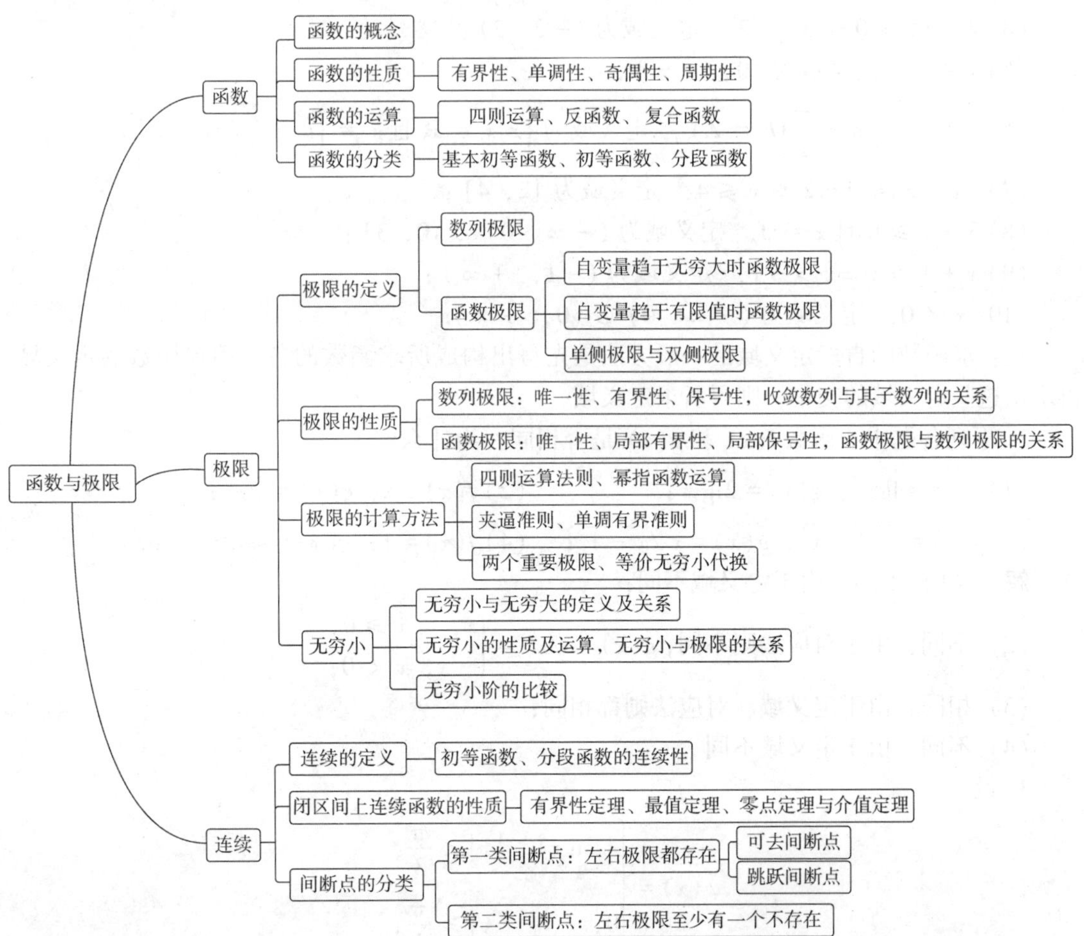

二、习题讲解

习题1-1 解答 映射与函数

1. 求下列函数的自然定义域：

(1) $y=\sqrt{3x+2}$； (2) $y=\dfrac{1}{1-x^2}$；

(3) $y=\dfrac{1}{x}-\sqrt{1-x^2}$； (4) $y=\dfrac{1}{\sqrt{4-x^2}}$；

(5) $y=\sin\sqrt{x}$； (6) $y=\tan(x+1)$；

(7) $y=\arcsin(x-3)$； (8) $y=\sqrt{3-x}+\arctan\dfrac{1}{x}$；

(9) $y=\ln(x+1)$； (10) $y=e^{\frac{1}{x}}$.

解 (1) $3x+2\geqslant 0\Rightarrow x\geqslant -\dfrac{2}{3}$，定义域为$\left[-\dfrac{2}{3},\ +\infty\right)$；

(2) $1-x^2\neq 0\Rightarrow x\neq\pm 1$，定义域为$(-\infty,\ -1)\cup(-1,\ 1)\cup(1,\ +\infty)$；

(3) $x\neq 0$ 且 $1-x^2\geqslant 0\Rightarrow x\neq 0$ 且 $|x|\leqslant 1$，定义域为 $[-1,\ 0)\cup(0,\ 1]$；

(4) $4-x^2>0\Rightarrow|x|<2$，定义域为$(-2,\ 2)$；

(5) $x\geqslant 0$，定义域为 $[0,\ +\infty)$；

(6) $x+1\neq k\pi+\dfrac{\pi}{2}(k\in\mathbf{Z})$，定义域为$\left\{x\,|\,x\in\mathbf{R}\text{ 且 }x\neq\left(k+\dfrac{1}{2}\right)\pi-1,\ k\in\mathbf{Z}\right\}$；

(7) $|x-3|\leqslant 1\Rightarrow 2\leqslant x\leqslant 4$，定义域为 $[2,\ 4]$；

(8) $3-x\geqslant 0$ 且 $x\neq 0$，定义域为$(-\infty,\ 0)\cup(0,\ 3]$；

(9) $x+1>0\Rightarrow x>-1$，定义域为$(-1,\ +\infty)$；

(10) $x\neq 0$，定义域为$(-\infty,\ 0)\cup(0,\ +\infty)$.

注：求函数的自然定义域的一般方法是先写出构成所求函数的各个简单函数的定义域，再求出这些定义域的交集，则得所求定义域.

2. 下列各题中，函数$f(x)$ 和 $g(x)$ 是否相同？为什么？

(1) $f(x)=\lg x^2$，$g(x)=2\lg x$； (2) $f(x)=x$，$g(x)=\sqrt{x^2}$；

(3) $f(x)=\sqrt[3]{x^4-x^3}$，$g(x)=x\sqrt[3]{x-1}$； (4) $f(x)=1$，$g(x)=\sec^2x-\tan^2x$.

解 (1) 不同，由于定义域不同；

(2) 不同，由于对应法则不同，$g(x)=\sqrt{x^2}=\begin{cases}x, & x\geqslant 0,\\ -x, & x<0;\end{cases}$

(3) 相同，由于定义域、对应法则都相同；

(4) 不同，由于定义域不同.

3. 设

$$\varphi(x)=\begin{cases}|\sin x|, & |x|<\dfrac{\pi}{3},\\ 0, & |x|\geqslant\dfrac{\pi}{3},\end{cases}$$

求 $\varphi\left(\frac{\pi}{6}\right)$，$\varphi\left(\frac{\pi}{4}\right)$，$\varphi\left(-\frac{\pi}{4}\right)$，$\varphi(-2)$，并作出函数 $y=\varphi(x)$ 的图形．

解　$\varphi\left(\frac{\pi}{6}\right)=\left|\sin\frac{\pi}{6}\right|=\frac{1}{2}$，$\varphi\left(\frac{\pi}{4}\right)=\left|\sin\frac{\pi}{4}\right|=\frac{\sqrt{2}}{2}$，$\varphi\left(-\frac{\pi}{4}\right)=\left|\sin\left(-\frac{\pi}{4}\right)\right|=\frac{\sqrt{2}}{2}$，$\varphi(-2)=0$.

$y=\varphi(x)$ 的图形如图 1-1 所示．

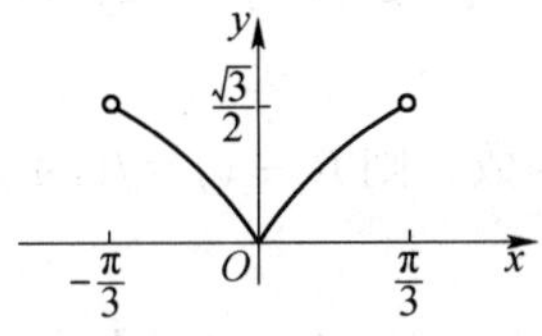

图 1-1

4. 试证下列函数在指定区间内的单调性：

(1) $y=\frac{x}{1-x}(-\infty,1)$；　　(2) $y=x+\ln x(0,+\infty)$.

证　(1) $y=\frac{x}{1-x}=-1+\frac{1}{1-x}$，$x\in(-\infty,1)$. 设 $x_1<x_2<1$. 由于

$$y(x_2)-y(x_1)=\frac{1}{1-x_2}-\frac{1}{1-x_1}=\frac{x_2-x_1}{(1-x_1)(1-x_2)}>0,$$

从而 $y(x_2)>y(x_1)$，即 y 在 $(-\infty,1)$ 内单调增加．

(2) $y=x+\ln x$，$x\in(0,+\infty)$. 设 $0<x_1<x_2$. 由于

$$y(x_2)-y(x_1)=x_2+\ln x_2-x_1-\ln x_1=x_2-x_1+\ln\frac{x_2}{x_1}>0,$$

从而 $y(x_2)>y(x_1)$，即 y 在 $(0,+\infty)$ 内单调增加．

5. 设 $f(x)$ 为定义在 $(-l,l)$ 内的奇函数，若 $f(x)$ 在 $(0,l)$ 内单调增加，证明 $f(x)$ 在 $(-l,0)$ 内也单调增加．

证　设 $-l<x_1<x_2<0$，故 $0<-x_2<-x_1<l$. 因为 $f(x)$ 是奇函数，所以

$$f(x_2)-f(x_1)=-f(-x_2)+f(-x_1).$$

由于 $f(x)$ 在 $(0,l)$ 内单调增加，从而 $f(-x_1)-f(-x_2)>0$. 因此 $f(x_2)>f(x_1)$，即 $f(x)$ 在 $(-l,0)$ 内也单调增加．

6. 设下面所考虑的函数都是定义在区间 $(-l,l)$ 上的．证明：

(1) 两个偶函数的和是偶函数，两个奇函数的和是奇函数；

(2) 两个偶函数的乘积是偶函数，两个奇函数的乘积是偶函数，偶函数与奇函数的乘积是奇函数．

证　(1) 设 $f_1(x)$，$f_2(x)$ 均是偶函数，则有 $f_1(-x)=f_1(x)$，$f_2(-x)=f_2(x)$.

设 $F(x)=f_1(x)+f_2(x)$，于是 $F(-x)=f_1(-x)+f_2(-x)=f_1(x)+f_2(x)=F(x)$，所以 $F(x)$ 为偶函数．

设 $g_1(x)$，$g_2(x)$ 是奇函数，则有 $g_1(-x)=-g_1(x)$，$g_2(-x)=-g_2(x)$.

设 $G(x)=g_1(x)+g_2(x)$，于是 $G(-x)=g_1(-x)+g_2(-x)=-g_1(x)-g_2(x)=-G(x)$，所以 $G(x)$ 为奇函数．

（2）设$f_1(x)$，$f_2(x)$均为偶函数，则有$f_1(-x)=f_1(x)$，$f_2(-x)=f_2(x)$.

设$F(x)=f_1(x)\cdot f_2(x)$，于是$F(-x)=f_1(-x)f_2(-x)=f_1(x)f_2(x)=F(x)$，因此$F(x)$为偶函数.

设$g_1(x)$，$g_2(x)$均为奇函数，则$g_1(-x)=-g_1(x)$，$g_2(-x)=-g_2(x)$.

设$G(x)=g_1(x)\cdot g_2(x)$. 于是

$$G(-x)=g_1(-x)g_2(-x)=[-g_1(x)][-g_2(x)]=g_1(x)g_2(x)=G(x),$$

因此$G(x)$为偶函数.

设$f(x)$为偶函数，$g(x)$为奇函数，则$f(-x)=f(x)$，$g(-x)=-g(x)$.

设$H(x)=f(x)\cdot g(x)$，于是

$$H(-x)=f(-x)g(-x)=f(x)[-g(x)]=-f(x)g(x)=-H(x),$$

因此$H(x)$为奇函数.

7. 下列函数中哪些是偶函数，哪些是奇函数，哪些既非偶函数又非奇函数？

（1）$y=x^2(1-x^2)$；（2）$y=3x^2-x^3$；

（3）$y=\dfrac{1-x^2}{1+x^2}$；（4）$y=x(x-1)(x+1)$；

（5）$y=\sin x-\cos x+1$；（6）$y=\dfrac{a^x+a^{-x}}{2}$.

解（1）由于$f(-x)=(-x)^2[1-(-x)^2]=x^2(1-x^2)=f(x)$，故$f(x)$为偶函数；

（2）由于$f(-x)=3(-x)^2-(-x)^3=3x^2+x^3$，$f(-x)\neq f(x)$，且$f(-x)\neq -f(x)$，故$f(x)$既非偶函数又非奇函数；

（3）由于$f(-x)=\dfrac{1-(-x)^2}{1+(-x)^2}=\dfrac{1-x^2}{1+x^2}=f(x)$，故$f(x)$为偶函数；

（4）$y=f(x)=x(x-1)(x+1)$，由于

$$f(-x)=(-x)[(-x)-1][(-x)+1]=-x(x+1)(x-1)=-f(x),$$

故$f(x)$为奇函数；

（5）由于$f(-x)=\sin(-x)-\cos(-x)+1=-\sin x-\cos x+1$，$f(-x)\neq f(x)$且$f(-x)\neq -f(x)$，故$f(x)$既非偶函数又非奇函数；

（6）由于$f(-x)=\dfrac{a^{-x}+a^x}{2}=f(x)$，故$f(x)$为偶函数.

8. 下列各函数中哪些是周期函数？对于周期函数，指出其周期.

（1）$y=\cos(x-2)$；（2）$y=\cos 4x$；

（3）$y=1+\sin \pi x$；（4）$y=x\cos x$；

（5）$y=\sin^2 x$.

解（1）周期函数，周期$l=2\pi$；

（2）周期函数，周期$l=\dfrac{\pi}{2}$；

（3）周期函数，周期$l=2$；

（4）不是周期函数；

（5）周期函数，周期 $l=\pi$.

9. 求下列函数的反函数：

(1) $y=\sqrt[3]{x+1}$；　　(2) $y=\dfrac{1-x}{1+x}$；

(3) $y=\dfrac{ax+b}{cx+d}(ad-bc\neq 0)$；　　(4) $y=2\sin 3x\left(-\dfrac{\pi}{6}\leqslant x\leqslant\dfrac{\pi}{6}\right)$；

(5) $y=1+\ln(x+2)$；　　(6) $y=\dfrac{2^x}{2^x+1}$.

解　(1) 根据 $y=\sqrt[3]{x+1}$，解得 $x=y^3-1$，反函数为 $y=x^3-1$；

(2) 根据 $y=\dfrac{1-x}{1+x}$，解得 $x=\dfrac{1-y}{1+y}$，反函数为 $y=\dfrac{1-x}{1+x}$；

(3) 根据 $y=\dfrac{ax+b}{cx+d}$，解得 $x=\dfrac{-dy+b}{cy-a}$，反函数为 $y=\dfrac{-dx+b}{cx-a}$；

(4) 根据 $y=2\sin 3x\left(-\dfrac{\pi}{6}\leqslant x\leqslant\dfrac{\pi}{6}\right)$，解得 $x=\dfrac{1}{3}\arcsin\dfrac{y}{2}$，反函数为 $y=\dfrac{1}{3}\arcsin\dfrac{x}{2}$；

(5) 根据 $y=1+\ln(x+2)$，解得 $x=e^{y-1}-2$，反函数为 $y=e^{x-1}-2$；

(6) 根据 $y=\dfrac{2^x}{2^x+1}$，解得 $x=\log_2\dfrac{y}{1-y}$，反函数为 $y=\log_2\dfrac{x}{1-x}$.

10. 设函数 $f(x)$ 在数集 X 上有定义，试证：函数 $f(x)$ 在 X 上有界的充分必要条件是它在 X 上既有上界又有下界.

证　设 $f(x)$ 在 X 上有界，则存在 $M>0$，使得 $|f(x)|\leqslant M$，$x\in X$，从而 $-M\leqslant f(x)\leqslant M$，$x\in X$，说明 $f(x)$ 在 X 上有上界 M，下界 $-M$.

反之，设 $f(x)$ 在 X 上有上界 K_1，下界 K_2，则 $K_2\leqslant f(x)\leqslant K_1$，$x\in X$. 取 $M=\max\{|K_1|,|K_2|\}$，则 $|f(x)|\leqslant M$，$x\in X$，说明 $f(x)$ 在 X 上有界.

11. 在下列各题中，求由所给函数构成的复合函数，并求这函数分别对应于给定自变量值 x_1 和 x_2 的函数值：

(1) $y=u^2$，$u=\sin x$，$x_1=\dfrac{\pi}{6}$，$x_2=\dfrac{\pi}{3}$；(2) $y=\sin u$，$u=2x$，$x_1=\dfrac{\pi}{8}$，$x_2=\dfrac{\pi}{4}$；

(3) $y=\sqrt{u}$，$u=1+x^2$，$x_1=1$，$x_2=2$；　(4) $y=e^u$，$u=x^2$，$x_1=0$，$x_2=1$；

(5) $y=u^2$，$u=e^x$，$x_1=1$，$x_2=-1$.

解　(1) $y=\sin^2 x$，$y_1=\dfrac{1}{4}$，$y_2=\dfrac{3}{4}$；　(2) $y=\sin 2x$，$y_1=\dfrac{\sqrt{2}}{2}$，$y_2=1$；

(3) $y=\sqrt{1+x^2}$，$y_1=\sqrt{2}$，$y_2=\sqrt{5}$；　(4) $y=e^{x^2}$，$y_1=1$，$y_2=e$；

(5) $y=e^{2x}$，$y_1=e^2$，$y_2=e^{-2}$.

12. 设 $f(x)$ 的定义域 $D=[0,1]$，求下列各函数的定义域：

(1) $f(x^2)$；　　(2) $f(\sin x)$；

(3) $f(x+a)(a>0)$；　　(4) $f(x+a)+f(x-a)(a>0)$.

解　(1) $0\leqslant x^2\leqslant 1\Rightarrow x\in[-1,1]$；

(2) $0 \leqslant \sin x \leqslant 1 \Rightarrow x \in [2n\pi, (2n+1)\pi]$, $n \in \mathbf{Z}$;

(3) $0 \leqslant x+a \leqslant 1 \Rightarrow x \in [-a, 1-a]$;

(4) $\begin{cases} 0 \leqslant x+a \leqslant 1, \\ 0 \leqslant x-a \leqslant 1 \end{cases} \Rightarrow$ 当 $0 < a \leqslant \dfrac{1}{2}$ 时, $x \in [a, 1-a]$；当 $a > \dfrac{1}{2}$ 时，定义域为 $\varnothing$.

13. 设 $f(x)=\begin{cases} 1, & |x|<1, \\ 0, & |x|=1, \\ -1, & |x|>1, \end{cases}$ $g(x)=\mathrm{e}^x$，求 $f[g(x)]$ 和 $g[f(x)]$，并作出这两个函数的图形.

解 $f[g(x)]=f(\mathrm{e}^x)=\begin{cases} 1, & x<0, \\ 0, & x=0, \\ -1, & x>0. \end{cases}$ $g[f(x)]=\mathrm{e}^{f(x)}=\begin{cases} \mathrm{e}, & |x|<1, \\ 1, & |x|=1, \\ \mathrm{e}^{-1}, & |x|>1. \end{cases}$

$f[g(x)]$ 与 $g[f(x)]$ 的图形分别如图 1-2 和图 1-3 所示.

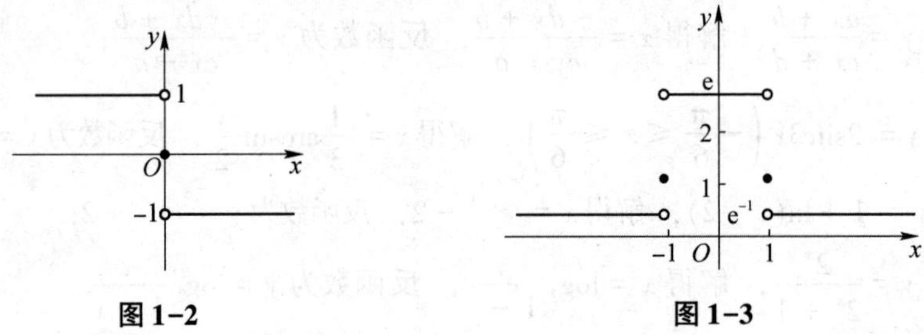

图 1-2　　图 1-3

14. 已知水渠的横断面为等腰梯形，斜角 $\varphi=40°$（见图 1-4）. 当过水断面 $ABCD$ 的面积为定值 S_0 时，求湿周 $L(L=AB+BC+CD)$ 与水深 h 之间的函数关系式，并指明其定义域.

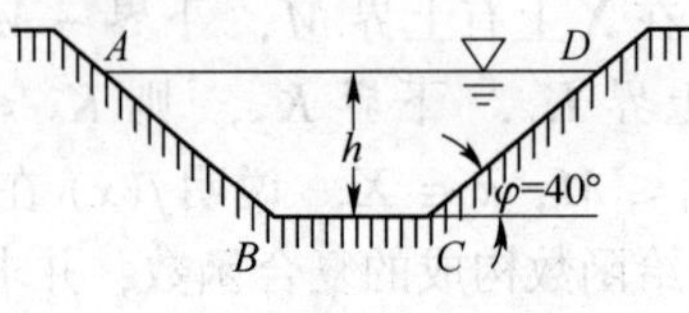

图 1-4

解 $AB=CD=\dfrac{h}{\sin 40°}$，由于 $S_0=\dfrac{1}{2}h[BC+(BC+2\cot 40°\cdot h)]$，计算得 $BC=\dfrac{S_0}{h}-\cot 40°\cdot h$，所以 $L=\dfrac{S_0}{h}+\dfrac{2-\cos 40°}{\sin 40°}h$，又 $h>0$ 且 $\dfrac{S_0}{h}-\cot 40°\cdot h>0$，则湿周函数的定义域为 $(0, \sqrt{S_0\tan 40°})$.

15. 设 xOy 平面上有正方形 $D=\{(x, y) \mid 0 \leqslant x \leqslant 1, 0 \leqslant y \leqslant 1\}$ 及直线 l: $x+y=t(t \geqslant 0)$. 若 $S(t)$ 表示正方形 D 位于直线 l 左下方部分的面积，试求 $S(t)$ 与 t 之间的函数关系.

解 当 $0 \leqslant t \leqslant 1$ 时, $S(t)=\dfrac{1}{2}t^2$；当 $1<t \leqslant 2$ 时, $S(t)=1-\dfrac{1}{2}(2-t)^2=-\dfrac{1}{2}t^2+2t-1$；当 $t>2$ 时, $S(t)=1$，即

$$S(t)=\begin{cases}\dfrac{1}{2}t^2, & 0\leqslant t\leqslant 1,\\ -\dfrac{1}{2}t^2+2t-1, & 1<t\leqslant 2,\\ 1, & t>2.\end{cases}$$

16. 求联系华氏温度（用 F 表示）和摄氏温度（用 C 表示）的转换公式，并求

（1）90 ℉的等价摄氏温度和-5 ℃的等价华氏温度；

（2）是否存在一个温度值，使华氏温度计和摄氏温度计的读数是一样的？如果存在，那么该温度值是多少？

解　令 $F=mC+b$，其中 m、b 均为常数．由于 $F=32$ 相当于 $C=0$，$F=212$ 相当于 $C=100$，从而 $b=32$，$m=\dfrac{212-32}{100}=1.8$. 因此 $F=1.8C+32$ 或 $C=\dfrac{5}{9}(F-32)$.

（1）当 $F=90$ 时，$C=\dfrac{5}{9}(90-32)\approx 32.2$；当 $C=-5$ 时，$F=1.8\times(-5)+32=23$.

（2）设温度值 t 符合题意，则 $t=1.8t+32$，$t=-40$，说明 -40 ℉ 恰好也是 -40 ℃.

17. 已知 Rt△ABC 中，直角边 AC、BC 的长度分别为 20、15，动点 P 从 C 出发，沿三角形边界按 $C\to B\to A$ 方向移动；动点 Q 从 C 出发，沿三角形边界按 $C\to A\to B$ 方向移动，移动到两动点相遇时为止，且点 Q 移动的速度是点 P 移动的速度的 2 倍．设动点 P 移动的距离为 x，△CPQ 的面积为 y，试求 y 与 x 之间的函数关系．

解　由于 $|AC|=20$，$|BC|=15$，从而 $|AB|=\sqrt{20^2+15^2}=25$. 根据 $20<2\times15<20+25$，可知，P 和 Q 在斜边 AB 上相遇．令 $x+2x=15+20+25$，得 $x=20$. 即当 $x=20$ 时，点 P 和 Q 相遇．故所求函数的定义域为 $(0,20)$.

当 $0<x<10$ 时，点 P 在 CB 上，点 Q 在 CA 上（见图 1-5）．由 $|CP|=x$，$|CQ|=2x$，得 $y=x^2$.

当 $10\leqslant x\leqslant 15$ 时，点 P 在 CB 上，点 Q 在 AB 上（见图 1-6）．则 $|CP|=x$，$|AQ|=2x-20$.

设点 Q 到 BC 的距离为 h，则 $\dfrac{h}{20}=\dfrac{|BQ|}{25}=\dfrac{45-2x}{25}$，得 $h=\dfrac{4}{5}(45-2x)$，因此

$$y=\frac{1}{2}xh=\frac{2}{5}x(45-2x)=-\frac{4}{5}x^2+18x.$$

当 $15<x<20$ 时，P 和 Q 都在斜边 AB 上（见图 1-7）．则 $|BP|=x-15$，$|AQ|=2x-20$，$|PQ|=60-3x$. 设点 C 到 AB 的距离为 t，则 $t=\dfrac{15\times20}{25}=12$，得

$$y=\frac{1}{2}|PQ|\cdot t=-18x+360.$$

故

$$y=\begin{cases}x^2, & 0<x<10,\\ -\dfrac{4}{5}x^2+18x, & 10\leqslant x\leqslant 15,\\ -18x+360, & 15<x<20.\end{cases}$$

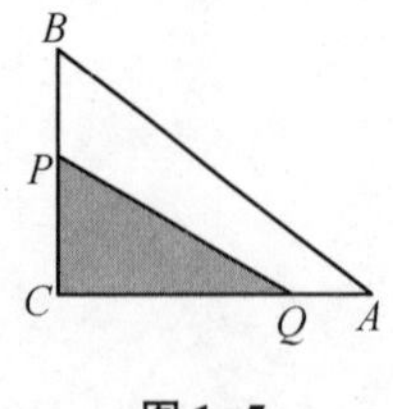

图 1–5

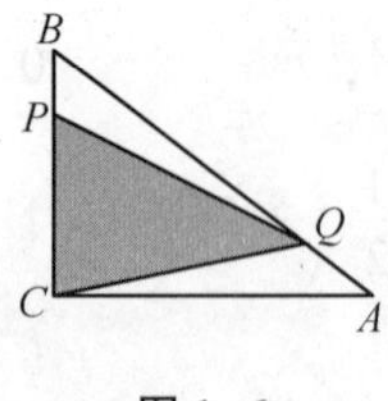

图 1–6

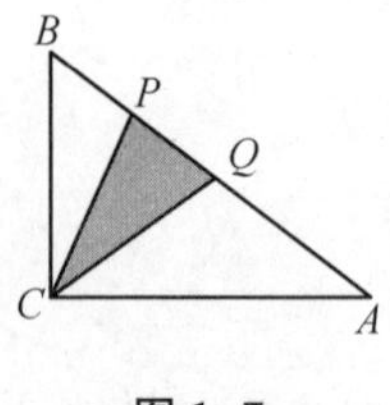

图 1–7

18. 利用以下美国人口普查局提供的世界人口数据以及指数模型来推测 2020 年的世界人口．

年份	人口数/百万	年增长率/%
2008	6 708.2	1.016 6
2009	6 786.4	1.014 0
2010	6 863.8	1.012 1
2011	6 940.7	1.010 7
2012	7 017.5	1.010 7
2013	7 095.2	

解 根据表中第 3 列数据，猜想 2008 年后任一年的世界人口是前一年人口的 1.011 倍．则在 2008 年后的第 t 年，世界人口数将为 $P(t)=6\,708.2\cdot(1.011)^t$（百万人）．

2020 年对应 $t=12$，则 $P(12)=6\,708.2\cdot(1.011)^{12}\approx 7\,649.3$（百万人）$\approx 76$（亿人），故推测 2020 年的世界人口约为 76 亿人．

习题 1–2　解答　数列的极限

1. 下列各题中，哪些数列收敛，哪些数列发散？对收敛数列，通过观察数列 $\{x_n\}$ 的变化趋势，写出它们的极限：

(1) $\left\{\dfrac{1}{2^n}\right\}$；　　(2) $\left\{(-1)^n\dfrac{1}{n}\right\}$；

(3) $\left\{2+\dfrac{1}{n^2}\right\}$；　　(4) $\left\{\dfrac{n-1}{n+1}\right\}$；

(5) $\{n(-1)^n\}$；　　(6) $\left\{\dfrac{2^n-1}{3^n}\right\}$；

(7) $\left\{n-\dfrac{1}{n}\right\}$；　　(8) $\left\{[(-1)^n+1]\dfrac{n+1}{n}\right\}$．

解 (1) 收敛，$\lim\limits_{n\to\infty}\dfrac{1}{2^n}=0$；

(2) 收敛，$\lim\limits_{n\to\infty}(-1)^n\dfrac{1}{n}=0$；

(3) 收敛，$\lim\limits_{n\to\infty}\left(2+\dfrac{1}{n^2}\right)=2$；

(4) 收敛，$\lim\limits_{n\to\infty}\dfrac{n-1}{n+1}=1$；

（5）发散；

（6）收敛，$\lim\limits_{n\to\infty}\dfrac{2^n-1}{3^n}=0$；

（7）发散；

（8）发散.

2.（1）数列的有界性是数列收敛的什么条件？

（2）无界数列是否一定发散？

（3）有界数列是否一定收敛？

解 （1）必要条件；（2）一定发散；

（3）未必一定收敛，例如，数列 $\{(-1)^n\}$ 有界，但它是发散的.

3. 下列关于数列 $\{x_n\}$ 的极限是 a 的定义，哪些是对的，哪些是错的？如果是对的，试说明理由；如果是错的，试给出一个反例.

（1）对于任意给定的 $\varepsilon>0$，存在 $N\in\mathbf{N}_+$，当 $n>N$ 时，不等式 $x_n-a<\varepsilon$ 成立；

（2）对于任意给定的 $\varepsilon>0$，存在 $N\in\mathbf{N}_+$，当 $n>N$ 时，有无穷多项 x_n，使不等式 $|x_n-a|<\varepsilon$ 成立；

（3）对于任意给定的 $\varepsilon>0$，存在 $N\in\mathbf{N}_+$，当 $n>N$ 时，不等式 $|x_n-a|<c\varepsilon$ 成立，其中 c 为某个正常数；

（4）对于任意给定的 $m\in\mathbf{N}_+$，存在 $N\in\mathbf{N}_+$，当 $n>N$ 时，不等式 $|x_n-a|<\dfrac{1}{m}$ 成立.

解 （1）错误. 例如数列 $\left\{(-1)^n+\dfrac{1}{n}\right\}$，$a=1$. 对任给的 $\varepsilon>0$（设 $\varepsilon<1$），存在 $N=\left[\dfrac{1}{\varepsilon}\right]$，当 $n>N$ 时，$(-1)^n+\dfrac{1}{n}-1\leqslant\dfrac{1}{n}<\varepsilon$，但是 $\left\{(-1)^n+\dfrac{1}{n}\right\}$ 的极限不存在.

（2）错误. 例如数列 $x_n=\begin{cases}n, & n=2k-1,\\ 1-\dfrac{1}{n}, & n=2k,\end{cases}$ $k\in\mathbf{N}_+$，$a=1$. 对任给的 $\varepsilon>0$（设 $\varepsilon<1$），存在 $N=\left[\dfrac{1}{\varepsilon}\right]$，当 $n>N$ 且 n 为偶数时，$|x_n-a|=\dfrac{1}{n}<\varepsilon$ 成立，但是 $\{x_n\}$ 的极限不存在.

（3）正确. 对任给的 $\varepsilon>0$，取 $\dfrac{1}{c}\varepsilon>0$，则按假设存在 $N\in\mathbf{N}_+$，当 $n>N$ 时，不等式 $|x_n-a|<c\cdot\dfrac{1}{c}\varepsilon<\varepsilon$ 成立.

（4）正确. 对任给的 $\varepsilon>0$，取 $m\in\mathbf{N}_+$，使得 $\dfrac{1}{m}<\varepsilon$. 则按假设存在 $N\in\mathbf{N}_+$，当 $n>N$ 时，不等式 $|x_n-a|<\dfrac{1}{m}<\varepsilon$ 成立.

4—8. 此处解析请扫二维码查看.

4—8 二维码

习题 1-3　解答　函数的极限

1. 对图 1-8 所示的函数 $f(x)$，求下列极限，如极限不存在，说明理由．

（1）$\lim\limits_{x\to-2}f(x)$；　（2）$\lim\limits_{x\to-1}f(x)$；　（3）$\lim\limits_{x\to0}f(x)$.

解　（1）$\lim\limits_{x\to-2}f(x)=0$；

（2）$\lim\limits_{x\to-1}f(x)=-1$；

（3）$\lim\limits_{x\to0}f(x)$ 不存在，由于 $f(0^+)\neq f(0^-)$．

2. 对图 1-9 所示的函数 $f(x)$，下列陈述中，哪些是对的，哪些是错的？

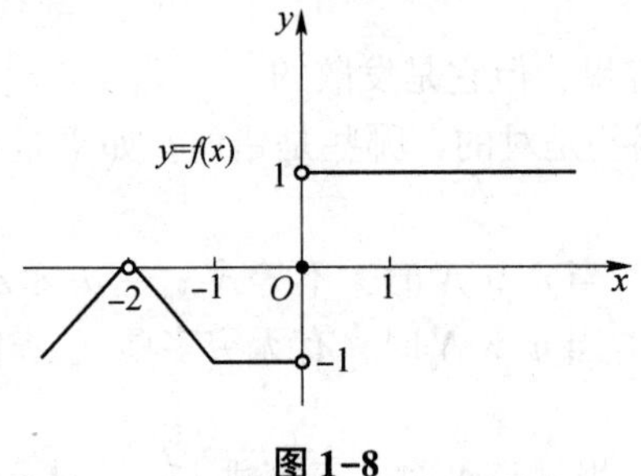

图 1-8

图 1-9

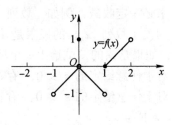

（1）$\lim\limits_{x\to0}f(x)$ 不存在；　（2）$\lim\limits_{x\to0}f(x)=0$；

（3）$\lim\limits_{x\to0}f(x)=1$；　（4）$\lim\limits_{x\to1}f(x)=0$；

（5）$\lim\limits_{x\to1}f(x)$ 不存在；　（6）对每个 $x_0\in(-1,1)$，$\lim\limits_{x\to x_0}f(x)$ 存在．

解　（1）错，$\lim\limits_{x\to0}f(x)$ 的存在性与 $f(0)$ 的值无关；

（2）对，由于 $f(0^+)=f(0^-)=0$；

（3）错，因为 $\lim\limits_{x\to0}f(x)$ 的值与 $f(0)$ 的值无关；

（4）错，$f(1^+)=0$，但 $f(1^-)=-1$，因此 $\lim\limits_{x\to1}f(x)$ 不存在；

（5）对，由于 $f(1^-)\neq f(1^+)$；

（6）对．

3. 对图 1-10 所示的函数，下列陈述中哪些是对的，哪些是错的？

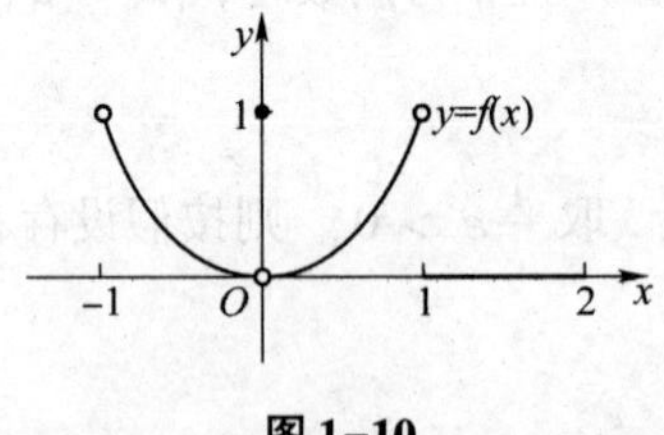

图 1-10

（1）$\lim\limits_{x\to-1^+}f(x)=1$；　（2）$\lim\limits_{x\to-1^-}f(x)$ 不存在；

（3）$\lim\limits_{x\to0}f(x)=0$；　（4）$\lim\limits_{x\to0}f(x)=1$；

（5）$\lim\limits_{x\to1^-}f(x)=1$；　（6）$\lim\limits_{x\to1^+}f(x)=0$；

（7）$\lim\limits_{x\to2^-}f(x)=0$；　（8）$\lim\limits_{x\to2}f(x)=0$.

解　（1）对；

（2）对，由于当 $x<-1$ 时，$f(x)$ 无定义；

（3）对，由于 $f(0^+)=f(0^-)=0$；

（4）错，因为 $\lim\limits_{x\to 0}f(x)$ 的值与 $f(0)$ 的值无关；

（5）对；

（6）对；

（7）对；

（8）错，由于当 $x>2$ 时，$f(x)$ 无定义.

4. 求 $f(x)=\dfrac{x}{x}$，$\varphi(x)=\dfrac{|x|}{x}$，当 $x\to 0$ 时的左、右极限，并说明它们在 $x\to 0$ 时的极限是否存在.

解　$\lim\limits_{x\to 0^+}f(x)=\lim\limits_{x\to 0^+}\dfrac{x}{x}=\lim\limits_{x\to 0^+}1=1$，$\lim\limits_{x\to 0^-}f(x)=\lim\limits_{x\to 0^-}\dfrac{x}{x}=\lim\limits_{x\to 0^-}1=1$. 因为 $\lim\limits_{x\to 0^+}f(x)=1=\lim\limits_{x\to 0^-}f(x)$，故 $\lim\limits_{x\to 0}f(x)=1$.

$\lim\limits_{x\to 0^+}\varphi(x)=\lim\limits_{x\to 0^+}\dfrac{|x|}{x}=\lim\limits_{x\to 0^+}\dfrac{x}{x}=1$，$\lim\limits_{x\to 0^-}\varphi(x)=\lim\limits_{x\to 0^-}\dfrac{|x|}{x}=\lim\limits_{x\to 0^-}\dfrac{-x}{x}=-1$. 因为 $\lim\limits_{x\to 0^+}\varphi(x)\neq\lim\limits_{x\to 0^-}\varphi(x)$，故 $\lim\limits_{x\to 0}\varphi(x)$ 不存在.

5—12. 此处解析请扫二维码查看.

5—12 二维码

习题 1-4　解答　无穷小与无穷大

1. 两个无穷小的商是否一定是无穷小？举例说明之.

解　不一定. 例如，$\alpha(x)=x$ 与 $\beta(x)=2x$ 都是当 $x\to 0$ 时的无穷小，但 $\dfrac{\alpha(x)}{\beta(x)}=\dfrac{1}{2}$ 却不是当 $x\to 0$ 时的无穷小.

2—3. 此处解析请扫二维码查看.

2—3 二维码

4. 求下列极限并说明理由：

（1）$\lim\limits_{x\to\infty}\dfrac{2x+1}{x}$；　　（2）$\lim\limits_{x\to 0}\dfrac{1-x^2}{1-x}$.

解　（1）$\lim\limits_{x\to\infty}\dfrac{2x+1}{x}=\lim\limits_{x\to\infty}\left(2+\dfrac{1}{x}\right)=2$.

理由：$\dfrac{1}{x}$ 为 $x\to\infty$ 时的无穷小，则 $\lim\limits_{x\to\infty}\left(2+\dfrac{1}{x}\right)=2$.

（2）$\lim\limits_{x\to 0}\dfrac{1-x^2}{1-x}=\lim\limits_{x\to 0}(1+x)=1$.

5. 根据函数极限或无穷大定义，填写下表：

项目	$f(x)\to A$	$f(x)\to\infty$	$f(x)\to+\infty$	$f(x)\to-\infty$
$x\to x_0$	$\forall\varepsilon>0$，$\exists\delta>0$，使当 $0<\lvert x-x_0\rvert<\delta$ 时，即有 $\lvert f(x)-A\rvert<\varepsilon$	$\forall M>0$，$\exists\delta>0$，使当 $0<\lvert x-x_0\rvert<\delta$ 时，即有 $\lvert f(x)\rvert>M$	$\forall M>0$，$\exists\delta>0$，使当 $0<\lvert x-x_0\rvert<\delta$ 时，即有 $f(x)>M$	$\forall M>0$，$\exists\delta>0$，使当 $0<\lvert x-x_0\rvert<\delta$ 时，即有 $f(x)<-M$

续表

项目	$f(x)\to A$	$f(x)\to\infty$	$f(x)\to+\infty$	$f(x)\to-\infty$
$x\to x_0^+$	$\forall\varepsilon>0$，$\exists\delta>0$，使当$0<x-x_0<\delta$时，即有$\|f(x)-A\|<\varepsilon$	$\forall M>0$，$\exists\delta>0$，使当$0<x-x_0<\delta$时，即有$\|f(x)\|>M$	$\forall M>0$，$\exists\delta>0$，使当$0<x-x_0<\delta$时，即有$f(x)>M$	$\forall M>0$，$\exists\delta>0$，使当$0<x-x_0<\delta$时，即有$f(x)<-M$
$x\to x_0^-$	$\forall\varepsilon>0$，$\exists\delta>0$，使当$0>x-x_0>-\delta$时，即有$\|f(x)-A\|<\varepsilon$	$\forall M>0$，$\exists\delta>0$，使当$0>x-x_0>-\delta$时，即有$\|f(x)\|>M$	$\forall M>0$，$\exists\delta>0$，使当$0>x-x_0>-\delta$时，即有$f(x)>M$	$\forall M>0$，$\exists\delta>0$，使当$0>x-x_0>-\delta$时，即有$f(x)<-M$
$x\to\infty$	$\forall\varepsilon>0$，$\exists X>0$，使当$\|x\|>X$时，即有$\|f(x)-A\|<\varepsilon$	$\forall M>0$，$\exists X>0$，使当$\|x\|>X$时，即有$\|f(x)\|>M$	$\forall M>0$，$\exists X>0$，使当$\|x\|>X$时，即有$f(x)>M$	$\forall M>0$，$\exists X>0$，使当$\|x\|>X$时，即有$f(x)<-M$
$x\to+\infty$	$\forall\varepsilon>0$，$\exists X>0$，使当$x>X$时，即有$\|f(x)-A\|<\varepsilon$	$\forall M>0$，$\exists X>0$，使当$x>X$时，即有$\|f(x)\|>M$	$\forall M>0$，$\exists X>0$，使当$x>X$时，即有$f(x)>M$	$\forall M>0$，$\exists X>0$，使当$x>X$时，即有$f(x)<-M$
$x\to-\infty$	$\forall\varepsilon>0$，$\exists X>0$，使当$x<-X$时，即有$\|f(x)-A\|<\varepsilon$	$\forall M>0$，$\exists X>0$，使当$x<-X$时，即有$\|f(x)\|>M$	$\forall M>0$，$\exists X>0$，使当$x<-X$时，即有$f(x)>M$	$\forall M>0$，$\exists X>0$，使当$x<-X$时，即有$f(x)<-M$

6. 函数 $y=x\cos x$ 在 $(-\infty,\ +\infty)$ 内是否有界？这个函数是否为 $x\to+\infty$ 时的无穷大？为什么？

解 由于 $\forall M>0$，总存在 $x_0\in(M,\ +\infty)$，使得 $\cos x_0=1$，故 $y=x_0\cos x_0=x_0>M$，因此 $y=x\cos x$ 在 $(-\infty,\ +\infty)$ 内无界.

另外，由于 $\forall M>0$，$X>0$，总存在 $x_0\in(X,\ +\infty)$，使得 $\cos x_0=0$，故 $y=x_0\cos x_0=0<M$，因此 $y=f(x)=x\cos x$ 不是当 $x\to+\infty$ 时的无穷大.

7. 此处解析请扫二维码查看.

7 二维码

8. 求函数 $f(x)=\dfrac{4}{2-x^2}$ 的图形的渐近线.

解 由于 $\lim\limits_{x\to\infty}f(x)=0$，故 $y=0$ 是函数图形的水平渐近线. 由于

$$\lim_{x\to-\sqrt{2}}f(x)=\infty,\ \lim_{x\to\sqrt{2}}f(x)=\infty,$$

故 $x=-\sqrt{2}$ 及 $x=\sqrt{2}$ 都是函数图形的铅直渐近线.

习题1–5 解答 极限运算法则

1. 计算下列极限：

（1）$\lim\limits_{x\to2}\dfrac{x^2+5}{x-3}$；（2）$\lim\limits_{x\to\sqrt{3}}\dfrac{x^2-3}{x^2+1}$；

（3）$\lim\limits_{x\to1}\dfrac{x^2-2x+1}{x^2-1}$；（4）$\lim\limits_{x\to0}\dfrac{4x^3-2x^2+x}{3x^2+2x}$；

(5) $\lim\limits_{h\to 0}\dfrac{(x+h)^2-x^2}{h}$；　　(6) $\lim\limits_{x\to\infty}\left(2-\dfrac{1}{x}+\dfrac{1}{x^2}\right)$；

(7) $\lim\limits_{x\to\infty}\dfrac{x^2-1}{2x^2-x-1}$；　　(8) $\lim\limits_{x\to\infty}\dfrac{x^2+x}{x^4-3x^2+1}$；

(9) $\lim\limits_{x\to 4}\dfrac{x^2-6x+8}{x^2-5x+4}$；　　(10) $\lim\limits_{x\to\infty}\left(1+\dfrac{1}{x}\right)\left(2-\dfrac{1}{x^2}\right)$；

(11) $\lim\limits_{n\to\infty}\left(1+\dfrac{1}{2}+\dfrac{1}{4}+\cdots+\dfrac{1}{2^n}\right)$；　　(12) $\lim\limits_{n\to\infty}\dfrac{1+2+3+\cdots+(n-1)}{n^2}$；

(13) $\lim\limits_{n\to\infty}\dfrac{(n+1)(n+2)(n+3)}{5n^3}$；　　(14) $\lim\limits_{x\to 1}\left(\dfrac{1}{1-x}-\dfrac{3}{1-x^3}\right)$.

解　(1) $\lim\limits_{x\to 2}\dfrac{x^2+5}{x-3}=\dfrac{\lim\limits_{x\to 2}(x^2+5)}{\lim\limits_{x\to 2}(x-3)}=\dfrac{9}{-1}=-9$；

(2) $\lim\limits_{x\to\sqrt{3}}\dfrac{x^2-3}{x^2+1}=\dfrac{\lim\limits_{x\to\sqrt{3}}(x^2-3)}{\lim\limits_{x\to\sqrt{3}}(x^2+1)}=\dfrac{0}{4}=0$；

(3) $\lim\limits_{x\to 1}\dfrac{x^2-2x+1}{x^2-1}=\lim\limits_{x\to 1}\dfrac{(x-1)^2}{(x-1)(x+1)}=\lim\limits_{x\to 1}\dfrac{x-1}{x+1}=\dfrac{\lim\limits_{x\to 1}(x-1)}{\lim\limits_{x\to 1}(x+1)}=\dfrac{0}{2}=0$；

(4) $\lim\limits_{x\to 0}\dfrac{4x^3-2x^2+x}{3x^2+2x}=\lim\limits_{x\to 0}\dfrac{4x^2-2x+1}{3x+2}=\dfrac{\lim\limits_{x\to 0}(4x^2-2x+1)}{\lim\limits_{x\to 0}(3x+2)}=\dfrac{1}{2}$；

(5) $\lim\limits_{h\to 0}\dfrac{(x+h)^2-x^2}{h}=\lim\limits_{h\to 0}\dfrac{h(2x+h)}{h}=\lim\limits_{h\to 0}(2x+h)=2x$；

(6) $\lim\limits_{x\to\infty}\left(2-\dfrac{1}{x}+\dfrac{1}{x^2}\right)=\lim\limits_{x\to\infty}2-\lim\limits_{x\to\infty}\dfrac{1}{x}+\lim\limits_{x\to\infty}\dfrac{1}{x^2}=2-0+0=2$；

(7) $\lim\limits_{x\to\infty}\dfrac{x^2-1}{2x^2-x-1}=\lim\limits_{x\to\infty}\dfrac{1-\dfrac{1}{x^2}}{2-\dfrac{1}{x}-\dfrac{1}{x^2}}=\dfrac{\lim\limits_{x\to\infty}\left(1-\dfrac{1}{x^2}\right)}{\lim\limits_{x\to\infty}\left(2-\dfrac{1}{x}-\dfrac{1}{x^2}\right)}=\dfrac{1}{2}$；

(8) $\lim\limits_{x\to\infty}\dfrac{x^2+x}{x^4-3x^2+1}=\lim\limits_{x\to\infty}\dfrac{\dfrac{1}{x^2}+\dfrac{1}{x^3}}{1-\dfrac{3}{x^2}+\dfrac{1}{x^4}}=\dfrac{\lim\limits_{x\to\infty}\left(\dfrac{1}{x^2}+\dfrac{1}{x^3}\right)}{\lim\limits_{x\to\infty}\left(1-\dfrac{3}{x^2}+\dfrac{1}{x^4}\right)}=\dfrac{0}{1}=0$；

(9) $\lim\limits_{x\to 4}\dfrac{x^2-6x+8}{x^2-5x+4}=\lim\limits_{x\to 4}\dfrac{(x-4)(x-2)}{(x-4)(x-1)}=\lim\limits_{x\to 4}\dfrac{x-2}{x-1}=\dfrac{\lim\limits_{x\to 4}(x-2)}{\lim\limits_{x\to 4}(x-1)}=\dfrac{2}{3}$；

(10) $\lim\limits_{x\to\infty}\left(1+\dfrac{1}{x}\right)\left(2-\dfrac{1}{x^2}\right)=\lim\limits_{x\to\infty}\left(1+\dfrac{1}{x}\right)\cdot\lim\limits_{x\to\infty}\left(2-\dfrac{1}{x^2}\right)=1\cdot 2=2$；

(11) $\lim\limits_{n\to\infty}\left(1+\dfrac{1}{2}+\dfrac{1}{4}+\cdots+\dfrac{1}{2^n}\right)=\lim\limits_{n\to\infty}\dfrac{1-\dfrac{1}{2^{n+1}}}{1-\dfrac{1}{2}}=\lim\limits_{n\to\infty}2\left(1-\dfrac{1}{2^{n+1}}\right)=2\left(1-\lim\limits_{n\to\infty}\dfrac{1}{2^{n+1}}\right)=2$；

（12）$\lim\limits_{n\to\infty}\dfrac{1+2+3+\cdots+(n-1)}{n^2}=\lim\limits_{n\to\infty}\dfrac{n(n-1)}{2n^2}=\lim\limits_{n\to\infty}\dfrac{1}{2}\left(1-\dfrac{1}{n}\right)=\dfrac{1}{2}$；

（13）$\lim\limits_{n\to\infty}\dfrac{(n+1)(n+2)(n+3)}{5n^3}=\lim\limits_{n\to\infty}\dfrac{1}{5}\left(1+\dfrac{1}{n}\right)\left(1+\dfrac{2}{n}\right)\left(1+\dfrac{3}{n}\right)$

$$=\frac{1}{5}\lim_{n\to\infty}\left(1+\frac{1}{n}\right)\lim_{n\to\infty}\left(1+\frac{2}{n}\right)\lim_{n\to\infty}\left(1+\frac{3}{n}\right)=\frac{1}{5};$$

（14）$\lim\limits_{x\to1}\left(\dfrac{1}{1-x}-\dfrac{3}{1-x^3}\right)=\lim\limits_{x\to1}\dfrac{1+x+x^2-3}{1-x^3}=\lim\limits_{x\to1}\dfrac{(x-1)(x+2)}{(1-x)(1+x+x^2)}$

$$=\lim_{x\to1}\frac{-(x+2)}{1+x+x^2}=-\frac{\lim\limits_{x\to1}(x+2)}{\lim\limits_{x\to1}(1+x+x^2)}=-\frac{3}{3}=-1.$$

2. 计算下列极限：

（1）$\lim\limits_{x\to2}\dfrac{x^3+2x^2}{(x-2)^2}$；　　（2）$\lim\limits_{x\to\infty}\dfrac{x^2}{2x+1}$；　　（3）$\lim\limits_{x\to\infty}(2x^3-x+1)$.

解　（1）由于 $\lim\limits_{x\to2}\dfrac{(x-2)^2}{x^3+2x^2}=\dfrac{\lim\limits_{x\to2}(x-2)^2}{\lim\limits_{x\to2}(x^3+2x^2)}=0$，故 $\lim\limits_{x\to2}\dfrac{x^3+2x^2}{(x-2)^2}=\infty$；

（2）由于 $\lim\limits_{x\to\infty}\dfrac{2x+1}{x^2}=\lim\limits_{x\to\infty}\left(\dfrac{2}{x}+\dfrac{1}{x^2}\right)=0$，故 $\lim\limits_{x\to\infty}\dfrac{x^2}{2x+1}=\infty$；

（3）由于 $\lim\limits_{x\to\infty}\dfrac{1}{2x^3-x+1}=\lim\limits_{x\to\infty}\dfrac{\frac{1}{x^3}}{2-\frac{1}{x^2}+\frac{1}{x^3}}=\dfrac{\lim\limits_{x\to\infty}\frac{1}{x^3}}{\lim\limits_{x\to\infty}\left(2-\frac{1}{x^2}+\frac{1}{x^3}\right)}=0$，

故 $\lim\limits_{x\to\infty}(2x^3-x+1)=\infty$.

3. 计算下列极限：

（1）$\lim\limits_{x\to0}x^2\sin\dfrac{1}{x}$；　　（2）$\lim\limits_{x\to\infty}\dfrac{\arctan x}{x}$.

解　（1）由于 $x^2\to0(x\to0)$，$\left|\sin\dfrac{1}{x}\right|\leqslant1$，故 $\lim\limits_{x\to0}x^2\sin\dfrac{1}{x}=0$；

（2）由于 $\dfrac{1}{x}\to0(x\to\infty)$，$|\arctan x|<\dfrac{\pi}{2}$，故 $\lim\limits_{x\to\infty}\dfrac{\arctan x}{x}=0$.

4. 设 $\{a_n\}$，$\{b_n\}$，$\{c_n\}$ 均为非负数列，且 $\lim\limits_{n\to\infty}a_n=0$，$\lim\limits_{n\to\infty}b_n=1$，$\lim\limits_{n\to\infty}c_n=\infty$. 下列陈述中哪些是对的，哪些是错的？如果是对的，说明理由；如果是错的，试给出一个反例.

（1）$a_n<b_n$，$n\in\mathbf{N}_+$；　　（2）$b_n<c_n$，$n\in\mathbf{N}_+$；

（3）$\lim\limits_{n\to\infty}a_nc_n$ 不存在；　　（4）$\lim\limits_{n\to\infty}b_nc_n$ 不存在.

解　（1）错. 例如 $a_n=\dfrac{1}{n}$，$b_n=\dfrac{n}{n+1}$，$n\in\mathbf{N}_+$，当 $n=1$ 时，$a_1=1>\dfrac{1}{2}=b_1$，故对任意 $n\in\mathbf{N}_+$，$a_n<b_n$ 不成立.

（2）错. 例如 $b_n=\dfrac{n}{n+1}$，$c_n=(-1)^nn$，$n\in\mathbf{N}_+$. 当 n 为奇数时，$b_n<c_n$ 不成立.

（3）错. 例如 $a_n=\dfrac{1}{n^2}$，$c_n=n$，$n\in\mathbf{N}_+$. $\lim\limits_{n\to\infty}a_nc_n=0$.

（4）对．如果 $\lim\limits_{n\to\infty} b_n c_n$ 存在，那么 $\lim\limits_{n\to\infty} c_n = \lim\limits_{n\to\infty}(b_n c_n) \cdot \lim\limits_{n\to\infty} \dfrac{1}{b_n}$ 也存在，与已知条件矛盾．

5. 下列陈述中，哪些是对的，哪些是错的？如果是对的，说明理由；如果是错的，试给出一个反例．

（1）如果 $\lim\limits_{x\to x_0} f(x)$ 存在，但 $\lim\limits_{x\to x_0} g(x)$ 不存在，那么 $\lim\limits_{x\to x_0}[f(x)+g(x)]$ 不存在；

（2）如果 $\lim\limits_{x\to x_0} f(x)$ 和 $\lim\limits_{x\to x_0} g(x)$ 都不存在，那么 $\lim\limits_{x\to x_0}[f(x)+g(x)]$ 不存在；

（3）如果 $\lim\limits_{x\to x_0} f(x)$ 存在，但 $\lim\limits_{x\to x_0} g(x)$ 不存在，那么 $\lim\limits_{x\to x_0}[f(x)\cdot g(x)]$ 不存在．

解　（1）对．如果 $\lim\limits_{x\to x_0}[f(x)+g(x)]$ 存在，那么 $\lim\limits_{x\to x_0} g(x) = \lim\limits_{x\to x_0}[f(x)+g(x)] - \lim\limits_{x\to x_0} f(x)$ 也存在，与已知条件矛盾．

（2）错．例如 $f(x)=\operatorname{sgn} x$，$g(x)=-\operatorname{sgn} x$ 在 $x\to 0$ 时的极限均不存在，但 $f(x)+g(x)\equiv 0$ 在 $x\to 0$ 时的极限存在．

（3）错．例如 $\lim\limits_{x\to 0} x = 0$，$\lim\limits_{x\to 0} \sin\dfrac{1}{x}$ 不存在，但 $\lim\limits_{x\to 0} x\sin\dfrac{1}{x} = 0$.

6. 此处解析请扫二维码查看．

6 二维码

习题 1-6　解答　极限存在准则　两个重要极限

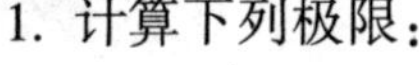

1. 计算下列极限：

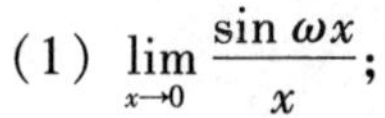

（1）$\lim\limits_{x\to 0} \dfrac{\sin \omega x}{x}$；　　（2）$\lim\limits_{x\to 0} \dfrac{\tan 3x}{x}$；

（3）$\lim\limits_{x\to 0} \dfrac{\sin 2x}{\sin 5x}$；　　（4）$\lim\limits_{x\to 0} x\cot x$；

（5）$\lim\limits_{x\to 0} \dfrac{1-\cos 2x}{x\sin x}$；

（6）$\lim\limits_{n\to\infty} 2^n \sin\dfrac{x}{2^n}$（$x$ 为不等于零的常数，$n\in\mathbf{N}_+$）.

解　（1）当 $\omega\neq 0$ 时，$\lim\limits_{x\to 0}\dfrac{\sin\omega x}{x} = \omega\lim\limits_{x\to 0}\dfrac{\sin\omega x}{\omega x} = \omega$；当 $\omega = 0$ 时，$\lim\limits_{x\to 0}\dfrac{\sin\omega x}{x} = 0 = \omega$. 因此不论 ω 为何值，都有 $\lim\limits_{x\to 0}\dfrac{\sin\omega x}{x} = \omega$；

（2）$\lim\limits_{x\to 0}\dfrac{\tan 3x}{x} = \lim\limits_{x\to 0}\left(3\cdot\dfrac{\tan 3x}{3x}\right) = 3\lim\limits_{x\to 0}\dfrac{\tan 3x}{3x} = 3$；

（3）$\lim\limits_{x\to 0}\dfrac{\sin 2x}{\sin 5x} = \lim\limits_{x\to 0}\left(\dfrac{\sin 2x}{2x}\cdot\dfrac{5x}{\sin 5x}\cdot\dfrac{2}{5}\right) = \dfrac{2}{5}\lim\limits_{x\to 0}\dfrac{\sin 2x}{2x}\cdot\lim\limits_{x\to 0}\dfrac{5x}{\sin 5x} = \dfrac{2}{5}$；

（4）$\lim\limits_{x\to 0} x\cot x = \lim\limits_{x\to 0}\left(\dfrac{x}{\sin x}\cdot\cos x\right) = \lim\limits_{x\to 0}\dfrac{x}{\sin x}\cdot\lim\limits_{x\to 0}\cos x = 1$；

（5）$\lim\limits_{x\to 0}\dfrac{1-\cos 2x}{x\sin x} = \lim\limits_{x\to 0}\dfrac{2\sin^2 x}{x\sin x} = 2\lim\limits_{x\to 0}\dfrac{\sin x}{x} = 2$；

（6）$\lim\limits_{n\to\infty} 2^n\sin\dfrac{x}{2^n} = \lim\limits_{n\to\infty}\left(\dfrac{\sin\dfrac{x}{2^n}}{\dfrac{x}{2^n}}\cdot x\right) = x$.

2. 计算下列极限：

（1）$\lim\limits_{x\to0}(1-x)^{\frac{1}{x}}$；　　（2）$\lim\limits_{x\to0}(1+2x)^{\frac{1}{x}}$；

（3）$\lim\limits_{x\to\infty}\left(\frac{1+x}{x}\right)^{2x}$；　　（4）$\lim\limits_{x\to\infty}\left(1-\frac{1}{x}\right)^{kx}$（$k$ 为正整数）.

解　（1）$\lim\limits_{x\to0}(1-x)^{\frac{1}{x}}=\lim\limits_{x\to0}[1+(-x)]^{\frac{1}{(-x)}(-1)}=\{\lim\limits_{x\to0}[1+(-x)]^{\frac{1}{(-x)}}\}^{-1}=e^{-1}$；

（2）$\lim\limits_{x\to0}(1+2x)^{\frac{1}{x}}=\lim\limits_{x\to0}[(1+2x)^{\frac{1}{2x}}]^{2}=\{\lim\limits_{x\to0}[(1+2x)^{\frac{1}{2x}}]\}^{2}=e^{2}$；

（3）$\lim\limits_{x\to\infty}\left(\frac{1+x}{x}\right)^{2x}=\lim\limits_{x\to\infty}\left[\left(\frac{1+x}{x}\right)^{x}\right]^{2}=\left\{\lim\limits_{x\to\infty}\left[\left(\frac{1+x}{x}\right)^{x}\right]\right\}^{2}=e^{2}$；

（4）$\lim\limits_{x\to\infty}\left(1-\frac{1}{x}\right)^{kx}=\lim\limits_{x\to\infty}\left[1+\frac{1}{(-x)}\right]^{(-x)(-k)}=\left\{\lim\limits_{x\to\infty}\left[1+\frac{1}{(-x)}\right]^{-x}\right\}^{-k}=e^{-k}$.

3. 此处解析请扫二维码查看.

3 二维码

4. 利用极限存在准则证明：

（1）$\lim\limits_{n\to\infty}\sqrt{1+\frac{1}{n}}=1$；

（2）$\lim\limits_{n\to\infty}n\left(\frac{1}{n^2+\pi}+\frac{1}{n^2+2\pi}+\cdots+\frac{1}{n^2+n\pi}\right)=1$；

（3）数列 $\sqrt{2}$，$\sqrt{2+\sqrt{2}}$，$\sqrt{2+\sqrt{2+\sqrt{2}}}$，… 的极限存在；

（4）$\lim\limits_{x\to0}\sqrt[n]{1+x}=1$；（5）$\lim\limits_{x\to0^+}x\left[\frac{1}{x}\right]=1$.

证　（1）由于 $1<\sqrt{1+\frac{1}{n}}<1+\frac{1}{n}$，再由 $\lim\limits_{n\to\infty}1=1$，$\lim\limits_{n\to\infty}\left(1+\frac{1}{n}\right)=1$，由夹逼准则，即得证.

（2）由于 $\frac{n}{n+\pi}\leqslant n\left(\frac{1}{n^2+\pi}+\frac{1}{n^2+2\pi}+\cdots+\frac{1}{n^2+n\pi}\right)\leqslant\frac{n^2}{n^2+\pi}$，又 $\lim\limits_{n\to\infty}\frac{n}{n+\pi}=1$，$\lim\limits_{n\to\infty}\frac{n^2}{n^2+\pi}=1$，由夹逼准则，即得证.

（3）$x_{n+1}=\sqrt{2+x_n}\,(n\in\mathbf{N}_+)$，$x_1=\sqrt{2}$.

先证数列 $\{x_n\}$ 有界：当 $n=1$ 时，$x_1=\sqrt{2}<2$；假定 $n=k$ 时，$x_k<2$. 当 $n=k+1$ 时，$x_{k+1}=\sqrt{2+x_k}<\sqrt{2+2}=2$，因此 $x_n<2(n\in\mathbf{N}_+)$.

再证数列 $\{x_n\}$ 单调增加：由于 $x_{n+1}-x_n=\sqrt{2+x_n}-x_n=\frac{2+x_n-x_n^2}{\sqrt{2+x_n}+x_n}=-\frac{(x_n-2)(x_n+1)}{\sqrt{2+x_n}+x_n}$，由 $0<x_n<2$，得 $x_{n+1}-x_n>0$，即 $x_{n+1}>x_n(n\in\mathbf{N}_+)$.

根据单调有界准则，则有 $\lim\limits_{n\to\infty}x_n$ 存在. 记 $\lim\limits_{n\to\infty}x_n=a$. 根据 $x_{n+1}=\sqrt{2+x_n}$，得 $x_{n+1}^2=2+x_n$. 上式两端同时取极限：$\lim\limits_{n\to\infty}x_{n+1}^2=\lim\limits_{n\to\infty}(2+x_n)$，得 $a^2=2+a\Rightarrow a^2-a-2=0\Rightarrow a_1=2$，$a_2=-1$（舍去）. 从而 $\lim\limits_{n\to\infty}x_n=2$.

（4）当 $x>0$ 时，$1<\sqrt[n]{1+x}<1+x$；当 $-1<x<0$ 时，$1+x<\sqrt[n]{1+x}<1$. 而

$$\lim_{x\to0}1=1,\ \lim_{x\to0}(1+x)=1.$$

根据夹逼准则，即得证.

(5) 当 $x>0$ 时，$1-x<x\left[\dfrac{1}{x}\right]\leqslant1$. 而 $\lim\limits_{x\to0^+}(1-x)=1$，$\lim\limits_{x\to0^+}1=1$. 由夹逼准则，即得证.

习题1-7 解答 无穷小的比较

1. 当 $x\to0$ 时，$2x-x^2$ 与 x^2-x^3 相比，哪一个是高阶无穷小?

解 由于 $\lim\limits_{x\to0}(2x-x^2)=0$，$\lim\limits_{x\to0}(x^2-x^3)=0$，$\lim\limits_{x\to0}\dfrac{x^2-x^3}{2x-x^2}=\lim\limits_{x\to0}\dfrac{x-x^2}{2-x}=0$，因此当 $x\to0$ 时，x^2-x^3 是比 $2x-x^2$ 高阶的无穷小.

2. 当 $x\to0$ 时，$(1-\cos x)^2$ 与 $\sin^2x$ 相比，哪一个是高阶无穷小?

解 由于 $x\to0$ 时，$(1-\cos x)^2\to0$，$\sin^2x\to0$，且 $\lim\limits_{x\to0}\dfrac{(1-\cos x)^2}{\sin^2x}=\lim\limits_{x\to0}\dfrac{\left(\frac{1}{2}x^2\right)^2}{x^2}=0$，从而当 $x\to0$ 时，$(1-\cos x)^2$ 是比 $\sin^2x$ 高阶的无穷小.

3. 当 $x\to1$ 时，无穷小 $1-x$ 和 (1) $1-x^3$，(2) $\dfrac{1}{2}(1-x^2)$ 是否同阶，是否等价?

解 (1) $\dfrac{1-x}{1-x^3}=\dfrac{1-x}{(1-x)(1+x+x^2)}=\dfrac{1}{1+x+x^2}\to\dfrac{1}{3}(x\to1)$，同阶，不等价.

(2) $\dfrac{1-x}{\frac{1}{2}(1-x^2)}=\dfrac{1-x}{\frac{1}{2}(1-x)(1+x)}=\dfrac{2}{1+x}\to1(x\to1)$，同阶，等价.

4. 证明：当 $x\to0$ 时，有

(1) $\arctan x\sim x$； (2) $\sec x-1\sim\dfrac{x^2}{2}$.

证 (1) 令 $x=\tan t$，则 $t=\arctan x$，当 $x\to0$ 时，$t\to0$. 由于 $\lim\limits_{x\to0}\dfrac{\arctan x}{x}=\lim\limits_{t\to0}\dfrac{t}{\tan t}=1$，因此 $\arctan x\sim x(x\to0)$.

(2) 因为

$$\lim_{x\to0}\frac{\sec x-1}{\frac{1}{2}x^2}=\lim_{x\to0}\left(\frac{1-\cos x}{\frac{1}{2}x^2}\cdot\frac{1}{\cos x}\right)=\lim_{x\to0}\left(\frac{2\sin^2\frac{x}{2}}{\frac{1}{2}x^2}\cdot\frac{1}{\cos x}\right)=\lim_{x\to0}\frac{\sin^2\frac{x}{2}}{\left(\frac{x}{2}\right)^2}\cdot\lim_{x\to0}\frac{1}{\cos x}=1,$$

所以 $\sec x-1\sim\dfrac{x^2}{2}(x\to0)$.

5. 利用等价无穷小的性质，求下列极限：

(1) $\lim\limits_{x\to0}\dfrac{\tan3x}{2x}$； (2) $\lim\limits_{x\to0}\dfrac{\sin(x^n)}{(\sin x)^m}$（$n$，$m$ 为正整数）；

(3) $\lim\limits_{x\to0}\dfrac{\tan x-\sin x}{\sin^3x}$； (4) $\lim\limits_{x\to0}\dfrac{\sin x-\tan x}{(\sqrt[3]{1+x^2}-1)(\sqrt{1+\sin x}-1)}$.

解 (1) $\lim\limits_{x\to0}\dfrac{\tan 3x}{2x}=\lim\limits_{x\to0}\dfrac{3x}{2x}=\dfrac{3}{2}$;

(2) $\lim\limits_{x\to0}\dfrac{\sin(x^n)}{(\sin x)^m}=\lim\limits_{x\to0}\dfrac{x^n}{x^m}=\begin{cases}0, & n>m,\\ 1, & n=m,\\ \infty, & n<m;\end{cases}$

(3) $\lim\limits_{x\to0}\dfrac{\tan x-\sin x}{\sin^3 x}=\lim\limits_{x\to0}\dfrac{\sec x-1}{\sin^2 x}=\lim\limits_{x\to0}\dfrac{\frac{x^2}{2}}{x^2}=\dfrac{1}{2}$;

注：在作等价无穷小的代换求极限时，可以对分子或分母中的一个或若干个因子作代换，但不能对分子或分母中的某个加项作代换．

(4) $\lim\limits_{x\to0}\dfrac{\sin x-\tan x}{(\sqrt[3]{1+x^2}-1)(\sqrt{1+\sin x}-1)}=\lim\limits_{x\to0}\dfrac{\sin x(1-\sec x)}{\frac{1}{3}x^2\cdot\frac{1}{2}\sin x}=\lim\limits_{x\to0}\dfrac{-\frac{1}{2}x^2}{\frac{1}{6}x^2}=-3.$

6. 证明无穷小的等价关系具有下列性质：

(1) $\alpha\sim\alpha$（自反性）；　　(2) 若 $\alpha\sim\beta$，则 $\beta\sim\alpha$（对称性）；

(3) 若 $\alpha\sim\beta$，$\beta\sim\gamma$，则 $\alpha\sim\gamma$（传递性）．

证 (1) 由于 $\lim\dfrac{\alpha}{\alpha}=1$，故 $\alpha\sim\alpha$；

(2) 由于 $\alpha\sim\beta$，即 $\lim\dfrac{\alpha}{\beta}=1$，故 $\lim\dfrac{\beta}{\alpha}=1$，即 $\beta\sim\alpha$；

(3) 由于 $\alpha\sim\beta$，$\beta\sim\gamma$，即 $\lim\dfrac{\alpha}{\beta}=1$，$\lim\dfrac{\beta}{\gamma}=1$，故

$$\lim\frac{\alpha}{\gamma}=\lim\left(\frac{\alpha}{\beta}\cdot\frac{\beta}{\gamma}\right)=\lim\frac{\alpha}{\beta}\cdot\lim\frac{\beta}{\gamma}=1,$$

即 $\alpha\sim\gamma$.

习题 1-8 解答　函数的连续性与间断点

1. 设 $y=f(x)$ 的图形如图 1-11 所示，试指出 $f(x)$ 的全部间断点，并对可去间断点补充或修改函数值的定义，使它成为连续点．

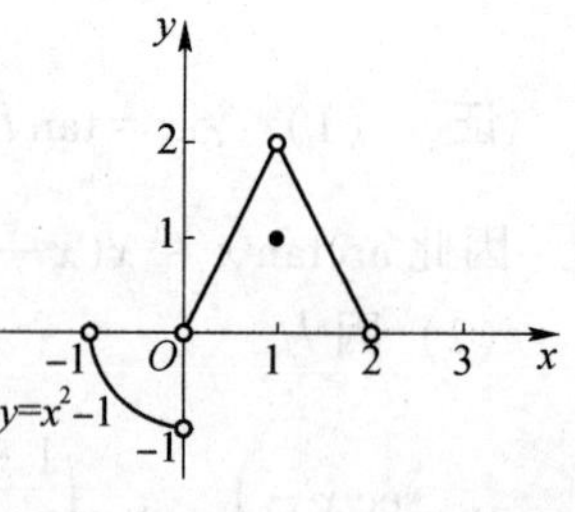

图 1-11

解 $x=-1$、0、1、2 均为 $f(x)$ 的间断点．除了 $x=0$ 外，它们均为 $f(x)$ 的可去间断点．补充定义 $f(-1)=f(2)=0$，修改定义使 $f(1)=2$，则它们均成为 $f(x)$ 的连续点．

2. 研究下列函数的连续性，并画出函数的图形：

(1) $f(x)=\begin{cases}x^2, & 0\leqslant x\leqslant1,\\ 2-x, & 1<x\leqslant2;\end{cases}$　　(2) $f(x)=\begin{cases}x, & -1\leqslant x\leqslant1,\\ 1, & x<-1 \text{ 或 } x>1.\end{cases}$

解 (1) $f(x)$ 在 $[0,1)$ 及 $(1,2]$ 内连续．在 $x=1$ 处，$\lim\limits_{x\to1^-}f(x)=\lim\limits_{x\to1^-}x^2=1$，$\lim\limits_{x\to1^+}f(x)=\lim\limits_{x\to1^+}(2-x)=1$.

又 $f(1)=1$，因此 $f(x)$ 在 $x=1$ 处连续，故 $f(x)$ 在 $[0,2]$ 上连续，函数的图形如图 1-12 所示．

(2) $f(x)$ 在 $(-\infty, -1)$ 与 $(-1, +\infty)$ 内连续. 在 $x=-1$ 处间断, 但右连续. 由于在 $x=-1$ 处 $\lim\limits_{x\to-1^+}f(x)=\lim\limits_{x\to-1^+}x=-1$, $f(-1)=-1$. 但 $\lim\limits_{x\to-1^-}f(x)=\lim\limits_{x\to-1^-}1=1$, 即

$$\lim_{x\to-1^-}f(x)\neq\lim_{x\to-1^+}f(x).$$

函数的图形如图 1-13 所示.

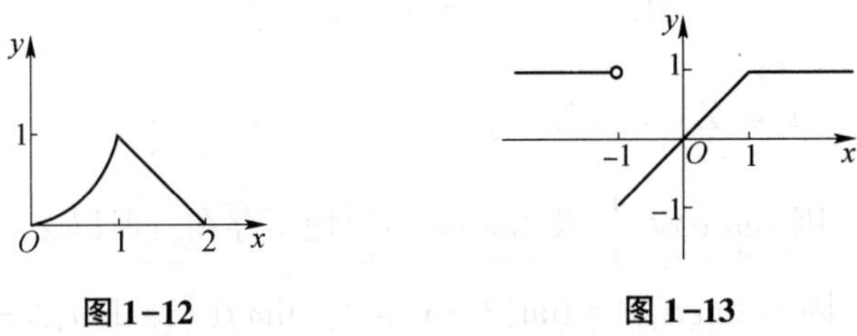

图 1-12　　**图 1-13**

3. 下列函数在指出的点处间断, 说明这些间断点属于哪一类. 如果是可去间断点, 那么补充或改变函数的定义使它连续:

(1) $y=\dfrac{x^2-1}{x^2-3x+2}$, $x=1$, $x=2$;

(2) $y=\dfrac{x}{\tan x}$, $x=k\pi$, $x=k\pi+\dfrac{\pi}{2}(k=0, \pm1, \pm2, \cdots)$;

(3) $y=\cos^2\dfrac{1}{x}$, $x=0$;

(4) $y=\begin{cases}x-1, & x\leqslant1,\\ 3-x, & x>1,\end{cases}$ $x=1$.

解　(1) 对于 $x=1$, 由于 $f(1)$ 无定义, 但

$$\lim_{x\to1}\frac{x^2-1}{x^2-3x+2}=\lim_{x\to1}\frac{(x-1)(x+1)}{(x-2)(x-1)}=\lim_{x\to1}\frac{x+1}{x-2}=-2,$$

因此 $x=1$ 为第一类间断点 (可去间断点), 重新定义函数:

$$f_1(x)=\begin{cases}\dfrac{x^2-1}{x^2-3x+2}, & x\neq1, 2,\\ -2, & x=1,\end{cases}$$

则 $f_1(x)$ 在 $x=1$ 处连续.

因为 $\lim\limits_{x\to2}f(x)=\infty$, 所以 $x=2$ 为第二类间断点 (无穷间断点).

(2) 对于 $x=0$, 因 $f(0)$ 无定义, $\lim\limits_{x\to0}\dfrac{x}{\tan x}=\lim\limits_{x\to0}\dfrac{x}{x}=1$, 故 $x=0$ 为第一类间断点, 重新定义函数:

$$f_1(x)=\begin{cases}\dfrac{x}{\tan x}, & x\neq k\pi, k\pi+\dfrac{\pi}{2},\\ 1, & x=0,\end{cases}\quad(k\in\mathbf{Z})$$

则 $f_1(x)$ 在 $x=0$ 处连续.

对于 $x=k\pi(k=\pm1, \pm2, \cdots)$, 因为 $\lim\limits_{x\to k\pi}\dfrac{x}{\tan x}=\infty$, 故 $x=k\pi(k=\pm1, \pm2, \cdots)$ 为第二类间断点 (无穷间断点).

对于 $x=k\pi+\dfrac{\pi}{2}(k\in\mathbf{Z})$, 因为 $\lim\limits_{x\to k\pi+\frac{\pi}{2}}\dfrac{x}{\tan x}=0$, 而函数在 $k\pi+\dfrac{\pi}{2}$ 处无定义, 故 $x=$

$k\pi+\frac{\pi}{2}(k\in\mathbf{Z})$ 为第一类间断点（可去间断点），重新定义函数：

$$f_2(x)=\begin{cases}\dfrac{x}{\tan x}, & x\neq k\pi,\ k\pi+\dfrac{\pi}{2},\\ 0, & x=k\pi+\dfrac{\pi}{2},\end{cases}\quad (k\in\mathbf{Z})$$

则 $f_2(x)$ 在 $x=k\pi+\frac{\pi}{2}(k\in\mathbf{Z})$ 处连续．

（3）对于 $x=0$，因 $\lim\limits_{x\to0^+}\cos^2\frac{1}{x}$ 及 $\lim\limits_{x\to0^-}\cos^2\frac{1}{x}$ 均不存在，所以 $x=0$ 为第二类间断点．

（4）对于 $x=1$，因为 $\lim\limits_{x\to1^+}f(x)=\lim\limits_{x\to1^+}(3-x)=2$，$\lim\limits_{x\to1^-}f(x)=\lim\limits_{x\to1^-}(x-1)=0$，即左、右极限存在，但不相等，故 $x=1$ 为第一类间断点（跳跃间断点）．

4. 讨论函数 $f(x)=\lim\limits_{n\to\infty}\frac{1-x^{2n}}{1+x^{2n}}x\,(n\in\mathbf{N}_+)$ 的连续性，若有间断点，则判别其类型．

解 $f(x)=\lim\limits_{n\to\infty}\frac{1-x^{2n}}{1+x^{2n}}x=\begin{cases}-x, & |x|>1,\\ 0, & |x|=1,\\ x, & |x|<1.\end{cases}$ 在分段点 $x=-1$ 处，由于

$$\lim_{x\to-1^-}f(x)=\lim_{x\to-1^-}(-x)=1,\ \lim_{x\to-1^+}f(x)=\lim_{x\to-1^+}x=-1,\ \lim_{x\to-1^-}f(x)\neq\lim_{x\to-1^+}f(x),$$

故 $x=-1$ 为第一类间断点（跳跃间断点）．

在分段点 $x=1$ 处，由于 $\lim\limits_{x\to1^-}f(x)=\lim\limits_{x\to1^-}x=1$，$\lim\limits_{x\to1^+}f(x)=\lim\limits_{x\to1^+}(-x)=-1$，$\lim\limits_{x\to1^-}f(x)\neq\lim\limits_{x\to1^+}f(x)$．故 $x=1$ 为第一类间断点（跳跃间断点）．

5. 下列陈述中，哪些是对的，哪些是错的？如果是对的，说明理由；如果是错的，试给出一个反例．

（1）如果函数 $f(x)$ 在 a 连续，那么 $|f(x)|$ 也在 a 连续；

（2）如果函数 $|f(x)|$ 在 a 连续，那么 $f(x)$ 也在 a 连续．

解 （1）对．由于 $||f(x)|-|a||\leqslant|f(x)-a|\to0(x\to a)$，故 $|f(x)|$ 也在 a 连续．

（2）错．例如 $f(x)=\begin{cases}1, & x\geqslant0,\\ -1, & x<0,\end{cases}$ 则 $|f(x)|$ 在 $a=0$ 处连续，而 $f(x)$ 在 $a=0$ 处不连续．

6—8 二维码

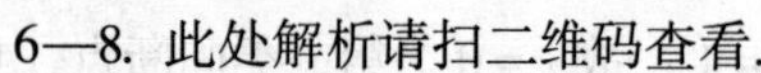
6—8. 此处解析请扫二维码查看．

习题 1-9　解答　连续函数的运算与初等函数的连续性

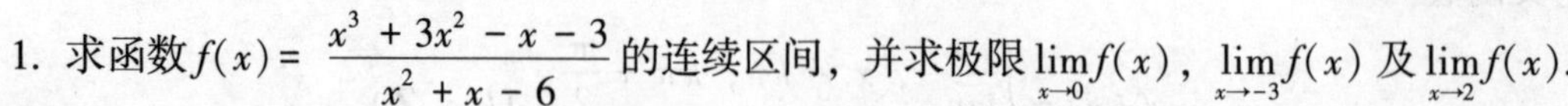
1. 求函数 $f(x)=\frac{x^3+3x^2-x-3}{x^2+x-6}$ 的连续区间，并求极限 $\lim\limits_{x\to0}f(x)$，$\lim\limits_{x\to-3}f(x)$ 及 $\lim\limits_{x\to2}f(x)$．

解 $f(x)$ 在 $x_1=-3$，$x_2=2$ 处无意义，故这两个点为间断点．此外函数处处连续，连续区间为 $(-\infty,-3)$，$(-3,2)$，$(2,+\infty)$．

由于 $f(x)=\frac{x^3+3x^2-x-3}{x^2+x-6}=\frac{(x^2-1)(x+3)}{(x+3)(x-2)}=\frac{x^2-1}{x-2}$，故

$$\lim_{x\to0}f(x)=\frac{1}{2},\ \lim_{x\to-3}f(x)=-\frac{8}{5},\ \lim_{x\to2}f(x)=\infty.$$

2. 设函数 $f(x)$ 与 $g(x)$ 在点 x_0 处连续，证明函数 $\varphi(x)=\max\{f(x),g(x)\}$，$\psi(x)=$

$\min\{f(x), g(x)\}$ 在点 x_0 处也连续.

证 $\varphi(x)=\max\{f(x), g(x)\}=\frac{1}{2}[f(x)+g(x)+|f(x)-g(x)|]$,

$\psi(x)=\min\{f(x), g(x)\}=\frac{1}{2}[f(x)+g(x)-|f(x)-g(x)|]$.

如果$f(x)$ 在点 x_0 处连续，那么 $|f(x)|$ 在点 x_0 处也连续；连续函数的和、差仍连续，因此 $\varphi(x)$、$\psi(x)$ 在点 x_0 处也连续.

3. 求下列极限：

(1) $\lim\limits_{x\to 0}\sqrt{x^2-2x+5}$；　(2) $\lim\limits_{a\to\frac{\pi}{4}}(\sin 2a)^3$；

(3) $\lim\limits_{x\to\frac{\pi}{6}}\ln(2\cos 2x)$；　(4) $\lim\limits_{x\to 0}\frac{\sqrt{x+1}-1}{x}$；

(5) $\lim\limits_{x\to 1}\frac{\sqrt{5x-4}-\sqrt{x}}{x-1}$；　(6) $\lim\limits_{x\to\alpha}\frac{\sin x-\sin\alpha}{x-\alpha}$；

(7) $\lim\limits_{x\to+\infty}\left(\sqrt{x^2+x}-\sqrt{x^2-x}\right)$；　(8) $\lim\limits_{x\to 0}\frac{\left(1-\frac{1}{2}x^2\right)^{\frac{2}{3}}-1}{x\ln(1+x)}$.

解 (1) $\lim\limits_{x\to 0}\sqrt{x^2-2x+5}=\sqrt{\lim\limits_{x\to 0}(x^2-2x+5)}=\sqrt{5}$；

(2) $\lim\limits_{a\to\frac{\pi}{4}}(\sin 2a)^3=(\lim\limits_{a\to\frac{\pi}{4}}\sin 2a)^3=\left(\sin\frac{\pi}{2}\right)^3=1$；

(3) $\lim\limits_{x\to\frac{\pi}{6}}\ln(2\cos 2x)=\ln(\lim\limits_{x\to\frac{\pi}{6}}2\cos 2x)=\ln\left(2\cos\frac{\pi}{3}\right)=\ln 1=0$；

(4) $\lim\limits_{x\to 0}\frac{\sqrt{x+1}-1}{x}=\lim\limits_{x\to 0}\frac{1}{\sqrt{x+1}+1}=\frac{1}{2}$；

(5) $\lim\limits_{x\to 1}\frac{\sqrt{5x-4}-\sqrt{x}}{x-1}=\lim\limits_{x\to 1}\frac{4}{\sqrt{5x-4}+\sqrt{x}}=2$；

(6)
$$\lim_{x\to\alpha}\frac{\sin x-\sin\alpha}{x-\alpha}=\lim_{x\to\alpha}\frac{2\sin\frac{x-\alpha}{2}\cos\frac{x+\alpha}{2}}{x-\alpha}=\lim_{x\to\alpha}\frac{\sin\frac{x-\alpha}{2}}{\frac{x-\alpha}{2}}\cdot\lim_{x\to\alpha}\cos\frac{x+\alpha}{2}=\cos\alpha;$$

(7)
$$\lim_{x\to+\infty}\left(\sqrt{x^2+x}-\sqrt{x^2-x}\right)=\lim_{x\to+\infty}\frac{2x}{\sqrt{x^2+x}+\sqrt{x^2-x}}=\lim_{x\to+\infty}\frac{2}{\sqrt{1+\frac{1}{x}}+\sqrt{1-\frac{1}{x}}}=1;$$

(8)
$$\lim_{x\to 0}\frac{\left(1-\frac{1}{2}x^2\right)^{\frac{2}{3}}-1}{x\ln(1+x)}=\lim_{x\to 0}\frac{\frac{2}{3}\cdot\left(-\frac{1}{2}x^2\right)}{x^2}=-\frac{1}{3}.$$

4. 求下列极限：

（1）$\lim\limits_{x\to\infty} e^{\frac{1}{x}}$；　　（2）$\lim\limits_{x\to 0}\ln\dfrac{\sin x}{x}$；

（3）$\lim\limits_{x\to\infty}\left(1+\dfrac{1}{x}\right)^{\frac{x}{2}}$；　　（4）$\lim\limits_{x\to 0}(1+3\tan^2 x)^{\cot^2 x}$；

（5）$\lim\limits_{x\to\infty}\left(\dfrac{3+x}{6+x}\right)^{\frac{x-1}{2}}$；　　（6）$\lim\limits_{x\to 0}\dfrac{\sqrt{1+\tan x}-\sqrt{1+\sin x}}{x\sqrt{1+\sin^2 x}-x}$；

（7）$\lim\limits_{x\to e}\dfrac{\ln x-1}{x-e}$；　　（8）$\lim\limits_{x\to 0}\dfrac{e^{3x}-e^{2x}-e^x+1}{\sqrt[3]{(1-x)(1+x)}-1}$.

解　（1）$\lim\limits_{x\to\infty} e^{\frac{1}{x}}=e^{\lim\limits_{x\to\infty}\frac{1}{x}}=e^0=1$；

（2）$\lim\limits_{x\to 0}\ln\dfrac{\sin x}{x}=\ln\left(\lim\limits_{x\to 0}\dfrac{\sin x}{x}\right)=\ln 1=0$；

（3）$\lim\limits_{x\to\infty}\left(1+\dfrac{1}{x}\right)^{\frac{x}{2}}=\lim\limits_{x\to\infty}\left[\left(1+\dfrac{1}{x}\right)^{x}\right]^{\frac{1}{2}}=\left[\lim\limits_{x\to\infty}\left(1+\dfrac{1}{x}\right)^{x}\right]^{\frac{1}{2}}=e^{\frac{1}{2}}=\sqrt{e}$；

（4）$\lim\limits_{x\to 0}(1+3\tan^2 x)^{\cot^2 x}=\lim\limits_{x\to 0}\left[(1+3\tan^2 x)^{\frac{1}{3}\cot^2 x}\right]^3$

$$=\left[\lim\limits_{x\to 0}(1+3\tan^2 x)^{\frac{1}{3}\cot^2 x}\right]^3=e^3;$$

（5）$\lim\limits_{x\to\infty}\left(\dfrac{3+x}{6+x}\right)^{\frac{x-1}{2}}=\lim\limits_{x\to\infty}\left[\left(1-\dfrac{3}{6+x}\right)^{-\frac{6+x}{3}}\right]^{-\frac{3}{2}}\cdot\lim\limits_{x\to\infty}\left(1-\dfrac{3}{6+x}\right)^{-\frac{7}{2}}$

$$=\left[\lim\limits_{x\to\infty}\left(1-\frac{3}{6+x}\right)^{-\frac{6+x}{3}}\right]^{-\frac{3}{2}}\cdot\lim\limits_{x\to\infty}\left(1-\frac{3}{6+x}\right)^{-\frac{7}{2}}=e^{-\frac{3}{2}};$$

（6）原式$=\lim\limits_{x\to 0}\dfrac{\tan x-\sin x}{x\left(\sqrt{1+\sin^2 x}-1\right)\left(\sqrt{1+\tan x}+\sqrt{1+\sin x}\right)}$

$$=\lim\limits_{x\to 0}\left(\frac{\sin x}{x}\cdot\frac{\sec x-1}{\sqrt{1+\sin^2 x}-1}\cdot\frac{1}{\sqrt{1+\tan x}+\sqrt{1+\sin x}}\right)$$

$$=\lim\limits_{x\to 0}\frac{\sin x}{x}\cdot\lim\limits_{x\to 0}\frac{\frac{1}{2}x^2}{\frac{1}{2}\sin^2 x}\cdot\lim\limits_{x\to 0}\frac{1}{\sqrt{1+\tan x}+\sqrt{1+\sin x}}=1\cdot 1\cdot\frac{1}{2}=\frac{1}{2};$$

（7）$\lim\limits_{x\to e}\dfrac{\ln x-1}{x-e}\xlongequal{x-e=t}\lim\limits_{t\to 0}\dfrac{\ln(t+e)-\ln e}{t}=\lim\limits_{t\to 0}\dfrac{\ln\left(1+\frac{t}{e}\right)}{t}=\lim\limits_{t\to 0}\dfrac{\frac{t}{e}}{t}=\dfrac{1}{e}$；

（8）$\lim\limits_{x\to 0}\dfrac{e^{3x}-e^{2x}-e^x+1}{\sqrt[3]{(1-x)(1+x)}-1}=\lim\limits_{x\to 0}\dfrac{(e^{2x}-1)\cdot(e^x-1)}{(1-x^2)^{\frac{1}{3}}-1}=\lim\limits_{x\to 0}\dfrac{2x\cdot x}{\frac{1}{3}(-x^2)}=-6.$

5. 设$f(x)$在$\mathbf{R}$上连续，且$f(x)\neq 0$，$\varphi(x)$在$\mathbf{R}$上有定义，且有间断点，则下列陈述中哪些是对的，哪些是错的？如果是对的，试说明理由；如果是错的，试给出一个反例.

（1）$\varphi[f(x)]$必有间断点；　　（2）$[\varphi(x)]^2$必有间断点；

（3）$f[\varphi(x)]$未必有间断点；　　（4）$\dfrac{\varphi(x)}{f(x)}$必有间断点.

解　(1) 错. 例如, $\varphi(x)=\operatorname{sgn}x$, $f(x)=\mathrm{e}^x$, $\varphi[f(x)]=1$ 在 $\mathbf{R}$ 上处处连续.

(2) 错. 例如 $\varphi(x)=\begin{cases}1, & x\in\mathbf{Q},\\ -1, & x\in\mathbf{Q}^C,\end{cases}$ $[\varphi(x)]^2\equiv 1$ 在 $\mathbf{R}$ 上处处连续.

(3) 对. 例如 $\varphi(x)$ 同 (2), $f(x)=|x|+1$, $f[\varphi(x)]\equiv 2$ 在 $\mathbf{R}$ 上处处连续.

(4) 对. 因为若 $F(x)=\dfrac{\varphi(x)}{f(x)}$ 在 $\mathbf{R}$ 上处处连续, 则 $\varphi(x)=F(x)f(x)$ 也在 $\mathbf{R}$ 上处处连续, 这与已知条件矛盾.

6. 设函数

$$f(x)=\begin{cases}\mathrm{e}^x, & x<0,\\ a+x, & x\geqslant 0.\end{cases}$$

应当怎样选择数 a, 才能使得 $f(x)$ 成为在 $(-\infty, +\infty)$ 内的连续函数.

解　根据初等函数的连续性, $f(x)$ 在 $(-\infty, 0)$ 及 $(0, +\infty)$ 内连续, 故要使 $f(x)$ 在 $(-\infty, +\infty)$ 内连续, 只需选择数 a, 使得 $f(x)$ 在 $x=0$ 处连续即可.

在 $x=0$ 处, $\lim\limits_{x\to0^-}f(x)=\lim\limits_{x\to0^-}\mathrm{e}^x=1$, $\lim\limits_{x\to0^+}f(x)=\lim\limits_{x\to0^+}(a+x)=a$, $f(0)=a$, 取 $a=1$, 则有 $\lim\limits_{x\to0^-}f(x)=\lim\limits_{x\to0^+}f(x)=f(0)$, 即 $f(x)$ 在 $x=0$ 处连续. 从而选择 $a=1$, $f(x)$ 就成为在 $(-\infty, +\infty)$ 内的连续函数.

习题1-10　解答　闭区间上连续函数的性质

1. 假设函数 $f(x)$ 在闭区间 $[0, 1]$ 上连续, 并且对 $[0, 1]$ 上任一点 x 有 $0\leqslant f(x)\leqslant 1$. 试证明 $[0, 1]$ 中必存在一点 c, 使得 $f(c)=c$ (c 称为函数 $f(x)$ 的不动点).

证　令 $F(x)=f(x)-x$, 易得 $F(0)=f(0)\geqslant 0$, $F(1)=f(1)-1\leqslant 0$.

如果 $F(0)=0$ 或 $F(1)=0$, 则 0 或 1 为 $f(x)$ 的不动点;

如果 $F(0)>0$ 且 $F(1)<0$, 则由零点定理, 必存在 $c\in(0, 1)$, 使得 $F(c)=0$, 即 $f(c)=c$, 这时 c 称为函数 $f(x)$ 的不动点.

2. 证明方程 $x^5-3x=1$ 至少有一个根介于 1 和 2 之间.

证　令 $f(x)=x^5-3x-1$, 则 $f(x)$ 在闭区间 $[1, 2]$ 上连续, 且 $f(1)=-3<0$, $f(2)=25>0$. 根据零点定理, 知 $\exists\xi\in(1, 2)$, 使 $f(\xi)=0$, 即 ξ 为方程的根.

3. 证明方程 $x=a\sin x+b$, 其中 $a>0$, $b>0$, 至少有一个正根, 并且它不超过 $a+b$.

证　令 $f(x)=x-a\sin x-b$, 则 $f(x)$ 在闭区间 $[0, a+b]$ 上连续, 且

$$f(0)=-b<0,\ f(a+b)=a[1-\sin(a+b)].$$

当 $\sin(a+b)<1$ 时, $f(a+b)>0$. 根据零点定理, 知 $\exists\xi\in(0, a+b)$, 使得 $f(\xi)=0$, 即 ξ 为原方程的根, 它是正根且不超过 $a+b$;

当 $\sin(a+b)=1$ 时, $f(a+b)=0$, 则 $a+b$ 就是满足条件的正根.

4. 证明任一最高次幂的指数为奇数的代数方程

$$a_0x^{2n+1}+a_1x^{2n}+\cdots+a_{2n}x+a_{2n+1}=0$$

至少有一实根, 其中 a_0, a_1, $\cdots$, a_{2n+1} 均为常数, $n\in\mathbf{N}$.

证　当 $|x|$ 充分大时, $f(x)=a_0x^{2n+1}+a_1x^{2n}+\cdots+a_{2n}x+a_{2n+1}$ 的符号取决于 a_0 的符号, 即当 x 为正时, $f(x)$ 与 a_0 同号; 当 x 为负时, $f(x)$ 与 a_0 异号. 而 $a_0\neq 0$, 又因为 $f(x)$ 是连续函数, 它在某充分大的区间的端点处异号, 故由零点定理知, 它在区间内某一点处必为零, 因此方程 $f(x)=0$ 至少有一实根.

5. 若 $f(x)$ 在 $[a, b]$ 上连续，$a < x_1 < x_2 < \cdots < x_n < b(n \geqslant 3)$，则在 (x_1, x_n) 内至少有一点 ξ，使 $f(\xi) = \dfrac{f(x_1) + f(x_2) + \cdots + f(x_n)}{n}$.

证　由于 $f(x)$ 在 $[a, b]$ 上连续，又 $[x_1, x_n] \subset [a, b]$，故 $f(x)$ 在 $[x_1, x_n]$ 上连续.

设 $M = \max\{f(x) \mid x_1 \leqslant x \leqslant x_n\}$，$m = \min\{f(x) \mid x_1 \leqslant x \leqslant x_n\}$，则

$$m \leqslant \frac{f(x_1) + f(x_2) + \cdots + f(x_n)}{n} \leqslant M.$$

若上述不等式为严格不等号，则根据介值定理知，$\exists \xi \in (x_1, x_n)$，使得

$$f(\xi) = \frac{f(x_1) + f(x_2) + \cdots + f(x_n)}{n};$$

若上述不等式出现等号，例如 $m = \dfrac{f(x_1) + f(x_2) + \cdots + f(x_n)}{n}$，则有 $f(x_1) = f(x_2) = \cdots = f(x_n) = m$.

任取 $x_2, x_3, \cdots, x_{n-1}$ 中一点作为 ξ，即有 $\xi \in (x_1, x_n)$，使

$$f(\xi) = \frac{f(x_1) + f(x_2) + \cdots + f(x_n)}{n}.$$

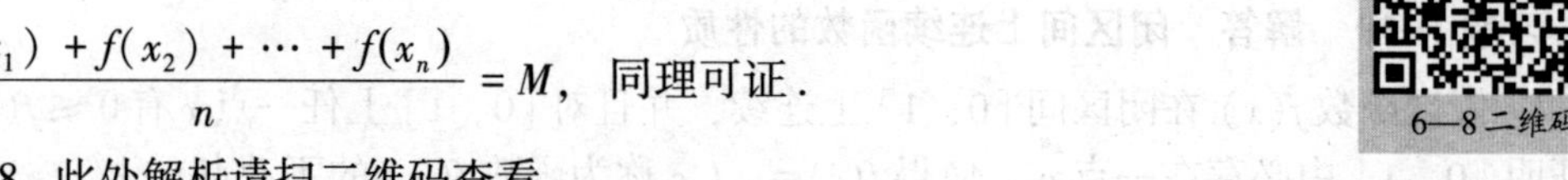

6—8二维码

如果 $\dfrac{f(x_1) + f(x_2) + \cdots + f(x_n)}{n} = M$，同理可证.

6—8. 此处解析请扫二维码查看.

总习题一　解答

1. 在“充分”“必要”和“充分必要”三者中选择一个正确的填入下列空格内：

(1) 数列 $\{x_n\}$ 有界是数列 $\{x_n\}$ 收敛的________条件，数列 $\{x_n\}$ 收敛是数列 $\{x_n\}$ 有界的________条件；

(2) $f(x)$ 在 x_0 的某一去心邻域内有界是 $\lim\limits_{x \to x_0} f(x)$ 存在的________条件，$\lim\limits_{x \to x_0} f(x)$ 存在是 $f(x)$ 在 x_0 的某一去心邻域内有界的________条件；

(3) $f(x)$ 在 x_0 的某一去心邻域内无界是 $\lim\limits_{x \to x_0} f(x) = \infty$ 的________条件，$\lim\limits_{x \to x_0} f(x) = \infty$ 是 $f(x)$ 在 x_0 的某一去心邻域内无界的________条件；

(4) $f(x)$ 当 $x \to x_0$ 时的右极限 $f(x_0^+)$ 及左极限 $f(x_0^-)$ 都存在且相等是 $\lim\limits_{x \to x_0} f(x)$ 存在的________条件.

解　(1) 必要，充分；(2) 必要，充分；(3) 必要，充分；(4) 充分必要.

2. 已知函数

$$f(x) = \begin{cases} (\cos x)^{-x^2}, & 0 < |x| < \dfrac{\pi}{2}, \\ a, & x = 0 \end{cases}$$

在 $x = 0$ 处连续，则 $a =$________.

解　$a = f(0) = \lim\limits_{x \to 0} f(x) = \lim\limits_{x \to 0} (\cos x)^{-x^2} = 1.$

3. 以下两题中给出了四个结论，从中选择一个正确的结论：

（1）设$f(x)=2^x+3^x-2$，则当$x\to 0$时，有（　　）.

(A) $f(x)$ 与 x 是等价无穷小　　(B) $f(x)$ 与 x 同阶但非等价无穷小

(C) $f(x)$ 是比 x 高阶的无穷小　　(D) $f(x)$ 是比 x 低阶的无穷小

（2）设$f(x)=\dfrac{e^{\frac{1}{x}}-1}{e^{\frac{1}{x}}+1}$，则$x=0$是$f(x)$的（　　）.

（A）可去间断点　（B）跳跃间断点　（C）第二类间断点（D）连续点

解　（1）由于

$$\lim_{x\to 0}\frac{f(x)}{x}=\lim_{x\to 0}\frac{2^x+3^x-2}{x}=\lim_{x\to 0}\frac{2^x-1}{x}+\lim_{x\to 0}\frac{3^x-1}{x}=\ln 2+\ln 3=\ln 6\neq 1,$$

故当$x\to 0$时，$f(x)$与x同阶但非等价无穷小，应选 B.

(2) $f(0^-)=\lim\limits_{x\to 0^-}f(x)=-1$，$f(0^+)=\lim\limits_{x\to 0^+}f(x)=1$，由于$f(0^-)$、$f(0^+)$均存在，但$f(0^+)\neq f(0^-)$，故$x=0$是$f(x)$的跳跃间断点，应选 B.

4. 设$f(x)$的定义域是$[0,1]$，求下列函数的定义域：

(1) $f(e^x)$；　　(2) $f(\ln x)$；

(3) $f(\arctan x)$；　　(4) $f(\cos x)$.

解　（1）由于$0\leqslant e^x\leqslant 1$，故$x\leqslant 0$，即函数$f(e^x)$的定义域为$(-\infty,0]$；

（2）由于$0\leqslant \ln x\leqslant 1$，故$1\leqslant x\leqslant e$，即函数$f(\ln x)$的定义域为$[1,e]$；

（3）由于$0\leqslant \arctan x\leqslant 1$，故$0\leqslant x\leqslant \tan 1$，即函数$f(\arctan x)$的定义域为$[0,\tan 1]$；

（4）由于$0\leqslant \cos x\leqslant 1$，故$2n\pi-\dfrac{\pi}{2}\leqslant x\leqslant 2n\pi+\dfrac{\pi}{2}$，$n\in\mathbf{Z}$，即函数$f(\cos x)$的定义域为$\left[2n\pi-\dfrac{\pi}{2},2n\pi+\dfrac{\pi}{2}\right]$，$n\in\mathbf{Z}$.

5. 设

$$f(x)=\begin{cases}0, & x\leqslant 0,\\ x, & x>0,\end{cases}\qquad g(x)=\begin{cases}0, & x\leqslant 0,\\ -x^2, & x>0,\end{cases}$$

求$f[f(x)]$，$g[g(x)]$，$f[g(x)]$，$g[f(x)]$.

解　$f[f(x)]=\begin{cases}0, & f(x)\leqslant 0,\\ f(x), & f(x)>0,\end{cases}$　而$f(x)\geqslant 0$，$x\in\mathbf{R}$，因此$f[f(x)]=f(x)$，$x\in\mathbf{R}$.

$g[g(x)]=\begin{cases}0, & g(x)\leqslant 0,\\ -g^2(x), & g(x)>0,\end{cases}$　而$g(x)\leqslant 0$，$x\in\mathbf{R}$，因此$g[g(x)]=0$，$x\in\mathbf{R}$.

$f[g(x)]=\begin{cases}0, & g(x)\leqslant 0,\\ g(x), & g(x)>0,\end{cases}$　而$g(x)\leqslant 0$，$x\in\mathbf{R}$，因此$f[g(x)]=0$，$x\in\mathbf{R}$.

$g[f(x)]=\begin{cases}0, & f(x)\leqslant 0,\\ -f^2(x), & f(x)>0,\end{cases}$　而$f(x)\geqslant 0$，$x\in\mathbf{R}$，因此$g[f(x)]=g(x)$，$x\in\mathbf{R}$.

6. 利用$y=\sin x$的图形作出下列函数的图形：

（1）$y=|\sin x|$；（2）$y=\sin|x|$；（3）$y=2\sin\dfrac{x}{2}$.

解 $y=\sin x$ 的图形如图 1-14 所示.

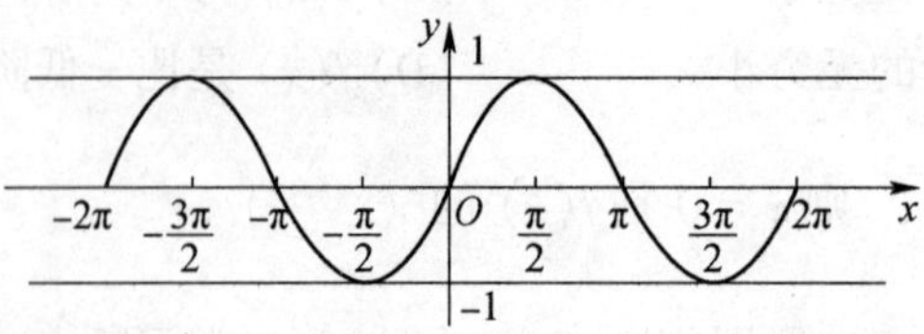

图 1-14

（1）将 $y=\sin x$ 的下方图形翻至上方，即得 $y=|\sin x|$ 的图形，如图 1-15 所示；

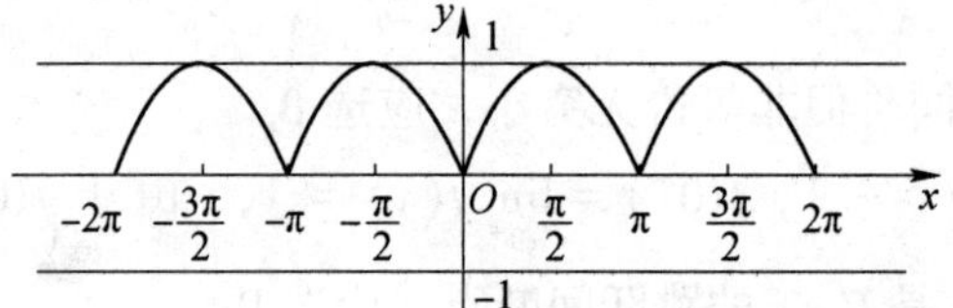

图 1-15

（2）将 $y=\sin x$ 的右方图形翻至左方，即得 $y=\sin|x|$ 的图形，如图 1-16 所示；

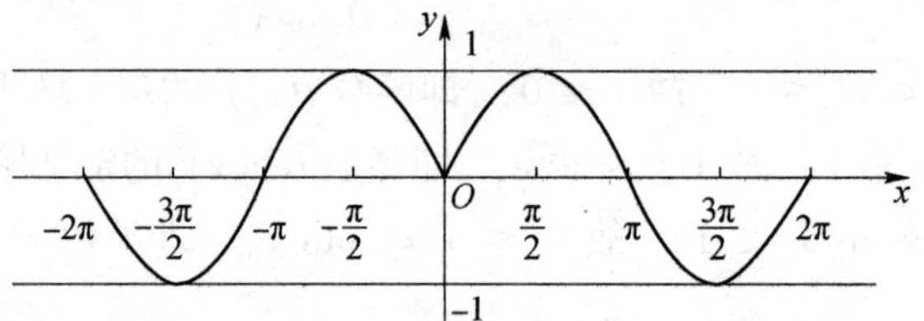

图 1-16

（3）将 $y=\sin x$ 的图形拉宽高度升高，即得 $y=2\sin\dfrac{x}{2}$ 的图形，如图 1-17 所示.

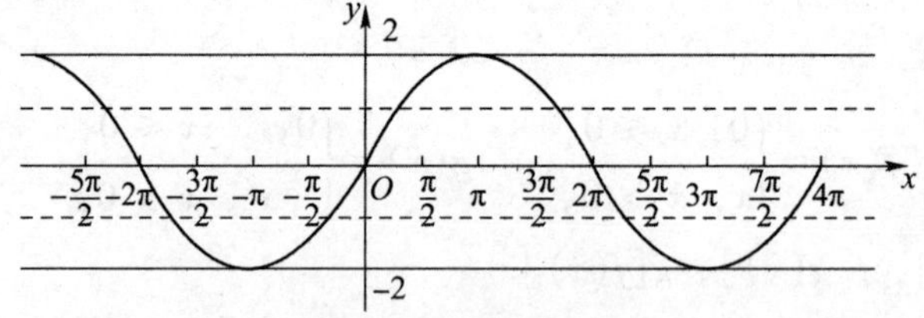

图 1-17

7. 把半径为 R 的一圆形铁皮，自圆心处剪去圆心角为 α 的一扇形后围成一无底圆锥．试建立这圆锥的体积 V 与角 α 间的函数关系．

解 设围成的圆锥底半径为 r，高为 h，则根据题意（见图 1-18）有

$$(2\pi-\alpha)R=2\pi r,\ h=\sqrt{R^2-r^2}.$$

因此

$$r=\frac{(2\pi-\alpha)R}{2\pi},\ h=\sqrt{R^2-\frac{(2\pi-\alpha)^2}{4\pi^2}R^2}=\frac{\sqrt{4\pi\alpha-\alpha^2}R}{2\pi},$$

圆锥体积为

$$V=\frac{1}{3}\pi\cdot\frac{(2\pi-\alpha)^2}{4\pi^2}R^2\cdot\frac{\sqrt{4\pi\alpha-\alpha^2}}{2\pi}R=\frac{R^3}{24\pi^2}(2\pi-\alpha)^2\sqrt{4\pi\alpha-\alpha^2}\ (0<\alpha<2\pi).$$

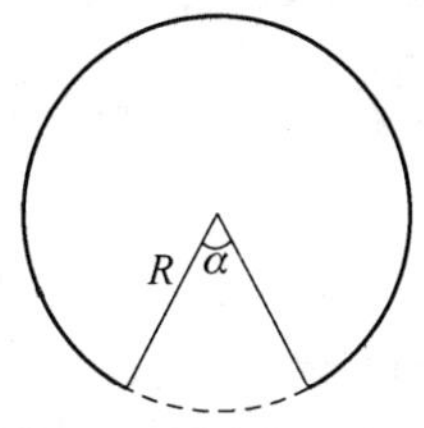

图 1-18

8. 此处解析请扫二维码查看.

9. 求下列极限:

(1) $\lim\limits_{x\to1}\frac{x^2-x+1}{(x-1)^2}$; (2) $\lim\limits_{x\to+\infty}x\left(\sqrt{x^2+1}-x\right)$;

(3) $\lim\limits_{x\to\infty}\left(\frac{2x+3}{2x+1}\right)^{x+1}$; (4) $\lim\limits_{x\to0}\frac{\tan x-\sin x}{x^3}$;

(5) $\lim\limits_{x\to0}\left(\frac{a^x+b^x+c^x}{3}\right)^{\frac{1}{x}}(a>0,\ b>0,\ c>0)$;

(6) $\lim\limits_{x\to\frac{\pi}{2}}(\sin x)^{\tan x}$; (7) $\lim\limits_{x\to a}\frac{\ln x-\ln a}{x-a}(a>0)$;

(8) $\lim\limits_{x\to0}\frac{x\tan x}{\sqrt{1-x^2}-1}$.

解 (1) 由于 $\lim\limits_{x\to1}\frac{(x-1)^2}{x^2-x+1}=0$, 故 $\lim\limits_{x\to1}\frac{x^2-x+1}{(x-1)^2}=\infty$;

(2) $$\lim_{x\to+\infty}x\left(\sqrt{x^2+1}-x\right)=\lim_{x\to+\infty}\frac{x\left(\sqrt{x^2+1}-x\right)\left(\sqrt{x^2+1}+x\right)}{\sqrt{x^2+1}+x}$$

$$=\lim_{x\to+\infty}\frac{x}{\sqrt{x^2+1}+x}=\lim_{x\to+\infty}\frac{1}{\sqrt{\frac{1}{x^2}+1}+1}=\frac{1}{2};$$

(3) $$\lim_{x\to+\infty}\left(\frac{2x+3}{2x+1}\right)^{x+1}=\lim_{x\to+\infty}\left(1+\frac{1}{x+\frac{1}{2}}\right)^{x+\frac{1}{2}}\cdot\lim_{x\to+\infty}\left(\frac{2x+3}{2x+1}\right)^{\frac{1}{2}}=\mathrm{e};$$

(4) $$\lim_{x\to0}\frac{\tan x-\sin x}{x^3}=\lim_{x\to0}\left(\tan x\cdot\frac{1-\cos x}{x^3}\right)=\lim_{x\to0}\frac{\tan x}{x}\cdot\lim_{x\to0}\frac{\frac{1}{2}x^2}{x^2}=\frac{1}{2};$$

(5) 由于 $\left(\frac{a^x+b^x+c^x}{3}\right)^{\frac{1}{x}}=\left(1+\frac{a^x+b^x+c^x-3}{3}\right)^{\frac{3}{a^x+b^x+c^x-3}\cdot\frac{1}{3}\left(\frac{a^x-1}{x}+\frac{b^x-1}{x}+\frac{c^x-1}{x}\right)}$, 又

$$\left(1+\frac{a^x+b^x+c^x-3}{3}\right)^{\frac{3}{a^x+b^x+c^x-3}}\to\mathrm{e}(x\to0),$$

$$\frac{a^x-1}{x}\to\ln a,\ \frac{b^x-1}{x}\to\ln b,\ \frac{c^x-1}{x}\to\ln c,\ x\to 0$$

故 $\lim\limits_{x\to 0}\left(\dfrac{a^x+b^x+c^x}{3}\right)^{\frac{1}{x}}=e^{\frac{1}{3}(\ln a+\ln b+\ln c)}=(abc)^{\frac{1}{3}}$；

（6）由于 $(\sin x)^{\tan x}=[1+(\sin x-1)]^{\frac{1}{\sin x-1}\cdot(\sin x-1)\tan x}$，又 $\lim\limits_{x\to\frac{\pi}{2}}[1+(\sin x-1)]^{\frac{1}{\sin x-1}}=e$，

$$\lim_{x\to\frac{\pi}{2}}(\sin x-1)\tan x=\lim_{x\to\frac{\pi}{2}}\frac{\sin x-\sin\frac{\pi}{2}}{\sin\left(x+\frac{\pi}{2}\right)}\cdot\sin x=\lim_{x\to\frac{\pi}{2}}\frac{2\sin\frac{x-\frac{\pi}{2}}{2}\cos\frac{x+\frac{\pi}{2}}{2}}{2\sin\frac{x+\frac{\pi}{2}}{2}\cos\frac{x+\frac{\pi}{2}}{2}}\cdot\sin x$$

$$=\lim_{x\to\frac{\pi}{2}}\frac{\sin\left(\frac{x}{2}-\frac{\pi}{4}\right)}{\sin\left(\frac{x}{2}+\frac{\pi}{4}\right)}\cdot\sin x=0,$$

因此 $\lim\limits_{x\to\frac{\pi}{2}}(\sin x-1)^{\tan x}=e^0=1$；

（7）$\lim\limits_{x\to a}\dfrac{\ln x-\ln a}{x-a}=\lim\limits_{x\to a}\dfrac{\ln\frac{x}{a}}{x-a}=\lim\limits_{x\to a}\dfrac{\ln\left(1+\frac{x-a}{a}\right)}{x-a}=\lim\limits_{x\to a}\dfrac{\frac{x-a}{a}}{x-a}=\dfrac{1}{a}$；

（8）$\lim\limits_{x\to 0}\dfrac{x\tan x}{\sqrt{1-x^2}-1}=\lim\limits_{x\to 0}\dfrac{x\cdot x}{\frac{1}{2}(-x^2)}=-2.$

10. 设

$$f(x)=\begin{cases}x\sin\dfrac{1}{x}, & x>0,\\ a+x^2, & x\leqslant 0,\end{cases}$$

要使 $f(x)$ 在 $(-\infty,+\infty)$ 内连续，应当怎样选择数 a？

解 $f(x)$ 在 $(-\infty,0)$ 及 $(0,+\infty)$ 内均连续，若使 $f(x)$ 在 $(-\infty,+\infty)$ 内连续，只需选择数 a，使得 $f(x)$ 在 $x=0$ 处连续即可．由于

$$\lim_{x\to 0^+}f(x)=\lim_{x\to 0^+}x\sin\frac{1}{x}=0,\ \lim_{x\to 0^-}f(x)=\lim_{x\to 0^-}(a+x^2)=a,$$

又 $f(0)=a$，因此应选择 $a=0$，$f(x)$ 在 $x=0$ 处连续，从而 $f(x)$ 在 $(-\infty,+\infty)$ 内连续．

11. 设 $f(x)=\lim\limits_{n\to\infty}\dfrac{1+x}{1+x^{2n}}$，求 $f(x)$ 的间断点，并说明间断点所属类型．

解 $f(x)=\lim\limits_{n\to\infty}\dfrac{1+x}{1+x^{2n}}=\begin{cases}1+x, & |x|<1,\\ 0, & |x|>1\text{ 或 }x=-1,\\ 1, & x=1,\end{cases}$ 显然 $x=\pm1$ 是 $f(x)$ 的间断点．

在 $x=-1$ 处，因为 $\lim\limits_{x\to -1^-}f(x)=\lim\limits_{x\to -1^+}f(x)=f(-1)=0$，所以 $x=-1$ 为 $f(x)$ 的连续点．

在 $x=1$ 处，因为 $\lim\limits_{x\to 1^-}f(x)=2\neq 0=\lim\limits_{x\to 1^+}f(x)$，所以 $x=1$ 为 $f(x)$ 的第一类间断点，且是跳跃间断点．

12. 证明 $\lim\limits_{n\to\infty}\left(\dfrac{1}{\sqrt{n^2+1}}+\dfrac{1}{\sqrt{n^2+2}}+\cdots+\dfrac{1}{\sqrt{n^2+n}}\right)=1$.

证　由于 $\dfrac{n}{\sqrt{n^2+n}}<\dfrac{1}{\sqrt{n^2+1}}+\dfrac{1}{\sqrt{n^2+2}}+\cdots+\dfrac{1}{\sqrt{n^2+n}}<1$，又

$$\lim_{n\to\infty}\frac{n}{\sqrt{n^2+n}}=\lim_{n\to\infty}\frac{1}{\sqrt{\dfrac{1}{n}+1}}=1,\ \lim_{n\to\infty}1=1,$$

从而由夹逼准则，即得证.

13. 证明方程 $\sin x+x+1=0$ 在开区间 $\left(-\dfrac{\pi}{2},\dfrac{\pi}{2}\right)$ 内至少有一个根.

证　令 $f(x)=\sin x+x+1$，显然 $f(x)$ 在 $\left[-\dfrac{\pi}{2},\dfrac{\pi}{2}\right]$ 上连续. 又因为

$$f\left(-\frac{\pi}{2}\right)=\sin\left(-\frac{\pi}{2}\right)-\frac{\pi}{2}+1=-\frac{\pi}{2}<0,\ f\left(\frac{\pi}{2}\right)=\sin\left(\frac{\pi}{2}\right)+\frac{\pi}{2}+1=\frac{\pi}{2}+2>0.$$

根据介值定理，至少存在一点 $\xi\in\left(-\dfrac{\pi}{2},\dfrac{\pi}{2}\right)$，使得 $f(\xi)=0$，即 $\sin\xi+\xi+1=0$. 故方程 $\sin x+x+1=0$ 在开区间 $\left(-\dfrac{\pi}{2},\dfrac{\pi}{2}\right)$ 内至少有一个根.

14. 如果存在直线 L：$y=kx+b$，使得当 $x\to\infty$（或 $x\to+\infty$，$x\to-\infty$）时，曲线 $y=f(x)$ 上的动点 $M(x,y)$ 到直线 L 的距离 $d(M,L)\to0$，则称 L 为曲线 $y=f(x)$ 的渐近线. 当直线 L 的斜率 $k\neq0$ 时，称 L 为斜渐近线.

（1）证明：直线 L：$y=kx+b$ 为曲线 $y=f(x)$ 的渐近线的充分必要条件是

$$k=\lim_{\substack{x\to\infty\\(x\to+\infty)\\(x\to-\infty)}}\frac{f(x)}{x},\ b=\lim_{\substack{x\to\infty\\(x\to+\infty)\\(x\to-\infty)}}\frac{f(x)}{x}[f(x)-kx];$$

（2）求曲线 $y=(2x-1)\mathrm{e}^{\frac{1}{x}}$ 的斜渐近线.

证　（1）仅就 $x\to+\infty$ 的情形证明，其他情形类似.

设 L：$y=kx+b$ 为曲线 $y=f(x)$ 的渐近线.

①若 $k\neq0$，如图1-19所示，$k=\tan\alpha$（α 为 L 的倾角，$\alpha\neq\dfrac{\pi}{2}$），曲线 $y=f(x)$ 上动点 $M(x,y)$ 到直线 L 的距离为 $|MK|$. 过 M 作横轴的垂线，交直线 L 于 K_1，则 $|MK_1|=\dfrac{|MK|}{\cos\alpha}$. 显然 $|MK|\to0(x\to+\infty)$ 与 $|MK_1|\to0(x\to+\infty)$ 等价，而

$$|MK_1|=|f(x)-(kx+b)|.$$

因为 L：$y=kx+b$ 为曲线 $y=f(x)$ 的渐近线，故

$$|MK|\to0(x\to+\infty)\Rightarrow|MK_1|\to0(x\to+\infty).$$

即

$$\lim_{x\to+\infty}[f(x)-(kx+b)]=0,\tag{1}$$

因此

$$\lim_{x\to+\infty}[f(x)-kx]=\lim_{x\to+\infty}[f(x)-(kx+b)]+b=0+b=b,\tag{2}$$

$$\lim_{x\to+\infty}\frac{f(x)}{x}=\lim_{x\to+\infty}\frac{1}{x}[f(x)-kx]+k=0+k=k. \tag{3}$$

反之，若式（2）、式（3）成立，则式（1）成立，即L：$y=kx+b$为曲线$y=f(x)$的渐近线．

②若$k=0$，设L：$y=b$是曲线$y=f(x)$的水平渐近线，如图1-20所示．按定义有$|MK|\to0(x\to+\infty)$，而$|MK|=|f(x)-b|$，故

$$\lim_{x\to+\infty}f(x)=b, \tag{4}$$

$$\lim_{x\to+\infty}\frac{f(x)}{x}=\lim_{x\to+\infty}\frac{1}{x}\cdot\lim_{x\to+\infty}f(x)=0. \tag{5}$$

反之，若式（4）、式（5）成立，则有$|MK|=|f(x)-b|\to0(x\to+\infty)$，因此$y=b$是曲线$y=f(x)$的水平渐近线．

（2）由于

$$k=\lim_{x\to+\infty}\frac{f(x)}{x}=\lim_{x\to+\infty}\frac{(2x-1)}{x}e^{\frac{1}{x}}=2,$$

$$b=\lim_{x\to+\infty}[f(x)-2x]=\lim_{x\to+\infty}[(2x-1)e^{\frac{1}{x}}-2x]=\lim_{x\to+\infty}2x(e^{\frac{1}{x}}-1)-\lim_{x\to+\infty}e^{\frac{1}{x}}$$

$$=\lim_{x\to+\infty}2\frac{e^{\frac{1}{x}}-1}{\frac{1}{x}}-1=2\lim_{u\to0}\frac{e^{u}-1}{u}-1=2\ln e-1=1,$$

故所求曲线的斜渐近线为$y=2x+1$.

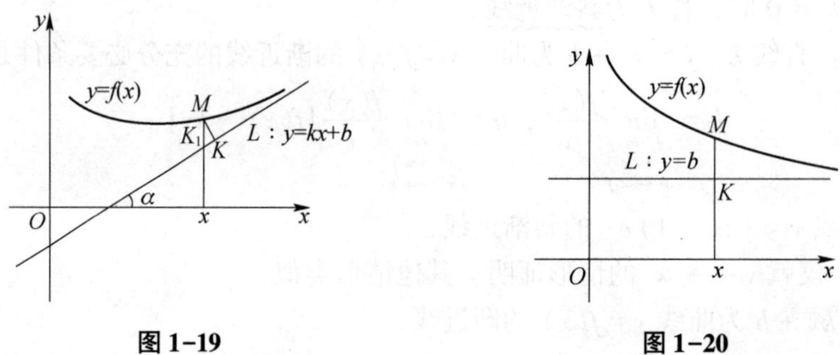

图1-19　　　　图1-20

三、提高题目

1.（2017数二）设数列$\{x_n\}$收敛，则（　　）.

（A）当$\lim\limits_{n\to\infty}\sin x_n=0$时，$\lim\limits_{n\to\infty}x_n=0$　（B）当$\lim\limits_{n\to\infty}(x_n+\sqrt{|x_n|})=0$时，$\lim\limits_{n\to\infty}x_n=0$

（C）当$\lim\limits_{n\to\infty}(x_n+x_n^2)=0$时，$\lim\limits_{n\to\infty}x_n=0$　（D）当$\lim\limits_{n\to\infty}(x_n+\sin x_n)=0$时，$\lim\limits_{n\to\infty}x_n=0$

【答案】 D.

【解析】 由于$\{x_n\}$收敛，令$\lim\limits_{n\to\infty}x_n=a$，A中$a$还可等于$k\pi$，不一定为0. B和C中$a$可为-1. 而D中$a+\sin a=0$，$a$只能为0，故应选D.

2.（2015数三）设$\{x_n\}$是数列，下列命题中不正确的是（　　）.

（A）若$\lim\limits_{n\to\infty}x_n=a$，则$\lim\limits_{n\to\infty}x_{2n}=\lim\limits_{n\to\infty}x_{2n+1}=a$

（B）若 $\lim\limits_{n\to\infty} x_{2n} = \lim\limits_{n\to\infty} x_{2n+1} = a$，则 $\lim\limits_{n\to\infty} x_n = a$

（C）若 $\lim\limits_{n\to\infty} x_n = a$，则 $\lim\limits_{n\to\infty} x_{3n} = \lim\limits_{n\to\infty} x_{3n+1} = a$

（D）若 $\lim\limits_{n\to\infty} x_{3n} = \lim\limits_{n\to\infty} x_{3n+1} = a$，则 $\lim\limits_{n\to\infty} x_n = a$

【答案】 D.

【解析】 如 $x_{3n} = a + \dfrac{1}{3n}$，$x_{3n+1} = a - \dfrac{1}{3n+1}$，$x_{3n+2} = 3a + \dfrac{1}{n+2}$，显然 $\lim\limits_{n\to\infty} x_{3n} = \lim\limits_{n\to\infty} x_{3n+1} = a$，$\lim\limits_{n\to\infty} x_{3n+2} = 3a$，但 $\lim\limits_{n\to\infty} x_n \neq a$.

3.（2014 数三）设 $\lim\limits_{n\to\infty} a_n = a$ 且 $a \neq 0$，则当 n 充分大时有（　　）.

（A）$|a_n| > \dfrac{|a|}{2}$　　（B）$|a_n| < \dfrac{|a|}{2}$　　（C）$a_n > a - \dfrac{1}{n}$　　（D）$a_n < a + \dfrac{1}{n}$

【答案】 A.

【解析】 本题考查极限的保号性：$\lim\limits_{n\to\infty} a_n = a \neq 0$，可得 $\exists N > 0$，当 $n > N$ 时，$|a_n| > \dfrac{|a|}{2}$，当 $a_n = a - \dfrac{2}{n}$ 时，C 不正确，当 $a_n = a + \dfrac{2}{n}$ 时，D 不正确，所以选 A.

4.（2008 数一）设函数 $f(x)$ 在 $(-\infty, +\infty)$ 内单调有界，$\{x_n\}$ 为数列，下列命题正确的是（　　）.

（A）若 $\{x_n\}$ 收敛，则 $\{f(x_n)\}$ 收敛　　（B）若 $\{x_n\}$ 单调，则 $\{f(x_n)\}$ 收敛

（C）若 $\{f(x_n)\}$ 收敛，则 $\{x_n\}$ 收敛　　（D）若 $\{f(x_n)\}$ 单调，则 $\{x_n\}$ 收敛

【答案】 B.

【解析】

解法一　由于 $\{x_n\}$ 单调，$f(x)$ 单调有界，故数列 $\{f(x_n)\}$ 单调有界. 从而由单调有界准则知数列 $\{f(x_n)\}$ 收敛，故选 B.

解法二　排除法，取反例. 取 $f(x) = \operatorname{arccot} x$，$x_n = n$，则 $f(x) = \operatorname{arccot} n$ 单调收敛，但 $\{x_n\}$ 不收敛，排除 C 和 D. 取 $x_n = \dfrac{(-1)^n}{n^2}$ 收敛，$f(x) = \operatorname{sgn} x = \begin{cases} 1, & x > 0, \\ 0, & x = 0, \\ -1, & x < 0, \end{cases}$ 单调有界，但 $\{f(x_n)\}$ 不收敛. 排除 A，故应选 B.

5.（2015 数一）$\lim\limits_{x\to 0} \dfrac{\ln \cos x}{x^2} =$ ________.

【答案】 $-\dfrac{1}{2}$.

【解析】 此题考查 $\dfrac{0}{0}$ 型未定式极限，可用等价无穷小替换，即

$$\lim_{x\to 0} \frac{\ln \cos x}{x^2} = \lim_{x\to 0} \frac{\ln(1 + \cos x - 1)}{x^2} = \lim_{x\to 0} \frac{\cos x - 1}{x^2} = \lim_{x\to 0} \frac{-\frac{1}{2}x^2}{x^2} = -\frac{1}{2}.$$

6.（2009 数三）$\lim\limits_{x\to 0} \dfrac{e - e^{\cos x}}{\sqrt[3]{1 + x^2} - 1} =$ ________.

【答案】 $\dfrac{3}{2}e$.

【解析】$\lim\limits_{x\to0}\dfrac{\mathrm{e}-\mathrm{e}^{\cos x}}{\sqrt[3]{1+x^2}-1}=\lim\limits_{x\to0}\dfrac{\mathrm{e}(1-\mathrm{e}^{\cos x-1})}{\sqrt[3]{1+x^2}-1}=\lim\limits_{x\to0}\dfrac{\mathrm{e}(1-\cos x)}{\frac{1}{3}x^2}=\lim\limits_{x\to0}\dfrac{\mathrm{e}\cdot\frac{1}{2}x^2}{\frac{1}{3}x^2}=\dfrac{3}{2}\mathrm{e}.$

7.（2010 数一）极限 $\lim\limits_{x\to\infty}\left[\dfrac{x^2}{(x-a)(x+b)}\right]^x=$ ________.

(A) 1　　(B) e　　(C) e^{a-b}　　(D) e^{b-a}

【答案】C.

【解析】$\lim\limits_{x\to\infty}\left[\dfrac{x^2}{(x-a)(x+b)}\right]^x=\lim\limits_{x\to\infty}\left\{1+\left[\dfrac{x^2}{(x-a)(x+b)}-1\right]\right\}^x$

$$=\lim_{x\to\infty}\left[1+\frac{(a-b)x+ab}{(x-a)(x+b)}\right]^{\frac{(x-a)(x+b)}{(a-b)x+ab}\cdot\frac{(a-b)x+ab}{(x-a)(x+b)}\cdot x}=\mathrm{e}^{a-b}.$$

8.（2019 数二）$\lim\limits_{x\to0}(x+2^x)^{\frac{2}{x}}=$ ________.

【答案】$4\mathrm{e}^2$.

【解析】$\lim\limits_{x\to0}(x+2^x)^{\frac{2}{x}}=\lim\limits_{x\to0}[1+(x+2^x-1)]^{\frac{2}{x}}=\lim\limits_{x\to0}[1+(x+2^x-1)]^{\frac{1}{x+2^x-1}\cdot\frac{2\cdot(x+2^x-1)}{x}}$

$$=\mathrm{e}^{\lim\limits_{x\to0}\frac{2\cdot(x+2^x-1)}{x}}=\mathrm{e}^{\lim\limits_{x\to0}2+2\cdot\frac{2^x-1}{x}}=\mathrm{e}^{2+2\ln2}=4\mathrm{e}^2.$$

9.（2017 非数学预赛）$\lim\limits_{n\to\infty}\sin^2(\pi\sqrt{n^2+n})=$ ________.

【答案】1.

【解析】$\lim\limits_{n\to\infty}\sin^2(\pi\sqrt{n^2+n})=\lim\limits_{n\to\infty}\sin^2(\pi\sqrt{n^2+n}-n\pi)=\lim\limits_{n\to\infty}\sin^2\left(\dfrac{n\pi}{\sqrt{n^2+n}+n}\right)=1.$

10.（2018 非数学预赛）设 $\alpha\in(0,1)$，则 $\lim\limits_{n\to+\infty}[(n+1)^\alpha-n^\alpha]=$ ________.

【答案】0.

【解析】由于 $\left(1+\dfrac{1}{n}\right)^\alpha<\left(1+\dfrac{1}{n}\right)$，则

$$(n+1)^\alpha-n^\alpha=n^\alpha\left[\left(1+\frac{1}{n}\right)^\alpha-1\right]<n^\alpha\left[\left(1+\frac{1}{n}\right)-1\right]=\frac{1}{n^{1-\alpha}}.$$

于是 $0<(n+1)^\alpha-n^\alpha<\dfrac{1}{n^{1-\alpha}}$，应用夹逼准则，$\lim\limits_{n\to+\infty}[(n+1)^\alpha-n^\alpha]=0.$

11.（2018 非数学决赛）$\lim\limits_{x\to0}\dfrac{\tan x-\sin x}{x\ln(1+\sin^2x)}=$ ________.

【答案】$\dfrac{1}{2}$.

【解析】$\lim\limits_{x\to0}\dfrac{\tan x-\sin x}{x\ln(1+\sin^2x)}=\lim\limits_{x\to0}\dfrac{\tan x(1-\cos x)}{x\sin^2x}=\lim\limits_{x\to0}\dfrac{x\cdot\frac{1}{2}x^2}{xx^2}=\dfrac{1}{2}.$

12.（2019 非数学决赛）$\lim\limits_{x\to0}\dfrac{\ln(\mathrm{e}^{\sin x}+\sqrt[3]{1-\cos x})-\sin x}{\arctan(4\sqrt[3]{1-\cos x})}=$ ________.

【答案】$\dfrac{1}{4}$.

【解析】$\lim\limits_{x\to0}\dfrac{\ln(e^{\sin x}+\sqrt[3]{1-\cos x})-\sin x}{\arctan(4\sqrt[3]{1-\cos x})}=\lim\limits_{x\to0}\dfrac{(e^{\sin x}-1)+\sqrt[3]{1-\cos x}}{4\sqrt[3]{1-\cos x}}-\lim\limits_{x\to0}\dfrac{\sin x}{4\sqrt[3]{1-\cos x}}$

$$=\lim_{x\to0}\frac{(e^{\sin x}-1)}{4\left(\frac{x^2}{2}\right)^{1/3}}+\frac{1}{4}-\lim_{x\to0}\frac{\sin x}{4\left(\frac{x^2}{2}\right)^{1/3}}=\frac{1}{4}.$$

13.（2020 非数学预赛）极限 $\lim\limits_{x\to0}\dfrac{(x-\sin x)e^{-x^2}}{\sqrt{1-x^3}-1}=$ ________.

【答案】$-\dfrac{1}{3}$.

【解析】利用等价无穷小：当 $x\to0$ 时，有 $\sqrt{1-x^3}-1\sim-\dfrac{1}{2}x^3$，所以 $\lim\limits_{x\to0}\dfrac{(x-\sin x)e^{-x^2}}{\sqrt{1-x^3}-1}$

$=-2\lim\limits_{x\to0}\dfrac{(x-\sin x)}{x^3}=-2\lim\limits_{x\to0}\dfrac{1-\cos x}{3x^2}=-\dfrac{1}{3}$.

14.（2006 数一）$\lim\limits_{x\to0}\dfrac{x\ln(1+x)}{1-\cos x}=$ ________.

【答案】2.

【解析】本题类型是 $\dfrac{0}{0}$ 型，利用等价无穷小代换来处理．当 $x\to0$ 时，$\ln(1+x)\sim x$，

$1-\cos x\sim\dfrac{1}{2}x^2$，则 $\lim\limits_{x\to0}\dfrac{x\ln(1+x)}{1-\cos x}=\lim\limits_{x\to0}\dfrac{xx}{\frac{1}{2}x^2}=2$.

15.（2007 数一）当 $x\to0^+$ 时，与 $\sqrt{x}$ 等价的无穷小是（　　）.

（A）$1-e^{\sqrt{x}}$　　（B）$\ln\dfrac{1+x}{1-\sqrt{x}}$　　（C）$\sqrt{1+\sqrt{x}}-1$　　（D）$1-\cos\sqrt{x}$

【答案】B.

【解析】利用已知无穷小的等价代换公式，尽量将四个选项先转化为其等价无穷小，再进行比较分析找出正确答案．

当 $x\to0^+$ 时，有 $1-e^{\sqrt{x}}=-(e^{\sqrt{x}}-1)\sim-\sqrt{x}$；$\sqrt{1+\sqrt{x}}-1\sim\dfrac{1}{2}\sqrt{x}$；

$1-\cos\sqrt{x}\sim\dfrac{1}{2}(\sqrt{x})^2=\dfrac{1}{2}x$. 利用排除法知应选 B.

16.（2018 数二）设数列 $\{x_n\}$ 满足 $x_1>0$，$x_ne^{x_{n+1}}=e^{x_n}-1(n=1,2,\cdots)$. 证明 $\{x_n\}$ 收敛，并求 $\lim\limits_{n\to+\infty}x_n$.

【证明】利用单调有界准则证明．

①当 $x>0$ 时，$e^x-1>x$，则由 $x_1>0$，知 $e^{x_2}=\dfrac{e^{x_1}-1}{x_1}>1$，$x_2>0$. 假设 $x_k>0$，则

$e^{x_{k+1}}=\dfrac{e^{x_k}-1}{x_k}>1$，所以 $x_{k+1}>0$. 即 $\{x_n\}$ 有下界．

②已知 $x_{n+1}-x_n=\ln\dfrac{e^{x_n}-1}{x_n}-x_n=\ln\dfrac{e^{x_n}-1}{x_n}-\ln e^{x_n}=\ln\dfrac{e^{x_n}-1}{x_ne^{x_n}}$，现在比较 $\dfrac{e^x-1}{xe^x}$ 与1的

大小．

令 $f(x)=\mathrm{e}^{x}-1-x\mathrm{e}^{x}$，$x\in[0,+\infty)$，则 $f'(x)=\mathrm{e}^{x}-(\mathrm{e}^{x}+x\mathrm{e}^{x})=-x\mathrm{e}^{x}<0$，即 $f(x)$ 单调递减，故 $f(x)<f(0)=0$，即 $x_{n+1}-x_{n}=\ln\dfrac{\mathrm{e}^{x_n}-1}{x_n\mathrm{e}^{x_n}}<\ln 1=0$. $\{x_n\}$ 单调递减．

由单调有界准则知，数列 $\{x_n\}$ 收敛，令 $\lim\limits_{n\to+\infty}x_n=a$，由 $x_n\mathrm{e}^{x_{n+1}}=\mathrm{e}^{x_n}-1$，两端取极限得 $a\mathrm{e}^{a}=\mathrm{e}^{a}-1$，由此得 $a=0$.

17.（2013 数二）设 $\cos x-1=x\sin\alpha(x)$，其中 $|\alpha(x)|<\dfrac{\pi}{2}$，则当 $x\to 0$ 时，$\alpha(x)$ 是（　　）.

（A）比 x 高阶的无穷小　　（B）比 x 低阶的无穷小

（C）与 x 同阶但不等价的无穷小　　（D）与 x 等价的无穷小

【答案】 C.

【解析】 $\lim\limits_{x\to0}\dfrac{\alpha(x)}{x}=\lim\limits_{x\to0}\dfrac{\sin\alpha(x)}{x}=\lim\limits_{x\to0}\dfrac{\cos x-1}{xx}=-\dfrac{1}{2}$. 故应选 C.

18.（2013 数一）当 $x\to0$ 时，用 $o(x)$ 表示比 x 高阶的无穷小，则下列式子中错误的是（　　）.

（A）$x\cdot o(x^2)=o(x^3)$　　（B）$o(x)\cdot o(x^2)=o(x^3)$

（C）$o(x^2)+o(x^2)=o(x^2)$　　（D）$o(x)+o(x^2)=o(x^2)$

【答案】 D.

【解析】 A：$\dfrac{xo(x^2)}{x^3}=\dfrac{o(x^2)}{x^2}\to0$，

B：$\dfrac{o(x)o(x^2)}{x^3}=\dfrac{o(x)}{x}\cdot\dfrac{o(x^2)}{x^2}\to0$，

C：$\dfrac{o(x^2)+o(x^2)}{x^2}=\dfrac{o(x^2)}{x}+\dfrac{o(x^2)}{x^2}\to0$，

D：$\dfrac{o(x)+o(x^2)}{x^2}=\dfrac{o(x)}{x^2}+\dfrac{o(x^2)}{x^2}$ 推不出趋于 0.

19.（2018 数二）设函数

$$f(x)=\begin{cases}-1, & x<0,\\ 1, & x\geqslant0,\end{cases}\qquad g(x)=\begin{cases}2-ax, & x\leqslant-1,\\ x, & -1<x<0,\\ x-b, & x\geqslant0,\end{cases}$$

若 $f(x)+g(x)$ 在 $\mathbf{R}$ 上连续，则（　　）.

（A）$a=3$，$b=1$　（B）$a=3$，$b=2$　（C）$a=-3$，$b=1$（D）$a=-3$，$b=2$

【答案】 D.

【解析】 令 $F(x)=f(x)+g(x)=\begin{cases}1-ax, & x\leqslant-1,\\ x-1, & -1<x<0,\\ x+1-b, & x\geqslant0,\end{cases}$ 在 $x=-1$ 处，$F(-1-0)=1+a$，$F(-1+0)=-2$，则 $1+a=-2$，解得 $a=-3$.

在 $x=0$ 处，$F(0-0)=-1$，$F(0+0)=1-b$，则 $-1=1-b$，解得 $b=2$. 故选 D.

20. (2017 数一、数三) 若函数 $f(x)=\begin{cases}\dfrac{1-\cos\sqrt{x}}{ax}, & x>0,\\ b, & x\leqslant 0\end{cases}$ 在 $x=0$ 处连续，则 (　　).

(A) $ab=\dfrac{1}{2}$　(B) $ab=-\dfrac{1}{2}$　(C) $ab=0$　(D) $ab=2$

【答案】A.

【解析】$\lim\limits_{x\to0^+}\dfrac{1-\cos\sqrt{x}}{ax}=\lim\limits_{x\to0^+}\dfrac{\frac{1}{2}x}{ax}=\dfrac{1}{2a}$，因为 $f(x)$ 在 $x=0$ 处连续，所以 $\dfrac{1}{2a}=b\Rightarrow ab=\dfrac{1}{2}$. 选 A.

21. (2009 数二) 函数 $f(x)=\dfrac{x-x^3}{\sin\pi x}$ 的可去间断点的个数为 (　　).

(A) 1　(B) 2　(C) 3　(D) 无穷多个

【答案】C.

【解析】$f(x)=\dfrac{x-x^3}{\sin\pi x}$ 的间断点为使 $f(x)$ 无意义的点 $x=n(n=0, \pm1, \pm2, \cdots)$，题目所求的为可去间断点的个数，所以应在 $x-x^3=0$ 的点 $x=0$，$x=\pm1$ 中去找. 因为

$$\lim_{x\to0}f(x)=\lim_{x\to0}\frac{x-x^3}{\sin\pi x}=\lim_{x\to0}\frac{x(1-x^2)}{\pi x}=\frac{1}{\pi},$$

$$\lim_{x\to1}f(x)=\lim_{x\to1}\frac{x-x^3}{\sin\pi x}=\lim_{x\to1}\frac{1-3x^2}{\pi\cos\pi x}=\frac{2}{\pi},$$

$$\lim_{x\to-1}f(x)=\lim_{x\to-1}\frac{x-x^3}{\sin\pi x}=\lim_{x\to-1}\frac{1-3x^2}{\pi\cos\pi x}=\frac{2}{\pi},$$

则 $f(x)$ 的可去间断点有 3 个，应选 C.

22. (2020 数二) 函数 $f(x)=\dfrac{e^{\frac{1}{x-1}}\ln|1+x|}{(e^x-1)(x-2)}$ 的第二类间断点的个数为 (　　).

(A) 1　(B) 2　(C) 3　(D) 4

【答案】C.

【解析】$f(x)=\dfrac{e^{\frac{1}{x-1}}\ln|1+x|}{(e^x-1)(x-2)}$ 的间断点为使 $f(x)$ 无意义的点 $x=-1, 0, 1, 2$，题目所求的为第二类间断点的个数，所以分别讨论在点 $x=-1, 0, 1, 2$ 处的极限. 因为

$$\lim_{x\to-1}f(x)=\lim_{x\to-1}\frac{e^{\frac{1}{x-1}}\ln|1+x|}{(e^x-1)(x-2)}=\infty,$$

$$\lim_{x\to0}f(x)=\lim_{x\to0}\frac{e^{\frac{1}{x-1}}\ln|1+x|}{(e^x-1)(x-2)}=-\frac{1}{2e}\lim_{x\to0}\frac{\ln|1+x|}{e^x-1}=-\frac{1}{2e},$$

$$\lim_{x\to1^+}f(x)=\lim_{x\to1^+}\frac{e^{\frac{1}{x-1}}\ln|1+x|}{(e^x-1)(x-2)}=\infty,\quad \lim_{x\to1^-}f(x)=\lim_{x\to1^-}\frac{e^{\frac{1}{x-1}}\ln|1+x|}{(e^x-1)(x-2)}=0,$$

$$\lim_{x\to2}f(x)=\lim_{x\to2}\frac{e^{\frac{1}{x-1}}\ln|1+x|}{(e^x-1)(x-2)}=\infty,$$

则 $x=-1,\ 1,\ 2$ 均为函数的第二类间断点，应选 C.

23.（2013 数一）函数 $f(x)=\dfrac{|x|^x-1}{x(x+1)\ln|x|}$ 的可去间断点的个数为（　　）.

(A) 0　　(B) 1　　(C) 2　　(D) 3

【答案】C.

【解析】讨论 $x=0,\ x=-1,\ x=1$ 的间断点类型：

$$\lim_{x\to0}\frac{|x|^x-1}{x(x+1)\ln|x|}=\lim_{x\to0}\frac{e^{x\ln|x|}-1}{x\ln|x|}=\lim_{x\to0}\frac{x\ln|x|}{x\ln|x|}=1,$$

$$\lim_{x\to-1}\frac{|x|^x-1}{x(x+1)\ln|x|}=\lim_{x\to-1}-\frac{e^{x\ln|x|}-1}{(x+1)\ln|x|}=\lim_{x\to-1}-\frac{x\ln|x|}{(x+1)\ln|x|}=\infty,$$

$$\lim_{x\to1}\frac{|x|^x-1}{x(x+1)\ln|x|}=\lim_{x\to1}\frac{e^{x\ln|x|}-1}{2\ln|x|}=\lim_{x\to1}\frac{x\ln|x|}{2\ln|x|}=\frac{1}{2}.$$

故应选 C.

24.（2007 数二）函数 $f(x)=\dfrac{(e^{\frac{1}{x}}+e)\tan x}{x(e^{\frac{1}{x}}-e)}$ 在 $[-\pi,\pi]$ 上的第一类间断点是 $x=$（　　）.

(A) 0　　(B) 1　　(C) $-\dfrac{\pi}{2}$　　(D) $\dfrac{\pi}{2}$

【答案】A.

【解析】本题 $f(x)$ 为初等函数，间断点为 $x=0,\ 1,\ \pm\dfrac{\pi}{2}$. 又

$$\lim_{x\to0^-}\frac{(e^{\frac{1}{x}}+e)\tan x}{x(e^{\frac{1}{x}}-e)}=\lim_{x\to0^-}\frac{\tan x}{x}\cdot\frac{e^{\frac{1}{x}}+e}{e^{\frac{1}{x}}-e}=1\cdot(-1)=-1,$$

$$\lim_{x\to0^+}\frac{(e^{\frac{1}{x}}+e)\tan x}{x(e^{\frac{1}{x}}-e)}=\lim_{x\to0^+}\frac{\tan x}{x}\cdot\frac{e^{\frac{1}{x}}+e}{e^{\frac{1}{x}}-e}=1\cdot1=1,$$

可见 $x=0$ 为第一类间断点. 又

$$\lim_{x\to1}\frac{(e^{\frac{1}{x}}+e)\tan x}{x(e^{\frac{1}{x}}-e)}=\infty,\quad \lim_{x\to\pm\frac{\pi}{2}}\frac{(e^{\frac{1}{x}}+e)\tan x}{x(e^{\frac{1}{x}}-e)}=\infty,$$

故 $x=1,\ \pm\dfrac{\pi}{2}$ 为无穷间断点. 所以答案为 A.

四、章自测题（章自测题的解析请扫二维码查看）

1. 选择题.

(1) 数列极限 $\lim\limits_{n\to\infty}x_n=A$ 的几何意义是（　　）;

(A) 在点 A 的某一个邻域的内部含有 $\{x_n\}$ 中的无穷多个点

(B) 在点 A 的某一个邻域的外部含有 $\{x_n\}$ 中的无穷多个点

(C) 在点 A 的任何一个邻域的外部含有 $\{x_n\}$ 中的无穷多个点

(D) 在点 A 的任何一个邻域的外部至多含有 $\{x_n\}$ 中的有限个点

第一章自测题二维码

(2) 已知极限 $\lim\limits_{x\to\infty}\left(\dfrac{x^2+2}{x}+ax\right)=0$，则常数 a 等于（　　）;

(A) -1　　(B) 0　　(C) 1　　(D) 2

(3) 函数 $f(x)$ 在点 x_0 处有定义是其在点 x_0 处极限存在的（　　）;

(A) 充分非必要条件　　(B) 必要非充分条件

(C) 充要条件　　(D) 无关条件

(4) 极限 $\lim\limits_{x\to a}\left(\dfrac{\sin x}{\sin a}\right)^{\frac{1}{x-a}}=0$ 的值是（　　）;

(A) 1　　(B) e　　(C) $e^{\cot a}$　　(D) $e^{\tan a}$

(5) 设函数 $f(x)=\dfrac{1}{e^{\frac{x}{x-1}}-1}$，则（　　）.

(A) $x=0$，$x=1$ 都是 $f(x)$ 的第一类间断点

(B) $x=0$，$x=1$ 都是 $f(x)$ 的第二类间断点

(C) $x=0$ 是 $f(x)$ 的第一类间断点，$x=1$ 是 $f(x)$ 的第二类间断点

(D) $x=0$ 是 $f(x)$ 的第二类间断点，$x=1$ 是 $f(x)$ 的第一类间断点

2. 填空题.

(1) 设 $\forall x$，$f(x)+2f(1-x)=x^2-2x$，则 $f(x)=$ ________;

(2) 极限 $\lim\limits_{x\to\infty}x\sin\dfrac{2x}{x^2+1}=$ ________;

(3) 设 $\lim\limits_{x\to 1}f(x)$ 存在，且 $f(x)=x^2+2x\lim\limits_{x\to 1}f(x)$，则 $f(x)=$ ________;

(4) 若 $\lim\limits_{x\to 0}\dfrac{x^2\ln(1+x^2)}{\sin^n x}=0$，且 $\lim\limits_{x\to 0}\dfrac{\sin^n x}{1-\cos x}=0$，则正整数 $n=$ ________.

3. 求下列极限：

(1) $\lim\limits_{n\to+\infty}(\sqrt{n+1}-\sqrt{n})$;　　(2) $\lim\limits_{x\to 0}\dfrac{\tan x-\sin x}{\sin^3 2x}$;

(3) $\lim\limits_{n\to+\infty}\dfrac{2^n-3^n}{2^n+3^n}$.

4. 求 $\lim\limits_{n\to+\infty}\left(\dfrac{1}{n^2+n+1}+\dfrac{1}{n^2+n+2}+\cdots+\dfrac{1}{n^2+n+n}\right)$.

5. 确定常数 a、b 的值，使函数 $f(x)=\begin{cases}\dfrac{2+e^{\frac{1}{x}}}{1+e^{\frac{2}{x}}}+\ln\dfrac{(1+2x)}{x}+b, & x>0,\\ a, & x=0\\ \dfrac{\sqrt[3]{1+x\sin x}-1}{e^{x^2}-1}, & x<0\end{cases}$，在 $x=0$ 处连续.

6. 设 $0<x_1<3$，$x_{n+1}=\sqrt{x_n(3-x_n)}\ (n=1,2,3,\cdots)$，证明数列 $\{x_n\}$ 的极限存在，并求此极限.

7. 设函数 $f(x)$ 在开区间 (a,b) 内连续，$a<x_1<x_2<b$，试证：在开区间 (a,b) 内至少存在一点 c，使得 $t_1f(x_1)+t_2f(x_2)=(t_1+t_2)f(c)\ (t_1>0,\ t_2>0)$.

第二章

导数与微分

一、主要内容

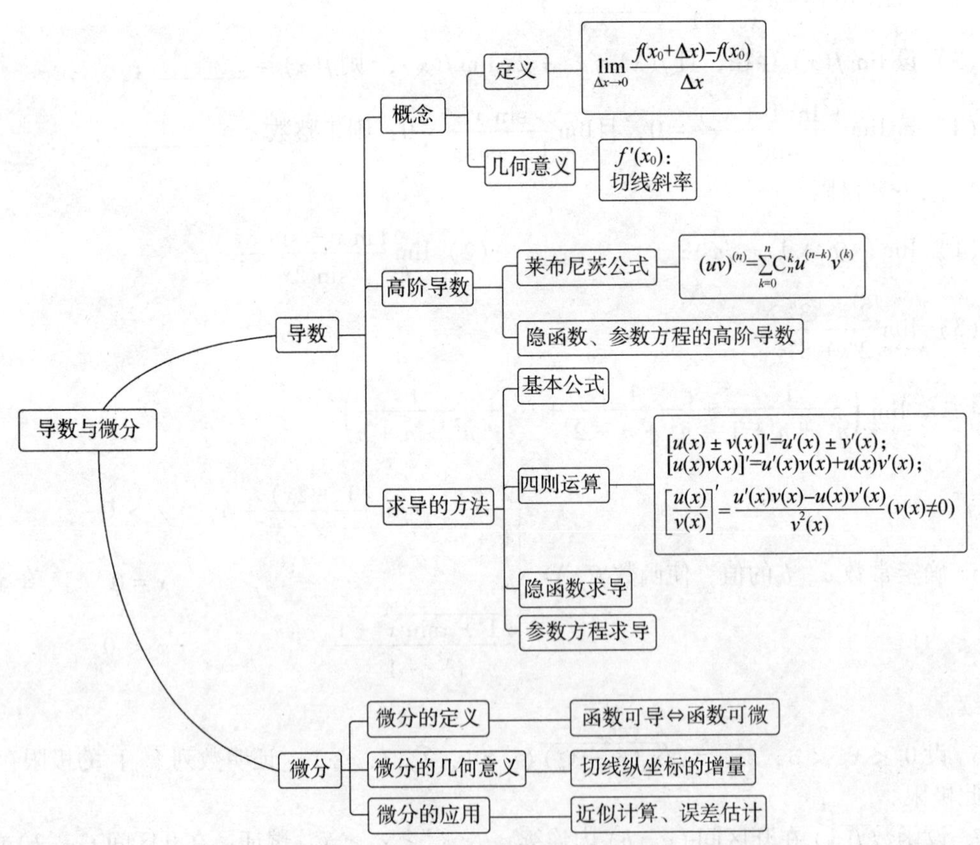

二、习题讲解

习题2-1　解答　导数概念

1. 设物体绕定轴旋转，在时间间隔 $[0,\ t]$ 上转过角度 θ，从而转角 θ 是 t 的函数：$\theta=\theta(t)$．如果旋转是匀速的，那么称 $\omega=\dfrac{\theta}{t}$ 为该物体旋转的角速度．如果旋转是非匀速的，应怎样确定该物体在时刻 t_0 的角速度？

解　先求在时间间隔 $[t_0,\ t_0+\Delta t]$ 内的平均角速度 $\overline{\omega}=\dfrac{\Delta\theta}{\Delta t}=\dfrac{\theta(t_0+\Delta t)-\theta(t_0)}{\Delta t}$．那么结合导数的定义，在时刻 t_0 的角速度 $\omega=\lim\limits_{\Delta t\to 0}\overline{\omega}=\lim\limits_{\Delta t\to 0}\dfrac{\Delta\theta}{\Delta t}=\lim\limits_{\Delta t\to 0}\dfrac{\theta(t_0+\Delta t)-\theta(t_0)}{\Delta t}=\theta'(t_0)$．

2. 当物体的温度高于周围介质的温度时，物体就不断冷却．若物体的温度 T 与时间 t 的函数关系为 $T=T(t)$，应怎样确定该物体在时刻 t 的冷却速度？

解　先求在时间间隔 $[t,\ t+\Delta t]$ 内的平均冷却速度 $\overline{v}=\dfrac{\Delta T}{\Delta t}=\dfrac{T(t+\Delta t)-T(t)}{\Delta t}$．那么结合导数的定义，在时刻 t 的冷却速度 $v=\lim\limits_{\Delta t\to 0}\overline{v}=\lim\limits_{\Delta t\to 0}\dfrac{\Delta T}{\Delta t}=\lim\limits_{\Delta t\to 0}\dfrac{T(t+\Delta t)-T(t)}{\Delta t}=T'(t)$．

3. 设某工厂生产 x 件产品的成本为 $C(x)=2\,000+100x-0.1x^2$(元)，函数 $C(x)$ 称为成本函数，成本函数 $C(x)$ 的导数 $C'(x)$ 在经济学中称为边际成本．试求

(1) 当生产 100 件产品时的边际成本；

(2) 生产第 101 件产品的成本，并与 (1) 中求得的边际成本作比较，说明边际成本的实际意义．

解　(1) 根据题意，$C'(x)=100-0.2x$，因此，$C'(100)=100-20=80$(元/件)．

(2) $C(101)=2\,000+100\times 101-0.1\times(101)^2=11\,079.9$(元)，

$C(100)=2\,000+100\times 100-0.1\times(100)^2=11\,000$(元)，

$C(101)-C(100)=11\,079.9-11\,000=79.9$(元)．

即生产第 101 件产品的成本为 79.9 元，与 (1) 中求得的边际成本比较，可以看出边际成本 $C'(x)$ 的实际意义是近似表达产量达到 x 单位时再增加 1 个单位产品所需的成本．

4. 设 $f(x)=10x^2$，试按定义求 $f'(-1)$．

解　根据定义，
$$f'(-1)=\lim_{\Delta x\to 0}\frac{f(-1+\Delta x)-f(-1)}{\Delta x}=\lim_{\Delta x\to 0}\frac{10\times(-1+\Delta x)^2-10\times(-1)^2}{\Delta x}$$
$$=\lim_{\Delta x\to 0}\frac{-20\Delta x+10(\Delta x)^2}{\Delta x}=\lim_{\Delta x\to 0}(-20+10\Delta x)=-20.$$

5. 证明 $(\cos x)'=-\sin x$．

证
$$(\cos x)'=\lim_{\Delta x\to 0}\frac{\cos(x+\Delta x)-\cos x}{\Delta x}=\lim_{\Delta x\to 0}\frac{-2\sin\left(x+\dfrac{\Delta x}{2}\right)\sin\dfrac{\Delta x}{2}}{\Delta x}$$
$$=\lim_{\Delta x\to 0}\left[-\sin\left(x+\frac{\Delta x}{2}\right)\right]\frac{\sin\dfrac{\Delta x}{2}}{\dfrac{\Delta x}{2}}=-\sin x.$$

6. 下列各题中均假定$f'(x_0)$存在，按照导数定义观察下列极限，指出A表示什么：

（1）$\lim\limits_{\Delta x\to 0}\dfrac{f(x_0-\Delta x)-f(x_0)}{\Delta x}=A$；

（2）$\lim\limits_{x\to 0}\dfrac{f(x)}{x}=A$，其中$f(0)=0$，且$f'(0)$存在；

（3）$\lim\limits_{h\to 0}\dfrac{f(x_0+h)-f(x_0-h)}{h}=A$.

解 （1）$A=\lim\limits_{\Delta x\to 0}\dfrac{f(x_0-\Delta x)-f(x_0)}{\Delta x}=-\lim\limits_{\Delta x\to 0}\dfrac{f[x_0+(-\Delta x)]-f(x_0)}{-\Delta x}=-f'(x_0)$.

（2）由于$f(0)=0$，故$A=\lim\limits_{x\to 0}\dfrac{f(x)}{x}=\lim\limits_{x\to 0}\dfrac{f(x)-f(0)}{x-0}=f'(0)$.

（3）
$$A=\lim_{h\to 0}\frac{f(x_0+h)-f(x_0-h)}{h}=\lim_{h\to 0}\left[\frac{f(x_0+h)-f(x_0)}{h}-\frac{f(x_0-h)-f(x_0)}{h}\right]$$
$$=\lim_{h\to 0}\frac{f(x_0+h)-f(x_0)}{h}+\lim_{-h\to 0}\frac{f[x_0+(-h)]-f(x_0)}{-h}=2f'(x_0).$$

以下两题中给出了四个结论，从中选择一个正确的结论：

7. 设
$$f(x)=\begin{cases}\dfrac{2}{3}x^3, & x\leqslant 1,\\ x^2, & x>1,\end{cases}$$
则$f(x)$在$x=1$处的（　　）.

（A）左、右导数都存在　　（B）左导数存在，右导数不存在

（C）左导数不存在，右导数存在　　（D）左、右导数都不存在

解
$$f'_-(1)=\lim_{x\to 1^-}\frac{f(x)-f(1)}{x-1}=\lim_{x\to 1^-}\frac{\frac{2}{3}x^3-\frac{2}{3}}{x-1}=\lim_{x\to 1^-}\frac{2}{3}\cdot\frac{x^3-1}{x-1}=\lim_{x\to 1^-}\frac{2}{3}(x^2+x+1)=2;$$
$$f'_+(1)=\lim_{x\to 1^+}\frac{f(x)-f(1)}{x-1}=\lim_{x\to 1^+}\frac{x^2-\frac{2}{3}}{x-1}=\infty,$$
故该函数左导数存在，右导数不存在，因此选项B正确.

8. 设$f(x)$可导，$F(x)=f(x)(1+|\sin x|)$，则$f(0)=0$是$F(x)$在$x=0$处可导的（　　）.

（A）充分必要条件　　（B）充分条件但非必要条件

（C）必要条件但非充分条件　　（D）既非充分条件又非必要条件

解
$$F'_+(0)=\lim_{x\to 0^+}\frac{F(x)-F(0)}{x-0}=\lim_{x\to 0^+}\frac{f(x)(1+\sin x)-f(0)}{x}$$
$$=\lim_{x\to 0^+}\left[\frac{f(x)-f(0)}{x-0}+f(x)\frac{\sin x}{x}\right]=f'(0)+f(0),$$
$$F'_-(0)=\lim_{x\to 0^-}\frac{F(x)-F(0)}{x-0}=\lim_{x\to 0^-}\frac{f(x)(1-\sin x)-f(0)}{x}$$
$$=\lim_{x\to 0^-}\left[\frac{f(x)-f(0)}{x-0}-f(x)\frac{\sin x}{x}\right]=f'(0)-f(0).$$

当$f(0)=0$时，$F'_+(0)=F'_-(0)$；反之，当$F'_+(0)=F'_-(0)$时，$f(0)=0$. 因此选项A正确.

9. 求下列函数的导数：

(1) $y=x^4$；　(2) $y=\sqrt[3]{x^2}$；

(3) $y=x^{1.6}$；　(4) $y=\dfrac{1}{\sqrt{x}}$；

(5) $y=\dfrac{1}{x^2}$；　(6) $y=x^3\sqrt[5]{x}$；

(7) $y=\dfrac{x^2\sqrt[3]{x^2}}{\sqrt{x^5}}$.

解　(1) $y'=4x^3$；　(2) $y=\sqrt[3]{x^2}=x^{\frac{2}{3}}$，$y'=\dfrac{2}{3}x^{-\frac{1}{3}}$；

(3) $y'=1.6x^{0.6}$；　(4) $y=\dfrac{1}{\sqrt{x}}=x^{-\frac{1}{2}}$，$y'=-\dfrac{1}{2}x^{-\frac{3}{2}}$；

(5) $y=\dfrac{1}{x^2}=x^{-2}$，$y'=-2x^{-3}$；　(6) $y=x^3\sqrt[5]{x}=x^{\frac{16}{5}}$，$y'=\dfrac{16}{5}x^{\frac{11}{5}}$；

(7) $y=\dfrac{x^2\sqrt[3]{x^2}}{\sqrt{x^5}}=x^{2+\frac{2}{3}-\frac{5}{2}}=x^{\frac{1}{6}}$，$y'=\dfrac{1}{6}x^{-\frac{5}{6}}$.

10. 已知物体的运动规律为$s=t^3$ m，求这物体在$t=2$ s时的速度.

解　根据位移与速度的关系，$v=\dfrac{\mathrm{d}s}{\mathrm{d}t}=3t^2$，$v|_{t=2}=12$ (m/s).

11. 如果$f(x)$为偶函数，且$f'(0)$存在，证明$f'(0)=0$.

证　由$f(x)$为偶函数，有$f(-x)=f(x)$.

$f'(0)=\lim\limits_{x\to0}\dfrac{f(x)-f(0)}{x-0}=\lim\limits_{x\to0}\dfrac{f(-x)-f(0)}{x-0}=-\lim\limits_{-x\to0}\dfrac{f(-x)-f(0)}{-x-0}=-f'(0)$，因此，$f'(0)=0$.

12. 求曲线$y=\sin x$在具有下列横坐标的各点处切线的斜率：

$$x=\frac{2}{3}\pi,\ x=\pi.$$

解　由导数的几何意义知

$$k_1=y'|_{x=\frac{2}{3}\pi}=\cos x|_{x=\frac{2}{3}\pi}=-\frac{1}{2},$$

$$k_2=y'|_{x=\pi}=\cos x|_{x=\pi}=-1.$$

13. 求曲线$y=\cos x$上点$\left(\dfrac{\pi}{3},\dfrac{1}{2}\right)$处的切线方程和法线方程.

解　$y'|_{x=\frac{\pi}{3}}=(-\sin x)|_{x=\frac{\pi}{3}}=-\dfrac{\sqrt{3}}{2}$，故曲线在点$\left(\dfrac{\pi}{3},\dfrac{1}{2}\right)$处的切线方程为$y-\dfrac{1}{2}=-\dfrac{\sqrt{3}}{2}\left(x-\dfrac{\pi}{3}\right)$，即$\dfrac{\sqrt{3}}{2}x+y-\dfrac{1}{2}\left(1+\dfrac{\sqrt{3}}{3}\pi\right)=0$.

曲线在点$\left(\dfrac{\pi}{3},\dfrac{1}{2}\right)$处的法线方程为$y-\dfrac{1}{2}=\dfrac{2}{\sqrt{3}}\left(x-\dfrac{\pi}{3}\right)$，即$\dfrac{2\sqrt{3}}{3}x-y+\dfrac{1}{2}-\dfrac{2\sqrt{3}}{9}\pi=0$.

14. 求曲线 $y = e^x$ 在点 (0, 1) 处的切线方程.

解　$y'|_{x=0} = e^x|_{x=0} = 1$，因此曲线在点 (0, 1) 处的切线方程为 $y - 1 = 1 \cdot (x - 0)$，即 $x - y + 1 = 0$.

15. 在抛物线 $y = x^2$ 上取横坐标为 $x_1 = 1$ 及 $x_2 = 3$ 的两点，作过这两点的割线. 问：该抛物线上哪一点的切线平行于这条割线？

解　割线的斜率 $k = \dfrac{3^2 - 1^2}{3 - 1} = \dfrac{8}{2} = 4$. 假设抛物线上点 (x_0, x_0^2) 处的切线平行于该割线，则有 $(x^2)'|_{x=x_0} = 4$，即 $2x_0 = 4$，故 $x_0 = 2$，由此得到所求的点为 (2, 4).

16. 讨论下列函数在 $x = 0$ 处的连续性与可导性：

(1) $y = |\sin x|$；　　(2) $y = \begin{cases} x^2 \sin \dfrac{1}{x}, & x \neq 0, \\ 0, & x = 0. \end{cases}$

解　(1) $\lim\limits_{x \to 0} f(x) = \lim\limits_{x \to 0} |\sin x| = 0 = f(0)$，故 $y = |\sin x|$ 在 $x = 0$ 处连续.

$f'_-(0) = \lim\limits_{x \to 0^-} \dfrac{f(x) - f(0)}{x - 0} = \lim\limits_{x \to 0^-} \dfrac{-\sin x}{x} = -1$，$f'_+(0) = \lim\limits_{x \to 0^+} \dfrac{f(x) - f(0)}{x - 0} = \lim\limits_{x \to 0^+} \dfrac{\sin x}{x} = 1$，

$f'_-(0) \neq f'_+(0)$，因此 $y = |\sin x|$ 在 $x = 0$ 处不可导.

(2) $\lim\limits_{x \to 0} f(x) = \lim\limits_{x \to 0} x^2 \sin \dfrac{1}{x} = 0 = f(0)$，故函数在 $x = 0$ 处连续. 又 $f'(0) = \lim\limits_{x \to 0} \dfrac{f(x) - f(0)}{x - 0} = \lim\limits_{x \to 0} \dfrac{x^2 \sin \dfrac{1}{x}}{x} = \lim\limits_{x \to 0} x \sin \dfrac{1}{x} = 0$，因此函数在 $x = 0$ 处可导.

17. 设函数 $f(x) = \begin{cases} x^2, & x \leqslant 1, \\ ax + b, & x > 1. \end{cases}$ 为了使函数 $f(x)$ 在 $x = 1$ 处连续且可导，a、b 应取什么值？

解　要使函数 $f(x)$ 在 $x = 1$ 处连续，必须有 $\lim\limits_{x \to 1^-} f(x) = \lim\limits_{x \to 1^+} f(x) = f(1)$，即 $1 = a + b$. 要使函数 $f(x)$ 在 $x = 1$ 处可导，必须有 $f'_-(1) = f'_+(1)$. 而

$$f'_-(1) = \lim_{x \to 1^-} \frac{f(x) - f(1)}{x - 1} = \lim_{x \to 1^-} \frac{x^2 - 1}{x - 1} = 2,$$

$$f'_+(1) = \lim_{x \to 1^+} \frac{f(x) - f(1)}{x - 1} = \lim_{x \to 1^+} \frac{ax + b - 1}{x - 1} = \lim_{x \to 1^+} \frac{a(x - 1) + a + b - 1}{x - 1} = \lim_{x \to 1^+} \frac{a(x - 1)}{x - 1} = a.$$

故 $a = 2$，$b = -1$.

18. 已知 $f(x) = \begin{cases} -x, & x < 0, \\ x^2, & x \geqslant 0, \end{cases}$ 求 $f'_+(0)$ 及 $f'_-(0)$，又 $f'(0)$ 是否存在？

解

$$f'_-(0) = \lim_{x \to 0^-} \frac{f(x) - f(0)}{x - 0} = \lim_{x \to 0^-} \frac{-x - 0}{x} = -1,$$

$$f'_+(0) = \lim_{x \to 0^+} \frac{f(x) - f(0)}{x - 0} = \lim_{x \to 0^+} \frac{x^2 - 0}{x} = 0.$$

由于 $f'_-(0) \neq f'_+(0)$，故 $f'(0)$ 不存在.

19. 已知$f(x)=\begin{cases}\sin x, & x<0,\\ x, & x\geqslant 0,\end{cases}$ 求$f'(x)$.

解　$f_-'(0)=\lim\limits_{x\to 0^-}\dfrac{f(x)-f(0)}{x-0}=\lim\limits_{x\to 0^-}\dfrac{\sin x}{x}=1$，$f_+'(0)=\lim\limits_{x\to 0^+}\dfrac{f(x)-f(0)}{x-0}=\lim\limits_{x\to 0^+}\dfrac{x}{x}=1$.

由于$f_-'(0)=f_+'(0)=1$，故$f'(0)=1$. 因此$f'(x)=\begin{cases}\cos x, & x<0,\\ 1, & x\geqslant 0.\end{cases}$

20. 证明：双曲线$xy=a^2$上任一点处的切线与两坐标轴构成的三角形的面积都等于$2a^2$.

证　设(x_0, y_0)为双曲线$xy=a^2$上任一点，曲线在该点处的切线斜率$k=\left(\dfrac{a^2}{x}\right)'\Big|_{x=x_0}=-\dfrac{a^2}{x_0^2}$，因此切线方程为$y-y_0=-\dfrac{a^2}{x_0^2}(x-x_0)$或$\dfrac{x}{2x_0}+\dfrac{y}{2y_0}=1$，由此可得所构成的三角形的面积为$A=\dfrac{1}{2}|2x_0|\cdot|2y_0|=2a^2$.

习题2-2　解答　函数的求导法则

1. 推导余切函数及余割函数的导数公式：

$$(\cot x)'=-\csc^2 x;\ (\csc x)'=-\csc x\cot x.$$

解　$(\cot x)'=\left(\dfrac{\cos x}{\sin x}\right)'=\dfrac{-\sin x\sin x-\cos x\cos x}{\sin^2 x}=-\dfrac{1}{\sin^2 x}=-\csc^2 x.$

$$(\csc x)'=\left(\frac{1}{\sin x}\right)'=\frac{-\cos x}{\sin^2 x}=-\csc x\cot x.$$

2. 求下列函数的导数：

(1) $y=x^3+\dfrac{7}{x^4}-\dfrac{2}{x}+12$;　(2) $y=5x^3-2^x+3e^x$;

(3) $y=2\tan x+\sec x-1$;　(4) $y=\sin x\cdot\cos x$;

(5) $y=x^2\ln x$;　(6) $y=3e^x\cos x$;

(7) $y=\dfrac{\ln x}{x}$;　(8) $y=\dfrac{e^x}{x^2}+\ln 3$;

(9) $y=x^2\ln x\cos x$;　(10) $s=\dfrac{1+\sin t}{1+\cos t}$.

解　(1) $y'=3x^2-\dfrac{28}{x^5}+\dfrac{2}{x^2}$;

(2) $y'=15x^2-2^x\ln 2+3e^x$;

(3) $y'=2\sec^2 x+\sec x\tan x=\sec x(2\sec x+\tan x)$;

(4) $y'=(\sin x\cdot\cos x)'=\left(\dfrac{1}{2}\sin 2x\right)'=\dfrac{1}{2}\cdot 2\cos 2x=\cos 2x$;

(5) $y'=2x\ln x+x^2\cdot\dfrac{1}{x}=2x\ln x+x=x(2\ln x+1)$;

(6) $y'=3e^x\cos x-3e^x\sin x=3e^x(\cos x-\sin x)$;

(7) $y'=\dfrac{\frac{1}{x}\cdot x-\ln x}{x^2}=\dfrac{1-\ln x}{x^2}$;

(8) $y' = \dfrac{e^x \cdot x^2 - 2xe^x}{x^4} = \dfrac{e^x(x-2)}{x^3}$;

(9) $y' = 2x\ln x\cos x + x^2 \cdot \dfrac{1}{x}\cos x + x^2\ln x(-\sin x)$

$= 2x\ln x\cos x + x\cos x - x^2\ln x \cdot \sin x$;

(10) $s' = \dfrac{\cos t(1+\cos t) - (1+\sin t)(-\sin t)}{(1+\cos t)^2} = \dfrac{1+\sin t+\cos t}{(1+\cos t)^2}$.

3. 求下列函数在给定点处的导数：

(1) $y = \sin x - \cos x$，求 $y'|_{x=\frac{\pi}{6}}$ 和 $y'|_{x=\frac{\pi}{4}}$；

(2) $\rho = \theta\sin\theta + \dfrac{1}{2}\cos\theta$，求 $\left.\dfrac{d\rho}{d\theta}\right|_{\theta=\frac{\pi}{4}}$；

(3) $f(x) = \dfrac{3}{5-x} + \dfrac{x^2}{5}$，求 $f'(0)$ 和 $f'(2)$.

解 (1) $y' = \cos x + \sin x$，$y'|_{x=\frac{\pi}{6}} = \cos\dfrac{\pi}{6} + \sin\dfrac{\pi}{6} = \dfrac{\sqrt{3}+1}{2}$，$y'|_{x=\frac{\pi}{4}} = \cos\dfrac{\pi}{4} + \sin\dfrac{\pi}{4} = \sqrt{2}$；

(2) $\dfrac{d\rho}{d\theta} = \sin\theta + \theta\cos\theta - \dfrac{1}{2}\sin\theta = \dfrac{1}{2}\sin\theta + \theta\cos\theta$，$\left.\dfrac{d\rho}{d\theta}\right|_{\theta=\frac{\pi}{4}} = \dfrac{1}{2}\sin\dfrac{\pi}{4} + \dfrac{\pi}{4}\cos\dfrac{\pi}{4} = \dfrac{\sqrt{2}}{4}\left(1+\dfrac{\pi}{2}\right)$；

(3) $f'(x) = \dfrac{3}{(5-x)^2} + \dfrac{2}{5}x$，$f'(0) = \dfrac{3}{25}$，$f'(2) = \dfrac{1}{3} + \dfrac{4}{5} = \dfrac{17}{15}$.

4. 以初速度 v_0 竖直上抛的物体，其上升高度 s 与时间 t 的关系是 $s = v_0t - \dfrac{1}{2}gt^2$. 求：

(1) 该物体的速度 $v(t)$； (2) 该物体达到最高点的时刻.

解 (1) $v(t) = \dfrac{ds}{dt} = v_0 - gt$；

(2) 物体到达最高点的时刻 $v = 0$，即 $v_0 - gt = 0$，故 $t = \dfrac{v_0}{g}$.

5. 求曲线 $y = 2\sin x + x^2$ 上横坐标为 $x = 0$ 的点处的切线方程和法线方程.

解 $y' = 2\cos x + 2x$，$y'|_{x=0} = 2$，$y|_{x=0} = 0$，因此曲线在点 $(0, 0)$ 处的切线方程为 $y - 0 = 2(x-0)$，即 $2x - y = 0$. 法线方程为 $y - 0 = -\dfrac{1}{2}(x-0)$，即 $x + 2y = 0$.

6. 求下列函数的导数：

(1) $y = (2x+5)^4$； (2) $y = \cos(4-3x)$；

(3) $y = e^{-3x^2}$； (4) $y = \ln(1+x^2)$；

(5) $y = \sin^2 x$； (6) $y = \sqrt{a^2 - x^2}$；

(7) $y = \tan x^2$； (8) $y = \arctan(e^x)$；

(9) $y = (\arcsin x)^2$； (10) $y = \ln\cos x$.

解 (1) $y' = 4(2x+5)^3 \cdot 2 = 8(2x+5)^3$；

(2) $y' = -\sin(4-3x)\cdot(-3) = 3\sin(4-3x)$;
(3) $y' = e^{-3x^2}\cdot(-6x) = -6xe^{-3x^2}$;
(4) $y' = \dfrac{1}{1+x^2}\cdot 2x = \dfrac{2x}{1+x^2}$;
(5) $y' = 2\sin x\cos x = \sin 2x$;
(6) $y' = \dfrac{1}{2\sqrt{a^2-x^2}}\cdot(-2x) = \dfrac{-x}{\sqrt{a^2-x^2}}$;
(7) $y' = \sec^2 x^2\cdot 2x = 2x\sec^2 x^2$;
(8) $y' = \dfrac{1}{1+(e^x)^2}\cdot e^x = \dfrac{e^x}{1+e^{2x}}$;
(9) $y' = 2\arcsin x\cdot\dfrac{1}{\sqrt{1-x^2}} = \dfrac{2}{\sqrt{1-x^2}}\arcsin x$;
(10) $y' = \dfrac{1}{\cos x}\cdot(-\sin x) = -\tan x$.

7. 求下列函数的导数：

(1) $y = \arcsin(1-2x)$;　　(2) $y = \dfrac{1}{\sqrt{1-x^2}}$;
(3) $y = e^{-\frac{x}{2}}\cos 3x$;　　(4) $y = \arccos\dfrac{1}{x}$;
(5) $y = \dfrac{1-\ln x}{1+\ln x}$;　　(6) $y = \dfrac{\sin 2x}{x}$;
(7) $y = \arcsin\sqrt{x}$;　　(8) $y = \ln(x+\sqrt{a^2+x^2})$;
(9) $y = \ln(\sec x + \tan x)$;　　(10) $y = \ln(\csc x - \cot x)$.

解 (1) $y' = \dfrac{1}{\sqrt{1-(1-2x)^2}}\cdot(-2) = -\dfrac{1}{\sqrt{x-x^2}}$;

(2) $y' = \dfrac{-\dfrac{(-2x)}{2\sqrt{1-x^2}}}{(\sqrt{1-x^2})^2} = \dfrac{x}{\sqrt{(1-x^2)^3}}$;

(3) $y' = -\dfrac{1}{2}e^{-\frac{x}{2}}\cos 3x - 3e^{-\frac{x}{2}}\sin 3x = -\dfrac{1}{2}e^{-\frac{x}{2}}(\cos 3x + 6\sin 3x)$;

(4) $y' = -\dfrac{1}{\sqrt{1-\left(\dfrac{1}{x}\right)^2}}\cdot\left(-\dfrac{1}{x^2}\right) = \dfrac{|x|}{x^2\sqrt{x^2-1}}$;

(5) $y' = \dfrac{-\dfrac{1}{x}(1+\ln x) - (1-\ln x)\cdot\dfrac{1}{x}}{(1+\ln x)^2} = -\dfrac{2}{x(1+\ln x)^2}$;

(6) $y' = \dfrac{2x\cos 2x - \sin 2x}{x^2}$;

(7) $y' = \dfrac{1}{\sqrt{1-(\sqrt{x})^2}}\cdot\dfrac{1}{2\sqrt{x}} = \dfrac{1}{2\sqrt{x-x^2}}$;

（8）$y'=\dfrac{1}{x+\sqrt{a^2+x^2}}\left(1+\dfrac{2x}{2\sqrt{a^2+x^2}}\right)=\dfrac{1}{x+\sqrt{a^2+x^2}}\cdot\dfrac{x+\sqrt{a^2+x^2}}{\sqrt{a^2+x^2}}=\dfrac{1}{\sqrt{a^2+x^2}}$；

（9）$y'=\dfrac{1}{\sec x+\tan x}(\sec x\tan x+\sec^2x)=\sec x$；

（10）$y'=\dfrac{1}{\csc x-\cot x}(-\csc x\cot x+\csc^2x)=\csc x$.

8. 求下列函数的导数：

（1）$y=\left(\arcsin\dfrac{x}{2}\right)^2$；　　（2）$y=\ln\tan\dfrac{x}{2}$；

（3）$y=\sqrt{1+\ln^2x}$；　　（4）$y=\mathrm{e}^{\arctan\sqrt{x}}$；

（5）$y=\sin^n x\cos nx$；　　（6）$y=\arctan\dfrac{x+1}{x-1}$；

（7）$y=\dfrac{\arcsin x}{\arccos x}$；　　（8）$y=\ln\ln\ln x$；

（9）$y=\dfrac{\sqrt{1+x}-\sqrt{1-x}}{\sqrt{1+x}+\sqrt{1-x}}$；　　（10）$y=\arcsin\sqrt{\dfrac{1-x}{1+x}}$.

解　（1）$y'=2\arcsin\dfrac{x}{2}\cdot\dfrac{1}{\sqrt{1-\left(\dfrac{x}{2}\right)^2}}\cdot\dfrac{1}{2}=\dfrac{2\arcsin\dfrac{x}{2}}{\sqrt{4-x^2}}$；

（2）$y'=\dfrac{1}{\tan\dfrac{x}{2}}\cdot\sec^2\dfrac{x}{2}\cdot\dfrac{1}{2}=\dfrac{1}{2\sin\dfrac{x}{2}\cos\dfrac{x}{2}}=\dfrac{1}{\sin x}=\csc x$；

（3）$y'=\dfrac{1}{2\sqrt{1+\ln^2x}}\cdot 2\ln x\cdot\dfrac{1}{x}=\dfrac{\ln x}{x\sqrt{1+\ln^2x}}$；

（4）$y'=\mathrm{e}^{\arctan\sqrt{x}}\cdot\dfrac{1}{1+(\sqrt{x})^2}\cdot\dfrac{1}{2\sqrt{x}}=\dfrac{1}{2\sqrt{x}(1+x)}\mathrm{e}^{\arctan\sqrt{x}}$；

（5）$y'=n\sin^{n-1}x\cos x\cos nx+\sin^n x(-\sin nx)\cdot n=n\sin^{n-1}x\cos(n+1)x$；

（6）$y'=\dfrac{1}{1+\left(\dfrac{x+1}{x-1}\right)^2}\cdot\dfrac{(x-1)-(x+1)}{(x-1)^2}=\dfrac{-2}{(x-1)^2+(x+1)^2}=-\dfrac{1}{1+x^2}$；

（7）$$y'=\frac{\dfrac{1}{\sqrt{1-x^2}}\arccos x-\arcsin x\left(-\dfrac{1}{\sqrt{1-x^2}}\right)}{(\arccos x)^2}$$

$$=\frac{\arccos x+\arcsin x}{\sqrt{1-x^2}(\arccos x)^2}=\frac{\pi}{2\sqrt{1-x^2}(\arccos x)^2}；$$

（8）$y'=\dfrac{1}{\ln\ln x}\cdot\dfrac{1}{\ln x}\cdot\dfrac{1}{x}=\dfrac{1}{x\ln x\ln\ln x}$；

（9）$$y'=\frac{\left(\dfrac{1}{2\sqrt{1+x}}+\dfrac{1}{2\sqrt{1-x}}\right)(\sqrt{1+x}+\sqrt{1-x})-(\sqrt{1+x}-\sqrt{1-x})\left(\dfrac{1}{2\sqrt{1+x}}-\dfrac{1}{2\sqrt{1-x}}\right)}{(\sqrt{1+x}+\sqrt{1-x})^2}$$

$$=\frac{1}{2}\frac{\frac{1}{\sqrt{1+x}\sqrt{1-x}}(\sqrt{1+x}+\sqrt{1-x})^2+\frac{1}{\sqrt{1+x}\sqrt{1-x}}(\sqrt{1+x}-\sqrt{1-x})^2}{2+2\sqrt{1-x^2}}$$

$$=\frac{1}{4}\frac{2+2}{(1+\sqrt{1-x^2})\sqrt{1-x^2}}=\frac{1-\sqrt{1-x^2}}{x^2\sqrt{1-x^2}};$$

(10) $y'=\frac{1}{\sqrt{1-\left(\sqrt{\frac{1-x}{1+x}}\right)^2}}\cdot\frac{1}{2\sqrt{\frac{1-x}{1+x}}}\cdot\frac{-(1+x)-(1-x)}{(1+x)^2}$

$$=-\frac{1}{\sqrt{1-\frac{1-x}{1+x}}}\cdot\frac{1}{\sqrt{\frac{1-x}{1+x}}}\cdot\frac{1}{(1+x)^2}$$

$$=-\frac{1}{\sqrt{2x}(1+x)\sqrt{1-x}}=-\frac{1}{(1+x)\sqrt{2x(1-x)}}.$$

9. 设函数 $f(x)$ 和 $g(x)$ 可导，且 $f^2(x)+g^2(x)\neq 0$，试求函数 $y=\sqrt{f^2(x)+g^2(x)}$ 的导数.

解　$y'=\frac{1}{2\sqrt{f^2(x)+g^2(x)}}[2f(x)f'(x)+2g(x)g'(x)]=\frac{f(x)f'(x)+g(x)g'(x)}{\sqrt{f^2(x)+g^2(x)}}.$

10. 设 $f(x)$ 可导，求下列函数的导数 $\frac{dy}{dx}$:

(1) $y=f(x^2)$;　　(2) $y=f(\sin^2x)+f(\cos^2x)$.

解　(1) $\frac{dy}{dx}=f'(x^2)\cdot 2x=2xf'(x^2)$;

(2) $y'=f'(\sin^2x)2\sin x\cos x+f'(\cos^2x)2\cos x(-\sin x)$

$=\sin 2x[f'(\sin^2x)-f'(\cos^2x)]$.

11. 求下列函数的导数:

(1) $y=e^{-x}(x^2-2x+3)$;　　(2) $y=\sin^2x\cdot\sin(x^2)$;

(3) $y=\left(\arctan\frac{x}{2}\right)^2$;　　(4) $y=\frac{\ln x}{x^n}$;

(5) $y=\frac{e^t-e^{-t}}{e^t+e^{-t}}$;　　(6) $y=\ln\cos\frac{1}{x}$;

(7) $y=e^{-\sin^2\frac{1}{x}}$;　　(8) $y=\sqrt{x+\sqrt{x}}$;

(9) $y=x\arcsin\frac{x}{2}+\sqrt{4-x^2}$;　　(10) $y=\arcsin\frac{2t}{1+t^2}$.

解　(1) $y'=-e^{-x}(x^2-2x+3)+e^{-x}(2x-2)=e^{-x}(-x^2+4x-5)$;

(2) $y'=2\sin x\cos x\cdot\sin(x^2)+\sin^2x\cos(x^2)\cdot 2x=\sin 2x\sin(x^2)+2x\sin^2x\cos(x^2)$;

(3) $y'=2\arctan\frac{x}{2}\cdot\frac{1}{1+\left(\frac{x}{2}\right)^2}\cdot\frac{1}{2}=\frac{4}{4+x^2}\arctan\frac{x}{2}$;

(4) $y' = \dfrac{\dfrac{1}{x}x^n - nx^{n-1}\ln x}{x^{2n}} = \dfrac{1 - n\ln x}{x^{n+1}}$；

(5) $y' = \dfrac{(\mathrm{e}^t + \mathrm{e}^{-t})(\mathrm{e}^t + \mathrm{e}^{-t}) - (\mathrm{e}^t - \mathrm{e}^{-t})(\mathrm{e}^t - \mathrm{e}^{-t})}{(\mathrm{e}^t + \mathrm{e}^{-t})^2} = \dfrac{4}{(\mathrm{e}^t + \mathrm{e}^{-t})^2}$；

(6) $y' = \dfrac{1}{\cos\dfrac{1}{x}}\left(-\sin\dfrac{1}{x}\right)\cdot\left(-\dfrac{1}{x^2}\right) = \dfrac{1}{x^2}\tan\dfrac{1}{x}$；

(7) $y' = \mathrm{e}^{-\sin^2\frac{1}{x}}\left(-2\sin\dfrac{1}{x}\cos\dfrac{1}{x}\right)\cdot\left(-\dfrac{1}{x^2}\right) = \dfrac{1}{x^2}\sin\dfrac{2}{x}\mathrm{e}^{-\sin^2\frac{1}{x}}$；

(8) $y' = \dfrac{1}{2\sqrt{x + \sqrt{x}}}\left(1 + \dfrac{1}{2\sqrt{x}}\right) = \dfrac{2\sqrt{x} + 1}{4\sqrt{x}\sqrt{x + \sqrt{x}}}$；

(9) $y' = \arcsin\dfrac{x}{2} + x\cdot\dfrac{1}{\sqrt{1 - \left(\dfrac{x}{2}\right)^2}}\cdot\dfrac{1}{2} + \dfrac{-2x}{2\sqrt{4 - x^2}}$

$= \arcsin\dfrac{x}{2} + \dfrac{x}{\sqrt{4 - x^2}} - \dfrac{x}{\sqrt{4 - x^2}} = \arcsin\dfrac{x}{2}$；

(10) $y' = \dfrac{1}{\sqrt{1 - \left(\dfrac{2t}{1 + t^2}\right)^2}}\cdot\dfrac{2(1 + t^2) - 2t\cdot 2t}{(1 + t^2)^2} = \dfrac{1 + t^2}{\sqrt{(1 - t^2)^2}}\cdot\dfrac{2(1 - t^2)}{(1 + t^2)^2} = \dfrac{2(1 - t^2)}{|1 - t^2|(1 + t^2)}$

$= \begin{cases} \dfrac{2}{1 + t^2}, & |t| < 1, \\ -\dfrac{2}{1 + t^2}, & |t| > 1. \end{cases}$

12. 此处解析请扫二维码查看.

12 二维码

13. 设函数 $f(x)$ 和 $g(x)$ 均在点 x_0 的某一邻域内有定义, $f(x)$ 在 x_0 处可导, $f(x_0) = 0$, $g(x)$ 在 x_0 处连续, 试讨论 $f(x)g(x)$ 在 x_0 处的可导性.

解 由 $f(x)$ 在点 x_0 处可导, 且 $f(x_0) = 0$, 则有 $f'(x_0) = \lim\limits_{x\to x_0}\dfrac{f(x) - f(x_0)}{x - x_0} = \lim\limits_{x\to x_0}\dfrac{f(x)}{x - x_0}$; 由 $g(x)$ 在点 x_0 处连续, 则有 $\lim\limits_{x\to x_0} g(x) = g(x_0)$. 故

$$\lim_{x\to x_0}\frac{f(x)g(x) - f(x_0)g(x_0)}{x - x_0} = \lim_{x\to x_0}\frac{f(x)}{x - x_0}g(x) = f'(x_0)g(x_0),$$

即 $f(x)g(x)$ 在点 x_0 处可导, 其导数为 $f'(x_0)g(x_0)$.

14. 设函数 $f(x)$ 满足下列条件:

(1) $f(x + y) = f(x)\cdot f(y)$, 对一切 $x, y \in \mathbf{R}$;

(2) $f(x) = 1 + xg(x)$, 而 $\lim\limits_{x\to 0} g(x) = 1$.

试证明 $f(x)$ 在 $\mathbf{R}$ 上处处可导, 且 $f'(x) = f(x)$.

证　由 (2) 知 $f(0)=1$，故

$$f'(x)=\lim_{\Delta x\to 0}\frac{f(x+\Delta x)-f(x)}{\Delta x}=\lim_{\Delta x\to 0}\frac{f(x)f(\Delta x)-f(x)}{\Delta x}$$

$$=\lim_{\Delta x\to 0}\left[f(x)\cdot\frac{f(\Delta x)-1}{\Delta x}\right]=\lim_{\Delta x\to 0}\left[f(x)\cdot\frac{\Delta x g(\Delta x)}{\Delta x}\right]$$

$$=\lim_{\Delta x\to 0}[f(x)g(\Delta x)]=f(x)\cdot 1=f(x).$$

习题2-3　解答　高阶导数

1. 求下列函数的二阶导数：

(1) $y=2x^2+\ln x$；　(2) $y=e^{2x-1}$；

(3) $y=x\cos x$；　(4) $y=e^{-t}\sin t$；

(5) $y=\sqrt{a^2-x^2}$；　(6) $y=\ln(1-x^2)$；

(7) $y=\tan x$；　(8) $y=\dfrac{1}{x^3+1}$；

(9) $y=(1+x^2)\arctan x$；　(10) $y=\dfrac{e^x}{x}$；

(11) $y=xe^{x^2}$；　(12) $y=\ln(x+\sqrt{1+x^2})$.

解　(1) $y'=4x+\dfrac{1}{x}$，$y''=4-\dfrac{1}{x^2}$；

(2) $y'=e^{2x-1}\cdot 2=2e^{2x-1}$，$y''=2e^{2x-1}\cdot 2=4e^{2x-1}$；

(3) $y'=\cos x+x(-\sin x)=\cos x-x\sin x$，

$y''=-\sin x-\sin x-x\cos x=-2\sin x-x\cos x$；

(4) $y'=e^{-t}\cdot(-1)\cdot\sin t+e^{-t}\cos t=e^{-t}(\cos t-\sin t)$，

$y''=e^{-t}(-1)(\cos t-\sin t)+e^{-t}(-\sin t-\cos t)=e^{-t}(-2\cos t)=-2e^{-t}\cos t$；

(5) $y'=\dfrac{-2x}{2\sqrt{a^2-x^2}}=-\dfrac{x}{\sqrt{a^2-x^2}}$，$y''=-\dfrac{\sqrt{a^2-x^2}-x\cdot\dfrac{-2x}{2\sqrt{a^2-x^2}}}{(\sqrt{a^2-x^2})^2}=\dfrac{-a^2}{(a^2-x^2)^{\frac{3}{2}}}$；

(6) $y'=\dfrac{1}{1-x^2}\cdot(-2x)=\dfrac{2x}{x^2-1}$，$y''=\dfrac{2(x^2-1)-2x\cdot(2x)}{(x^2-1)^2}=-\dfrac{2(1+x^2)}{(1-x^2)^2}$；

(7) $y'=\sec^2 x$，$y''=2\sec^2 x\tan x$；

(8) $y'=\dfrac{-3x^2}{(x^3+1)^2}$，

$y''=-\dfrac{3[2x(x^3+1)^2-x^2\cdot 2(x^3+1)\cdot 3x^2]}{(x^3+1)^4}=\dfrac{6x(2x^3-1)}{(x^3+1)^3}$；

(9) $y'=2x\arctan x+(1+x^2)\cdot\dfrac{1}{1+x^2}=2x\arctan x+1$，

$y''=2\arctan x+2x\dfrac{1}{1+x^2}=2\arctan x+\dfrac{2x}{1+x^2}$；

(10) $y'=\dfrac{xe^x-e^x}{x^2}=\dfrac{(x-1)e^x}{x^2}$，

$$y''=\frac{[e^x+(x-1)e^x]x^2-2x(x-1)e^x}{x^4}=\frac{e^x(x^2-2x+2)}{x^3};$$

（11）$y'=e^{x^2}+xe^{x^2}\cdot 2x=(1+2x^2)e^{x^2}$，$y''=4xe^{x^2}+(1+2x^2)e^{x^2}\cdot 2x=2x(3+2x^2)e^{x^2}$；

（12）$y'=\dfrac{1}{x+\sqrt{1+x^2}}\left(1+\dfrac{2x}{2\sqrt{1+x^2}}\right)=\dfrac{1}{\sqrt{1+x^2}}$，$y''=\dfrac{-\dfrac{2x}{2\sqrt{1+x^2}}}{(\sqrt{1+x^2})^2}=-\dfrac{x}{\sqrt{(1+x^2)^3}}$.

2. 设$f(x)=(x+10)^6$，求$f'''(2)$.

解　$f'(x)=6(x+10)^5$，$f''(x)=30(x+10)^4$，$f'''(x)=120(x+10)^3$，$f'''(2)=120\times 12^3=207\ 360$.

3. 设$f''(x)$存在，求下列函数的二阶导数$\dfrac{d^2y}{dx^2}$：

（1）$y=f(x^2)$；　　（2）$y=\ln[f(x)]$.

解　（1）$y'=f'(x^2)\cdot 2x=2xf'(x^2)$，$y''=2f'(x^2)+2xf''(x^2)\cdot 2x=2f'(x^2)+4x^2f''(x^2)$；

（2）$y'=\dfrac{f'(x)}{f(x)}$，$y''=\dfrac{f''(x)f(x)-[f'(x)]^2}{[f(x)]^2}$.

4. 试从$\dfrac{dx}{dy}=\dfrac{1}{y'}$导出：

（1）$\dfrac{d^2x}{dy^2}=-\dfrac{y''}{(y')^3}$；　　（2）$\dfrac{d^3x}{dy^3}=\dfrac{3(y'')^2-y'y'''}{(y')^5}$.

解　（1）$\dfrac{d^2x}{dy^2}=\dfrac{d}{dy}\left(\dfrac{dx}{dy}\right)=\dfrac{d}{dx}\left(\dfrac{1}{y'}\right)\dfrac{dx}{dy}=-\dfrac{y''}{(y')^2}\cdot\dfrac{1}{y'}=-\dfrac{y''}{(y')^3}$；

（2）$\dfrac{d^3x}{dy^3}=\dfrac{d}{dy}\left(\dfrac{d^2x}{dy^2}\right)=\dfrac{d}{dx}\left[\dfrac{-y''}{(y')^3}\right]\dfrac{dx}{dy}=-\dfrac{y'''(y')^3-y''\cdot 3(y')^2y''}{(y')^6}\cdot\dfrac{1}{y'}=\dfrac{3(y'')^2-y'y'''}{(y')^5}$.

5. 已知物体的运动规律为$s=A\sin\omega t$（A，ω是常数），求物体运动的加速度，并验证：

$$\frac{d^2s}{dt^2}+\omega^2s=0.$$

解　$\dfrac{ds}{dt}=A\cos\omega t\cdot\omega=A\omega\cos\omega t$，$\dfrac{d^2s}{dt^2}=-A\omega^2\sin\omega t$，因此

$$\frac{d^2s}{dt^2}+\omega^2s=-A\omega^2\sin\omega t+\omega^2A\sin\omega t=0.$$

6. 密度大的陨星进入大气层时，当它离地心为s km时的速度与$\sqrt{s}$成反比. 试证陨星的加速度与s^2成反比.

解　根据题意知，$v=\dfrac{ds}{dt}=\dfrac{k}{\sqrt{s}}$，其中$k$为比例系数，则

$$a=\frac{d^2s}{dt^2}=\frac{d}{ds}\left(\frac{k}{\sqrt{s}}\right)\cdot\frac{ds}{dt}=-\frac{1}{2}\cdot\frac{k}{s^{\frac{3}{2}}}\cdot\frac{k}{\sqrt{s}}=-\frac{k^2}{2s^2},$$

即陨星的加速度与s^2成反比.

7. 假设质点沿x轴运动的速度为$\dfrac{dx}{dt}=f(x)$，试求质点运动的加速度.

解 质点运动的加速度为 $a=\frac{\mathrm{d}^2x}{\mathrm{d}t^2}=\frac{\mathrm{d}}{\mathrm{d}x}[f(x)]\frac{\mathrm{d}x}{\mathrm{d}t}=f'(x)f(x)$.

8. 验证函数 $y=C_1\mathrm{e}^{\lambda x}+C_2\mathrm{e}^{-\lambda x}$（$\lambda$，$C_1$，$C_2$ 是常数）满足关系式

$$y''-\lambda^2y=0.$$

证 $y'=C_1\lambda\mathrm{e}^{\lambda x}-C_2\lambda\mathrm{e}^{-\lambda x}$，$y''=C_1\lambda^2\mathrm{e}^{\lambda x}+C_2\lambda^2\mathrm{e}^{-\lambda x}$，因此

$$y''-\lambda^2y=C_1\lambda^2\mathrm{e}^{\lambda x}+C_2\lambda^2\mathrm{e}^{-\lambda x}-\lambda^2(C_1\mathrm{e}^{\lambda x}+C_2\mathrm{e}^{-\lambda x})=0.$$

9. 验证函数 $y=\mathrm{e}^x\sin x$ 满足关系式

$$y''-2y'+2y=0.$$

证 $y'=\mathrm{e}^x\sin x+\mathrm{e}^x\cos x=\mathrm{e}^x(\sin x+\cos x)$，$y''=\mathrm{e}^x(\sin x+\cos x)+\mathrm{e}^x(\cos x-\sin x)=2\mathrm{e}^x\cos x$，即 $y''-2y'+2y=2\mathrm{e}^x\cos x-2\mathrm{e}^x(\sin x+\cos x)+2\mathrm{e}^x\sin x=0$.

10. 求下列函数所指定的阶的导数：

（1）$y=\mathrm{e}^x\cos x$，求 $y^{(4)}$；（2）$y=x^2\sin 2x$，求 $y^{(50)}$.

解 （1）根据莱布尼茨公式有

$$\begin{aligned}(\mathrm{e}^x\cos x)^{(4)}&=(\mathrm{e}^x)^{(4)}\cos x+4(\mathrm{e}^x)'''(\cos x)'+\frac{4\cdot 3}{2!}(\mathrm{e}^x)''(\cos x)''+\\&\quad\frac{4\cdot 3\cdot 2}{3!}(\mathrm{e}^x)'(\cos x)'''+\mathrm{e}^x(\cos x)^{(4)}\\&=\mathrm{e}^x\cos x-4\mathrm{e}^x\sin x+6\mathrm{e}^x(-\cos x)+4\mathrm{e}^x\sin x+\mathrm{e}^x\cos x\\&=-4\mathrm{e}^x\cos x;\end{aligned}$$

（2）由 $(\sin 2x)^{(n)}=2^n\sin\left(2x+\frac{n\pi}{2}\right)$ 及莱布尼茨公式有

$$\begin{aligned}(x^2\sin 2x)^{(50)}&=x^2(\sin 2x)^{(50)}+50(x^2)'(\sin 2x)^{(49)}+\frac{50\cdot 49}{2!}(x^2)''(\sin 2x)^{(48)}\\&=2^{50}x^2\sin\left(2x+\frac{50\pi}{2}\right)+100\cdot 2^{49}x\sin\left(2x+\frac{49\pi}{2}\right)+\\&\quad\frac{50\cdot 49}{2}\cdot 2\cdot 2^{48}\sin\left(2x+\frac{48\pi}{2}\right)\\&=2^{50}\left(-x^2\sin 2x+50x\cos 2x+\frac{1\,225}{2}\sin 2x\right).\end{aligned}$$

11—12 二维码

11—12. 此处解析请扫二维码查看.

习题 2-4 解答 隐函数及由参数方程所确定的函数的导数 相关变化率

1. 求由下列方程所确定的隐函数的导数 $\frac{\mathrm{d}y}{\mathrm{d}x}$:

（1）$y^2-2xy+9=0$；（2）$x^3+y^3-3axy=0$；

（3）$xy=\mathrm{e}^{x+y}$；（4）$y=1-x\mathrm{e}^y$.

解 （1）方程两端同时对 x 求导，得 $2yy'-2y-2xy'=0$，从而 $y'=\frac{y}{y-x}$，其中 $y=y(x)$ 是由方程 $y^2-2xy+9=0$ 所确定的隐函数；

（2）方程两端同时对 x 求导，得 $3x^2+3y^2y'-3ay-3axy'=0$，从而 $y'=\frac{ay-x^2}{y^2-ax}$，其中

$y=y(x)$ 是由方程 $x^3+y^3-3axy=0$ 所确定的隐函数；

（3）方程两端同时对 x 求导，得 $y+xy'=e^{x+y}(1+y')$，从而 $y'=\dfrac{e^{x+y}-y}{x-e^{x+y}}$，其中 $y=y(x)$ 是由方程 $xy=e^{x+y}$ 所确定的隐函数；

（4）方程两端同时对 x 求导，得 $y'=-e^y-xe^yy'$，从而 $y'=-\dfrac{e^y}{1+xe^y}$，其中 $y=y(x)$ 是由方程 $y=1-xe^y$ 所确定的隐函数.

2. 求曲线 $x^{\frac{2}{3}}+y^{\frac{2}{3}}=a^{\frac{2}{3}}$ 在点 $\left(\dfrac{\sqrt{2}}{4}a,\ \dfrac{\sqrt{2}}{4}a\right)$ 处的切线方程和法线方程.

解 根据导数的几何意义，所求切线的斜率 $k=y'\Big|_{\left(\frac{\sqrt{2}}{4}a,\ \frac{\sqrt{2}}{4}a\right)}$.

在曲线方程两端分别对 x 求导，得 $\dfrac{2}{3}x^{-\frac{1}{3}}+\dfrac{2}{3}y^{-\frac{1}{3}}y'=0$，从而 $y'=-\dfrac{x^{-\frac{1}{3}}}{y^{-\frac{1}{3}}}$，

$y'\Big|_{\left(\frac{\sqrt{2}}{4}a,\ \frac{\sqrt{2}}{4}a\right)}=-1.$

于是所求的切线方程为 $y-\dfrac{\sqrt{2}}{4}a=-1\left(x-\dfrac{\sqrt{2}}{4}a\right)$，即 $x+y=\dfrac{\sqrt{2}}{2}a$. 法线方程为 $y-\dfrac{\sqrt{2}}{4}a=1\cdot\left(x-\dfrac{\sqrt{2}}{4}a\right)$，即 $x-y=0$.

3. 求由下列方程所确定的隐函数的二阶导数 $\dfrac{d^2y}{dx^2}$：

（1）$x^2-y^2=1$；（2）$b^2x^2+a^2y^2=a^2b^2$；

（3）$y=\tan(x+y)$；（4）$y=1+xe^y$.

解 （1）方程两端同时对 x 求导，得 $2x-2yy'=0$，即 $y'=\dfrac{x}{y}$，两端再对 x 求导，得

$$y''=\frac{y-xy'}{y^2}=\frac{y-\dfrac{x^2}{y}}{y^2}=\frac{y^2-x^2}{y^3}=-\frac{1}{y^3};$$

（2）方程两端同时对 x 求导，得 $2xb^2+2a^2yy'=0$，即 $y'=-\dfrac{b^2x}{a^2y}$，两端再对 x 求导，得

$$y''=-\frac{b^2}{a^2}\cdot\frac{y-xy'}{y^2}=-\frac{b^4}{a^2y^3};$$

（3）方程两端同时对 x 求导，得

$$y'=\sec^2(x+y)(1+y')=[1+\tan^2(x+y)](1+y')=(1+y^2)(1+y'),$$

即 $y'=\dfrac{(1+y^2)}{1-(1+y^2)}=-\dfrac{1}{y^2}-1$，两端再对 x 求导，得

$$y''=\frac{2y'}{y^3}=-\frac{2(1+y^2)}{y^5}=-2\csc^2(x+y)\cot^3(x+y);$$

（4）方程两端同时对 x 求导，得 $y'=e^y+xe^yy'$，即 $y'=\dfrac{e^y}{1-xe^y}$，两端再对 x 求导，得

$$y''=\frac{e^y\cdot y'(1-xe^y)-e^y(-e^y-xe^yy')}{(1-xe^y)^2}=\frac{e^yy'+e^{2y}}{(1-xe^y)^2}=\frac{e^{2y}(2-xe^y)}{(1-xe^y)^3}.$$

4. 用对数求导法求下列函数的导数：

(1) $y=\left(\frac{x}{1+x}\right)^x$；　　(2) $y=\sqrt[5]{\frac{x-5}{\sqrt[5]{x^2+2}}}$；

(3) $y=\frac{\sqrt{x+2}(3-x)^4}{(x+1)^5}$；　　(4) $y=\sqrt{x\sin x\sqrt{1-e^x}}$.

解　(1) 在 $y=\left(\frac{x}{1+x}\right)^x$ 两端同时取对数，得

$$\ln y=x[\ln x-\ln(1+x)],$$

方程两端分别对 x 求导，并注意到 $y=y(x)$，得

$$\frac{y'}{y}=[\ln x-\ln(1+x)]+x\left(\frac{1}{x}-\frac{1}{1+x}\right)=\ln\frac{x}{1+x}+\frac{1}{1+x},$$

于是 $y'=y\left(\ln\frac{x}{1+x}+\frac{1}{1+x}\right)=\left(\frac{x}{1+x}\right)^x\left(\ln\frac{x}{1+x}+\frac{1}{1+x}\right)$；

(2) 在 $y=\sqrt[5]{\frac{x-5}{\sqrt[5]{x^2+2}}}$ 两端同时取对数，得

$$\ln y=\frac{1}{5}\left[\ln(x-5)-\frac{1}{5}\ln(x^2+2)\right]=\frac{1}{5}\ln(x-5)-\frac{1}{25}\ln(x^2+2),$$

方程两端分别对 x 求导，并注意到 $y=y(x)$，得 $\frac{y'}{y}=\frac{1}{5}\cdot\frac{1}{x-5}-\frac{1}{25}\cdot\frac{2x}{x^2+2}$，于是

$$y'=y\left[\frac{1}{5(x-5)}-\frac{1}{25}\cdot\frac{2x}{(x^2+2)}\right]=\sqrt[5]{\frac{x-5}{\sqrt[5]{x^2+2}}}\left[\frac{1}{5(x-5)}-\frac{2x}{25(x^2+2)}\right];$$

(3) $y=\frac{\sqrt{x+2}(3-x)^4}{(x+1)^5}$ 两端同时取对数，得

$$\ln y=\frac{1}{2}\ln(x+2)+4\ln(3-x)-5\ln(1+x),$$

方程两端分别对 x 求导，并注意到 $y=y(x)$，得 $\frac{y'}{y}=\frac{1}{2}\cdot\frac{1}{x+2}+4\cdot\frac{-1}{3-x}-5\cdot\frac{1}{1+x}$，于是

$$y'=y\left[\frac{1}{2(x+2)}-\frac{4}{3-x}-\frac{5}{1+x}\right]=\frac{\sqrt{x+2}(3-x)^4}{(x+1)^5}\left[\frac{1}{2(x+2)}-\frac{4}{3-x}-\frac{5}{1+x}\right];$$

(4) 在 $y=\sqrt{x\sin x\sqrt{1-e^x}}$ 两端同时取对数，得

$$\ln y=\frac{1}{2}\left[\ln x+\ln\sin x+\frac{1}{2}\ln(1-e^x)\right],$$

方程两端分别对 x 求导，并注意到 $y=y(x)$，得 $\frac{y'}{y}=\frac{1}{2}\left(\frac{1}{x}+\frac{\cos x}{\sin x}+\frac{1}{2}\cdot\frac{-e^x}{1-e^x}\right)$，于是

$$y'=y\cdot\frac{1}{2}\left[\frac{1}{x}+\frac{\cos x}{\sin x}+\frac{-e^x}{2(1-e^x)}\right]=\sqrt{x\sin x\sqrt{1-e^x}}\left[\frac{1}{2x}+\frac{\cos x}{2\sin x}-\frac{e^x}{4(1-e^x)}\right].$$

5. 求下列参数方程所确定的函数的导数 $\frac{dy}{dx}$：

（1）$\begin{cases}x=at^2,\\ y=bt^3;\end{cases}$ （2）$\begin{cases}x=\theta(1-\sin\theta),\\ y=\theta\cos\theta.\end{cases}$

解 （1）$\dfrac{\mathrm{d}y}{\mathrm{d}x}=\dfrac{\frac{\mathrm{d}y}{\mathrm{d}t}}{\frac{\mathrm{d}x}{\mathrm{d}t}}=\dfrac{3bt^2}{2at}=\dfrac{3b}{2a}t$;

（2）$\dfrac{\mathrm{d}y}{\mathrm{d}x}=\dfrac{\frac{\mathrm{d}y}{\mathrm{d}\theta}}{\frac{\mathrm{d}x}{\mathrm{d}\theta}}=\dfrac{\cos\theta-\theta\sin\theta}{1-\sin\theta+\theta(-\cos\theta)}=\dfrac{\cos\theta-\theta\sin\theta}{1-\sin\theta-\theta\cos\theta}$.

6. 已知$\begin{cases}x=\mathrm{e}^t\sin t,\\ y=\mathrm{e}^t\cos t,\end{cases}$ 求当 $t=\dfrac{\pi}{3}$ 时 $\dfrac{\mathrm{d}y}{\mathrm{d}x}$ 的值.

解 $\dfrac{\mathrm{d}y}{\mathrm{d}x}=\dfrac{\frac{\mathrm{d}y}{\mathrm{d}t}}{\frac{\mathrm{d}x}{\mathrm{d}t}}=\dfrac{\mathrm{e}^t\cos t-\mathrm{e}^t\sin t}{\mathrm{e}^t\cos t+\mathrm{e}^t\sin t}=\dfrac{\cos t-\sin t}{\sin t+\cos t}$，于是 $\left.\dfrac{\mathrm{d}y}{\mathrm{d}x}\right|_{t=\frac{\pi}{3}}=\dfrac{\frac{1}{2}-\frac{\sqrt{3}}{2}}{\frac{\sqrt{3}}{2}+\frac{1}{2}}=\sqrt{3}-2$.

7. 写出下列曲线在所给参数值相应的点处的切线方程和法线方程：

（1）$\begin{cases}x=\sin t,\\ y=\cos 2t,\end{cases}$ 在 $t=\dfrac{\pi}{4}$ 处； （2）$\begin{cases}x=\dfrac{3at}{1+t^2},\\ y=\dfrac{3at^2}{1+t^2},\end{cases}$ 在 $t=2$ 处.

解 （1）$\dfrac{\mathrm{d}y}{\mathrm{d}x}=\dfrac{\frac{\mathrm{d}y}{\mathrm{d}t}}{\frac{\mathrm{d}x}{\mathrm{d}t}}=\dfrac{-2\sin 2t}{\cos t}=-4\sin t$，$\left.\dfrac{\mathrm{d}y}{\mathrm{d}x}\right|_{t=\frac{\pi}{4}}=-4\cdot\dfrac{\sqrt{2}}{2}=-2\sqrt{2}$，$t=\dfrac{\pi}{4}$ 对应点 $\left(\dfrac{\sqrt{2}}{2},0\right)$，曲线在点 $\left(\dfrac{\sqrt{2}}{2},0\right)$ 处的切线方程为

$$y-0=-2\sqrt{2}\left(x-\frac{\sqrt{2}}{2}\right)，即 2\sqrt{2}x+y-2=0,$$

法线方程为 $y-0=\dfrac{1}{2\sqrt{2}}\left(x-\dfrac{\sqrt{2}}{2}\right)$，即 $\sqrt{2}x-4y-1=0$；

（2）$\dfrac{\mathrm{d}y}{\mathrm{d}x}=\dfrac{\frac{\mathrm{d}y}{\mathrm{d}t}}{\frac{\mathrm{d}x}{\mathrm{d}t}}=\dfrac{\frac{3a[2t(1+t^2)-t^2\cdot 2t]}{(1+t^2)^2}}{\frac{3a[(1+t^2)-t\cdot 2t]}{(1+t^2)^2}}=\dfrac{2t}{1-t^2}$，$\left.\dfrac{\mathrm{d}y}{\mathrm{d}x}\right|_{t=2}=-\dfrac{4}{3}$，$t=2$ 对应点 $\left(\dfrac{6a}{5},\dfrac{12a}{5}\right)$，曲线在点 $\left(\dfrac{6a}{5},\dfrac{12a}{5}\right)$ 处的切线方程为

$$y-\frac{12}{5}a=-\frac{4}{3}\left(x-\frac{6a}{5}\right)，即 4x+3y-12a=0,$$

法线方程为 $y-\dfrac{12a}{5}=\dfrac{3}{4}\left(x-\dfrac{6a}{5}\right)$，即 $3x-4y+6a=0$.

8. 求下列参数方程所确定的函数的二阶导数 $\dfrac{d^2y}{dx^2}$：

(1) $\begin{cases} x=\dfrac{t^2}{2}, \\ y=1-t; \end{cases}$　　(2) $\begin{cases} x=a\cos t, \\ y=b\sin t; \end{cases}$

(3) $\begin{cases} x=3e^{-t}, \\ y=2e^{t}; \end{cases}$　　(4) $\begin{cases} x=f'(t), \\ y=tf'(t)-f(t), \end{cases}$ 设 $f''(t)$ 存在且不为零．

解　(1) $\dfrac{dy}{dx}=\dfrac{\frac{dy}{dt}}{\frac{dx}{dt}}=\dfrac{-1}{t}$，$\dfrac{d^2y}{dx^2}=\dfrac{\frac{d}{dt}\left(\frac{dy}{dx}\right)}{\frac{dx}{dt}}=\dfrac{\frac{1}{t^2}}{t}=\dfrac{1}{t^3}$；

(2) $\dfrac{dy}{dx}=\dfrac{\frac{dy}{dt}}{\frac{dx}{dt}}=\dfrac{b\cos t}{-a\sin t}=-\dfrac{b}{a}\cot t$，$\dfrac{d^2y}{dx^2}=\dfrac{\frac{d}{dt}\left(\frac{dy}{dx}\right)}{\frac{dx}{dt}}=\dfrac{-\frac{b}{a}(-\csc^2 t)}{-a\sin t}=\dfrac{-b}{a^2\sin^3 t}$；

(3) $\dfrac{dy}{dx}=\dfrac{\frac{dy}{dt}}{\frac{dx}{dt}}=\dfrac{2e^{t}}{-3e^{-t}}=-\dfrac{2}{3}e^{2t}$，$\dfrac{d^2y}{dx^2}=\dfrac{\frac{d}{dt}\left(\frac{dy}{dx}\right)}{\frac{dx}{dt}}=\dfrac{-\frac{4}{3}e^{2t}}{-3e^{-t}}=\dfrac{4}{9}e^{3t}$；

(4) $\dfrac{dy}{dx}=\dfrac{\frac{dy}{dt}}{\frac{dx}{dt}}=\dfrac{f'(t)+tf''(t)-f'(t)}{f''(t)}=t$，$\dfrac{d^2y}{dx^2}=\dfrac{\frac{d}{dt}\left(\frac{dy}{dx}\right)}{\frac{dx}{dt}}=\dfrac{1}{f''(t)}$.

9. 此处解析请扫二维码查看．

10. 落在平静水面上的石头，产生同心波纹．若最外一圈波半径的增大速率总是 6 m/s，问：在 2 s 末扰动水面面积增大的速率为多少？

9 二维码

解　设最外一圈波的半径为 $r=r(t)$，圆的面积 $S=S(t)$．在 $S=\pi r^2$ 两端分别对 t 求导，得 $\dfrac{dS}{dt}=2\pi r\dfrac{dr}{dt}$. 当 $t=2$ 时，$r=6\times 2=12$，$\dfrac{dr}{dt}=6$，代入公式得

$$\left.\frac{dS}{dt}\right|_{t=2}=2\pi\cdot 12\cdot 6=144\pi\ (\mathrm{m^2/s}).$$

11. 注水入深 8 m、上顶直径 8 m 的正圆锥形容器中，其速率为 4 m³/min. 当水深为 5 m 时，其表面上升的速率为多少？

解　如图 2-1 所示，设在时刻 t 容器中的水深为 $h(t)$，水的容积为 $V(t)$，$\dfrac{r}{4}=\dfrac{h}{8}$，即 $r=\dfrac{h}{2}$. $V=\dfrac{1}{3}\pi r^2 h=\dfrac{1}{3}\pi\left(\dfrac{h}{2}\right)^2 h=\dfrac{\pi}{12}h^3$，$\dfrac{dV}{dt}=\dfrac{\pi}{4}h^2\dfrac{dh}{dt}$，即 $\dfrac{dh}{dt}=\dfrac{4}{\pi h^2}\dfrac{dV}{dt}$. 因此

$$\left.\frac{dh}{dt}\right|_{h=5}=\frac{4}{25\pi}\cdot 4\approx 0.204\ (\mathrm{m/min}).$$

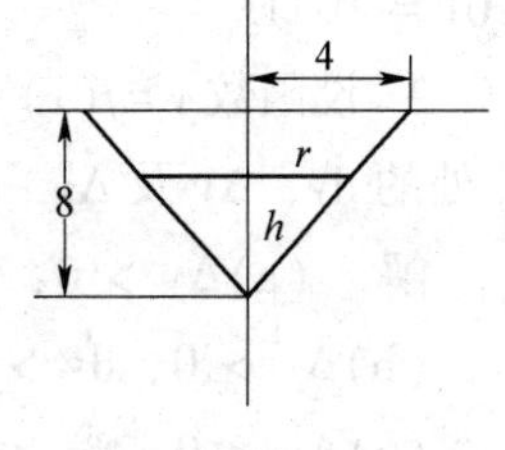

图 2-1

12. 溶液自深 18 cm、顶直径 12 cm 的正圆锥形漏斗中漏入一直径为 10 cm 的圆柱形筒中．开始时漏斗中盛满了溶液．已知当溶液在漏斗中深为 12 cm 时，其表面下降的速率为

1 cm/min，问：此时圆柱形筒中溶液表面上升的速率为多少？

解　如图2-2所示，设在t时刻漏斗中的水深为$H=H(t)$，圆柱形筒中水深为$h=h(t)$. 建立h与H之间的关系：$\frac{1}{3}\pi 6^2\cdot 18-\frac{1}{3}\pi r^2 H=\pi 5^2 h$. 又$\frac{r}{6}=\frac{H}{18}$，即$r=\frac{H}{3}$. 因此$\frac{1}{3}\pi 6^2\cdot 18-\frac{1}{3}\pi\left(\frac{H}{3}\right)^2 H=\pi 5^2 h$，即$216\pi-\frac{\pi}{27}H^3=25\pi h$. 上式两端分别对$t$求导，得$-\frac{3}{27}\pi H^2\frac{\mathrm{d}H}{\mathrm{d}t}=25\pi\frac{\mathrm{d}h}{\mathrm{d}t}$.

当$H=12$时，$\frac{\mathrm{d}H}{\mathrm{d}t}=-1$，因此

$$\frac{\mathrm{d}h}{\mathrm{d}t}=\frac{1}{25\pi}\left(-\frac{3}{27}\pi H^2\frac{\mathrm{d}H}{\mathrm{d}t}\right)\Bigg|_{\substack{H=12\\ \frac{\mathrm{d}H}{\mathrm{d}t}=-1}}=\frac{16}{25}\approx 0.64\ (\mathrm{cm/min}).$$

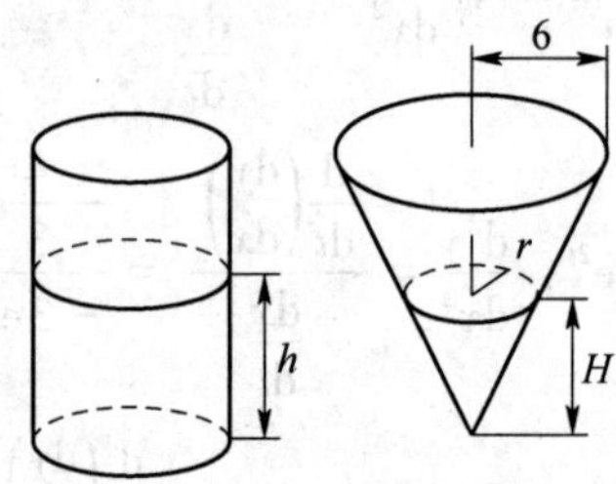

图2-2

习题2-5　解答　函数的微分

1. 已知$y=x^3-x$，计算在$x=2$处当Δx分别等于1，0.1，0.01时的Δy及$\mathrm{d}y$.

解　$\Delta y=(x+\Delta x)^3-(x+\Delta x)-x^3+x=3x(\Delta x)^2+3x^2\Delta x+(\Delta x)^3-\Delta x$，$\mathrm{d}y=(3x^2-1)\Delta x$，因此，$\Delta y\Big|_{\substack{x=2\\ \Delta x=1}}=6\cdot 1+3\cdot 4+1^3-1=18$，$\mathrm{d}y\Big|_{\substack{x=2\\ \Delta x=1}}=11\cdot 1=11$；

$\Delta y\Big|_{\substack{x=2\\ \Delta x=0.1}}=6\cdot(0.1)^2+12\cdot 0.1+(0.1)^3-0.1=1.161$，$\mathrm{d}y\Big|_{\substack{x=2\\ \Delta x=1}}=11\cdot 0.1=1.1$；

$\Delta y\Big|_{\substack{x=2\\ \Delta x=0.01}}=6\cdot(0.01)^2+12\cdot 0.01+(0.01)^3-0.01=0.110\,601$，$\mathrm{d}y\Big|_{\substack{x=2\\ \Delta x=0.01}}=11\cdot 0.01=0.11$.

2. 设函数$y=f(x)$的图形如图2-3所示，试在图2-3(a)～图2-3(d)中分别标出在点x_0处的$\mathrm{d}y$、Δy及$\Delta y-\mathrm{d}y$，并说明其正负.

解　(a)$\Delta y>0$，$\mathrm{d}y>0$，$\Delta y-\mathrm{d}y>0$.

(b)$\Delta y>0$，$\mathrm{d}y>0$，$\Delta y-\mathrm{d}y<0$.

(c)$\Delta y<0$，$\mathrm{d}y<0$，$\Delta y-\mathrm{d}y<0$.

(d)$\Delta y<0$，$\mathrm{d}y<0$，$\Delta y-\mathrm{d}y>0$.

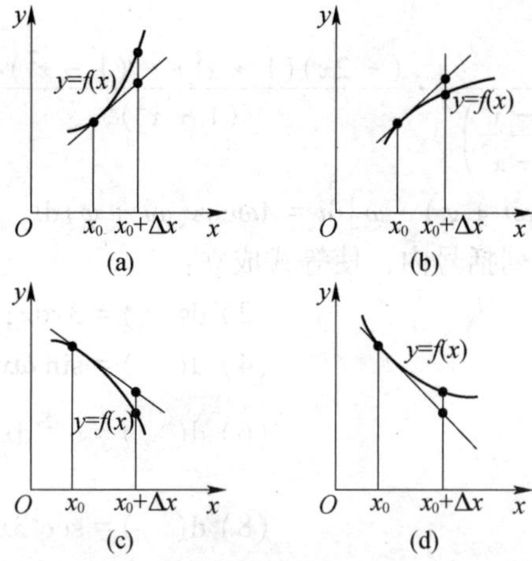

图 2-3

3. 求下列函数的微分：

(1) $y=\dfrac{1}{x}+2\sqrt{x}$；　　(2) $y=x\sin 2x$；

(3) $y=\dfrac{x}{\sqrt{x^2+1}}$；　　(4) $y=\ln^2(1-x)$；

(5) $y=x^2\mathrm{e}^{2x}$；　　(6) $y=\mathrm{e}^{-x}\cos(3-x)$；

(7) $y=\arcsin\sqrt{1-x^2}$；　　(8) $y=\tan^2(1+2x^2)$；

(9) $y=\arctan\dfrac{1-x^2}{1+x^2}$；　　(10) $s=A\sin(\omega t+\varphi)$（$A$、$\omega$、$\varphi$ 是常数）.

解　(1) $\mathrm{d}y=y'\mathrm{d}x=\left(-\dfrac{1}{x^2}+\dfrac{1}{\sqrt{x}}\right)\mathrm{d}x$；

(2) $\mathrm{d}y=y'\mathrm{d}x=(\sin 2x+x\cos 2x\cdot 2)\mathrm{d}x=(\sin 2x+2x\cos 2x)\mathrm{d}x$；

(3) $\mathrm{d}y=y'\mathrm{d}x=\dfrac{\sqrt{x^2+1}-x\dfrac{x}{\sqrt{x^2+1}}}{(\sqrt{x^2+1})^2}\mathrm{d}x=\dfrac{\mathrm{d}x}{(x^2+1)^{\frac{3}{2}}}$；

(4) $\mathrm{d}y=y'\mathrm{d}x=2\ln(1-x)\cdot\dfrac{-1}{1-x}\mathrm{d}x=\dfrac{2}{x-1}\ln(1-x)\mathrm{d}x$；

(5) $\mathrm{d}y=y'\mathrm{d}x=(2x\mathrm{e}^{2x}+x^2\mathrm{e}^{2x}\cdot 2)\mathrm{d}x=2x(1+x)\mathrm{e}^{2x}\mathrm{d}x$；

(6) $\mathrm{d}y=y'\mathrm{d}x=[-\mathrm{e}^{-x}\cos(3-x)+\mathrm{e}^{-x}\sin(3-x)]\mathrm{d}x=\mathrm{e}^{-x}[\sin(3-x)-\cos(3-x)]\mathrm{d}x$；

(7) $\mathrm{d}y=y'\mathrm{d}x=\left[\dfrac{1}{\sqrt{1-(\sqrt{1-x^2})^2}}\cdot\dfrac{-2x}{2\sqrt{1-x^2}}\right]\mathrm{d}x=-\dfrac{x}{|x|}\cdot\dfrac{\mathrm{d}x}{\sqrt{1-x^2}}$

$$=\begin{cases}\dfrac{\mathrm{d}x}{\sqrt{1-x^2}}, & -1<x<0,\\ -\dfrac{\mathrm{d}x}{\sqrt{1-x^2}}, & 0<x<1;\end{cases}$$

(8) $\mathrm{d}y=y'\mathrm{d}x=[2\tan(1+2x^2)\cdot\sec^2(1+2x^2)\cdot 4x]\mathrm{d}x=8x\tan(1+2x^2)\sec^2(1+$

$2x^2)\mathrm{d}x$；

(9) $\mathrm{d}y=y'\mathrm{d}x=\dfrac{1}{1+\left(\dfrac{1-x^2}{1+x^2}\right)^2}\cdot\dfrac{(-2x)(1+x^2)-(1-x^2)\cdot 2x}{(1+x^2)^2}\mathrm{d}x=-\dfrac{2x}{1+x^4}\mathrm{d}x$；

(10) $\mathrm{d}s=s'\mathrm{d}t=[A\cos(\omega t+\varphi)\cdot\omega]\mathrm{d}t=A\omega\cos(\omega t+\varphi)\mathrm{d}t.$

4. 将适当的函数填入下列括号内，使等式成立：

(1) $\mathrm{d}(\quad)=2\mathrm{d}x$；　　(2) $\mathrm{d}(\quad)=3x\mathrm{d}x$；

(3) $\mathrm{d}(\quad)=\cos t\mathrm{d}t$；　　(4) $\mathrm{d}(\quad)=\sin\omega x\mathrm{d}x(\omega\neq 0)$；

(5) $\mathrm{d}(\quad)=\dfrac{1}{1+x}\mathrm{d}x$；　　(6) $\mathrm{d}(\quad)=\mathrm{e}^{-2x}\mathrm{d}x$；

(7) $\mathrm{d}(\quad)=\dfrac{1}{\sqrt{x}}\mathrm{d}x$；　　(8) $\mathrm{d}(\quad)=\sec^2 3x\mathrm{d}x.$

解　(1) $\mathrm{d}(2x+C)=2\mathrm{d}x$；

(2) $\mathrm{d}\left(\dfrac{3}{2}x^2+C\right)=3x\mathrm{d}x$；

(3) $\mathrm{d}(\sin t+C)=\cos t\mathrm{d}t$；

(4) $\mathrm{d}\left(-\dfrac{1}{\omega}\cos\omega t+C\right)=\sin\omega x\mathrm{d}x$；

(5) $\mathrm{d}[\ln(1+x)+C]=\dfrac{1}{1+x}\mathrm{d}x$；

(6) $\mathrm{d}\left(-\dfrac{1}{2}\mathrm{e}^{-2x}+C\right)=\mathrm{e}^{-2x}\mathrm{d}x$；

(7) $\mathrm{d}(2\sqrt{x}+C)=\dfrac{1}{\sqrt{x}}\mathrm{d}x$；

(8) $\mathrm{d}\left(\dfrac{1}{3}\tan 3x+C\right)=\sec^2 3x\mathrm{d}x.$

上述 C 均为任意常数.

5. 如图 2-4 所示的电缆 $\overset{\frown}{AOB}$ 的长为 s，跨度为 $2l$，电缆的最低点 O 与杆顶连线 AB 的距离为 f，则电缆长可按下面公式 $s=2l\left(1+\dfrac{2f^2}{3l^2}\right)$ 计算，当 f 变化了 Δf 时，电缆长的变化约为多少？

解　$s=2l\left(1+\dfrac{2f^2}{3l^2}\right)$，$\Delta s\approx\mathrm{d}s=2l\cdot\dfrac{4f}{3l^2}\Delta f=\dfrac{8f}{3l}\Delta f.$

6. 设扇形的圆心角 $\alpha=60°$，半径 $R=100\text{ cm}$（见图 2-5）. 如果 R 不变，α 减少 $30'$，问：扇形面积大约改变了多少？又如果 α 不变，R 增加 1 cm，问：扇形面积大约改变了多少？

解　扇形面积公式为 $S=\dfrac{R^2}{2}\alpha$. 于是 $\Delta S\approx\mathrm{d}S=\dfrac{R^2}{2}\Delta\alpha$. 将 $R=100$，$\Delta\alpha=-30'=-\dfrac{\pi}{360}$，$\alpha=\dfrac{\pi}{3}$ 代入上式，得 $\Delta S\approx\dfrac{1}{2}\cdot 100^2\cdot\left(-\dfrac{\pi}{360}\right)\approx-43.63(\text{cm}^2)$.

又 $\Delta S\approx\mathrm{d}S\approx\alpha R\Delta R$. 将 $\alpha=\dfrac{\pi}{3}$，$R=100$，$\Delta R=1$ 代入得

$$\Delta S \approx \frac{\pi}{3} \cdot 100 \cdot 1 \approx 104.72\ (\mathrm{cm}^2).$$

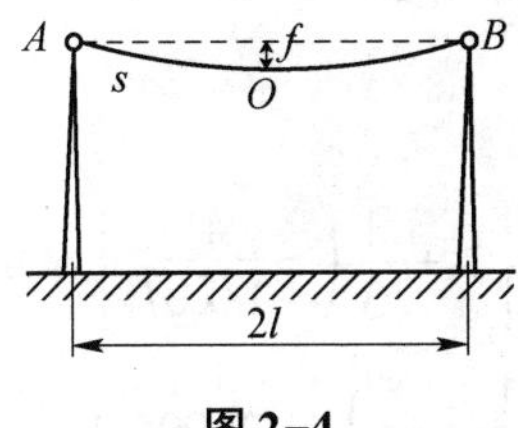

图2-4

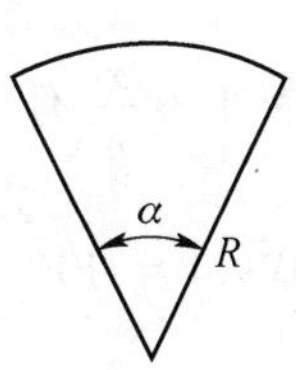

图2-5

7. 计算下列三角函数值的近似值：

(1) $\cos 29°$;　　　　(2) $\tan 136°$.

解　(1) 由于 $\cos x \approx \cos x_0 + (\cos x)'|_{x=x_0} \cdot (x - x_0)$，取 $x_0 = 30° = \frac{\pi}{6}$ 得

$$\cos 29° = \cos\left(\frac{\pi}{6} - \frac{\pi}{180}\right) \approx \cos\frac{\pi}{6} + (-\sin x)|_{x=\frac{\pi}{6}} \cdot \left(-\frac{\pi}{180}\right) \approx \frac{\sqrt{3}}{2} + \frac{\pi}{360} \approx 0.874\,75;$$

(2) 由于 $\tan x \approx \tan x_0 + (\tan x)'|_{x=x_0} \cdot (x - x_0)$，取 $x_0 = \frac{3\pi}{4}$ 得

$$\tan 136° \approx \tan\frac{3\pi}{4} + \sec^2 x|_{x=\frac{3\pi}{4}} \cdot \frac{\pi}{180} \approx -0.965\,09.$$

8. 计算下列反三角函数值的近似值：

(1) $\arcsin 0.500\,2$;　　　　(2) $\arccos 0.499\,5$.

解　(1) 由于 $\arcsin x \approx \arcsin x_0 + (\arcsin x)'|_{x=x_0} \cdot (x - x_0)$，取 $x_0 = 0.5$ 得

$$\arcsin 0.500\,2 \approx \arcsin 0.5 + \left.\frac{1}{\sqrt{1-x^2}}\right|_{x=0.5} \cdot 0.000\,2 \approx 30°47'';$$

(2) 由于 $\arcsin x \approx \arccos x_0 + (\arccos x)'|_{x=x_0} \cdot (x - x_0)$，取 $x_0 = 0.5$ 得

$$\arccos 0.499\,5 \approx \arccos 0.5 - \left.\frac{1}{\sqrt{1-x^2}}\right|_{x=0.5} \cdot (-0.000\,5) \approx 60°2'.$$

9. 当 $|x|$ 较小时，证明下列近似公式：

(1) $\tan x \approx x$（x 是角的弧度值）；

(2) $\ln(1+x) \approx x$;

(3) $\sqrt[n]{1+x} \approx 1 + \frac{1}{n}x$;

(4) $e^x \approx 1 + x$.

并计算 $\tan 45'$ 和 $\ln 1.002$ 的近似值.

证　(1) $\tan x \approx \tan 0 + (\tan x)'|_{x=0} \cdot x = 0 + \sec^2 0 \cdot x = x$;

(2) $\ln(1+x) \approx \ln(1+0) + [\ln(1+x)]'|_{x=0} \cdot x = 0 + \frac{1}{1+0}x = x$;

(3) $\sqrt[n]{1+x} \approx \sqrt[n]{1+0} + (\sqrt[n]{1+x})'|_{x=0} \cdot x = 1 + \frac{1}{n}(1+0)^{\frac{1}{n}-1} \cdot x = 1 + \frac{1}{n}x$;

(4) $e^x \approx e^0 + (e^x)'|_{x=0} = 1 + e^0 \cdot x = 1 + x$.

$\tan 45' = \tan 0.013\,09 \approx 0.013\,09$，$\ln(1.002) \approx 0.002$.

10. 计算下列各根式的近似值：

（1）$\sqrt[3]{996}$；　　　　（2）$\sqrt[6]{65}$.

解　根据 $\sqrt[n]{1+x}\approx 1+\dfrac{x}{n}$ 有

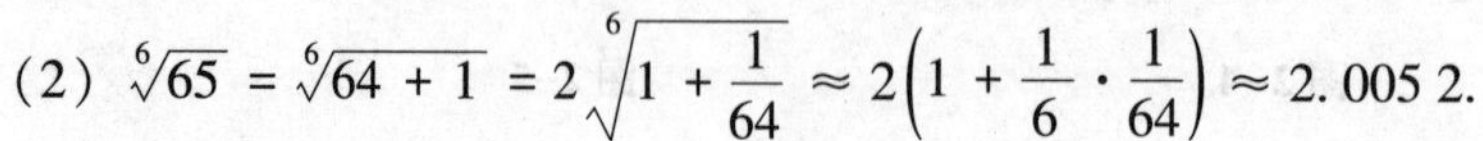

（1）$\sqrt[3]{996}=\sqrt[3]{1\,000-4}=10\sqrt[3]{1-\dfrac{4}{1\,000}}\approx 10\left[1+\dfrac{1}{3}\left(-\dfrac{4}{1\,000}\right)\right]\approx 9.987$；

（2）$\sqrt[6]{65}=\sqrt[6]{64+1}=2\sqrt[6]{1+\dfrac{1}{64}}\approx 2\left(1+\dfrac{1}{6}\cdot\dfrac{1}{64}\right)\approx 2.005\,2$.

11—12 二维码

11—12. 此处解析请扫二维码查看.

总习题二　解答

1. 在“充分”“必要”和“充分必要”三者中选择一个正确的填入下列空格内：

（1）$f(x)$ 在点 x_0 可导是 $f(x)$ 在点 x_0 连续的________条件，$f(x)$ 在点 x_0 连续是 $f(x)$ 在点 x_0 可导的________条件；

（2）$f(x)$ 在点 x_0 的左导数 $f'_-(x_0)$ 及右导数 $f'_+(x_0)$ 都存在且相等是 $f(x)$ 在点 x_0 可导的________条件；

（3）$f(x)$ 在点 x_0 可导是 $f(x)$ 在点 x_0 可微的________条件.

解　（1）充分，必要；（2）充分必要；（3）充分必要.

2. 设 $f(x)=x(x+1)(x+2)\cdots(x+n)\ (n\geqslant 2)$，则 $f'(0)=$________.

解　$f'(0)=\lim\limits_{x\to 0}\dfrac{f(x)-f(0)}{x-0}=\lim\limits_{x\to 0}[(x+1)(x+2)\cdots(x+n)]=n!$.

3. 下述题中给出了四个结论，从中选出一个正确的结论：

设 $f(x)$ 在 $x=a$ 的某个邻域内有定义，则 $f(x)$ 在 $x=a$ 处可导的一个充分条件是（　　）.

（A）$\lim\limits_{h\to+\infty}h\left[f\left(a+\dfrac{1}{h}\right)-f(a)\right]$ 存在　　（B）$\lim\limits_{h\to 0}\dfrac{f(a+2h)-f(a+h)}{h}$ 存在

（C）$\lim\limits_{h\to 0}\dfrac{f(a+h)-f(a-h)}{2h}$ 存在　　（D）$\lim\limits_{h\to 0}\dfrac{f(a)-f(a-h)}{h}$ 存在

解　由 $\lim\limits_{h\to+\infty}h\left[f\left(a+\dfrac{1}{h}\right)-f(a)\right]=\lim\limits_{h\to+\infty}\dfrac{f\left(a+\dfrac{1}{h}\right)-f(a)}{\dfrac{1}{h}}$ 存在，仅可知 $f'_+(a)$ 存在，故不能选 A. 取

$$f(x)=\begin{cases}1, & x\neq 0,\\ 0, & x=0.\end{cases}$$

显然 $\lim\limits_{h\to 0}\dfrac{f(0+2h)-f(0+h)}{h}=0$. 但 $f(x)$ 在 $x=0$ 处不可导，故不能选 B. 取 $f(x)=|x|$，显然 $\lim\limits_{h\to 0}\dfrac{f(0+h)-f(0-h)}{2h}=0$. 但 $f(x)$ 在 $x=0$ 处不可导，故不能选 C. 而 $\lim\limits_{h\to 0}\dfrac{f(a)-f(a-h)}{h}=\lim\limits_{-h\to 0}\dfrac{f[a+(-h)]-f(a)}{-h}$ 存在，根据导数的定义知 $f'(a)$ 存在，

故选择 D.

4. 设有一根细棒，取棒的一端作为原点，棒上任意点的坐标为 x，于是分布在区间 $[0,x]$ 上细棒的质量 m 与 x 存在函数关系 $m=m(x)$. 应怎样确定细棒在点 x_0 处的线密度(对于均匀细棒来说，单位长度细棒的质量叫作这细棒的线密度)？

解 在区间 $[x_0,x_0+\Delta x]$ 上的平均线密度为 $\bar{\rho}=\dfrac{\Delta m}{\Delta x}=\dfrac{m(x_0+\Delta x)-m(x_0)}{\Delta x}$.

在 x_0 处的线密度为 $\rho(x_0)=\lim\limits_{\Delta x\to 0}\dfrac{m(x_0+\Delta x)-m(x_0)}{\Delta x}=\left.\dfrac{\mathrm{d}m}{\mathrm{d}x}\right|_{x=x_0}$.

5. 根据导数的定义，求 $f(x)=\dfrac{1}{x}$ 的导数.

解 由导数的定义，当 $x\neq 0$ 时，$\left(\dfrac{1}{x}\right)'=\lim\limits_{\Delta x\to 0}\dfrac{\dfrac{1}{x+\Delta x}-\dfrac{1}{x}}{\Delta x}=\lim\limits_{\Delta x\to 0}\dfrac{-1}{x(x+\Delta x)}=-\dfrac{1}{x^2}$.

6. 求下列函数 $f(x)$ 的 $f'_-(0)$ 及 $f'_+(0)$，又 $f'(0)$ 是否存在？

(1) $f(x)=\begin{cases}\sin x, & x<0,\\ \ln(1+x), & x\geqslant 0;\end{cases}$　　(2) $f(x)=\begin{cases}\dfrac{x}{1+\mathrm{e}^{\frac{1}{x}}}, & x\neq 0,\\ 0, & x=0.\end{cases}$

解 (1) $f'_-(0)=\lim\limits_{x\to 0^-}\dfrac{f(x)-f(0)}{x-0}=\lim\limits_{x\to 0^-}\dfrac{\sin x}{x}=1$,

$f'_+(0)=\lim\limits_{x\to 0^+}\dfrac{f(x)-f(0)}{x-0}=\lim\limits_{x\to 0^+}\dfrac{\ln(1+x)}{x}=1$,

由 $f'_-(0)=f'_+(0)=1$ 知 $f'(0)=f'_-(0)=f'_+(0)=1$；

(2) $f'_-(0)=\lim\limits_{x\to 0^-}\dfrac{f(x)-f(0)}{x-0}=\lim\limits_{x\to 0^-}\dfrac{\dfrac{x}{1+\mathrm{e}^{\frac{1}{x}}}-0}{x}=\lim\limits_{x\to 0^-}\dfrac{1}{1+\mathrm{e}^{\frac{1}{x}}}=1$,

$f'_+(0)=\lim\limits_{x\to 0^+}\dfrac{f(x)-f(0)}{x-0}=\lim\limits_{x\to 0^+}\dfrac{\dfrac{x}{1+\mathrm{e}^{\frac{1}{x}}}-0}{x}=\lim\limits_{x\to 0^+}\dfrac{1}{1+\mathrm{e}^{\frac{1}{x}}}=0$,

由 $f'_-(0)\neq f'_+(0)$ 知 $f'(0)$ 不存在.

7. 讨论函数

$$f(x)=\begin{cases}x\sin\dfrac{1}{x}, & x\neq 0,\\ 0, & x=0\end{cases}$$

在 $x=0$ 处的连续性与可导性.

解 $\lim\limits_{x\to 0}f(x)=\lim\limits_{x\to 0}x\sin\dfrac{1}{x}=0=f(0)$，因此 $f(x)$ 在 $x=0$ 处连续.

$f'(0)=\lim\limits_{x\to 0}\dfrac{f(x)-f(0)}{x-0}=\lim\limits_{x\to 0}\dfrac{x\sin\dfrac{1}{x}}{x}=\lim\limits_{x\to 0}\sin\dfrac{1}{x}$ 不存在，故 $f(x)$ 在 $x=0$ 处不可导.

8. 求下列函数的导数：

（1）$y=\arcsin(\sin x)$；（2）$y=\arctan\dfrac{1+x}{1-x}$；

（3）$y=\ln\tan\dfrac{x}{2}-\cos x\cdot\ln\tan x$；（4）$y=\ln(e^x+\sqrt{1+e^{2x}})$；

（5）$y=x^{\frac{1}{x}}(x>0)$.

解 （1）$y'=\dfrac{1}{\sqrt{1-\sin^2x}}\cos x=\dfrac{\cos x}{|\cos x|}$；

（2）$y'=\dfrac{1}{1+\left(\dfrac{1+x}{1-x}\right)^2}\cdot\dfrac{(1-x)+(1+x)}{(1-x)^2}=\dfrac{1}{1+x^2}$；

（3）$y'=\dfrac{1}{\tan\dfrac{x}{2}}\cdot\sec^2\dfrac{x}{2}\cdot\dfrac{1}{2}+\sin x\ln\tan x-\cos x\dfrac{1}{\tan x}\sec^2x=\sin x\cdot\ln\tan x$；

（4）$y'=\dfrac{1}{e^x+\sqrt{1+e^{2x}}}\left(e^x+\dfrac{2e^{2x}}{2\sqrt{1+e^{2x}}}\right)=\dfrac{e^x}{\sqrt{1+e^{2x}}}$；

（5）对数求导法：先在等式两端分别取对数，得 $\ln y=\dfrac{\ln x}{x}$，再在所得等式两端分别对 x 求导，得 $\dfrac{y'}{y}=\dfrac{\dfrac{1}{x}\cdot x-\ln x}{x^2}=\dfrac{1-\ln x}{x^2}$. 因此，$y'=y\dfrac{1-\ln x}{x^2}=x^{\frac{1}{x}-2}(1-\ln x)$.

9. 求下列函数的二阶导数：

（1）$y=\cos^2x\cdot\ln x$；（2）$y=\dfrac{x}{\sqrt{1-x^2}}$.

解 （1）$y'=2\cos x(-\sin x)\cdot\ln x+\cos^2x\cdot\dfrac{1}{x}=-\sin 2x\cdot\ln x+\dfrac{\cos^2x}{x}$,

$$y''=-2\cos 2x\cdot\ln x-\sin 2x\cdot\frac{1}{x}+\frac{2\cos x(-\sin x)\cdot x-\cos^2x}{x^2}$$

$$=-2\cos 2x\cdot\ln x-\frac{2\sin 2x}{x}-\frac{\cos^2x}{x^2};$$

（2）$y'=\dfrac{\sqrt{1-x^2}-x\dfrac{(-2x)}{2\sqrt{1-x^2}}}{(\sqrt{1-x^2})^2}=\dfrac{1}{(1-x^2)^{\frac{3}{2}}}$，$y''=-\dfrac{3}{2}\cdot(1-x^2)^{-\frac{5}{2}}\cdot(-2x)=\dfrac{3x}{(1-x^2)^{\frac{5}{2}}}$.

10. 此处解析请扫二维码查看.

10 二维码

11. 设函数 $y=y(x)$ 由方程 $e^y+xy=e$ 所确定，求 $y''(0)$.

解 方程两边分别对 x 求导，得 $e^yy'+y+xy'=0$. 将 $x=0$ 代入 $e^y+xy=e$ 得 $y=1$. 再将 $x=0$，$y=1$ 代入上式得 $y'|_{x=0}=-\dfrac{1}{e}$，上式两端分别关于 x 再求导，可得 $e^yy'^2+e^yy''+y'+y'+xy''=0$. 将 $x=0$，$y=1$，$y'|_{x=0}=-\dfrac{1}{e}$ 代入上式，得 $y''(0)=$

$\frac{1}{e^2}$.

12. 求下列由参数方程所确定的函数的一阶导数 $\frac{dy}{dx}$ 及二阶导数 $\frac{d^2y}{dx^2}$：

（1）$\begin{cases} x = a\cos^3\theta, \\ y = a\sin^3\theta; \end{cases}$　　　　（2）$\begin{cases} x = \ln\sqrt{1+t^2}, \\ y = \arctan t. \end{cases}$

解　（1）$\frac{dy}{dx} = \frac{\frac{dy}{d\theta}}{\frac{dx}{d\theta}} = \frac{3a\sin^2\theta\cos\theta}{3a\cos^2\theta(-\sin\theta)} = -\tan\theta$,

$$\frac{d^2y}{dx^2} = \frac{\frac{d}{d\theta}\left(\frac{dy}{dx}\right)}{\frac{dx}{d\theta}} = \frac{-\sec^2\theta}{-3a\cos^2\theta\sin\theta} = \frac{1}{3a}\sec^4\theta\csc\theta.$$

（2）$\frac{dy}{dx} = \frac{\frac{dy}{dt}}{\frac{dx}{dt}} = \frac{\frac{1}{1+t^2}}{\frac{t}{1+t^2}} = \frac{1}{t}$，$\frac{d^2y}{dx^2} = \frac{\frac{d}{dt}\left(\frac{dy}{dx}\right)}{\frac{dx}{dt}} = \frac{-\frac{1}{t^2}}{\frac{t}{1+t^2}} = -\frac{1+t^2}{t^3}$.

13. 求曲线 $\begin{cases} x = 2e^t, \\ y = e^{-t} \end{cases}$ 在 $t=0$ 相应的点处的切线方程及法线方程.

解　$\frac{dy}{dx} = \frac{\frac{dy}{dt}}{\frac{dx}{dt}} = \frac{-e^{-t}}{2e^t} = -\frac{1}{2e^{2t}}$，$\left.\frac{dy}{dx}\right|_{t=0} = -\frac{1}{2}$.

$t=0$ 对应的点为（2，1），故曲线在点（2，1）处的切线方程为 $y-1=-\frac{1}{2}(x-2)$，即 $x+2y-4=0$. 法线方程为 $y-1=2(x-2)$，即 $2x-y-3=0$.

14. 已知 $f(x)$ 是周期为5的连续函数，它在 $x=0$ 的某个邻域内满足关系式

$$f(1+\sin x) - 3f(1-\sin x) = 8x + o(x),$$

且 $f(x)$ 在 $x=1$ 处可导，求曲线 $y=f(x)$ 在点（6，$f(6)$）处的切线方程.

解　由 $f(x)$ 连续，令关系式两端 $x\to 0$，取极限得 $f(1)-3f(1)=0$，$f(1)=0$.

又 $\lim\limits_{x\to 0}\frac{f(1+\sin x)-3f(1-\sin x)}{x} = 8$，而

$$\lim_{x\to 0}\frac{f(1+\sin x)-3f(1-\sin x)}{x} = \lim_{x\to 0}\frac{f(1+\sin x)-3f(1-\sin x)}{\sin x}\cdot\lim_{x\to 0}\frac{\sin x}{x}$$

$$\xlongequal{t=\sin x}\lim_{t\to 0}\frac{f(1+t)-3f(1-t)}{t} = \lim_{t\to 0}\frac{f(1+t)-f(1)}{t} + 3\lim_{t\to 0}\frac{f(1-t)-f(1)}{-t} = 4f'(1),$$

因此，$f'(1)=2$. 由于 $f(x+5)=f(x)$，于是 $f(6)=f(1)=0$.

$$f'(6) = \lim_{x\to 0}\frac{f(6+x)-f(6)}{x} = \lim_{x\to 0}\frac{f(1+x)-f(1)}{x} = f'(1) = 2,$$

故曲线 $y=f(x)$ 在点（6，$f(6)$）即（6，0）处的切线方程为

$$y-0=2(x-6)，即 2x-y-12=0.$$

15. 当正在高度 H 水平飞行的飞机开始向机场跑道下降时，如图 2-6 所示，从飞机到机场的水平地面距离为 L. 假设飞机下降的路径为三次函数 $y = ax^3 + bx^2 + cx + d$ 的图形，其中 $y|_{x=-L} = H$，$y|_{x=0} = 0$. 试确定飞机的降落路径.

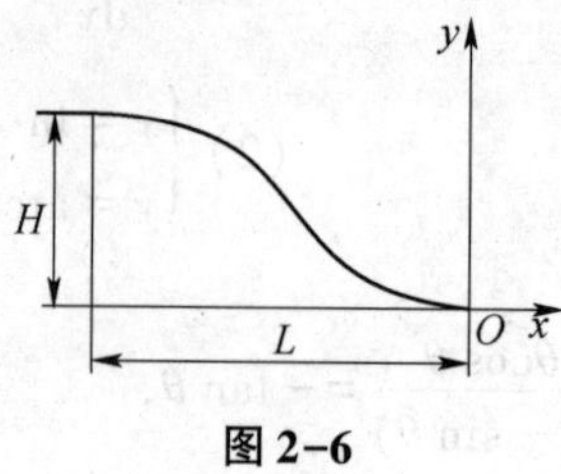

图 2-6

解 建立如图 2-7 所示的坐标系，根据题意知

$$y|_{x=0} = 0 \Rightarrow d = 0.$$

$$y|_{x=-L} = H \Rightarrow -aL^3 + bL^2 - cL = H.$$

为使飞机平稳降落，尚需满足

$$y'|_{x=0} = 0 \Rightarrow c = 0.$$

$$y'|_{x=-L} = 0 \Rightarrow 3aL^2 - 2bL = 0.$$

解得 $a = \frac{2H}{L^3}$，$b = \frac{3H}{L^2}$. 故飞机的降落路径为 $y = H\left[2\left(\frac{x}{L}\right)^3 + 3\left(\frac{x}{L}\right)^2\right]$.

16. 甲船以 6 km/h 的速率向东行驶，乙船以 8 km/h 的速率向南行驶. 在中午十二点整，乙船位于甲船之北 16 km 处. 问：下午一点整两船相离的速率为多少？

解 设从中午十二点整起，经过 t h，甲船与乙船的距离为 $s = \sqrt{(16-8t)^2 + (6t)^2}$，因此速率 $v = \frac{\mathrm{d}s}{\mathrm{d}t} = \frac{2(16-8t)\cdot(-8) + 72t}{2\sqrt{(16-8t)^2 + (6t)^2}}$. 当 $t = 1$ 时（即下午一点整），两船相离的速率为

$$v|_{t=1} = \frac{-128 + 72}{20} = -2.8\ (\mathrm{km/h}).$$

17. 利用函数的微分代替函数的增量求 $\sqrt[3]{1.02}$ 的近似值.

解 根据 $\sqrt[3]{1+x} \approx 1 + \frac{1}{3}x$，取 $x = 0.02$ 得 $\sqrt[3]{1.02} \approx 1 + \frac{1}{3} \times 0.02 \approx 1.007$.

18. 已知单摆的运动周期 $T = 2\pi\sqrt{\frac{l}{g}}$，其中 $g = 980\ \mathrm{cm/s^2}$，l 为摆长（单位为 cm）. 设原摆长为 20 cm，为使周期 T 增大 0.05 s，摆长约需加长多少？

解 由 $\Delta T \approx \mathrm{d}T = \frac{\pi}{\sqrt{gl}}\Delta l$，得 $\Delta l = \frac{\sqrt{gl}}{\pi}\mathrm{d}T \approx \frac{\sqrt{gl}}{\pi}\Delta T$. 因此，$\Delta l|_{l=20} \approx \frac{\sqrt{980 \times 20}}{3.14} \times 0.05 \approx 2.23\ (\mathrm{cm})$. 即摆长约需增加 2.23 cm.

三、提高题目

1. （2012 数一）设函数 $f(x) = (\mathrm{e}^x - 1)(\mathrm{e}^{2x} - 2)\cdots(\mathrm{e}^{nx} - n)$，其中 n 为正整数，则 $f'(0) = ($　　$)$.

(A) $(-1)^{n-1}(n-1)!$　　(B) $(-1)^n(n-1)!$

(C) $(-1)^{n-1}n!$　　　　(D) $(-1)^{n}n!$

【答案】 A.

【解析】 $f'(0)=\lim\limits_{x\to 0}\dfrac{f(x)-f(0)}{x-0}=\lim\limits_{x\to 0}\dfrac{(e^x-1)(e^{2x}-2)\cdots(e^{nx}-n)}{x}$

$$=\lim_{x\to 0}(e^{2x}-2)(e^{3x}-3)\cdots(e^{nx}-n)=-1\times(-2)\cdots(1-n)$$

$$=(-1)^{n-1}(n-1)!.$$

2. (2015 数一)　(1) 设函数 $u(x)$，$v(x)$ 可导，利用导数定义证明 $[u(x)v(x)]'=u'(x)v(x)+u(x)v'(x)$；

(2) 设函数 $u_1(x)$，$u_2(x)$，…，$u_n(x)$ 可导，$f(x)=u_1(x)u_2(x)\cdots u_n(x)$，写出 $f(x)$ 的求导公式.

【解析】 (1) $[u(x)v(x)]'=\lim\limits_{h\to 0}\dfrac{u(x+h)v(x+h)-u(x)v(x)}{h}$

$$=\lim_{h\to 0}\frac{u(x+h)v(x+h)-u(x+h)v(x)+u(x+h)v(x)-u(x)v(x)}{h}$$

$$=\lim_{h\to 0}u(x+h)\frac{v(x+h)-v(x)}{h}+\lim_{h\to 0}\frac{u(x+h)-u(x)}{h}v(x)$$

$$=u'(x)v(x)+u(x)v'(x).$$

(2) 由题意得 $f'(x)=[u_1(x)u_2(x)\cdots u_n(x)]'$

$$=u_1'(x)u_2(x)\cdots u_n(x)+u_1(x)u_2'(x)\cdots u_n(x)+\cdots+u_1(x)u_2(x)\cdots u_n'(x).$$

3. (2018 数一) 下列函数在 $x=0$ 处不可导的是（　　）.

(A) $f(x)=|x|\sin|x|$　　　　(B) $f(x)=|x|\sin\sqrt{|x|}$

(C) $f(x)=\cos|x|$　　　　(D) $f(x)=\cos\sqrt{|x|}$

【答案】 D.

【解析】 由定义得 $f_+'(0)=\lim\limits_{x\to 0^+}\dfrac{\cos\sqrt{|x|}-1}{x}=\lim\limits_{x\to 0^+}\dfrac{-\frac{1}{2}x}{x}=-\dfrac{1}{2}$；

$f_-'(0)=\lim\limits_{x\to 0^-}\dfrac{\cos\sqrt{|x|}-1}{x}=\lim\limits_{x\to 0^-}\dfrac{-\frac{1}{2}|x|}{x}=\dfrac{1}{2}$. $f_+'(0)\neq f_-'(0)$，则 $f'(0)$ 不存在.

4. (2013 数一) 设 $\begin{cases}x=\sin t,\\ y=t\sin t+\cos t\end{cases}$ (t 为参数)，则 $\left.\dfrac{d^2y}{dx^2}\right|_{t=\frac{\pi}{4}}=$ ________.

【答案】 $\sqrt{2}$.

【解析】 $\dfrac{dy}{dx}=\dfrac{\frac{dy}{dt}}{\frac{dx}{dt}}=\dfrac{\sin t+t\cos t-\sin t}{\cos t}=t$，$\dfrac{d^2y}{dx^2}=\dfrac{d\left(\frac{dy}{dx}\right)}{dt}\cdot\dfrac{dt}{dx}=\dfrac{1}{\cos t}$，$\left.\dfrac{d^2y}{dx^2}\right|_{t=\frac{\pi}{4}}=\dfrac{1}{\cos\frac{\pi}{4}}=\sqrt{2}$.

5. (2020 数一) 设 $\begin{cases}x=\sqrt{t^2+1},\\ y=\ln(t+\sqrt{t^2+1}),\end{cases}$ 则 $\left.\dfrac{d^2y}{dx^2}\right|_{t=1}=$ ________.

【答案】 $-\sqrt{2}$.

【解析】$\dfrac{dy}{dx}=\dfrac{\frac{dy}{dt}}{\frac{dx}{dt}}=\dfrac{\frac{1}{t+\sqrt{t^2+1}}\left(1+\frac{t}{\sqrt{t^2+1}}\right)}{\frac{t}{\sqrt{t^2+1}}}=\dfrac{1}{t}$，

$$\frac{d^2y}{dx^2}=\frac{d\left(\frac{dy}{dt}\right)}{dx}=\frac{\frac{d\left(\frac{dy}{dt}\right)}{dt}}{\frac{dx}{dt}}=\frac{-\frac{1}{t^2}}{\frac{t}{\sqrt{t^2+1}}}=-\frac{\sqrt{t^2+1}}{t^3},\ \left.\frac{d^2y}{dx^2}\right|_{t=1}=-\sqrt{2}.$$

6. （2017 数二）设函数 $y=y(x)$ 由参数方程 $\begin{cases}x=t+e^t,\\ y=\sin t\end{cases}$ 确定，则 $\left.\dfrac{d^2y}{dx^2}\right|_{t=0}=$________.

【答案】$-\dfrac{1}{8}$.

【解析】由于 $\dfrac{dy}{dt}=\cos t$，$\dfrac{dx}{dt}=1+e^t$，因此 $\dfrac{dy}{dx}=\dfrac{dy}{dt}\cdot\dfrac{dt}{dx}=\dfrac{\cos t}{1+e^t}$.

从而 $\dfrac{d^2y}{dx^2}=\left(\dfrac{\cos t}{1+e^t}\right)'\cdot\dfrac{dt}{dx}=\dfrac{-\sin t(1+e^t)-e^t\cos t}{(1+e^t)^3}$，$\left.\dfrac{d^2y}{dx^2}\right|_{t=0}=-\dfrac{1}{8}$.

7. 曲线 $\begin{cases}x=t-\sin t\\ y=1-\cos t\end{cases}$ 在 $t=\dfrac{3}{2}\pi$ 对应点处的切线在 y 轴上的截距为________.

【答案】$\dfrac{3}{2}\pi+2$.

【解析】当 $t=\dfrac{3}{2}\pi$ 时，$x=\dfrac{3}{2}\pi-\sin\dfrac{3}{2}\pi=\dfrac{3}{2}\pi+1$，$y=1-\cos\dfrac{3}{2}\pi=1$，即切点为 $\left(\dfrac{3}{2}\pi+1,\ 1\right)$. $k=\dfrac{dy}{dx}=\dfrac{dy}{dt}\Big/\dfrac{dx}{dt}=\left.\dfrac{\sin t}{1-\cos t}\right|_{t=\frac{3}{2}\pi}=\dfrac{-1}{1}=-1$，

$$y-1=-\left(x-\frac{3}{2}\pi-1\right)\Rightarrow y-1=-x+\frac{3}{2}\pi+1\Rightarrow y=-x+\frac{3}{2}\pi+2.$$

因此在 y 轴上的截距为 $\dfrac{3}{2}\pi+2$.

8. （2013 数二）曲线 $\begin{cases}x=\arctan t,\\ y=\ln\sqrt{1+t^2}\end{cases}$ 上对应于 $t=1$ 点处的法线方程为________.

【答案】$x+y=\dfrac{\ln 2}{2}+\dfrac{\pi}{4}$.

【解析】由于 $\dfrac{dy}{dt}=\dfrac{1}{\sqrt{1+t^2}}\cdot\dfrac{2t}{2\sqrt{1+t^2}}=\dfrac{t}{1+t^2}$，$\dfrac{dx}{dt}=\dfrac{1}{1+t^2}$，因此，$\dfrac{dy}{dx}=\dfrac{\frac{dy}{dt}}{\frac{dx}{dt}}=t$，则 $\left.\dfrac{dy}{dx}\right|_{t=1}=1$. 因此曲线对应于点 $t=1$ 处的法线斜率为 $k=-1$. 又当 $t=1$ 时，$x=\dfrac{\pi}{4}$，$y=\ln\sqrt{2}$，

得到法线方程为 $y-\ln\sqrt{2}=-\left(x-\dfrac{\pi}{4}\right)$，即 $x+y=\dfrac{\ln 2}{2}+\dfrac{\pi}{4}$.

9. （2015 数二）已知 $\begin{cases}x=\arctan t,\\ y=3t+t^3,\end{cases}$ 则 $\left.\dfrac{\mathrm{d}^2y}{\mathrm{d}x^2}\right|_{t=1}=$ ________.

【答案】48.

【解析】$\dfrac{\mathrm{d}y}{\mathrm{d}x}=\dfrac{\frac{\mathrm{d}y}{\mathrm{d}t}}{\frac{\mathrm{d}x}{\mathrm{d}t}}=\dfrac{3+3t^2}{\frac{1}{1+t^2}}=3(1+t^2)^2$.

$$\frac{\mathrm{d}^2y}{\mathrm{d}x^2}=\frac{\mathrm{d}}{\mathrm{d}x}[3(1+t^2)^2]=\frac{\mathrm{d}[3(1+t^2)^2]}{\mathrm{d}t}\bigg/\frac{\mathrm{d}x}{\mathrm{d}t}=\frac{12t(1+t^2)}{\frac{1}{1+t^2}}=12t(1+t^2)^2.$$

因此 $\left.\dfrac{\mathrm{d}^2y}{\mathrm{d}x^2}\right|_{t=1}=48$.

10. （2012 数二）设 $y=y(x)$ 是由方程 $x^2-y+1=\mathrm{e}^y$ 所确定的隐函数，则 $\left.\dfrac{\mathrm{d}^2y}{\mathrm{d}x^2}\right|_{x=0}=$ ________.

【答案】1.

【解析】将 $x=0$ 代入方程 $x^2-y+1=\mathrm{e}^y$ 可得 $y=0$. 将方程两边对 x 求导，$2x-y'=y'\cdot\mathrm{e}^y$，代入 $x=0$，$y=0$ 得 $y'(0)=0$. 将方程 $2x-y'=y'\cdot\mathrm{e}^y$ 两边对 x 再次求导，得 $2-y''=y'^2\cdot\mathrm{e}^y+\mathrm{e}^y\cdot y''$. 代入 $y(0)=0$，$y'(0)=0$，得 $y''(0)=1$. 因此，$\left.\dfrac{\mathrm{d}^2y}{\mathrm{d}x^2}\right|_{x=0}=1$.

11. （2020 数一）设函数 $f(x)$ 在区间 $(-1,1)$ 内有定义，且 $\lim\limits_{x\to0}f(x)=0$，则（　　）.

（A）当 $\lim\limits_{x\to0}\dfrac{f(x)}{\sqrt{|x|}}=0$ 时，$f(x)$ 在 $x=0$ 处可导

（B）当 $\lim\limits_{x\to0}\dfrac{f(x)}{x^2}=0$ 时，$f(x)$ 在 $x=0$ 处可导

（C）当 $f(x)$ 在 $x=0$ 处可导时，$\lim\limits_{x\to0}\dfrac{f(x)}{\sqrt{|x|}}=0$

（D）当 $f(x)$ 在 $x=0$ 处可导时，$\lim\limits_{x\to0}\dfrac{f(x)}{x^2}=0$

【答案】C.

【解析】若 $f(x)$ 在 $x=0$ 处可导，则在 $x=0$ 处连续，且 $f(0)=\lim\limits_{x\to0}f(x)=0$，

$f'(0)=\lim\limits_{x\to0}\dfrac{f(x)-f(0)}{x-0}=\lim\limits_{x\to0}\dfrac{f(x)}{x}$，$\lim\limits_{x\to0}\dfrac{f(x)}{\sqrt{|x|}}=\lim\limits_{x\to0}\dfrac{f(x)}{x}\cdot\dfrac{x}{\sqrt{|x|}}=f'(0)\cdot0=0$，故选 C 项.

12. （2017 数一）设函数 $f(x)$ 可导，且 $f(x)f'(x)>0$，则（　　）.

（A）$f(1)>f(-1)$　　（B）$f(1)<f(-1)$

（C）$|f(1)|>|f(-1)|$　　（D）$|f(1)|<|f(-1)|$

【答案】C.

【解析】令 $f(x)=-\mathrm{e}^x$，则 $f'(x)=-\mathrm{e}^x$，$f(x)f'(x)=\mathrm{e}^{2x}>0$，$f(1)=-\mathrm{e}$，$f(-1)=-\frac{1}{\mathrm{e}}$，排除 A 选项；令 $f(x)=\mathrm{e}^x$，则 $f'(x)=\mathrm{e}^x$，$f(x)f'(x)=\mathrm{e}^{2x}>0$，$f(1)=\mathrm{e}$，$f(-1)=\frac{1}{\mathrm{e}}$，排除 B、D 选项，故选 C 项．

13. （2017 数一）已知函数 $f(x)=\frac{1}{1+x^2}$，则 $f^{(3)}(0)=$ ________．

【答案】0.

【解析】$f(x)=\frac{1}{1+x^2}$ 是偶函数，那么 $f'(x)$ 是奇函数，且 $f''(x)$ 是偶函数，$f'''(x)$ 是奇函数 $\Rightarrow f'''(0)=0$.

14. （2020 数二）已知函数 $f(x)=x^2\ln(1-x)$，当 $n\geqslant 3$ 时，$f^{(n)}(0)=$（　　）．

（A）$-\frac{n!}{n-2}$　　（B）$\frac{n!}{n-2}$　　（C）$-\frac{(n-2)!}{n}$　　（D）$\frac{(n-2)!}{n}$

【答案】A.

【解析】$f(x)=x^2\ln(1-x)$，$n\geqslant 3$.

$f^{(n)}(x)=\mathrm{C}_n^0x^2[\ln(1-x)]^{(n)}+\mathrm{C}_n^1(x^2)'[\ln(1-x)]^{(n-1)}+\mathrm{C}_n^2(x^2)''[\ln(1-x)]^{(n-2)}$.

因为 $[\ln(1-x)]^{(n)}=\frac{(n-1)!\,(-1)}{(1-x)^n}$，$[\ln(1-x)]^{(n-1)}=\frac{(n-2)!\,(-1)}{(1-x)^{n-1}}$，

$[\ln(1-x)]^{(n-2)}=\frac{(n-3)!\,(-1)}{(1-x)^{n-2}}$，$(x^2)'=2x$，$(x^2)''=2$.

所以 $f^{(n)}(x)=x^2\cdot\frac{(n-1)!\,(-1)}{(1-x)^n}+2n\cdot x\cdot\frac{(n-2)!\,(-1)}{(1-x)^{n-1}}+2\cdot\frac{n(n-1)}{2}\cdot\frac{(n-3)!\,(-1)}{(1-x)^{n-2}}$，故 $f^{(n)}(0)=-\frac{n!}{n-2}$.

15. （2015 数二）函数 $f(x)=x^2\cdot 2^x$ 在 $x=0$ 处的 n 阶导数 $f^{(n)}(0)=$ ________．

【答案】$n(n-1)(\ln 2)^{n-2}$.

【解析】解法一　利用莱布尼茨公式（求函数乘积的高阶导数）求解．$f^{(n)}(x)=\sum\limits_{k=0}^{n}\mathrm{C}_n^k(x^2)^{(k)}(2^x)^{(n-k)}$. 注意到 $(x^2)^{(k)}\big|_{x=0}=0(k\neq 2)$，则有

$$f^{(n)}(0)=\mathrm{C}_n^2 2(2^x)^{(n-2)}\big|_{x=0}=\frac{n(n-1)}{2}2(\ln 2)^{(n-2)}=n(n-1)(\ln 2)^{n-2}(n\geqslant 2).$$

又 $f'(0)=0$，因此 $f^{(n)}(0)=n(n-1)(\ln 2)^{n-2}(n=1,2,3,\cdots)$.

解法二　利用泰勒公式展开求解．

$$f(x)=x^2\cdot 2^x=x^2\mathrm{e}^{x\ln 2}=x^2\sum_{n=0}^{\infty}\frac{(x\ln 2)^n}{n!}=\sum_{n=0}^{\infty}\frac{(\ln 2)^n}{n!}x^{n+2}=\sum_{n=2}^{\infty}\frac{(\ln 2)^{n-2}}{(n-2)!}x^n.$$

由逐项求导公式，可得 $f^{(n)}(0)=\frac{(\ln 2)^{n-2}}{(n-2)!}\cdot n!=n(n-1)(\ln 2)^{n-2}(n\geqslant 2)$.

又 $f'(0)=0$，因此 $f^{(n)}(0)=n(n-1)(\ln 2)^{n-2}(n=1,2,3,\cdots)$.

16. （2011 数二）设函数 $f(x)$ 在 $x=0$ 处可导，且 $f(0)=0$，则 $\lim\limits_{x\to 0}\frac{x^2f(x)-2f(x^3)}{x^3}=$（　　）．

(A) $-2f'(0)$ (B) $-f'(0)$ (C) $f'(0)$ (D) 0

【答案】B.

【解析】$\lim\limits_{x\to 0}\dfrac{x^2f(x)-2f(x^3)}{x^3}=\lim\limits_{x\to 0}\dfrac{x^2f(x)-x^2f(0)-2f(x^3)+2f(0)}{x^3}$

$$=\lim_{x\to 0}\left[\frac{f(x)-f(0)}{x}-2\cdot\frac{f(x^3)-f(0)}{x^3}\right]$$

$$=f'(0)-2f'(0)=-f'(0).$$

17. (2011 数三) 曲线 $\tan\left(x+y+\dfrac{\pi}{4}\right)=\mathrm{e}^y$ 在点 (0, 0) 处的切线方程为________.

【答案】$y=-2x$.

【解析】方程变形为 $x+y+\dfrac{\pi}{4}=\arctan(\mathrm{e}^y)$，方程两边对 x 求导得 $1+y'=\dfrac{\mathrm{e}^y}{1+\mathrm{e}^{2y}}y'$. 在点 (0, 0) 处，$y'(0)=-2$，从而得到曲线在点 (0, 0) 处的切线方程为 $y=-2x$.

18. (2013 数一) 设函数 $y=f(x)$ 由方程 $y-x=\mathrm{e}^{x(1-y)}$ 确定，则 $\lim\limits_{n\to\infty}n\left[f\left(\dfrac{1}{n}\right)-1\right]=$________.

【答案】1.

【解析】当 $x=0$ 时，$y=1$. 对方程两边求导得 $y'-1=\mathrm{e}^{x(1-y)}(1-y-xy')$，所以

$$y'(0)=1,\ \lim_{n\to\infty}n\left[f\left(\frac{1}{n}\right)-1\right]=\lim_{n\to\infty}\frac{f\left(\frac{1}{n}\right)-f(0)}{\frac{1}{n}}=f'(0)=1.$$

19. (2013 数二) 设函数 $y=f(x)$ 由方程 $\cos(xy)+\ln y-x=1$ 所确定，则 $\lim\limits_{n\to\infty}n\left[f\left(\dfrac{2}{n}\right)-1\right]=$ ( ).

(A) 2 (B) 1 (C) −1 (D) −2

【答案】A.

【解析】当 $x=0$ 时，$y=1$. 对方程两边求导得 $-\sin(xy)(y+xy')+\dfrac{1}{y}y'-1=0$，$x=0$ 时 $y'(0)=1$，因此

$$\lim_{n\to\infty}n\left[f\left(\frac{2}{n}\right)-1\right]=\lim_{n\to\infty}\frac{f\left(\frac{2}{n}\right)-1}{\frac{1}{n}}=\lim_{x\to 0}\frac{f(2x)-1}{x}=2\lim_{x\to 0}\frac{f(2x)-f(0)}{2x}=2f'(0)=2.$$

20. (2012 数三) 设函数 $f(x)=\begin{cases}\ln\sqrt{x}, & x\geqslant 1,\\ 2x-1, & x<1,\end{cases}$ $y=f[f(x)]$，则 $\left.\dfrac{\mathrm{d}y}{\mathrm{d}x}\right|_{x=\mathrm{e}}=$________.

【答案】$\dfrac{1}{\mathrm{e}}$.

【解析】$y=f[f(x)]=\begin{cases}\ln\sqrt{f(x)}, & f(x)\geqslant 1,\\ 2f(x)-1, & f(x)<1\end{cases}=\begin{cases}\ln\sqrt{\ln\sqrt{x}}, & x\geqslant \mathrm{e}^2,\\ 2\ln\sqrt{x}-1, & 1\leqslant x<\mathrm{e}^2,\\ 2(2x-1)-1, & x<1\end{cases}$

$$=\begin{cases}\frac{1}{2}\ln\left(\frac{1}{2}\ln x\right), & x \geqslant e^2,\\ \ln x-1, & 1 \leqslant x < e^2,\\ 4x-3, & x>1.\end{cases}$$ 所以 $\left.\frac{dy}{dx}\right|_{x=e}=(\ln x-1)'|_{x=e}=\left.\frac{1}{x}\right|_{x=e}=\frac{1}{e}.$

21.（2014 数二）曲线 L 的极坐标方程是 $r=\theta$，则 L 在点 $(r,\theta)=\left(\frac{\pi}{2},\frac{\pi}{2}\right)$ 处的切线的直角坐标方程是________.

【答案】$\frac{2}{\pi}x+y-\frac{\pi}{2}=0.$

【解析】由直角坐标与极坐标的关系得曲线 L 的直角坐标方程为

$$\sqrt{x^2+y^2}=\arctan\frac{y}{x}. \qquad ①$$

且点 $(r,\theta)=\left(\frac{\pi}{2},\frac{\pi}{2}\right)$ 的直角坐标形式为 $\left(0,\frac{\pi}{2}\right)$. 在式①两端对 x 求导得

$$\frac{1}{2\sqrt{x^2+y^2}}\cdot(2x+2y\cdot y')=\frac{1}{1+\left(\frac{y}{x}\right)^2}\cdot\frac{y'\cdot x-y}{x^2},$$

即 $\frac{x+y\cdot y'}{\sqrt{x^2+y^2}}=\frac{x\cdot y'-y}{x^2+y^2}$. 将 $x=0$，$y=\frac{\pi}{2}$ 代入得 $y'=-\frac{2}{\pi}$. 于是过点 $\left(0,\frac{\pi}{2}\right)$ 的切线方程为 $y-\frac{\pi}{2}=-\frac{2}{\pi}(x-0)$，即 $\frac{2}{\pi}x+y-\frac{\pi}{2}=0.$

22.（2021 数二）函数 $f(x)=\begin{cases}\frac{e^x-1}{x}, & x\neq 0,\\ 1, & x=0\end{cases}$ 在 $x=0$ 处（　　）.

（A）连续且取最大值　　（B）连续且取最小值

（C）可导且导数为 0　　（D）可导且导数不为 0

【答案】D.

【解析】因为 $\lim\limits_{x\to0}f(x)=\lim\limits_{x\to0}\frac{e^x-1}{x}=1=f(0)$，故 $f(x)$ 在 $x=0$ 处连续；

因为 $\lim\limits_{x\to0}\frac{f(x)-f(0)}{x-0}=\lim\limits_{x\to0}\frac{\frac{e^x-1}{x}-1}{x-0}=\lim\limits_{x\to0}\frac{e^x-1-x}{x^2}=\frac{1}{2}$，故 $f'(0)=\frac{1}{2}$. 正确答案为 D.

23.（2021 数一）设函数 $y=y(x)$ 由参数方程 $\begin{cases}x=2e^t+t+1, & x<0,\\ y=4(t-1)e^t+t^2, & x\geqslant 0\end{cases}$ 确定，则 $\left.\frac{d^2y}{dx^2}\right|_{t=0}=$________.

【答案】$\frac{2}{3}$.

【解析】由 $\frac{dy}{dx}=\frac{4te^t+2t}{2e^t+1}$，得 $\frac{d^2y}{dx^2}=\frac{(4e^t+4te^t+2)(2e^t+1)-(4te^t+2t)2e^t}{(2e^t+1)^3}.$

将 $t=0$ 代入得 $\left.\frac{\mathrm{d}^2y}{\mathrm{d}x^2}\right|_{t=0}=\frac{2}{3}$.

24. (2021 数二) 有一圆柱体底面半径与高随时间变化的速率分别为 2 cm/s、-3 cm/s，当地面半径为 10 cm，高为 5 cm 时，圆柱体的体积与表面积随时间变化的速率分别为 (　　).

(A) $125\pi\ \mathrm{cm^3/s}$，$40\pi\ \mathrm{cm^2/s}$　　(B) $125\pi\ \mathrm{cm^3/s}$，$-40\pi\ \mathrm{cm^2/s}$

(C) $-100\pi\ \mathrm{cm^3/s}$，$40\pi\ \mathrm{cm^2/s}$　　(D) $-100\pi\ \mathrm{cm^3/s}$，$-40\pi\ \mathrm{cm^2/s}$

【答案】 D.

【解析】 由题意知，$\frac{\mathrm{d}r}{\mathrm{d}t}=2$，$\frac{\mathrm{d}h}{\mathrm{d}t}=-3$，又 $V=\pi r^2h$，$S=2\pi rh$，则

$$\frac{\mathrm{d}V}{\mathrm{d}t}=2\pi rh\frac{\mathrm{d}r}{\mathrm{d}t}+\pi r^2\frac{\mathrm{d}h}{\mathrm{d}t},\ \frac{\mathrm{d}S}{\mathrm{d}t}=2\pi h\frac{\mathrm{d}r}{\mathrm{d}r}+2\pi r\frac{\mathrm{d}h}{\mathrm{d}t},$$

当 $r=10$，$h=5$ 时，$\frac{\mathrm{d}V}{\mathrm{d}t}=-100\pi$，$\frac{\mathrm{d}S}{\mathrm{d}t}=-40\pi$，正确答案为 D.

25. (2009 非数学预赛) 设函数 $y=y(x)$ 由方程 $xe^{f(y)}=e^y\ln 29$ 确定，其中 f 具有二阶导数，且 $f'\neq 1$，则 $\frac{\mathrm{d}^2y}{\mathrm{d}x^2}=$ ________.

【答案】 $-\frac{[1-f'(y)]^2-f''(y)}{x^2[1-f'(y)]^3}$.

【解析】 方程两边对 x 求导得 $y'=\frac{e^{f(y)}}{[1-f'(y)]e^y\ln 29}=\frac{1}{x[1-f'(y)]}$，再求导得

$$y''=-\frac{[1-f'(y)]-xf''(y)y'}{x^2[1-f'(y)]^2}=-\frac{[1-f'(y)]^2-f''(y)}{x^2[1-f'(y)]^3}.$$

26. (2015 非数学预赛) 设 $f(x)$ 在 (a,b) 内二阶可导，且存在常数 α,β，使得对于 $\forall x\in(a,b)$，$f'(x)=\alpha f(x)+\beta f''(x)$，证明：$f(x)$ 在 (a,b) 内无穷次可导.

【解析】 (1) 若 $\beta=0$，则 $\forall x\in(a,b)$，有

$$f'(x)=\alpha f(x),\ f''(x)=\alpha^2f(x),\ \cdots,\ f^{(n)}(x)=\alpha^nf(x),\ \cdots,$$

从而 $f(x)$ 在 (a,b) 内无穷次可导.

(2) 若 $\beta\neq 0$，则 $\forall x\in(a,b)$，有

$$f''(x)=\frac{f'(x)-\alpha f(x)}{\beta}=A_1f'(x)+B_1f(x),\qquad ①$$

其中 $A_1=\frac{1}{\beta}$，$B_1=-\frac{\alpha}{\beta}$. 因为式①右端可导，从而有 $f'''(x)=A_1f''(x)+B_1f'(x)$.

设 $f^{(n)}(x)=A_1f^{(n-1)}(x)+B_1f^{(n-2)}(x)$，$n>1$，则 $f^{(n+1)}(x)=A_1f^{(n)}(x)+B_1f^{(n-1)}(x)$.
所以，$f(x)$ 在 (a,b) 内无穷次可导.

27. (2011 非数学决赛) 已知 $\begin{cases}x=\ln(1+e^{2t}),\\ y=t-\arctan e^t,\end{cases}$ 求 $\frac{\mathrm{d}^2y}{\mathrm{d}x^2}$.

【答案】 $\frac{1}{4}(-2e^{-4t}+e^{-3t}-2e^{-2t}+e^{-t})$.

【解析】$\dfrac{dy}{dx}=\dfrac{1-\dfrac{e^t}{1+e^{2t}}}{\dfrac{2e^{2t}}{1+e^{2t}}}=\dfrac{1+e^{2t}-e^t}{2e^{2t}}=\dfrac{1}{2}(e^{-2t}+1-e^{-t})$，

$$\frac{d^2y}{dx^2}=\frac{d\left(\frac{dy}{dx}\right)}{dx}=\frac{\frac{1}{2}(-2e^{-2t}+e^{-t})}{\frac{2e^{2t}}{1+e^{2t}}}=\frac{1}{4}(-2e^{-4t}+e^{-3t}-2e^{-2t}+e^{-t}).$$

四、章自测题（章自测题的解析请扫二维码查看）

第二章自测题二维码

1. 选择题.

（1）函数 $f(x)=|x|$ 在 $x=0$ 处（　　）；

（A）可导　　（B）连续

（C）既可导又连续　　（D）以上都不对

（2）函数 $f(x)$ 在点 x_0 处可导的充要条件是（　　）；

（A）$f_-'(x_0)$ 存在　　（B）$f_+'(x_0)$ 存在

（C）$f_-'(x_0)$ 和 $f_+'(x_0)$ 都存在　　（D）$f_-'(x_0)=f_+'(x_0)$

（3）设函数 $f(x)=\sqrt[3]{x}$，则（　　）；

（A）在 $x=0$ 处可导　　（B）在 $x=0$ 处连续

（C）在原点（0，0）处无切线　　（D）以上都不对

（4）设函数 $f(x)=\begin{cases}x^2, & x\leqslant 1,\\ ax+b, & x>1\end{cases}$ 在 $x=1$ 处可导，则（　　）；

（A）$a=-2$，$b=-1$　　（B）$a=2$，$b=-1$

（C）$a=2$，$b=1$　　（D）$a=-2$，$b=1$

（5）设 $f(x)=x(x-1)(x-2)\cdots(x-n)$，则 $f^{(n+1)}(x)=$（　　）.

（A）$n!$　　（B）$(n-1)!$　　（C）$(n+1)!$　　（D）$n+1$

2. 填空题.

（1）设 $f(x)$ 是偶函数，且 $f'(0)$ 存在，则 $f'(0)=$________；

（2）曲线 $\begin{cases}x=t\cos t,\\ y=t\sin t\end{cases}$ 在 $t=\dfrac{\pi}{2}$ 处的法线方程为________；

（3）由方程 $xy-e^x+e^y=0$ 所确定的隐函数 $y=y(x)$ 的导数 $\left.\dfrac{dy}{dx}\right|_{x=0}=$________；

（4）设 $g'(x)$ 连续，且 $f(x)=(x-a)^2g(x)$，则 $f''(a)=$________；

（5）设 $x+y=\tan y$，则 $dy=$________.

3. 设 $y=\left(\dfrac{x^2}{1+x}\right)^x$，求 y'.

4. 设 $y=x^2\sin 2x$，求 $y^{(10)}$.

5. 设 $\begin{cases}x=2(1-\cos\theta),\\ y=4\sin\theta,\end{cases}$ 求 $\dfrac{dy}{dx}$ 及 $\left.\dfrac{dy}{dx}\right|_{\theta=\frac{\pi}{4}}$，并写出曲线在 $\theta=\dfrac{\pi}{4}$ 处的切线方程.

6. 讨论函数 $f(x)=\begin{cases}x\arctan\dfrac{1}{x}, & x\neq 0,\\ 0, & x=0\end{cases}$ 在 $x=0$ 处的连续性与可导性.

7. 设 $\begin{cases}x=t-\ln(1+t),\\ y=t^3+t^2,\end{cases}$ 求 $\dfrac{\mathrm{d}^2y}{\mathrm{d}x^2}$.

8. 两曲线 $y=x^2+ax+b$ 与 $2y=-1+xy^3$ 相切于点 $(1,\ -1)$，求 a，b 的值.

9. 设 $f(x)=\begin{cases}0, & x\leqslant 0,\\ x, & x>0,\end{cases}$ $g(x)=\begin{cases}0, & x\leqslant 0,\\ -x^2, & x>0,\end{cases}$ 求 $\dfrac{\mathrm{d}}{\mathrm{d}x}g[f(x)]$.

10. 已知 $f'(x)=\dfrac{1}{x}$，$y=f\left(\dfrac{x+1}{x-1}\right)$，求 $\dfrac{\mathrm{d}y}{\mathrm{d}x}$.

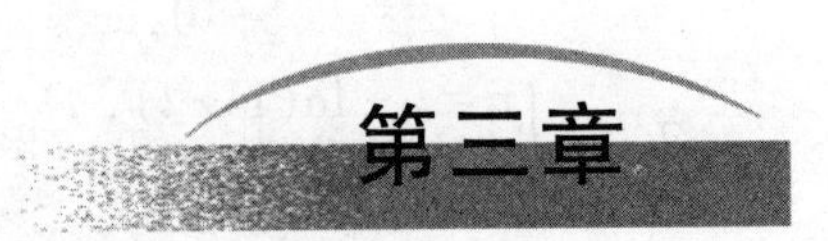

微分中值定理与导数的应用

一、主要内容

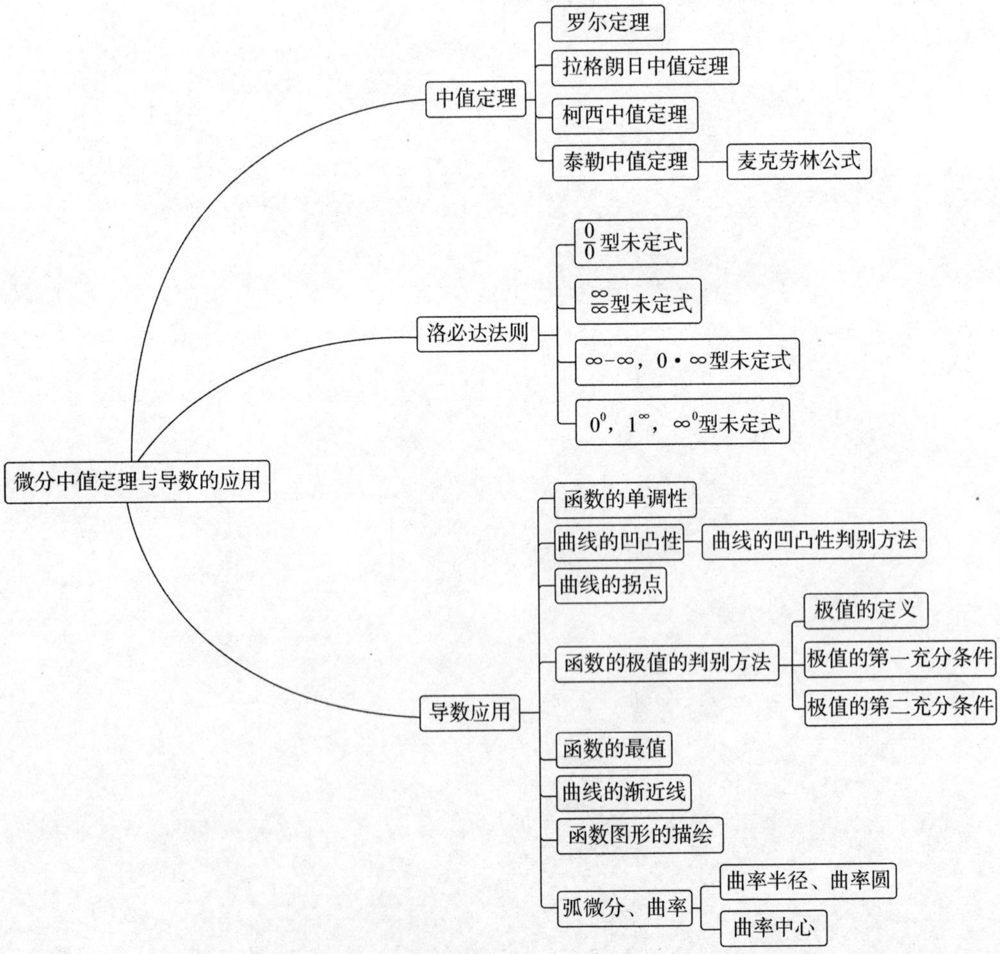

- 微分中值定理与导数的应用
  - 中值定理
    - 罗尔定理
    - 拉格朗日中值定理
    - 柯西中值定理
    - 泰勒中值定理
      - 麦克劳林公式
  - 洛必达法则
    - $\frac{0}{0}$型未定式
    - $\frac{\infty}{\infty}$型未定式
    - $\infty-\infty$，$0\cdot\infty$型未定式
    - 0^0，1^∞，∞^0型未定式
  - 导数应用
    - 函数的单调性
    - 曲线的凹凸性
      - 曲线的凹凸性判别方法
    - 曲线的拐点
    - 函数的极值的判别方法
      - 极值的定义
      - 极值的第一充分条件
      - 极值的第二充分条件
    - 函数的最值
    - 曲线的渐近线
    - 函数图形的描绘
    - 弧微分、曲率
      - 曲率半径、曲率圆
      - 曲率中心

二、习题讲解

习题3-1　解答　微分中值定理

1. 验证罗尔定理对函数 $y=\ln\sin x$ 在区间 $\left[\frac{\pi}{6}, \frac{5\pi}{6}\right]$ 上的正确性.

证　函数 $y=\ln\sin x$ 在闭区间 $\left[\frac{\pi}{6}, \frac{5\pi}{6}\right]$ 上连续，在开区间 $\left(\frac{\pi}{6}, \frac{5\pi}{6}\right)$ 内可导，且 $y\left(\frac{\pi}{6}\right)=y\left(\frac{5\pi}{6}\right)$. 因此函数 $y=\ln\sin x$ 在区间 $\left[\frac{\pi}{6}, \frac{5\pi}{6}\right]$ 上满足罗尔定理的条件.

又根据 $y'=\cot x=0$，得 $x=n\pi+\frac{\pi}{2}(n=0, \pm1, \pm2, \cdots)$，取 $n=0$，确实存在 $\xi=\frac{\pi}{2}\in\left(\frac{\pi}{6}, \frac{5\pi}{6}\right)$ 使得 $y'(\xi)=\cot\xi=0$. 因此罗尔定理对函数 $y=\ln\sin x$ 在区间 $\left[\frac{\pi}{6}, \frac{5\pi}{6}\right]$ 上是正确的.

注意　凡是涉及验证定理正确与否的命题，一定要验证两个方面：(1) 定理的条件是否满足；(2) 若条件满足，求出定理结论中的 ξ 值.

2. 验证拉格朗日中值定理对函数 $y=4x^3-5x^2+x-2$ 在区间 $[0, 1]$ 上的正确性.

证　函数 $y=4x^3-5x^2+x-2$ 是多项式函数，在闭区间 $[0, 1]$ 上连续，在开区间 $(0, 1)$ 内可导. 因此函数 $y=4x^3-5x^2+x-2$ 在区间 $[0, 1]$ 上满足拉格朗日中值定理的条件.

又根据

$$y'(\xi)=12\xi^2-10\xi+1=y(1)-y(0)=0,$$

得 $\xi=\frac{5\pm\sqrt{13}}{12}\in(0, 1)$，因此拉格朗日中值定理对函数 $y=4x^3-5x^2+x-2$ 在区间 $[0, 1]$ 上是正确的.

3. 对函数 $f(x)=\sin x$ 及 $F(x)=x+\cos x$ 在区间 $\left[0, \frac{\pi}{2}\right]$ 上验证柯西中值定理的正确性.

证　函数 $f(x)=\sin x$ 及 $F(x)=x+\cos x$ 在闭区间 $\left[0, \frac{\pi}{2}\right]$ 上连续，在开区间 $\left(0, \frac{\pi}{2}\right)$ 内可导，且对任一 $x\in\left(0, \frac{\pi}{2}\right)$，$F'(x)=1-\sin x\neq0$，因此函数 $f(x)=\sin x$ 及 $F(x)=x+\cos x$ 在闭区间 $\left[0, \frac{\pi}{2}\right]$ 上满足柯西中值定理的条件.

又因为

$$\frac{f\left(\frac{\pi}{2}\right)-f(0)}{F\left(\frac{\pi}{2}\right)-F(0)}=\frac{1}{\frac{\pi}{2}-1}=\frac{2}{\pi-2}>1,$$

而 $\frac{f'(x)}{F'(x)}=\frac{\cos x}{1-\sin x}$，且当 $x\in\left(0, \frac{\pi}{2}\right)$ 时，$\left(\frac{\cos x}{1-\sin x}\right)'=\frac{1}{1-\sin x}>0$，因此 $\frac{\cos x}{1-\sin x}$ 单调

增加，即 $\dfrac{\cos x}{1-\sin x}>1$，因此存在 $\xi\in\left(0,\dfrac{\pi}{2}\right)$，使得 $\dfrac{f'(\xi)}{F'(\xi)}=\dfrac{\cos\xi}{1-\sin\xi}=\dfrac{2}{\pi-2}$. 由此可知，柯西中值定理对函数 $f(x)=\sin x$ 及 $F(x)=x+\cos x$ 在区间 $\left[0,\dfrac{\pi}{2}\right]$ 上是正确的.

4. 试证明对函数 $y=px^2+qx+r$ 应用拉格朗日中值定理时所求得的点 ξ 总是位于区间的正中间.

证 函数 $y=px^2+qx+r$ 为多项式函数，在任意闭区间 $[a,b]$ 上连续，在开区间 (a,b) 内可导，因此满足拉格朗日中值定理的条件，故存在 $\xi\in(a,b)$，使得 $y(b)-y(a)=y'(\xi)(b-a)=(2p\xi+q)(b-a)$. 经计算可得

$$\begin{aligned}pb^2+qb+r-pa^2-qa-r&=p(b-a)(b+a)+q(b-a)\\&=(2p\xi+q)(b-a),\end{aligned}$$

即 $\xi=\dfrac{b+a}{2}$，因此对函数 $y=px^2+qx+r$ 应用拉格朗日中值定理时所求得的点 ξ 总是位于区间的正中间.

5. 不用求出函数 $f(x)=(x-1)(x-2)(x-3)(x-4)$ 的导数，说明方程 $f'(x)=0$ 有几个实根，并指出它们所在的区间.

解 已知函数 $f(x)$ 分别在区间 $[1,2]$，$[2,3]$，$[3,4]$ 上连续，在区间 $(1,2)$，$(2,3)$，$(3,4)$ 内可导，且 $f(1)=f(2)=f(3)=f(4)=0$.

由罗尔定理可知，至少存在 $\xi_1\in(1,2)$，$\xi_2\in(2,3)$，$\xi_3\in(3,4)$，使 $f'(\xi_i)=0(i=1,2,3)$. 即方程 $f'(x)=0$ 至少有三个实根. 又因 $f'(x)=0$ 为一元三次方程，故它至多有三个实根. 因此，方程 $f'(x)=0$ 有且只有三个实根，分别位于区间 $(1,2)$，$(2,3)$，$(3,4)$ 内.

6. 证明恒等式：$\arcsin x+\arccos x=\dfrac{\pi}{2}(-1\leqslant x\leqslant 1)$.

证 设 $f(x)=\arcsin x+\arccos x$，则

$$f'(x)=\frac{1}{\sqrt{1-x^2}}+\left(-\frac{1}{\sqrt{1-x^2}}\right)=0,\quad -1<x<1.$$

于是 $f(x)=c$，$x\in[-1,1]$. 其中 c 为常数.

又因为

$$f(0)=\arcsin 0+\arccos 0=\frac{\pi}{2},\ f(-1)=\arcsin(-1)+\arccos(-1)=\frac{\pi}{2},$$

$$f(1)=\arcsin(1)+\arccos(1)=\frac{\pi}{2},$$

故

$$\arcsin x+\arccos x=\frac{\pi}{2},\quad -1\leqslant x\leqslant 1.$$

7. 若方程 $a_0x^n+a_1x^{n-1}+\cdots+a_{n-1}x=0$ 有一个正根 $x=x_0$，证明方程 $a_0nx^{n-1}+a_1(n-1)x^{n-2}+\cdots+a_{n-1}=0$ 必有一个小于 x_0 的正根.

证 设 $f(x)=a_0x^n+a_1x^{n-1}+\cdots+a_{n-1}x$，显然 $f(0)=0$，又依题意，有 $f(x_0)=0$. 同时注意到

$$f'(x)=a_0nx^{n-1}+a_1(n-1)x^{n-2}+\cdots+a_{n-1},$$

函数$f(x)$为多项式函数，在闭区间$[0, x_0]$上连续，在开区间$(0, x_0)$内可导，于是$f(x)$在$[0, x_0]$上满足罗尔定理条件，故存在$\xi\in(0, x_0)$，使得$f'(\xi)=0$，即$a_0nx^{n-1}+a_1(n-1)x^{n-2}+\cdots+a_{n-1}=0$有小于$x_0$的正根.

8. 若函数$f(x)$在(a, b)内具有二阶导数，且$f(x_1)=f(x_2)=f(x_3)$，其中$a<x_1<x_2<x_3<b$，证明：在(x_1, x_3)内至少存在一点ξ，使得$f''(\xi)=0$.

证　由于函数$f(x)$在$[x_1, x_2]$上连续，在(x_1, x_2)内可导，且$f(x_1)=f(x_2)$，根据罗尔定理，则至少存在一点$\xi_1\in(x_1, x_2)$，使得$f'(\xi_1)=0$. 同理可证，至少存在一点$\xi_2\in(x_2, x_3)$，使得$f'(\xi_2)=0$.

又因为$f(x)$在(a, b)内二阶可导，所以函数$f'(x)$在$[\xi_1, \xi_2]$上连续，在(ξ_1, ξ_2)内可导，且$f'(\xi_1)=f'(\xi_2)=0$. 再次应用罗尔定理，则至少存在一点$\xi\in(\xi_1, \xi_2)\subset(x_1, x_3)$，使得$f''(\xi)=0$.

9. 设$a>b>0$，$n>1$，证明：

$$nb^{n-1}(a-b)<a^n-b^n<na^{n-1}(a-b).$$

证　从结论入手，设辅助函数$f(x)=x^n$，由于$f(x)$在$[b, a]$上满足拉格朗日中值定理条件，故存在$\xi\in(b, a)$，使得

$$f(a)-f(b)=a^n-b^n=f'(\xi)(a-b)=n\xi^{n-1}(a-b),$$

由于$0<b<\xi<a$，$n>1$，因此$nb^{n-1}<n\xi^{n-1}<na^{n-1}$，且$a-b>0$，于是$nb^{n-1}(a-b)<a^n-b^n<na^{n-1}(a-b)$成立.

10. 设$a>b>0$，证明：

$$\frac{a-b}{a}<\ln\frac{a}{b}<\frac{a-b}{b}.$$

证　由于$\ln\frac{a}{b}=\ln a-\ln b$，因此可以构造辅助函数$f(x)=\ln x$，由于$f(x)$在$[b, a]$上满足拉格朗日中值定理条件，故存在$\xi\in(b, a)$，使得

$$\frac{f(a)-f(b)}{a-b}=\frac{\ln\frac{a}{b}}{a-b}=f'(\xi)=\frac{1}{\xi}.$$

由于$0<b<\xi<a$，因此$\frac{1}{a}<\frac{1}{\xi}<\frac{1}{b}$，于是

$$\frac{1}{a}<\frac{\ln\frac{a}{b}}{a-b}<\frac{1}{b}，即\frac{a-b}{a}<\ln\frac{a}{b}<\frac{a-b}{b}(a>b>0).$$

11. 证明下列不等式：

（1）$|\arctan a-\arctan b|\leqslant|a-b|$；

（2）当$x>1$时，$e^x>e\cdot x$.

证　（1）当$a=b$时，显然成立.

当$a\neq b$时，令$f(x)=\arctan x$，则$f(x)$在$[a, b]$或$[b, a]$上满足拉格朗日中值定理条件，故存在$\xi\in(a, b)$或$\xi\in(b, a)$，使得

$$f(a)-f(b)=f'(\xi)(a-b).$$

即$\arctan a-\arctan b=\frac{a-b}{1+\xi^2}$，所以

$$|\arctan a-\arctan b|=\frac{|a-b|}{1+\xi^2}\leqslant|a-b|.$$

（2）设$f(t)=\mathrm{e}^t$. 当$x>1$时，$f(t)$在$[1,x]$上满足拉格朗日中值定理条件，故存在$\xi\in(1,x)$，使得

$$f(x)-f(1)=f'(\xi)(x-1).$$

即$\mathrm{e}^x-\mathrm{e}=\mathrm{e}^{\xi}(x-1)>\mathrm{e}(x-1)$. 即$\mathrm{e}^x>\mathrm{e}x$.

注意（2）也可以利用本章第四节函数的单调性证明，读者稍后自行证明.

12. 证明方程$x^5+x-1=0$只有一个正根.

证 设$f(x)=x^5+x-1$.

先证根的存在性. 因为$f(x)$在$[0,1]$上连续，而且

$$f(0)=-1<0,\ f(1)=1>0,$$

故由零点定理知，至少存在一点$\xi\in(0,1)$，使得$f(\xi)=0$.

再证根的唯一性. 假设有两个根$x_1\neq x_2$，不妨设$x_1<x_2$，由$f(x)$在$[x_1,x_2]$上连续，在(x_1,x_2)内可导. 根据罗尔定理，至少存在一点$\eta\in(x_1,x_2)$，使得$f'(\eta)=0$. 而$f'(\eta)=5\eta^4+1\neq0$，矛盾. 因此方程$x^5+x-1=0$只有一个正根.

13. 此处解析请扫二维码查看.

13 二维码

14. 证明：若函数$f(x)$在$(-\infty,+\infty)$内满足关系式$f'(x)=f(x)$，且$f(0)=1$，则$f(x)=\mathrm{e}^x$.

证 欲证$f(x)=\mathrm{e}^x$，只需证$f(x)\mathrm{e}^{-x}=1$，即证$[f(x)\mathrm{e}^{-x}]'=0$. 因此设辅助函数$\varphi(x)=f(x)\mathrm{e}^{-x}$，则

$$\varphi'(x)=f'(x)\mathrm{e}^{-x}-f(x)\mathrm{e}^{-x}=0.$$

由拉格朗日中值定理的推论可得$\varphi(x)\equiv C$.

又$f(0)=1$，得$\varphi(x)\equiv\varphi(0)=f(0)\mathrm{e}^0=1$. 即$f(x)=\mathrm{e}^x$.

15. 此处解析请扫二维码查看.

15 二维码

习题3-2 解答 洛必达法则

1. 用洛必达法则求下列极限：

（1）$\lim\limits_{x\to0}\dfrac{\ln(1+x)}{x}$；（2）$\lim\limits_{x\to0}\dfrac{\mathrm{e}^x-\mathrm{e}^{-x}}{\sin x}$；

（3）$\lim\limits_{x\to0}\dfrac{\tan x-x}{x-\sin x}$；（4）$\lim\limits_{x\to\pi}\dfrac{\sin 3x}{\tan 5x}$；

（5）$\lim\limits_{x\to\frac{\pi}{2}}\dfrac{\ln\sin x}{(\pi-2x)^2}$；（6）$\lim\limits_{x\to a}\dfrac{x^m-a^m}{x^n-a^n}(a\neq0)$；

（7）$\lim\limits_{x\to0^+}\dfrac{\ln\tan 7x}{\ln\tan 2x}$；（8）$\lim\limits_{x\to\frac{\pi}{2}}\dfrac{\tan x}{\tan 3x}$；

（9）$\lim\limits_{x\to+\infty}\dfrac{\ln\left(1+\dfrac{1}{x}\right)}{\operatorname{arccot}x}$；（10）$\lim\limits_{x\to0}\dfrac{\ln(1+x^2)}{\sec x-\cos x}$；

（11）$\lim\limits_{x\to0}x\cot 2x$；（12）$\lim\limits_{x\to0}x^2\mathrm{e}^{1/x^2}$；

（13）$\lim\limits_{x\to1}\left(\dfrac{2}{x^2-1}-\dfrac{1}{x-1}\right)$；（14）$\lim\limits_{x\to\infty}\left(1+\dfrac{a}{x}\right)^x$；

(15) $\lim\limits_{x\to0^+} x^{\sin x}$；　　　　(16) $\lim\limits_{x\to0^+}\left(\dfrac{1}{x}\right)^{\tan x}$.

解　(1) $\lim\limits_{x\to0}\dfrac{\ln(1+x)}{x}=\lim\limits_{x\to0}\dfrac{\frac{1}{1+x}}{1}=1$；

(2) $\lim\limits_{x\to0}\dfrac{e^x-e^{-x}}{\sin x}=\lim\limits_{x\to0}\dfrac{(e^x-e^{-x})'}{(\sin x)'}=\lim\limits_{x\to0}\dfrac{e^x+e^{-x}}{\cos x}=2$；

(3) $\lim\limits_{x\to0}\dfrac{\tan x-x}{x-\sin x}=\lim\limits_{x\to0}\dfrac{\sec^2x-1}{1-\cos x}=\lim\limits_{x\to0}\dfrac{2\sec^2x\tan x}{\sin x}=2$；

(4) $\lim\limits_{x\to\pi}\dfrac{\sin 3x}{\tan 5x}=\lim\limits_{x\to\pi}\dfrac{3\cos 3x}{5\sec^2 5x}=-\dfrac{3}{5}$；

(5) $$\lim_{x\to\frac{\pi}{2}}\frac{\ln\sin x}{(\pi-2x)^2}=\lim_{x\to\frac{\pi}{2}}\frac{(\ln\sin x)'}{[(\pi-2x)^2]'}=\lim_{x\to\frac{\pi}{2}}\frac{\cot x}{2(\pi-2x)(-2)}$$
$$=-\frac{1}{4}\lim_{x\to\frac{\pi}{2}}\frac{(\cot x)'}{(\pi-2x)'}=-\frac{1}{4}\lim_{x\to\frac{\pi}{2}}\frac{-\csc^2x}{-2}=-\frac{1}{8}；$$

(6) $\lim\limits_{x\to a}\dfrac{x^m-a^m}{x^n-a^n}=\lim\limits_{x\to a}\dfrac{(x^m-a^m)'}{(x^n-a^n)'}=\lim\limits_{x\to a}\dfrac{mx^{m-1}}{nx^{n-1}}=\dfrac{m}{n}a^{m-n}$.

常见错解 1

$$\lim_{x\to a}\frac{x^m-a^m}{x^n-a^n}=\lim_{x\to a}\frac{(x^m-a^m)'}{(x^n-a^n)'}=\lim_{x\to a}\frac{mx^{m-1}-ma^{m-1}}{nx^{n-1}-na^{n-1}}=0.$$

错误原因　a^m，a^n 都是常数，其导数都为零．

常见错解 2　$$\lim_{x\to a}\frac{x^m-a^m}{x^n-a^n}=\lim_{x\to a}\frac{(x^m-a^m)'}{(x^n-a^n)'}=\lim_{x\to a}\frac{mx^{m-1}}{nx^{n-1}}$$
$$=\lim_{x\to a}\frac{m(m-1)x^{m-2}}{n(n-1)x^{n-2}}=\cdots=\frac{m!}{n!}.$$

错误原因　从第三个等号开始出现错误．因为 $\lim\limits_{x\to a}\dfrac{mx^{m-1}}{nx^{n-1}}$ 中的分子、分母当 $x\to a$ 时，极限均为非零常数，所以极限不是未定式，不能再用洛必达法则．

(7) $$\lim_{x\to0^+}\frac{\ln\tan 7x}{\ln\tan 2x}=\lim_{x\to0^+}\frac{\frac{1}{\tan 7x}\cdot\sec^2 7x\cdot 7}{\frac{1}{\tan 2x}\cdot\sec^2 2x\cdot 2}$$
$$=\lim_{x\to0^+}\frac{\tan 2x}{\tan 7x}\cdot\lim_{x\to0^+}\frac{7\sec^2 7x}{2\sec^2 2x}=\frac{7}{2}\lim_{x\to0^+}\frac{\tan 2x}{\tan 7x}$$
$$=\frac{7}{2}\lim_{x\to0^+}\frac{2x}{7x}=1；$$

(8) $$\lim_{x\to\frac{\pi}{2}}\frac{\tan x}{\tan 3x}=\lim_{x\to\frac{\pi}{2}}\frac{\sec^2x}{3\sec^2 3x}=\frac{1}{3}\lim_{x\to\frac{\pi}{2}}\frac{\cos^2 3x}{\cos^2 x}$$
$$=\frac{1}{3}\lim_{x\to\frac{\pi}{2}}\frac{6\cos 3x\cdot(-\sin 3x)}{2\cos x\cdot(-\sin x)}=\lim_{x\to\frac{\pi}{2}}\frac{\cos 3x}{\cos x}$$
$$=\lim_{x\to\frac{\pi}{2}}\frac{-3\sin 3x}{-\sin x}=3；$$

常见错解 因 $\tan x \sim x$，$\tan 3x \sim 3x$，故

$$\lim_{x\to\frac{\pi}{2}}\frac{\tan x}{\tan 3x}=\lim_{x\to\frac{\pi}{2}}\frac{x}{3x}=\frac{1}{3}.$$

错误原因 当 $x\to\frac{\pi}{2}$ 时，$\tan x$、x 都不是无穷小，不能用无穷小的等价代换．同理，$\tan 3x \sim 3x$ 也是错误的．

(9) $\lim\limits_{x\to+\infty}\dfrac{\ln\left(1+\dfrac{1}{x}\right)}{\operatorname{arccot} x}=\lim\limits_{x\to+\infty}\dfrac{\dfrac{1}{x}}{\operatorname{arccot} x}=\lim\limits_{x\to+\infty}\dfrac{-\dfrac{1}{x^2}}{-\dfrac{1}{1+x^2}}=\lim\limits_{x\to+\infty}\dfrac{1+x^2}{x^2}=1$；

(10) $\lim\limits_{x\to0}\dfrac{\ln(1+x^2)}{\sec x-\cos x}=\lim\limits_{x\to0}\dfrac{\dfrac{2x}{1+x^2}}{\sec x\tan x+\sin x}$

$$=\lim_{x\to0}\frac{2x}{\sin x(1+x^2)\left(\dfrac{1}{\cos^2x}+1\right)}=1;$$

(11) $\lim\limits_{x\to0}x\cot 2x=\lim\limits_{x\to0}\dfrac{x}{\tan 2x}=\lim\limits_{x\to0}\dfrac{1}{2\sec^2 2x}=\dfrac{1}{2}$；

另解 本题也可使用等价无穷小的代换：

$$\lim_{x\to0}x\cot 2x=\lim_{x\to0}\frac{x}{\tan 2x}=\lim_{x\to0}\frac{x}{2x}=\frac{1}{2}.$$

(12) $\lim\limits_{x\to0}x^2\mathrm{e}^{1/x^2}=\lim\limits_{x\to0}\dfrac{\mathrm{e}^{x^{-2}}}{x^{-2}}=\lim\limits_{x\to0}\dfrac{\mathrm{e}^{x^{-2}}(-2x^{-3})}{-2x^{-3}}=+\infty$；

(13) $\lim\limits_{x\to1}\left(\dfrac{2}{x^2-1}-\dfrac{1}{x-1}\right)=\lim\limits_{x\to1}\dfrac{1-x}{x^2-1}=\lim\limits_{x\to1}\dfrac{-1}{2x}=-\dfrac{1}{2}$；

(14) $\lim\limits_{x\to\infty}\left(1+\dfrac{a}{x}\right)^x=\lim\limits_{x\to\infty}\mathrm{e}^{x\ln\left(1+\frac{a}{x}\right)}$，而

$$\lim_{x\to\infty}x\ln\left(1+\frac{a}{x}\right)=\lim_{x\to\infty}\frac{\ln\left(1+\dfrac{a}{x}\right)}{\dfrac{1}{x}}=\lim_{x\to\infty}\frac{\dfrac{x}{x+a}\left(-\dfrac{a}{x^2}\right)}{-\dfrac{1}{x^2}}=\lim_{x\to\infty}\frac{ax}{x+a}=a,$$

所以，$\lim\limits_{x\to\infty}\left(1+\dfrac{a}{x}\right)^x=\mathrm{e}^a$；

(15) $\lim\limits_{x\to0^+}x^{\sin x}=\lim\limits_{x\to0^+}\mathrm{e}^{\sin x\ln x}$，而

$$\lim_{x\to0^+}\sin x\ln x=\lim_{x\to0^+}\frac{\ln x}{\csc x}=\lim_{x\to0^+}\frac{x^{-1}}{-\csc x\cot x}=-\lim_{x\to0^+}\frac{\sin^2x}{x\cos x}=0,$$

所以，$\lim\limits_{x\to0^+}x^{\sin x}=\mathrm{e}^0=1$；

(16) $\lim\limits_{x\to0^+}\left(\dfrac{1}{x}\right)^{\tan x}=\lim\limits_{x\to0^+}\mathrm{e}^{\tan x(-\ln x)}$，而

$$\lim_{x\to0^+}\tan x(-\ln x)=\lim_{x\to0^+}-\frac{\ln x}{\cot x}=\lim_{x\to0^+}\frac{\frac{1}{x}}{\frac{1}{\sin^2 x}}=\lim_{x\to0^+}\sin x=0,$$

所以 $\lim\limits_{x\to0^+}\left(\frac{1}{x}\right)^{\tan x}=e^0=1$.

2. 验证极限 $\lim\limits_{x\to\infty}\frac{x+\sin x}{x}$ 存在，但不能用洛必达法则得出 .

解　由于 $\lim\limits_{x\to\infty}\frac{(x+\sin x)'}{(x)'}=\lim\limits_{x\to\infty}\frac{1+\cos x}{1}$ 不存在，故不能使用洛必达法则来求此极限，但并不表明此极限不存在，此极限可用以下方法求得：

$$\lim_{x\to\infty}\frac{x+\sin x}{x}=\lim_{x\to\infty}\left(1+\frac{\sin x}{x}\right)=1+0=1.$$

3. 验证极限 $\lim\limits_{x\to0}\frac{x^2\sin\frac{1}{x}}{\sin x}$ 存在，但不能用洛必达法则得出 .

解　由于 $\lim\limits_{x\to0}\frac{\left(x^2\sin\frac{1}{x}\right)'}{(\sin x)'}=\lim\limits_{x\to0}\frac{2x\sin\frac{1}{x}-\cos\frac{1}{x}}{\cos x}$ 不存在，故不能使用洛必达法则来求此极限，但并不表明此极限不存在，此极限可用以下方法求得：

$$\begin{aligned}\lim_{x\to0}\frac{x^2\sin\frac{1}{x}}{\sin x}&=\lim_{x\to0}\left(\frac{x}{\sin x}\cdot x\sin\frac{1}{x}\right)\\&=\lim_{x\to0}\frac{x}{\sin x}\cdot\lim_{x\to0}x\sin\frac{1}{x}\\&=1\times0=0.\end{aligned}$$

注意　使用洛必达法则求极限的问题需要注意的事项：

（1）运用洛必达法则时，一定要注意条件 . 当 $x\to\infty$ 时，极限中含有 $\sin x$，$\cos x$，或当 $x\to0$ 时，极限式中含有 $\sin\frac{1}{x}$，$\cos\frac{1}{x}$ 时，不能用洛必达法则；

（2）每用完一次洛必达法则，要将极限式整理化简，只要满足法则的条件，就可以连续使用下去；

（3）为简化运算经常将洛必达法则与等价无穷小替代结合使用；

（4）有时用变量代换可以简化求导运算，从而使洛必达法则更有效 .

4. 此处解析请扫二维码查看 .

4 二维码

习题 3–3　解答　泰勒公式

1. 按 $(x-4)$ 的幂展开多项式 $f(x)=x^4-5x^3+x^2-3x+4$.

解　由题意可知 $x_0=4$，根据泰勒公式，有

$$f(x)=f(x_0)+f'(x_0)(x-x_0)+\frac{1}{2!}f''(x_0)(x-x_0)^2+$$
$$\frac{1}{3!}f'''(x_0)(x-x_0)^3+\frac{1}{4!}f^{(4)}(x_0)(x-x_0)^4+\cdots$$

且

$$f(4)=-56,\ f'(4)=21,\ f''(4)=74,$$
$$f'''(4)=66,\ f^{(4)}(4)=24,$$

所以，$f(x)$ 按 $(x-4)$ 的幂展开多项式为

$$x^4-5x^3+x^2-3x+4=-56+21(x-4)+37(x-4)^2+11(x-4)^3+(x-4)^4$$

2. 应用麦克劳林公式，按 x 的幂展开函数 $f(x)=(x^2-3x+1)^3$.

解 $f(x)=(x^2-3x+1)^3,f(0)=1.$

$f'(x)=3(x^2-3x+1)^2(2x-3)\ ,f'(0)=-9.$

$f''(x)=6(x^2-3x+1)(5x^2-15x+10)\ ,f''(0)=60.$

$f'''(x)=6(2x-3)(5x^2-15x+10)+6(x^2-3x+1)(10x-15)\ ,\ f'''(0)=-270.$

$f^{(4)}(x)=12(5x^2-15x+10)+12(2x-3)(10x-15)+60(x^2-3x+1)\ ,\ f^{(4)}(0)=720.$

$f^{(5)}(x)=720x-1\,080,f^{(5)}(0)=-1\,080.$

$f^{(6)}(x)=720,f^{(6)}(0)=720,f^{(n)}(x)=0(n\geqslant 7).$

故 $(x^2-3x+1)^3=f(0)+f'(0)x+\frac{f''(0)}{2!}x^2+\frac{f'''(0)}{3!}x^3+\frac{f^{(4)}(0)}{4!}x^4+\frac{f^{(5)}(0)}{5!}x^5+$ $\frac{f^{(6)}(0)}{6!}x^6=1-9x+30x^2-45x^3+30x^4-9x^5+x^6.$

3. 求函数 $f(x)=\sqrt{x}$ 按 $(x-4)$ 的幂展开的带有拉格朗日余项的 3 阶泰勒公式.

解 对函数求各阶导数，可得

$$f'(x)=\frac{1}{2}x^{-\frac{1}{2}},\ f''(x)=\left(-\frac{1}{2^2}\right)x^{-\frac{3}{2}},\ f'''(x)=\frac{3}{2^3}x^{-\frac{5}{2}},\ f^{(4)}(x)=-\frac{15}{2^4}x^{-\frac{7}{2}},$$

$$f(4)=2,\ f'(4)=\frac{1}{4},\ f''(4)=-\frac{1}{32},\ f'''(4)=\frac{3}{256},$$

所以

$$\begin{aligned}\sqrt{x}&=f(4)+f'(4)(x-4)+\frac{f''(4)}{2!}(x-4)^2+\frac{f'''(4)}{3!}(x-4)^3+\frac{f^{(4)}(\xi)}{4!}(x-4)^4\\&=2+\frac{1}{4}(x-4)-\frac{1}{2}\cdot\frac{1}{2^5}(x-4)^2+\frac{3}{3!\cdot 2^8}(x-4)^3-\frac{15}{4!\cdot 2^4\xi^{7/2}}(x-4)^4\\&=2+\frac{1}{4}(x-4)-\frac{1}{2^6}(x-4)^2+\frac{1}{2^9}(x-4)^3-\frac{5}{2^7\xi^{7/2}}(x-4)^4.\end{aligned}$$

4. 求函数 $f(x)=\ln x$ 按 $(x-2)$ 的幂展开的带有佩亚诺余项的 n 阶泰勒公式.

解 $f'(x)=\frac{1}{x}=x^{-1}$，$f''(x)=(-1)x^{-2}$，$f'''(x)=(-1)(-2)x^{-3}$，$\cdots$，$f^{(n)}(x)=\frac{(-1)^{n-1}(n-1)!}{x^n}$，$f^{(n)}(2)=\frac{(-1)^{n-1}(n-1)!}{2^n}$. 故

$$\ln x=f(2)+f'(2)(x-2)+\frac{f''(2)}{2!}(x-2)^2+\frac{f'''(2)}{3!}(x-2)^3+\cdots+\frac{f^{(n)}(2)}{n!}(x-2)^n+o[(x-2)^n]$$

$$=\ln 2+\frac{1}{2}(x-2)-\frac{1}{2^3}(x-2)^2+\frac{1}{3\cdot 2^3}(x-2)^3-\cdots+(-1)^{n-1}\frac{1}{n\cdot 2^n}(x-2)^n+o[(x-2)^n].$$

5. 求函数$f(x)=\frac{1}{x}$按$(x+1)$的幂展开的带有拉格朗日余项的n阶泰勒公式.

解　因为$f^{(n)}(x)=\frac{(-1)^n n!}{x^{n+1}}$，$f^{(n)}(-1)=-n!$，故

$$\frac{1}{x}=f(-1)+f'(-1)(x+1)+\frac{f''(-1)}{2!}(x+1)^2+\frac{f'''(-1)}{3!}(x+1)^3+\cdots+\frac{f^{(n)}(-1)}{n!}(x+1)^n+\frac{f^{(n+1)}(\xi)}{(n+1)!}(x+1)^{n+1}$$

$$=-[1+(x+1)+(x+1)^2+\cdots+(x+1)^n]+(-1)^{n+1}\xi^{-(n+2)}(x+1)^{n+1},$$

其中ξ介于x与-1之间.

6. 求函数$f(x)=\tan x$的带有佩亚诺余项的3阶麦克劳林公式.

解　$f'(x)=\sec^2 x$，$f''(x)=2\sec^2 x\tan x$，$f'''(x)=4\sec^2 x\tan^2 x+2\sec^4 x$. 则$f'(0)=1$，$f''(0)=0$，$f'''(0)=2$. 所以$f(x)=\tan x=x+\frac{1}{3}x^3+o(x^3)$.

7. 求函数$f(x)=xe^x$的带有佩亚诺余项的n阶麦克劳林公式.

解　$f'(x)=e^x+xe^x=(1+x)e^x$，$f''(x)=2e^x+xe^x=(2+x)e^x$，…，$f^{(n)}(x)=(n+x)e^x$，$f^{(n)}(0)=n$. 故

$$xe^x=f(0)+f'(0)x+\frac{f''(0)}{2!}x^2+\cdots+\frac{f^{(n)}(0)}{n!}x^n+o(x^n)$$

$$=x+x^2+\cdots+\frac{x^n}{(n-1)!}+o(x^n)$$

8. 验证当$0<x\leqslant\frac{1}{2}$时，按公式$e^x\approx 1+x+\frac{1}{2}x^2+\frac{1}{6}x^3$计算$e^x$的近似值时，所产生的误差小于0.01，并求$\sqrt{e}$的近似值，使误差小于0.01.

解　根据公式$e^x\approx 1+x+\frac{1}{2}x^2+\frac{1}{6}x^3$，可知余项公式为

$$R_3(x)=\frac{e^\xi}{4!}x^4,$$

因此，当$0<x\leqslant\frac{1}{2}$时，有

$$|R_3(x)|=\left|\frac{e^\xi}{4!}x^4\right|\leqslant\frac{\sqrt{e}}{384}<0.01,$$

由此可知，$\sqrt{e}\approx 1+\frac{1}{2}+\frac{1}{2}\left(\frac{1}{2}\right)^2+\frac{1}{6}\left(\frac{1}{2}\right)^3\approx 1.65.$

9. 应用 3 阶泰勒公式求下列各数的近似值，并估计误差：

（1）$\sqrt[3]{30}$；(2) $\sin 18°$.

解　(1) $\sqrt[3]{30}=\sqrt[3]{27+3}=3\sqrt[3]{1+\frac{1}{9}}.$

设 $f(x)=\sqrt[3]{1+x}$，取 $x_0=0$. 则

$$f(x)=f(0)+f'(0)x+\frac{f''(0)}{2!}x^2+\frac{f'''(0)}{3!}x^3+R_3(x)$$

$$=1+\frac{1}{3}x+\frac{\frac{1}{3}\left(\frac{1}{3}-1\right)}{2!}x^2+\frac{\frac{1}{3}\left(\frac{1}{3}-1\right)\left(\frac{1}{3}-2\right)}{3!}x^3+R_3(x)$$

$$=1+\frac{1}{3}x-\frac{1}{9}x^2+\frac{5}{81}x^3+R_3(x),$$

其中 $R_3(x)=\frac{-10}{3^5}(1+\xi)^{\frac{-11}{3}}x^4$，$\xi$ 介于 0 与 x 之间. 故

$$\sqrt[3]{30}\approx 3\left[1+\frac{1}{3}\cdot\frac{1}{9}-\frac{1}{9}\left(\frac{1}{9}\right)^2+\frac{5}{81}\left(\frac{1}{9}\right)^3\right]\approx 3.107\,24,$$

误差为 $3|R_3|=3\cdot\left|\frac{-10}{3^5}(1+\xi)^{-\frac{11}{3}}\left(\frac{1}{9}\right)^4\right|$，$0<\xi<\frac{1}{9}.$

因此 $3|R_3|\leqslant\frac{10}{3^{12}}\approx 1.88\times10^{-5}.$

(2) $\sin 18°=\sin\frac{\pi}{10}$，设 $f(x)=\sin x$，取 $x_0=0$，则

$$f(x)=f(0)+f'(0)x+\frac{f''(0)}{2!}x^2+\frac{f'''(0)}{3!}x^3+R_3(x)$$

$$=x-\frac{1}{3!}x^3+R_3(x),$$

其中 $R_3(x)=\frac{1}{5!}\cos\xi\cdot x^5$，$\xi$ 介于 0 与 $\frac{\pi}{10}$ 之间. 故

$$\sin 18°=\sin\frac{\pi}{10}=\frac{\pi}{10}-\frac{1}{6}\left(\frac{\pi}{10}\right)^3=0.309,$$

$$|R_3(x)|=\left|\frac{1}{5!}\cos\xi\cdot x^5\right|\leqslant 2.5\times10^{-5}，其中 0<\xi<\frac{\pi}{10}.$$

10 二维码

10. 此处解析请扫二维码查看.

习题 3-4　解答　函数的单调性与曲线的凹凸性

1. 判定函数 $f(x)=\arctan x-x$ 的单调性.

解　函数的定义域为 $-\infty\leqslant x\leqslant+\infty$，且

$$f'(x)=\frac{1}{1+x^2}-1=\frac{-x^2}{1+x^2},$$

令 $f'(x)=0$ 得 $x=0$，而当 $x\neq0$ 时，$f'(x)<0$，因此函数定义域上是单调减少的.

2. 判定函数$f(x)=x+\cos x$的单调性.

解　考虑函数$f(x)=x+\cos x$在区间$0\leqslant x\leqslant 2\pi$的单调性，其他区间类似. $f'(x)=1-\sin x$，令$f'(x)=0$得$x=\frac{\pi}{2}$，而当$x\neq\frac{\pi}{2}$时，$f'(x)>0$，因此函数在定义域上是单调增加的.

3. 确定下列函数的单调区间：

(1) $y=2x^3-6x^2-18x-7$；　　(2) $y=2x+\frac{8}{x}(x>0)$；

(3) $y=\frac{10}{4x^3-9x^2+6x}$；　　(4) $y=\ln(x+\sqrt{1+x^2})$；

(5) $y=(x-1)(x+1)^3$；　　(6) $y=\sqrt[3]{(2x-a)(a-x)^2}(a>0)$；

(7) $y=x^n e^{-x}(n>0,\ x\geqslant 0)$；　　(8) $y=x+|\sin 2x|$.

解　(1) 函数$y=2x^3-6x^2-18x-7$在$(-\infty,+\infty)$内处处可导，且

$$y'=6x^2-12x-18=6(x+1)(x-3),$$

令$y'=0$，得$x=-1$，$x=3$，列表如下：

x	$(-\infty,-1)$	-1	$(-1,3)$	3	$(3,+\infty)$
$f'(x)$	+	0	−	0	+
$f(x)$	↗	3	↘	−61	↗

因此，y在$(-\infty,-1)$，$(3,+\infty)$内单调增加；在$[-1,3]$上单调减少.

(2) 函数$y=2x+\frac{8}{x}$在$(0,+\infty)$内处处可导，且$y'=2-\frac{8}{x^2}$，令$y'=0$，得$x=\pm 2$，由于$x=-2$不在考虑范围之内，因此舍去. 列表如下：

x	$(0,2)$	2	$(2,+\infty)$
$f'(x)$	−	0	+
$f(x)$	↘	8	↗

因此，y在$[2,+\infty)$内单调增加；在$(0,2)$内单调减少.

(3) 函数y除$x=0$外处处可导，且

$$y'(x)=\frac{-10(12x^2-18x+6)}{(4x^3-9x^2+6x)^2}=\frac{-60(2x-1)(x-1)}{(4x^3-9x^2+6x)^2}.$$

令$y'(x)=0$，得$x=\frac{1}{2}$，$x=1$，列表如下：

x	$(-\infty,0)$	0	$\left(0,\frac{1}{2}\right)$	$\frac{1}{2}$	$\left(\frac{1}{2},1\right)$	1	$(1,+\infty)$
$f'(x)$	−	不存在	−	0	+	0	−
$f(x)$	↘	不存在	↘	8	↗	10	↘

因此，y在$(-\infty,0)$，$\left(0,\frac{1}{2}\right)$，$(1,+\infty)$内单调减少；在$\left[\frac{1}{2},1\right]$上单调增加.

(4) 函数$f(x)$在$(-\infty,+\infty)$内可导，且

$$f'(x)=\frac{1}{x+\sqrt{1+x^2}}\left(1+\frac{2x}{2\sqrt{1+x^2}}\right)=\frac{1}{\sqrt{1+x^2}}>0,$$

因此$f(x)$在$(-\infty,+\infty)$内单调增加.

(5) 设函数$f(x)=(x-1)(x+1)^3$，在$(-\infty,+\infty)$内处处可导，且

$$f'(x)=2(2x-1)(x+1)^2,$$

令$f'(x)=0$，得$x=-1$，$x=\frac{1}{2}$，列表如下：

x	$(-\infty,-1)$	-1	$\left(-1,\frac{1}{2}\right)$	$\frac{1}{2}$	$\left(\frac{1}{2},+\infty\right)$
$f'(x)$	$-$	0	$-$	0	$+$
$f(x)$	↘	0	↘	$-\frac{27}{16}$	↗

因此，y在$\left(-\infty,\frac{1}{2}\right)$内单调减少；在$\left[\frac{1}{2},+\infty\right)$内单调增加.

(6) $f'(x)=\frac{-2(3x-2a)}{3\sqrt[3]{(2x-a)^2(a-x)}}$. 令$f'(x)=0$，得$x=\frac{2a}{3}$，当$x=\frac{a}{2}$、$a$时，导数不存在. 列表如下：

x	$\left(-\infty,\frac{a}{2}\right)$	$\left(\frac{a}{2},\frac{2a}{3}\right)$	$\left(\frac{2a}{3},a\right)$	$(a,+\infty)$
$f'(x)$	$+$	$+$	$-$	$+$
$f(x)$	↗	↗	↘	↗

因此，$f(x)$在$\left(-\infty,\frac{2a}{3}\right)$，$(a,+\infty)$内单调增加；在$\left[\frac{2a}{3},a\right]$上单调减少.

(7) $y'=x^{n-1}e^{-x}(n-x)$，令$y'(x)=0$得$x=0$，$x=n$，列表如下：

x	0	$(0,n)$	n	$(n,+\infty)$
$f'(x)$	0	$+$	0	$-$
$f(x)$	0	↗	n^ne^{-n}	↘

因此，y在$[0,n]$上单调增加；在$(n,+\infty)$内单调减少.

(8) 函数$f(x)$的定义域为$(-\infty,+\infty)$，且

$$f(x)=\begin{cases}x+\sin 2x, & n\pi\leqslant x\leqslant n\pi+\frac{\pi}{2},\\ x-\sin 2x, & n\pi+\frac{\pi}{2}<x\leqslant(n+1)\pi,\end{cases}\quad(n=0,\pm1,\pm2,\cdots)$$

当$n\pi<x<n\pi+\frac{\pi}{2}$时，$f'(x)=1+2\cos 2x$，令$f'(x)=0$得$x=n\pi+\frac{\pi}{3}$. 当$n\pi<x<n\pi+\frac{\pi}{3}$时，$f'(x)>0$，当$n\pi+\frac{\pi}{3}<x<n\pi+\frac{\pi}{2}$时，$f'(x)<0$.

当$n\pi+\frac{\pi}{2}<x<(n+1)\pi$时，$f'(x)=1-2\cos 2x$，令$f'(x)=0$得$x=n\pi+\frac{\pi}{2}+\frac{\pi}{3}$. 当

$n\pi+\frac{\pi}{2}<x<n\pi+\frac{\pi}{2}+\frac{\pi}{3}$时，$f'(x)>0$，当$n\pi+\frac{\pi}{2}+\frac{\pi}{3}<x<(n+1)\pi$时，$f'(x)<0$.

因此，函数在$\left[\frac{n\pi}{2},\ \frac{n\pi}{2}+\frac{\pi}{3}\right]$上单调增加；在$\left[\frac{n\pi}{2}+\frac{\pi}{3},\ \frac{n\pi}{2}+\frac{\pi}{2}\right]$上单调减少（$n=0,\ \pm1,\ \pm2,\ \cdots$）.

4. 设函数$f(x)$在定义域内可导，$y=f(x)$的图形如图 3-1 所示，则导函数$f'(x)$的图形为图 3-2 中所示的四个图形中的哪一个？

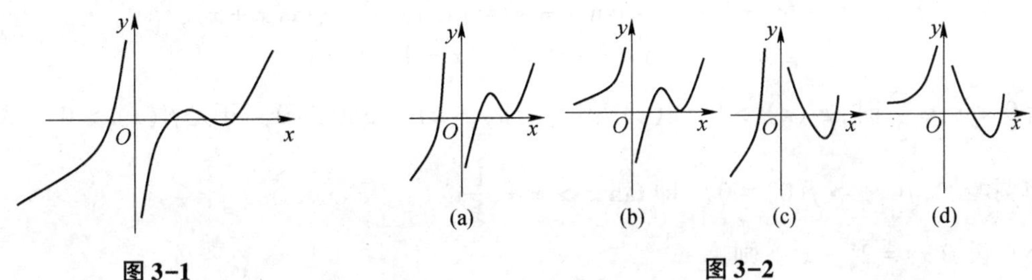

图 3-1　　　　图 3-2

解　由图 3-1 知，当$x<0$时，$y=f(x)$单调增加，从而$f'(x)\geqslant0$，故排除（a）、（c）；当$x>0$时，随着x增大，$y=f(x)$先单调增加，然后单调减少，再单调增加，因此随着x增大，先有$f'(x)\geqslant0$，然后$f'(x)\leqslant0$，继而又有$f'(x)\geqslant0$，故应选（d）.

5. 证明下列不等式：

（1）当$x>0$时，$1+\frac{x}{2}>\sqrt{1+x}$；

（2）当$x>0$时，$1+x\ln(x+\sqrt{1+x^2})>\sqrt{1+x^2}$；

（3）当$0<x<\frac{\pi}{2}$时，$\sin x+\tan x>2x$；

（4）当$0<x<\frac{\pi}{2}$时，$\tan x>x+\frac{1}{3}x^3$；

（5）当$x>4$时，$2^x>x^2$.

解　（1）设$f(x)=1+\frac{x}{2}-\sqrt{1+x}$，则

$$f'(x)=\frac{1}{2}-\frac{1}{2\sqrt{1+x}}=\frac{1}{2}\frac{\sqrt{1+x}-1}{\sqrt{1+x}}.$$

当$x>0$时，$f'(x)>0$，函数$f(x)$单调增加，$f(x)>f(0)=0$，即

$$1+\frac{x}{2}>\sqrt{1+x}.$$

（2）设$f(x)=1+x\ln(x+\sqrt{1+x^2})-\sqrt{1+x^2}$，则

$$f'(x)=\ln\left(x+\sqrt{1+x^2}\right)+\frac{x}{\sqrt{1+x^2}}-\frac{x}{\sqrt{1+x^2}}=\ln\left(x+\sqrt{1+x^2}\right).$$

当$x>0$时，$f'(x)>0$，函数$f(x)$单调增加，$f(x)>f(0)=0$，即

$$1+x\ln(x+\sqrt{1+x^2})>\sqrt{1+x^2}.$$

（3）设$f(x)=\sin x+\tan x-2x$，则

$$f'(x)=\cos x+\sec^2x-2,$$

$$f''(x)=-\sin x+2\sec^2 x\tan x=\sin x(2\sec^3 x-1).$$

当 $0<x<\dfrac{\pi}{2}$ 时，$f''(x)>0$，函数 $f'(x)$ 单调增加，则

$$f'(x)>f'(0)=0,$$

从而函数 $f(x)$ 单调增加，$f(x)>f(0)=0$，即 $\sin x+\tan x>2x$.

（4）设 $f(x)=\tan x-x-\dfrac{1}{3}x^3$，则

$$f'(x)=\sec^2 x-1-x^2=\tan^2 x-x^2=(\tan x-x)(\tan x+x),$$

$$g'(x)=(\tan x-x)'=\sec^2 x-1=\tan^2 x.$$

当 $0<x<\dfrac{\pi}{2}$ 时，$g'(x)>0$，$g(x)$ 单调增加，$g(x)>g(0)=0$，于是 $f'(x)>0$，从而 $f(x)$ 单调增加，$f(x)>f(0)=0$，即 $\tan x>x+\dfrac{1}{3}x^3$.

（5）设 $f(x)=2^x-x^2$，则

$$f'(x)=2^x\ln 2-2x,\ f''(x)=2^x(\ln 2)^2-2.$$

当 $x>4$ 时，$f''(x)>0$，函数 $f'(x)$ 单增，$f'(x)>f'(4)>0$. 从而 $f(x)$ 单调增加，$f(x)>f(4)=0$，即 $2^x>x^2$.

6. 讨论方程 $\ln x=ax$（其中 $a>0$）有几个实根？

解 设 $f(x)=\ln x-ax$，$x\in(0,+\infty)$，令 $f'(x)=\dfrac{1}{x}-a=0$，得 $x=\dfrac{1}{a}$.

当 $0<x<\dfrac{1}{a}$ 时，$f'(x)>0$，函数单调增加；当 $x>\dfrac{1}{a}$ 时，$f'(x)<0$，函数单调减少，所以 $x=\dfrac{1}{a}$ 是函数的极大值点. 而在 $(0,+\infty)$ 内函数的极点唯一，因此 $x=\dfrac{1}{a}$ 是函数的最大值点.

由 $\lim\limits_{x\to+\infty}\dfrac{\ln x}{x}=\lim\limits_{x\to+\infty}\dfrac{1}{x}=0$，得 $\lim\limits_{x\to+\infty}f(x)=\lim\limits_{x\to+\infty}(\ln x-ax)=-\infty$. 而 $\lim\limits_{x\to0^+}f(x)=-\infty$.

因此，当 $f\left(\dfrac{1}{a}\right)=\ln\dfrac{1}{a}-1=0$，即 $a=\dfrac{1}{\mathrm{e}}$ 时，曲线 $y=\ln x-ax$ 与 x 轴仅有一个交点，这时方程有唯一实根；

当 $f\left(\dfrac{1}{a}\right)=\ln\dfrac{1}{a}-1>0$，即 $0<a<\dfrac{1}{\mathrm{e}}$ 时，曲线 $y=\ln x-ax$ 与 x 轴有两个交点，这时方程有两个实根；

当 $f\left(\dfrac{1}{a}\right)=\ln\dfrac{1}{a}-1<0$，即 $a>\dfrac{1}{\mathrm{e}}$ 时，曲线 $y=\ln x-ax$ 与 x 轴没有交点，这时方程没有实根.

7. 单调函数的导函数是否必为单调函数？研究下面的例子：

$$f(x)=x+\sin x.$$

解 单调函数的导函数不一定是单调函数. 例如 $f(x)=x+\sin x$，由于 $f'(x)=1+\cos x\geqslant0$，且 $f'(x)$ 在任何有限区间内只有有限个零点，因此 $f(x)$ 在 $(-\infty,+\infty)$ 内单调增加. 而 $f''(x)=-\sin x$，所以导函数 $f'(x)=1+\cos x$ 在 $(-\infty,+\infty)$ 内不是单调增加的.

8. 设 I 为任一无穷区间，函数 $f(x)$ 在区间 I 上连续，I 内可导. 试证明：如果 $f(x)$ 在 I

的任一有限的子区间上 $f'(x) \geqslant 0$（或 $f'(x) \leqslant 0$），且等号仅在有限多个点处成立，那么 $f(x)$ 在区间上单调增加（或单调减少）.

证　在 I 内任取两点 x_1，x_2，不妨设 $x_1 < x_2$，在 $[x_1, x_2]$ 上应用拉格朗日中值定理，得到

$$f(x_2) - f(x_1) = f'(\xi)(x_2 - x_1) \geqslant 0\ (\text{或} \leqslant 0),$$

其中 $\xi \in (x_1, x_2)$，即 $f(x_2) \geqslant f(x_1)$（或 $f(x_2) \leqslant f(x_1)$），因此 $f(x)$ 在区间 I 上单调不减（或单调不增），从而对任一 $x \in [x_1, x_2]$，有 $f(x_2) \geqslant f(x) \geqslant f(x_1)$（或 $f(x_2) \leqslant f(x) \leqslant f(x_1)$）.

若 $f(x_1) = f(x_2)$，则有 $f(x) \equiv f(x_1)$，$x \in [x_1, x_2]$，故 $f'(x) \equiv 0$，$x \in [x_1, x_2]$，这与 $f'(x) = 0$ 在 I 的任一有限子区间上仅有有限多个点处成立的假定相矛盾，因此 $f(x_2) > f(x_1)$（或 $f(x_2) < f(x_1)$），即 $f(x)$ 在区间 I 上单调增加（或单调减少）

9. 判定下列曲线的凹凸性：

(1) $y = 4x - x^2$；　　(2) $y = \operatorname{sh} x$；

(3) $y = x + \dfrac{1}{x}\ (x > 0)$；　　(4) $y = x\arctan x$.

解　(1) $y' = 4 - 2x$，$y'' = -2 < 0$，故曲线 $y = 4x - x^2$ 在 $(-\infty, +\infty)$ 内是凸的.

(2) $y = \operatorname{sh} x = \dfrac{e^x - e^{-x}}{2}$，因此

$$y' = \frac{e^x + e^{-x}}{2},\ y'' = \frac{e^x - e^{-x}}{2},$$

当 $x < 0$ 时，$y'' = \dfrac{e^x - e^{-x}}{2} < 0$；而 $x > 0$ 时，$y'' = \dfrac{e^x - e^{-x}}{2} > 0$，因此，故曲线 $y = \operatorname{sh} x$ 在 $(-\infty, 0)$ 内是凸的，在 $(0, +\infty)$ 内是凹的.

(3) $y' = 1 - \dfrac{1}{x^2}$，$y'' = \dfrac{2}{x^3} > 0\ (x > 0)$，故曲线 $y = x + \dfrac{1}{x}$ 在 $(0, +\infty)$ 内是凹的.

(4) $y' = \arctan x + \dfrac{x}{1 + x^2}$，$y'' = \dfrac{2}{(1 + x^2)^2} > 0$，故曲线 $y = x\arctan x$ 在定义域内是凹的.

10. 求下列函数图形的拐点及凹或凸的区间：

(1) $y = x^3 - 5x^2 + 3x + 5$；　　(2) $y = xe^{-x}$；

(3) $y = (x + 1)^4 + e^x$；　　(4) $y = \ln(x^2 + 1)$；

(5) $y = e^{\arctan x}$；　　(6) $y = x^4(12\ln x - 7)$.

解　(1) $y' = 3x^2 - 10x + 3$，$y'' = 6x - 10$，令 $y'' = 0$ 得 $x = \dfrac{5}{3}$，列表如下：

x	$\left(-\infty, \frac{5}{3}\right)$	$\frac{5}{3}$	$\left(\frac{5}{3}, +\infty\right)$
y''	−	0	+
y	凸	$\frac{20}{27}$	凹

故曲线在区间 $\left(-\infty, \dfrac{5}{3}\right]$ 内是凸的，在 $\left(\dfrac{5}{3}, +\infty\right)$ 内是凹的，$\left(\dfrac{5}{3}, \dfrac{20}{27}\right)$ 是曲线的一个拐点.

(2) $y' = (1-x)\mathrm{e}^{-x}$，$y'' = (x-2)\mathrm{e}^{-x}$. 令 $y''=0$ 得 $x=2$，列表如下：

x	$(-\infty, 2)$	2	$(2, +\infty)$
y''	$-$	0	$+$
y	凸	$2\mathrm{e}^{-2}$	凹

故曲线在区间 $(-\infty, 2]$ 内是凸的，在 $(2, +\infty)$ 内是凹的，$(2, 2\mathrm{e}^{-2})$ 是曲线的一个拐点.

(3) $y' = 4(x+1)^3 + \mathrm{e}^x$，$y'' = 12(x+1)^2 + \mathrm{e}^x$

由于在 $(-\infty, +\infty)$ 内，$y''>0$，因此曲线在区间 $(-\infty, +\infty)$ 内恒为凹的，曲线无拐点.

(4) $y' = \dfrac{2x}{x^2+1}$，$y'' = \dfrac{2(1+x^2)-4x^2}{(x^2+1)^2} = \dfrac{-2(x-1)(x+1)}{(x^2+1)^2}$.

令 $y''=0$，得 $x=1$ 及 $x=-1$. 列表如下：

x	$(-\infty, -1)$	$(-1, 1)$	$(1, +\infty)$
y''	$-$	$+$	$-$
y	凸	凹	凸

故曲线在区间 $(-\infty, -1)$ 和 $(1, +\infty)$ 内是凸的，在 $[-1, 1]$ 上是凹的，$(-1, \ln 2)$，$(1, \ln 2)$ 是曲线的两个拐点.

(5) $y' = \mathrm{e}^{\arctan x}\cdot\dfrac{1}{1+x^2}$，$y'' = \dfrac{-\mathrm{e}^{\arctan x}(2x-1)}{(1+x^2)^2}$.

令 $y''=0$，得 $x=\dfrac{1}{2}$. 当 $x<\dfrac{1}{2}$ 时，$y''>0$，曲线 $y=\mathrm{e}^{\arctan x}$ 在区间 $\left(-\infty, \dfrac{1}{2}\right)$ 内是凹的；当 $x>\dfrac{1}{2}$ 时，$y''<0$，曲线 $y=\mathrm{e}^{\arctan x}$ 在区间 $\left[\dfrac{1}{2}, +\infty\right)$ 内是凸的，$\left(\dfrac{1}{2}, \mathrm{e}^{\arctan\frac{1}{2}}\right)$ 为拐点.

(6) $y' = 4x^3(12\ln x - 7) + x^4\cdot\dfrac{12}{x} = 4x^3(12\ln x - 4)$，

$$y'' = 12x^2(12\ln x - 4) + 4x^3\cdot\frac{12}{x} = 144x^2\ln x\,(x>0).$$

令 $y''=0$ 得 $x=1$. 当 $0<x<1$ 时，$y''<0$，曲线 $y=x^4(12\ln x-7)$ 在区间 $(0, 1]$ 内是凸的；当 $x>1$ 时，$y''>0$，曲线 $y=x^4(12\ln x-7)$ 在区间 $(1, +\infty)$ 内是凹的，故点 $(1, -7)$ 为曲线的拐点.

11. 利用函数图形的凹凸性，证明下列不等式：

(1) $\dfrac{1}{2}(x^n+y^n) > \left(\dfrac{x+y}{2}\right)^n\ (x>0, y>0, x\neq y, n>1)$；

(2) $\dfrac{\mathrm{e}^x+\mathrm{e}^y}{2} > \mathrm{e}^{\frac{x+y}{2}}\ (x\neq y)$；

(3) $x\ln x + y\ln y > (x+y)\ln\dfrac{x+y}{2}\ (x>0, y>0, x\neq y)$.

解 (1) 设 $f(t)=t^n$. $f'(t)=nt^{n-1}$，$f''(t)=n(n-1)t^{n-2}$，$t\in(0, +\infty)$.

当 $n>1$ 时，$f''(t)>0$，$t\in(0, +\infty)$，因此 $f(t)=t^n$ 在 $(0, +\infty)$ 内的图形是凹的，

故对于任何 $x>0$，$y>0$，$x\neq y$，$n>1$，恒有

$$\frac{1}{2}[f(x)+f(y)]>f\left(\frac{x+y}{2}\right)，\text{即}\ \frac{1}{2}(x^n+y^n)>\left(\frac{x+y}{2}\right)^n.$$

（2）设 $f(t)=\mathrm{e}^t.f'(t)=\mathrm{e}^t$，$f''(t)=\mathrm{e}^t$，$t\in(-\infty,\ +\infty)$.

当 $t\in(-\infty,\ +\infty)$ 时，$f''(t)>0$，因此 $f(t)=\mathrm{e}^t$ 在 $(-\infty,\ +\infty)$ 内的图形是凹的，故对于任何 $x\neq y$，恒有

$$\frac{1}{2}[f(x)+f(y)]>f\left(\frac{x+y}{2}\right)，\text{即}\ \frac{\mathrm{e}^x+\mathrm{e}^y}{2}>\mathrm{e}^{\frac{x+y}{2}}.$$

（3）设 $f(t)=t\ln t.f'(t)=\ln t+1$，$f''(t)=\frac{1}{t}$，$t\in(0,\ +\infty)$.

当 $t\in(0,\ +\infty)$ 时，$f''(t)>0$，因此 $f(t)=t\ln t$ 在 $(0,\ +\infty)$ 内的图形是凹的，故对于任何 $x>0$，$y>0$，$x\neq y$，恒有

$$\frac{1}{2}[f(x)+f(y)]>f\left(\frac{x+y}{2}\right)，\text{即}\ x\ln x+y\ln y>(x+y)\ln\frac{x+y}{2}.$$

小结 要证明由初等函数构成的不等式 $\varphi(x)>\psi(x)$ 在某区间 I 内成立，基本方法有五种．其一，令 $f(x)=\varphi(x)-\psi(x)$，利用 $f(x)$ 在 I 上的单调性，证明在 I 上 $f(x)\geqslant 0$；其二，若 $f(x)$ 在 I 上不是单调的，则证明 $f(x)$ 的最小值大于或等于零，从而得 $f(x)\geqslant 0$；其三，利用 $f(x)$ 的图形在 I 上的凹凸性证明；其四，若题设中的函数具有二阶或二阶以上可导的性质，且最高阶导数的大小或上下界可知时，可用泰勒展开式（或麦克劳林展开式）证明；其五，利用中值定理证明．

12. 此处解析请扫二维码查看．

12 二维码

13. a、b 为何值时，点（1，3）为曲线 $y=ax^3+bx^2$ 的拐点？

解 $y'=3ax^2+2bx$，$y''=6ax+2b$. 令 $y''=0$，得 $x=-\frac{b}{3a}$.

若 $a>0$，当 $-\infty<x<-\frac{b}{3a}$ 时，$y''<0$，因此曲线在 $\left(-\infty,\ -\frac{b}{3a}\right]$ 上是凸的；

当 $-\frac{b}{3a}<x<+\infty$ 时，$y''>0$，因此曲线在 $\left[-\frac{b}{3a},\ +\infty\right)$ 上是凹的；

若 $a<0$，则曲线在 $\left(-\infty,\ -\frac{b}{3a}\right]$ 上是凹的，在 $\left[-\frac{b}{3a},\ +\infty\right)$ 上是凸的. 所以点 $\left(-\frac{b}{3a},\ \frac{2b^3}{27a^2}\right)$ 为曲线的唯一拐点．

要使（1，3）为曲线的拐点，则有 $-\frac{b}{3a}=1$，$\frac{2b^3}{27a^2}=3$，解得 $a=-\frac{3}{2}$，$b=\frac{9}{2}$.

14. 试决定曲线 $y=ax^3+bx^2+cx+d$ 中的 a、b、c、d，使得 $x=-2$ 处曲线有水平切线，（1，－10）为拐点，且点（－2，44）在曲线上．

解 $y'=3ax^2+2bx+c$，$y''=6ax+2b$，由题设知

$$\begin{cases} y|_{x=-2}=44, \\ y|_{x=1}=-10, \\ y'|_{x=-2}=0, \\ y''|_{x=1}=0, \end{cases} \quad \text{即} \quad \begin{cases} -8a+4b-2c+d=44, \\ a+b+c+d=-10, \\ 12a-4b+c=0, \\ 6a+2b=0. \end{cases}$$

解得 $a=1$，$b=-3$，$c=-24$，$d=16$.

15. 试决定 $y=k(x^2-3)^2$ 中 k 的值，使曲线的拐点处的法线通过原点.

解 当 $k=0$ 时，$y=0$ 无拐点，因此 $k\neq 0$，$y'=4kx(x^2-3)$，$y''=4k(x^2-3)+4kx\cdot 2x=12k(x-1)(x+1)$.

令 $y''=0$ 得 $x_1=-1$，$x_2=1$. 列表如下：当 $k>0$ 时为

x	$(-\infty,\ -1)$	$(-1,\ 1)$	$(1,\ +\infty)$
y''	+	−	+
y	凹	凸	凹

当 $k<0$ 时为

x	$(-\infty,\ -1)$	$(-1,\ 1)$	$(1,\ +\infty)$
y''	−	+	−
y	凸	凹	凸

故点 $(-1,\ 4k)$、$(1,\ 4k)$ 为曲线的拐点.

由 $y'|_{x=-1}=8k$ 知过点 $(-1,\ 4k)$ 的法线方程为 $y-4k=-\dfrac{1}{8k}(x+1)$. 要使该法线过原点，原点坐标应满足这方程. 将 $x=0$，$y=0$ 代入上式，得 $k=\pm\dfrac{\sqrt{2}}{8}$.

16 二维码

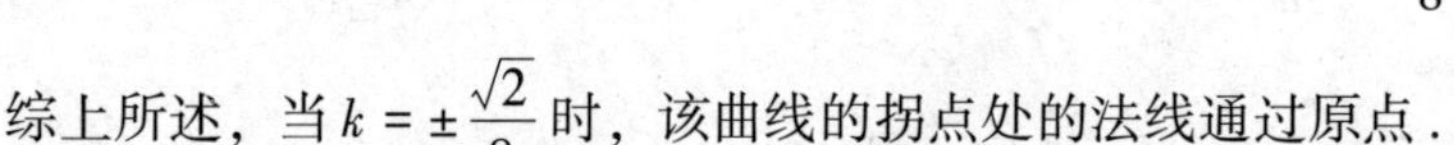

同理可得，要使过点 $(1,\ 4k)$ 的法线通过原点，则得 $k=\pm\dfrac{\sqrt{2}}{8}$.

综上所述，当 $k=\pm\dfrac{\sqrt{2}}{8}$ 时，该曲线的拐点处的法线通过原点.

16. 此处解析请扫二维码查看.

习题 3–5 解答 函数的极值与最大值、最小值

1. 求下列函数的极值：

(1) $y=2x^3-6x^2-18x+7$；　　(2) $y=x-\ln(1+x)$；

(3) $y=-x^4+2x^2$；　　(4) $y=x+\sqrt{1-x}$；

(5) $y=\dfrac{1+3x}{\sqrt{4+5x^2}}$；　　(6) $y=\dfrac{3x^2+4x+4}{x^2+x+1}$；

(7) $y=e^x\cos x$；　　(8) $y=x^{\frac{1}{x}}$；

(9) $y=3-2(x+1)^{\frac{1}{3}}$；　　(10) $y=x+\tan x$.

解 (1) $y'=6x^2-12x-18=6(x-3)(x+1)$，$y''=12(x-1)$. 令 $y'=0$，得驻点 $x_1=-1$，$x_2=3$. 由 $y''|_{x=-1}=-24<0$ 知 $y|_{x=-1}=17$ 为极大值. 又由 $y''|_{x=3}=24>0$ 知

$y|_{x=3}=-47$ 为极小值．

（2）函数的定义域为 $(-1,\ +\infty]$，$y'=\dfrac{x}{1+x}$，$y''=\dfrac{1}{(1+x)^2}$．令 $y'=0$，得驻点 $x=0$．由 $y''|_{x=0}=1>0$ 知 $y|_{x=0}=0$ 为极小值．

（3）$y'=-4x^3+4x=4x(1+x)(1-x)$，$y''=4(1-3x^2)$．令 $y'=0$，得驻点 $x=0,\ -1,\ 1$．由 $y''|_{x=0}=4>0$，知 $y|_{x=0}=0$ 为极小值．又由 $y''|_{x=\pm1}=-8<0$，知 $y|_{x=\pm1}=1>0$ 为极大值．

（4）函数的定义域为 $(-\infty,\ 1]$，$y'=1-\dfrac{1}{2\sqrt{1-x}}=\dfrac{2\sqrt{1-x}-1}{2\sqrt{1-x}}$，$y''=-\dfrac{1}{4}\cdot\dfrac{1}{(1-x)^{3/2}}(x<1)$．令 $y'=0$，得驻点 $x=\dfrac{3}{4}$．由 $y''\Big|_{x=\frac{3}{4}}=-2<0$，知 $y\Big|_{x=\frac{3}{4}}=\dfrac{5}{4}$ 为极大值．

（5）$y'=\dfrac{3\sqrt{4+5x^2}-(1+3x)\cdot\dfrac{10x}{2\sqrt{4+5x^2}}}{4+5x^2}=\dfrac{-5\left(x-\dfrac{12}{5}\right)}{(4+5x^2)^{3/2}}$．令 $y'=0$，得驻点 $x=\dfrac{12}{5}$．当 $x<\dfrac{12}{5}$ 时，$y'>0$，函数 $y=\dfrac{1+3x}{\sqrt{4+5x^2}}$ 单调增加；当 $x>\dfrac{12}{5}$ 时，$y'<0$，函数 $y=\dfrac{1+3x}{\sqrt{4+5x^2}}$ 单调减少．所以 $y\left(\dfrac{12}{5}\right)=\dfrac{\sqrt{205}}{10}$ 为极大值．

（6）$y'=\dfrac{-x(x+2)}{(x^2+x+1)^2}$．令 $y'=0$，得驻点 $x_1=0$，$x_2=-2$．当 $x<-2$ 时，$y'<0$，函数单调减少；当 $-2<x<0$ 时，$y'>0$，函数单调增加，而当 $x>0$ 时，$y'<0$，函数单调减少．所以 $y(-2)=\dfrac{8}{3}$ 为极小值，而 $y(0)=4$ 为极大值．

（7）$y'=e^x\cos x-e^x\sin x=e^x(\cos x-\sin x)$，$y''=-2e^x\sin x$．令 $y'=0$，得驻点 $x_k=2k\pi+\dfrac{\pi}{4}$ 及 $x_k'=2k\pi+\dfrac{5\pi}{4}(k=0,\ \pm1,\ \pm2,\ \cdots)$．

由 $y''|_{x=2k\pi+\frac{\pi}{4}}=-\sqrt{2}e^{2k\pi+\frac{\pi}{4}}<0$，知 $y|_{x=2k\pi+\frac{\pi}{4}}=\dfrac{\sqrt{2}}{2}e^{2k\pi+\frac{\pi}{4}}(k=0,\ \pm1,\ \pm2,\ \cdots)$ 为极大值．

由 $y''|_{x=2k\pi+\frac{5\pi}{4}}=\sqrt{2}e^{2k\pi+\frac{5}{4}\pi}>0$，知 $y|_{x=2k\pi+\frac{5\pi}{4}}=-\dfrac{\sqrt{2}}{2}e^{2k\pi+\frac{5\pi}{4}}(k=0,\ \pm1,\ \pm2,\ \cdots)$ 为极小值．

（8）函数的定义域为 $(0,\ +\infty)$，$y'=(e^{\frac{1}{x}\ln x})'=e^{\frac{1}{x}\ln x}\cdot\dfrac{1-\ln x}{x^2}=x^{\frac{1}{x}-2}(1-\ln x)$．令 $y'=0$，得驻点 $x=e$．当 $0<x<e$ 时，$y'>0$，函数 $y=x^{\frac{1}{x}}$ 单调增加；当 $x>e$ 时，$y'<0$，函数 $y=x^{\frac{1}{x}}$ 单调减少．所以 $y(e)=e^{\frac{1}{e}}$ 为极大值．

（9）当 $x\neq-1$ 时，$y'=-\dfrac{2}{3}\cdot(x+1)^{-\frac{2}{3}}<0$．又 $x=-1$ 时函数有定义，因此函数在 $(-\infty,\ +\infty)$ 内单调减少，从而函数在 $(-\infty,\ +\infty)$ 内无极值．

（10）当 $x\neq k\pi+\dfrac{\pi}{2}$，$k\in\mathbf{Z}$ 时，$y'=1+\sec^2x>0$．因此函数在定义域内单调增加，从而函数在定义域内无极值．

2. 试证明：如果函数 $y = ax^3 + bx^2 + cx + d$ 满足条件 $b^2 - 3ac < 0$，那么这函数没有极值.

解 $y' = 3ax^2 + 2bx + c$，由 $b^2 - 3ac < 0$ 知 $a \neq 0$，$c \neq 0$. y' 是二次三项式，$\Delta = (2b)^2 - 4(3a) \cdot c = 4(b^2 - 3ac) < 0$. 当 $a > 0$ 时，y' 的图形开口向上，且在 x 轴上方，故 $y' > 0$，所给函数在 $(-\infty, +\infty)$ 内单调增加. 当 $a < 0$ 时，y' 的图形开口向下，且在 x 轴下方，故 $y' < 0$，所给函数在 $(-\infty, +\infty)$ 内单调减少. 因此，只要条件 $b^2 - 3ac < 0$ 成立，所给函数就在 $(-\infty, +\infty)$ 内单调，故函数在 $(-\infty, +\infty)$ 内无极值.

3. 试问：a 为何值时，函数 $f(x) = a\sin x + \frac{1}{3}\sin 3x$ 在 $x = \frac{\pi}{3}$ 处取得极值？它是极大值还是极小值？并求此极值.

解 $f'(x) = a\cos x + \cos 3x$，函数在 $x = \frac{\pi}{3}$ 处取得极值，则 $f'\left(\frac{\pi}{3}\right) = 0$，即 $a\cos\frac{\pi}{3} + \cos\pi = 0$，故 $a = 2$.

又 $f''(x) = -2\sin x - 3\sin 3x$，$f''\left(\frac{\pi}{3}\right) = -\sqrt{3} < 0$，因此 $f\left(\frac{\pi}{3}\right) = \sqrt{3}$ 为极大值.

4. 设函数 $f(x)$ 在点 x_0 处有 n 阶导数，且 $f'(x_0) = f''(x_0) = \cdots = f^{(n-1)}(x_0) = 0$，$f^{(n)}(x_0) \neq 0$，证明：

（1）当 n 为奇数时，$f(x)$ 在点 x_0 处不取得极值；

（2）当 n 为偶数时，$f(x)$ 在点 x_0 处取得极值，且当 $f^{(n)}(x_0) < 0$ 时，$f(x_0)$ 为极大值，当 $f^{(n)}(x_0) > 0$ 时，$f(x_0)$ 为极小值.

证 由含佩亚诺余项的 n 阶泰勒公式及已知条件，得

$$f(x) = f(x_0) + \frac{f^{(n)}(x_0)}{n!}(x - x_0)^n + o[(x - x_0)^n],$$

即 $f(x) - f(x_0) = \frac{f^{(n)}(x_0)}{n!}(x - x_0)^n + o[(x - x_0)^n]$，由此可知，$f(x) - f(x_0)$ 在 x_0 的某邻域内的符号由 $\frac{f^{(n)}(x_0)}{n!}(x - x_0)^n$ 在 x_0 的某邻域内的符号决定.

（1）当 n 为奇数时，$(x - x_0)^n$ 在 x_0 两侧异号，所以 $\frac{f^{(n)}(x_0)}{n!}(x - x_0)^n$ 在 x_0 两侧异号，从而 $f(x) - f(x_0)$ 在 x_0 两侧异号，故 $f(x)$ 在点 x_0 处不取得极值.

（2）当 n 为偶数时，在 x_0 两侧都有 $(x - x_0)^n > 0$，若 $f^{(n)}(x_0) < 0$，则 $\frac{f^{(n)}(x_0)}{n!}(x - x_0)^n < 0$，从而 $f(x) - f(x_0) < 0$，即 $f(x) < f(x_0)$，故 $f(x_0)$ 为极大值；若 $f^{(n)}(x_0) > 0$，则 $\frac{f^{(n)}(x_0)}{n!}(x - x_0)^n > 0$，从而 $f(x) - f(x_0) > 0$，即 $f(x) > f(x_0)$，故 $f(x_0)$ 为极小值.

5. 试利用习题4的结论，讨论函数 $f(x) = e^x + e^{-x} + 2\cos x$ 的极值.

解 $f'(x) = e^x - e^{-x} - 2\sin x$，$f''(x) = e^x + e^{-x} - 2\cos x$，$f'''(x) = e^x - e^{-x} + 2\sin x$，$f^{(4)}(x) = e^x + e^{-x} + 2\cos x$，故 $f'(0) = f''(0) = f'''(0) = 0$，$f^{(4)}(0) = 4 > 0$，因此函数 $f(x)$ 在 $x = 0$ 处有极小值，极小值为4.

6. 求下列函数的最大值、最小值：

(1) $y = 2x^3 - 3x^2$，$-1 \leqslant x \leqslant 4$；

(2) $y = x^4 - 8x^2 + 1$, $-1 \leqslant x \leqslant 3$;

(3) $y = x + \sqrt{1 - x}$, $-5 \leqslant x \leqslant 1$.

解　(1) $y' = 6x^2 - 6x = 6x(x - 1)$. 令 $y' = 0$, 得驻点 $x_1 = 0$, $x_2 = 1$.

比较 $y|_{x=-1} = -5$, $y|_{x=0} = 0$, $y|_{x=1} = -1$, $y|_{x=4} = 80$, 得函数的最大值为 $y|_{x=4} = 80$, 最小值为 $y|_{x=-1} = -5$.

(2) $y' = 4x^3 - 16x = 4x(x^2 - 4)$. 令 $y' = 0$, 得驻点 $x_1 = 0$, $x_2 = -2$(舍去), $x_2 = 2$.

比较 $y|_{x=2} = -14$, $y|_{x=0} = 2$, $y|_{x=-1} = -5$, $y|_{x=3} = 11$, 得函数的最大值为 $y|_{x=3} = 11$, 最小值为 $y|_{x=2} = -14$.

(3) $y' = 1 - \dfrac{1}{2\sqrt{1 - x}} = \dfrac{2\sqrt{1 - x} - 1}{2\sqrt{1 - x}}(x \neq 1)$. 令 $y' = 0$, 得驻点 $x = \dfrac{3}{4}$.

比较 $y|_{x=-5} = -5 + \sqrt{6}$, $y|_{x=\frac{3}{4}} = \dfrac{5}{4}$, $y|_{x=1} = 1$ 得函数的最大值为 $y|_{x=\frac{3}{4}} = \dfrac{5}{4}$, 最小值为 $y|_{x=-5} = \sqrt{6} - 5$.

7. 函数 $y = 2x^3 - 6x^2 - 18x - 7(1 \leqslant x \leqslant 4)$ 在何处取得最大值？并求出它的最大值.

解　$y' = 6x^2 - 12x - 18 = 6(x + 1)(x - 3)$, $y'' = 12(x - 1)$. 令 $y' = 0$, 得驻点 $x = 3(x = -1$ 舍去), 当 $1 \leqslant x < 3$, $y' < 0$, 函数单调减少, 而当 $3 < x \leqslant 4$, $y' > 0$, 函数单调增加, 由此可知, 最大值会在端点处取得, $y|_{x=1} = -29$, 由 $y|_{x=4} = -47$, 知 $x = 1$ 为最大值点, 且最大值为 $y|_{x=1} = -29$.

8. 函数 $y = x^2 - \dfrac{54}{x}(x < 0)$ 在何处取得最小值？

解　$y' = 2x + \dfrac{54}{x^2}$, $y'' = 2\left(1 - \dfrac{54}{x^3}\right)$, 令 $y' = 0$, 得驻点 $x = -3(x = 0$ 舍去). 由 $y''|_{x=-3} = 6 > 0$, 知 $x = -3$ 为极小值点. 又函数在 $(-\infty, 0)$ 内的驻点唯一, 故极小值点就是最小值点, 即 $x = -3$ 为最小值点, 且最小值为 $y|_{x=-3} = 27$.

9. 函数 $y = \dfrac{x}{x^2 + 1}(x \geqslant 0)$ 在何处取得最大值？

解　$y' = \dfrac{x^2 + 1 - x \cdot 2x}{(x^2 + 1)^2} = \dfrac{1 - x^2}{(x^2 + 1)^2}$, $y'' = \dfrac{-2x(3 - x^2)}{(x^2 + 1)^3}$. 令 $y' = 0$, 得驻点 $x = 1(x = -1$ 舍去). 由 $y''|_{x=1} = \dfrac{-4}{8} = -\dfrac{1}{2} < 0$, 知 $x = 1$ 为极大值点. 又函数在 $[0, +\infty)$ 内的驻点唯一, 故极大值点就是最大值点, 即 $x = 1$ 为最大值点, 且最大值为 $y|_{x=1} = \dfrac{1}{2}$.

10. 某车间靠墙壁要盖一间长方形小屋, 现有存砖只够砌 20 m 长的墙壁. 问: 应围成怎样的长方形才能使这间小屋的面积最大？

解　设小屋的宽、长分别为 x、y, 则小屋的面积为 $S = xy$.

已知 $2x + y = 20$, 即 $y = 20 - 2x$. 故

$$S = x(20 - 2x) = 20x - 2x^2,\ x \in (0, 10).\ S' = 20 - 4x,\ S'' = -4.$$

令 $S' = 0$, 得驻点 $x = 5$. 由 $S'' < 0$ 知 $x = 5$ 为极大值. 又驻点唯一, 所以极大值点就是最大值点, 即当宽为 5 m, 长为 10 m 时, 小屋的面积最大.

11. 要造一圆柱形油罐, 体积为 V, 问: 底半径 r 和高 h 各等于多少时, 才能使表面积最小？这时底直径与高的比是多少？

解 已知 $V=\pi r^2 h$，即 $h=\dfrac{V}{\pi r^2}$. 圆柱形油罐的表面积为

$$A=2\pi r^2+2\pi r h=2\pi r^2+2\pi r\cdot\frac{V}{\pi r^2}=2\pi r^2+\frac{2V}{r},\ r\in(0,\ +\infty).$$

$$A'=4\pi r-\frac{2V}{r^2},\ A''=4\pi+\frac{4V}{r^3}.$$

令 $A'=0$，得驻点 $r=\sqrt[3]{\dfrac{V}{2\pi}}$. 由 $A''|_{r=\sqrt[3]{\frac{V}{2\pi}}}=12\pi>0$，知 $r=\sqrt[3]{\dfrac{V}{2\pi}}$ 为极小值点．又驻点唯一，所以极小值点就是最小值点．此时 $h=\dfrac{V}{\pi r^2}=2\cdot\sqrt[3]{\dfrac{V}{2\pi}}=2r$，即 $2r:h=1:1$. 所以当底半径为 $r=\sqrt[3]{\dfrac{V}{2\pi}}$ 和高 $h=2\cdot\sqrt[3]{\dfrac{V}{2\pi}}$ 时，才能使表面积最小．这时底直径与高的比是 1∶1.

12. 某地区防空洞的截面拟建成矩形加半圆（见图 3-3）．截面的面积为 5 m^2. 问：底宽 x 为多少时，才能使截面的周长最小，从而使建造时所用的材料最省？

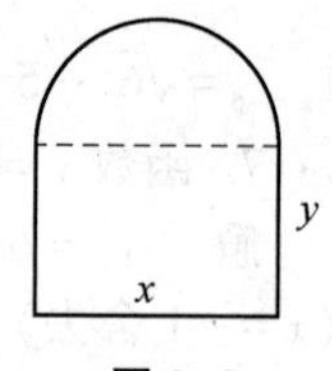

图 3-3

解 设截面的周长为 l，已知 $l=x+2y+\dfrac{\pi x}{2}$ 及 $xy+\dfrac{\pi}{2}\left(\dfrac{x}{2}\right)^2=5$，即 $y=\dfrac{5}{x}-\dfrac{\pi x}{8}$. 故

$$l=x+\frac{\pi x}{4}+\frac{10}{x},\ x\in\left(0,\ \sqrt{\frac{40}{\pi}}\right),$$

$$l'=1+\frac{\pi}{4}-\frac{10}{x^2},\ l''=\frac{20}{x^3}.$$

令 $l'=0$，得驻点 $x=\sqrt{\dfrac{40}{4+\pi}}$. 由 $l''|_{x=\sqrt{\frac{40}{4+\pi}}}=\dfrac{20}{\left(\dfrac{40}{4+\pi}\right)^{3/2}}>0$，知 $x=\sqrt{\dfrac{40}{4+\pi}}$ 为极小值点．又驻点唯一，故极小值点就是最小值点．所以当截面的底宽为 $x=\sqrt{\dfrac{40}{4+\pi}}$ 时，才能使截面的周长最小，从而使建造时所用的材料最省．

13. 设有质量为 5 kg 的物体，置于水平面上，受力 F 的作用而开始移动（见图 3-4）．设摩擦因数 $\mu=0.25$，问：力 F 与水平线的交角 α 为多少时，才可使 F 的大小为最小．

解 如图 3-4 所示，

$$|F|\cos\alpha=(P-|F|\sin\alpha)\mu$$

即 $|F|=\dfrac{\mu P}{\cos\alpha+\mu\sin\alpha}$，$\alpha\in\left[0,\ \dfrac{\pi}{2}\right)$.

设 $y=\cos\alpha+\mu\sin\alpha$，$\alpha\in\left[0,\ \dfrac{\pi}{2}\right)$，$y'=-\sin\alpha+\mu\cos\alpha$. 令 $y'=0$ 得驻点 $\alpha_0=\arctan\mu$. 又因为 $y''|_{\alpha=\alpha_0}=-\cos\alpha_0-\mu\sin\alpha_0<0$，所以驻点 α_0 为极大值点，由于驻点唯一，因此 α_0 为 $y=\cos\alpha+\mu\sin\alpha$ 的最大值点．

图 3-4

即 $\alpha=\alpha_0=\arctan 0.25\approx 14°2'$ 时，使 F 的值为最小．

14. 有一杠杆，支点在它的一端．在距支点 0.1 m 处挂一质量为 49 kg 的物体．加力于杠杆的另一端使杠杆保持水平（见图 3-5）．如果杠杆的线密度为 5 kg/m，求最省力的杆长.

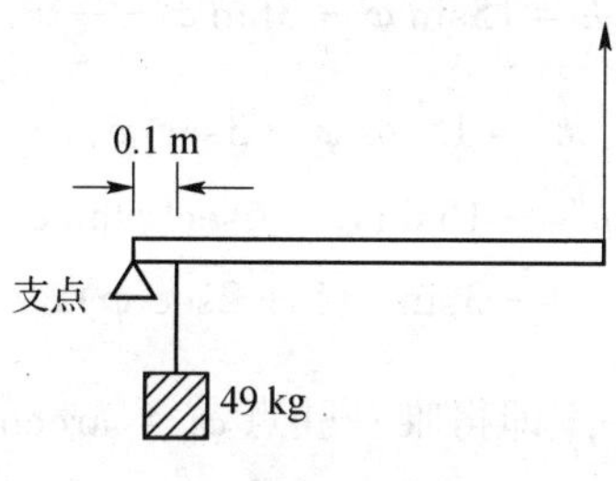

图 3-5

解　如图 3-5 所示，设最省力的杆长为 x，则此时杠杆的重力为 $5gx$，根据力矩平衡公式 $x\,|F| = 49g\times 0.1 + 5gx\cdot\dfrac{x}{2}(x>0)$，得

$$|F| = \frac{4.9}{x}g + \frac{5}{2}gx,\quad |F|' = -\frac{4.9}{x^2}g + \frac{5}{2}g,\quad |F|'' = \frac{9.8}{x^3}g.$$

令 $|F|'=0$，得驻点 $x=1.4$. 又 $|F|''\big|_{x=1.4}>0$，故 $x=1.4$ 为极小值点．又驻点唯一，因此 $x=1.4$ 也是最小值点，即杆长为 1.4 m 时最省力.

15. 从一块半径为 R 的圆铁片上剪去一个扇形做成一个漏斗（见图 3-6）．问：留下的扇形的圆心角 φ 取多大时，做成的漏斗的容积最大?

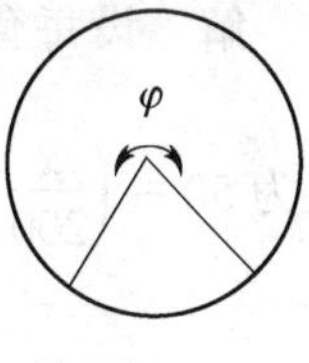

图 3-6

解　如图 3-6 所示，设漏斗的高为 h，顶圆的半径为 r，则漏斗的容积为

$$V = \frac{1}{3}\pi r^2 h,\quad 又\ 2\pi r = R\varphi,\ r = \frac{R}{2\pi}\varphi,$$

$$h = \sqrt{R^2 - r^2} = \frac{R}{2\pi}\sqrt{4\pi^2 - \varphi^2}.$$

故 $V = \dfrac{R^3}{24\pi^2}\sqrt{4\pi^2\varphi^4 - \varphi^6}\,(0<\varphi<2\pi)$. $V' = \dfrac{R^3}{24\pi^2}\cdot\dfrac{16\pi^2\varphi^3 - 6\varphi^5}{2\sqrt{4\pi^2\varphi^4 - \varphi^6}} = \dfrac{R^3}{24\pi^2}\cdot\dfrac{\varphi(8\pi^2 - 3\varphi^2)}{\sqrt{4\pi^2 - \varphi^2}}$.

令 $V'=0$，得 $\varphi = \dfrac{2\sqrt{6}}{3}\pi$. 当 $0<\varphi<\dfrac{2\sqrt{6}}{3}\pi$ 时，$V'>0$，函数 $V(\varphi)$ 单调增加．当 $\varphi > \dfrac{2\sqrt{6}}{3}\pi$ 时，$V'<0$，函数 $V(\varphi)$ 单调减少，因此 $\varphi = \dfrac{2\sqrt{6}}{3}\pi$ 为极大值点．由于驻点唯一，从而 $\varphi = \dfrac{2\sqrt{6}}{3}\pi$ 也是最大值点，即当 φ 取 $\dfrac{2\sqrt{6}}{3}\pi$ 时，做成的漏斗的容积最大.

16. 某吊车的车身高为 1.5 m，吊臂长 15 m. 现在要把一个 6 m 宽、2 m 高的屋架，水平地吊到 6 m 高的柱子上去（见图 3-7），问：能否吊得上去?

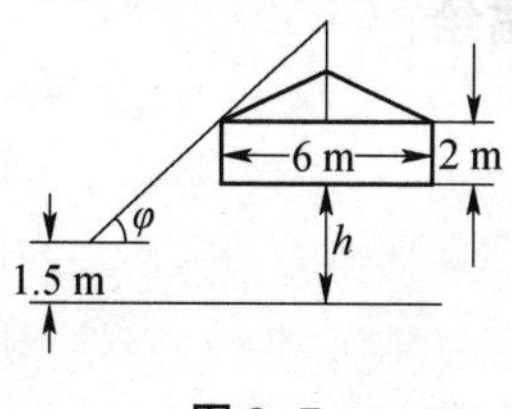

图 3-7

解 如图 3-7 所示，设吊臂对地面的倾角为 φ，屋架能够吊到的最大高度为 h，由 $15\sin\varphi = h - 1.5 + 2 + 3\tan\varphi$，知

$$h = 15\sin\varphi - 3\tan\varphi - \frac{1}{2}.$$

$$h' = 15\cos\varphi - 3\sec^2\varphi,$$

$$\begin{aligned} h'' &= -15\sin\varphi - 6\sec^2\varphi\tan\varphi \\ &= -3\sin\varphi(5 + 2\sec^3\varphi). \end{aligned}$$

令 $h' = 0$，得 $\cos\varphi = \sqrt[3]{\frac{1}{5}}$，即得唯一驻点 $\varphi_0 = \arccos\left(\sqrt[3]{\frac{1}{5}}\right) \approx 54°13'$. 又 $h''|_{\varphi=\varphi_0} < 0$，故 $\varphi \approx 54°13'$ 为极大值点也是最大值点．即当 $\varphi \approx 54°13'$ 时，h 达到最大值 $h = 15\sin 54°13' - 3\tan 54°13' - \frac{1}{2} \approx 7.506$（m），而柱子高只有 6 m，所以能吊得上去．

17. 一房地产公司有 50 套公寓要出租．当月租金定为 4 000 元时，公寓会全部租出去．当月租金每增加 200 元时，就会多一套公寓租不出去．而租出去的公寓每月需花费 400 元的维修费．试问：房租定为多少时可获得最大收入？

解 设每套房月租为 x 元，则租不出去的房子套数为 $\frac{x - 4000}{200} = \frac{x}{200} - 20$，租出去的套数为 $50 - \left(\frac{x}{200} - 20\right) = 70 - \frac{x}{200}$，租出的每套房子获利（$x - 400$）元．故总利润为

$$y = \left(70 - \frac{x}{200}\right)(x - 400) = -\frac{x^2}{200} + 72x - 28\,000.$$

$$y' = -\frac{x}{100} + 72,\ y'' = -\frac{1}{100}.$$

令 $y' = 0$，得驻点 $x = 7\,200$. 由 $y'' < 0$ 知 $x = 7\,200$ 为极大值点．又驻点唯一，该极大值点就是最大值点．即当每套房月租定在 7 200 元时，可获得最大收入．

18. 已知制作一个背包的成本为 40 元，如果每一个背包的售出价为 x 元，售出的背包数由 $n = \frac{a}{x - 40} + b(80 - x)$ 给出，其中 a、b 为正常数．问：什么样的售出价格能带来最大利润？

解 设利润函数为 $p(x)$，则

$$p(x) = (x - 40)n = a + b(x - 40)(80 - x),\ p'(x) = b(120 - 2x).$$

令 $p'(x) = 0$，得驻点 $x = 60$. 由 $p''(x) = -2b < 0$ 知 $x = 60$ 为极大值点，又驻点唯一，该极大值点就是最大值点．即售出价格定为 60 元时能带来最大利润．

习题 3-6 解答 函数图形的描绘

描绘下列函数的图形：

1. $y = \frac{1}{5}(x^4 - 6x^2 + 8x + 7)$.

2. $y = \frac{x}{1 + x^2}$.

3. $y = e^{-(x-1)^2}$.

4. $y = x^2 + \frac{1}{x}$.

5. $y = \frac{\cos x}{\cos 2x}$.

1. **解**　(1) 求函数的定义域. 所给函数的定义域为 $(-\infty, +\infty)$. 而

$$y' = \frac{1}{5}(4x^3 - 12x + 8) = \frac{4}{5}(x+2)(x-1)^2,$$

$$y'' = \frac{4}{5}(3x^2 - 3) = \frac{12}{5}(x+1)(x-1).$$

(2) 求函数的可能极值点、拐点.

令 $y' = 0$ 得 $x = -2$, $x = 1$, 令 $y'' = 0$ 得 $x = -1$, $x = 1$.

(3) 讨论函数的形态. 列表如下:

x	$(-\infty, -2)$	-2	$(-2, -1)$	-1	$(-1, 1)$	1	$(1, +\infty)$
y'	$-$	0	$+$	$+$	$+$	0	$+$
y''	$+$	$+$	$+$	0	$-$	0	$+$
$y = f(x)$ 的图形	↘(凹)	极小值点	↗(凹)	拐点	↗(凸)	拐点	↗(凹)

(4) 求曲线的渐近线.

$\lim\limits_{x\to+\infty} f(x) = \lim\limits_{x\to-\infty} f(x) = +\infty$, 图形没有铅直、水平、斜渐近线.

(5) 找出曲线上的特殊点.

由 $f(-2) = -\frac{17}{5}$, $f(-1) = -\frac{6}{5}$, $f(1) = 2$, $f(0) = \frac{7}{5}$ 得图形上的四个点 $\left(-2, -\frac{17}{5}\right)$, $\left(-1, -\frac{6}{5}\right)$, $(1, 2)$, $\left(0, \frac{7}{5}\right)$.

(6) 作图. 如图 3-8 所示为函数的图形.

2. **解**　(1) 求函数的定义域. 所给函数的定义域为 $(-\infty, +\infty)$. 由于 $y = \frac{x}{1+x^2}$ 是奇函数, 它的图形关于原点对称, 所以可以只讨论 $[0, +\infty)$ 上该函数的图形. 求出

$$y' = \frac{1 + x^2 - x \cdot 2x}{(1+x^2)^2} = \frac{1 - x^2}{(1+x^2)^2},\quad y'' = \frac{2x(x^2-3)}{(1+x^2)^3}.$$

(2) 求函数的可能极值点、拐点.

在 $[0, +\infty)$ 内, 令 $y' = 0$ 得 $x = 1$, 令 $y'' = 0$ 得 $x = \sqrt{3}$.

(3) 讨论函数的形态. 列表如下:

x	0	$(0, 1)$	1	$(1, \sqrt{3})$	$\sqrt{3}$	$(\sqrt{3}, +\infty)$
y'	$+$	$+$	0	$-$	$-$	$-$
y''	$-$	$-$	$-$	$-$	0	$+$
$y = f(x)$ 的图形	拐点	↗(凸)	极大值点	↘(凸)	拐点	↘(凹)

（4）求曲线的渐近线．

由于 $\lim\limits_{x\to\infty}\dfrac{x}{1+x^2}=0$，所以图形有一条水平渐近线 $y=0$，图形无铅直渐近线及斜渐近线．

（5）找出曲线上的特殊点．

由 $f(0)=0$，$f(1)=\dfrac{1}{2}$，$f(\sqrt{3})=\dfrac{\sqrt{3}}{4}$ 得图形上的点 $(0,0)$，$\left(1,\dfrac{1}{2}\right)$，$\left(\sqrt{3},\dfrac{\sqrt{3}}{4}\right)$．

（6）利用图形的对称性，作出函数的图形，如图 3-9 所示．

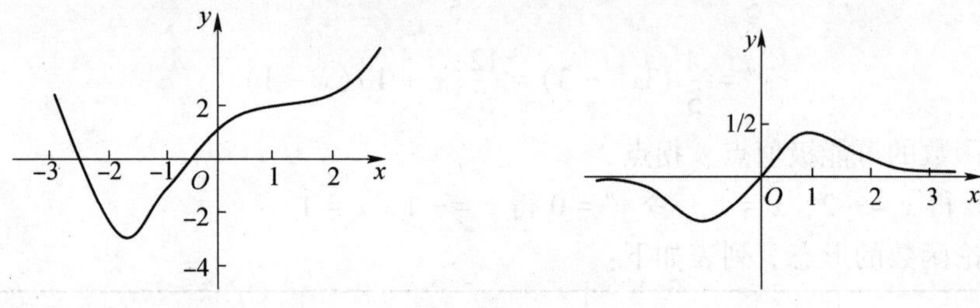

图 3-8　　　　图 3-9

3. **解**　（1）求函数的定义域．所给函数的定义域为 $(-\infty,+\infty)$．而

$$y'=-2(x-1)\mathrm{e}^{-(x-1)^2},$$

$$y''=4\mathrm{e}^{-(x-1)^2}\left[(x-1)^2-\frac{1}{2}\right]=4\mathrm{e}^{-(x-1)^2}\left(x-1+\frac{1}{\sqrt{2}}\right)\left(x-1-\frac{1}{\sqrt{2}}\right).$$

（2）求函数的可能极值点、拐点．

令 $y'=0$ 得 $x_1=1$，令 $y''=0$ 得 $x_2=1-\dfrac{1}{\sqrt{2}}$，$x_3=1+\dfrac{1}{\sqrt{2}}$.

（3）讨论函数的形态．列表如下：

x	$\left(-\infty,1-\frac{1}{\sqrt{2}}\right)$	$1-\frac{1}{\sqrt{2}}$	$\left(1-\frac{1}{\sqrt{2}},1\right)$	1	$\left(1,1+\frac{1}{\sqrt{2}}\right)$	$1+\frac{1}{\sqrt{2}}$	$\left(1+\frac{1}{\sqrt{2}},+\infty\right)$
y'	+	+	+	0	−	−	−
y''	+	0	−	−	−	0	+
$y=f(x)$ 的图形	↗	拐点	↗	极大值点	↘	拐点	↘

（4）求曲线的渐近线．

$\lim\limits_{x\to+\infty}f(x)=\lim\limits_{x\to-\infty}f(x)=0$，图形有水平渐近线 $y=0$. 图形无铅直渐近线及斜渐近线．

（5）找函数的特殊点．

由 $f(1)=1$，$f\left(1-\dfrac{\sqrt{2}}{2}\right)=\mathrm{e}^{-\frac{1}{2}}$，$f(0)=\mathrm{e}^{-1}$，$f\left(1+\dfrac{\sqrt{2}}{2}\right)=\mathrm{e}^{-\frac{1}{2}}$，得图形上的点 $(1,1)$，$\left(1-\dfrac{\sqrt{2}}{2},\mathrm{e}^{-\frac{1}{2}}\right)$，$(0,\mathrm{e}^{-1})$，$\left(1+\dfrac{\sqrt{2}}{2},\mathrm{e}^{-\frac{1}{2}}\right)$.

（6）作出函数的图形，如图 3-10 所示.

4. **解**　（1）求函数的定义域．所给函数的定义域为 $x\neq0$. 而

$$y' = 2x - \frac{1}{x^2} = x\left(2 - \frac{1}{x^3}\right),\ y'' = 2 + \frac{2}{x^3}.$$

(2) 求函数的可能极值点、拐点.

令 $y' = 0$ 得 $x = \frac{1}{\sqrt[3]{2}}$，令 $y'' = 0$ 得 $x = -1$.

(3) 讨论函数的形态. 列表如下：

x	$(-\infty, -1)$	-1	$(-1, 0)$	0	$\left(0, \frac{1}{\sqrt[3]{2}}\right)$	$\frac{1}{\sqrt[3]{2}}$	$\left(\frac{1}{\sqrt[3]{2}}, +\infty\right)$
y'	$-$	$-$	$-$		$-$	0	$+$
y''	$+$	0	$-$		$+$	$+$	$+$
$y = f(x)$ 的图形		拐点				极小值点	

(4) 求曲线的渐近线.

$\lim\limits_{x\to 0}\left(x^2 + \frac{1}{x}\right) = \infty$，所以图形有一条铅直渐近线 $x = 0$，图形无水平、斜渐近线.

(5) 找出曲线上的特殊点，由于 $f(-1) = 0$，$f\left(\frac{1}{\sqrt[3]{2}}\right) = \frac{3}{2}\sqrt[3]{2}$，得到函数在定义域内图形上的点 $(-1, 0)$，$\left(\frac{1}{\sqrt[3]{2}}, \frac{3}{2}\sqrt[3]{2}\right)$.

(6) 作出函数的图形，如图 3-11 所示.

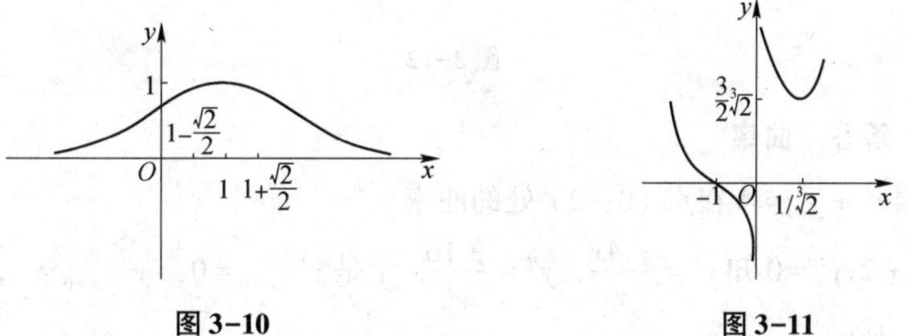

图 3-10　　　　图 3-11

5. **解**　(1) 求函数的定义域. 所给函数的定义域为

$$D = \left\{x \mid x \neq \frac{n\pi}{2} + \frac{\pi}{4},\ x \in \mathbf{R},\ n = 0,\ \pm 1,\ \pm 2,\ \cdots\right\}.$$

由于函数 $y = \frac{\cos x}{\cos 2x}$ 是偶函数，它的图形关于 y 轴对称，且由于函数是以 2π 为周期的函数，因此可以只讨论 $[0, \pi]$ 部分的图形. 求出

$$y' = \frac{\sin x(3 - 2\sin^2 x)}{\cos^2(2x)},\ y'' = \frac{\cos x(3 + 12\sin^2 x - 4\sin^4 x)}{\cos^3(2x)}.$$

(2) 求函数的可能极值点、拐点.

令 $y' = 0$ 得 $x = 0$，$x = \pi$，令 $y'' = 0$ 得 $x = \frac{\pi}{2}$，又函数在点 $x = \frac{\pi}{4}$ 及 $x = \frac{3\pi}{4}$ 处无定义. 根

据这些点把区间 $[0,\ \pi]$ 分成四个部分区间：$\left[0,\ \frac{\pi}{4}\right)$，$\left(\frac{\pi}{4},\ \frac{\pi}{2}\right]$，$\left(\frac{\pi}{2},\ \frac{3\pi}{4}\right]$，$\left(\frac{3\pi}{4},\ \pi\right]$

（3）讨论函数的形态．列表如下：

x	0	$\left(0,\ \frac{\pi}{4}\right)$	$\frac{\pi}{4}$	$\left(\frac{\pi}{4},\ \frac{\pi}{2}\right)$	$\frac{\pi}{2}$	$\left(\frac{\pi}{2},\ \frac{3\pi}{4}\right)$	$\frac{3\pi}{4}$	$\left(\frac{3\pi}{4},\ \pi\right)$	π
y'	0	+		+	+	+		+	0
y''	+	+		−	+	+		−	−
$y=f(x)$ 的图形	极小值点	↗		↗	拐点	↗		↗	极大值点

（4）求曲线的渐近线．

$\lim\limits_{x\to\frac{\pi}{4}} f(x)=\infty$，$\lim\limits_{x\to\frac{3\pi}{4}} f(x)=\infty$，知图形有两条铅直渐近线 $x=\frac{\pi}{4}$ 及 $x=\frac{3\pi}{4}$，图形无水平和斜渐近线．

（5）找出曲线上的特殊点．由 $f(0)=1$，$f\left(\frac{\pi}{2}\right)=0$，得到图形上的点 $(0,\ 1)$，$\left(\frac{\pi}{2},\ 0\right)$

（6）利用图形对称性及函数的周期性，作出函数的图形，如图 3-12 所示．

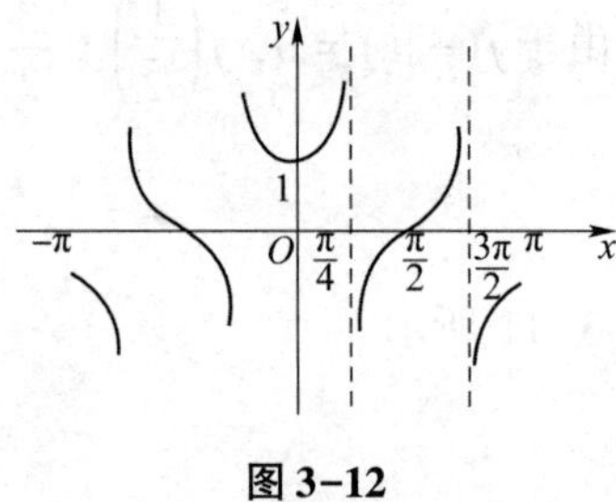

图 3-12

习题 3-7　解答　曲率

1. 求椭圆 $4x^2+y^2=4$ 在点 $(0,\ 2)$ 处的曲率．

解　由 $8x+2yy'=0$ 知 $y'=\frac{-4x}{y}$，$y''=\frac{-16}{y^3}$. 于是 $y'|_{x=0}=0$，$y''|_{x=0}=-2$，所以椭圆在点 $(0,\ 2)$ 处的曲率为

$$K=\frac{|y''|}{(1+y'^2)^{\frac{3}{2}}}\bigg|_{(0,\ 2)}=2.$$

2. 求曲线 $y=\ln\sec x$ 在点 $(x,\ y)$ 处的曲率及曲率半径．

解　$y'=\frac{1}{\sec x}\cdot\sec x\tan x=\tan x$，$y''=\sec^2 x$. 故曲率为

$$K=\frac{|y''|}{(1+y'^2)^{\frac{3}{2}}}=\frac{\sec^2 x}{(1+\tan^2 x)^{3/2}}=|\cos x|,$$

曲率半径为 $\rho=\frac{1}{K}=|\sec x|$.

3. 求抛物线 $y=x^2-4x+3$ 在其顶点处的曲率及曲率半径．

解　令 $y'=2x-4=0$，得 $x=2$，$y=-1$，所以顶点为 $(2,\ -1)$，$y''=2$. 故曲率为 $K=$

$\frac{|y''|}{(1+y'^2)^{\frac{3}{2}}}=2$，曲率半径为 $\rho=\frac{1}{K}=\frac{1}{2}$.

4. 求曲线 $x=a\cos^3 t$，$y=a\sin^3 t$ 在 $t=t_0$ 相应的点处的曲率．

解　$\frac{\mathrm{d}y}{\mathrm{d}x}=\frac{\frac{\mathrm{d}y}{\mathrm{d}t}}{\frac{\mathrm{d}x}{\mathrm{d}t}}=\frac{3a\sin^2 t\cos t}{-3a\cos^2 t\sin t}=-\tan t$,

$$\frac{\mathrm{d}^2y}{\mathrm{d}x^2}=\frac{\frac{\mathrm{d}}{\mathrm{d}t}\left(\frac{\mathrm{d}y}{\mathrm{d}x}\right)}{\frac{\mathrm{d}x}{\mathrm{d}t}}=\frac{-\sec^2 t}{-3a\cos^2 t\sin t}=\frac{1}{3a\sin t\cos^4 t}.$$

故曲线在 $t=t_0$ 相应的点处的曲率为

$$K=\left.\frac{|y''|}{(1+y'^2)^{\frac{3}{2}}}\right|_{t=t_0}=\left.\frac{\left|\frac{1}{3a\sin t\cos^4 t}\right|}{[1+(-\tan t)^2]^{\frac{3}{2}}}\right|_{t=t_0}=\frac{2}{|3a\sin(2t_0)|}.$$

5. 对数曲线 $y=\ln x$ 上哪一点处的曲率半径最小？求出该点处的曲率半径．

解　$y'=\frac{1}{x}$，$y''=-\frac{1}{x^2}$. 曲线的曲率为

$$K=\frac{|y''|}{(1+y'^2)^{\frac{3}{2}}}=\frac{\left|-\frac{1}{x^2}\right|}{\left[1+\left(\frac{1}{x}\right)^2\right]^{3/2}}=\frac{x}{(1+x^2)^{3/2}},$$

故曲率半径为 $\rho=\frac{1}{K}=\frac{(1+x^2)^{3/2}}{x}$.

又 $\rho'=\frac{\sqrt{1+x^2}\,(2x^2-1)}{x^2}$. 令 $\rho'=0$，得 $x_1=\frac{\sqrt{2}}{2}$，$x_2=-\frac{\sqrt{2}}{2}$（舍去）．

当 $0<x<\frac{\sqrt{2}}{2}$ 时，$\rho'<0$，函数 $\rho(x)$ 单调减少．当 $x>\frac{\sqrt{2}}{2}$ 时，$\rho'>0$，函数 $\rho(x)$ 单调增加. 因此在 $x=\frac{\sqrt{2}}{2}$ 处 ρ 取得极小值．又驻点唯一，从而 ρ 的极小值就是最小值，因此最小的曲率半径为 $\rho\big|_{x=\frac{\sqrt{2}}{2}}=\frac{3\sqrt{3}}{2}$.

6. 此处解析请扫二维码查看．

6 二维码

7. 一飞机沿抛物线路径 $y=\frac{x^2}{10\,000}$（y 轴铅直向上，单位为 m）俯冲飞行．在坐标原点 O 处飞机的速度为 $v=200$ m/s. 飞行员体重 $G=70$ kg. 求飞机俯冲至最低点即原点 O 处时座椅对飞行员的反力．

解　$y'=\frac{2x}{10\,000}=\frac{x}{5\,000}$，$y''=\frac{1}{5\,000}$.

抛物线在坐标原点的曲率半径为$\rho = \left.\frac{1}{K}\right|_{x=0} = \left.\frac{(1+y'^2)^{\frac{3}{2}}}{|y''|}\right|_{x=0} = 5\,000.$

所以向心力为$F_1 = \frac{mv^2}{\rho} = \frac{70\times 200^2}{5\,000} = 560\ (\mathrm{N}).$

座椅对飞行员的反力 F 等于飞行员的离心力及飞行员本身的重量对座椅的压力之和．因此

$$F = mg + F_1 = 70\times 9.8 + 560 = 1\,246\ (\mathrm{N}).$$

8. 汽车连同载重共 5 t，在抛物线拱桥上行驶，速度为 21.6 km/h，桥的跨度为 10 m，拱的矢高为 0.25 m，求汽车越过拱桥时对桥的压力．

解 以拱桥顶点为原点，以向下的方向为 y 轴正向，向左的方向为 x 轴正向建立直角坐标系．设抛物线拱桥方程为 $y = ax^2$. 由于拱桥过点（5，0.25），代入方程得 $a = 0.01$.

由 $y' = 2ax$，$y'' = 2a$，得 $y'|_{x=0} = 0$，$y''|_{x=0} = 0.02$，于是

$$\rho|_{x=0} = \left.\frac{1}{K}\right|_{x=0} = \left.\frac{(1+y'^2)^{\frac{3}{2}}}{|y''|}\right|_{x=0} = 50.$$

9—11 二维码

汽车越过桥顶点时对桥的压力为

$$F = mg - \frac{mv^2}{\rho} = 5\cdot 10^3\cdot 9.8 - \frac{1}{50}\cdot 5\cdot 10^3\cdot\left(\frac{21.6\cdot 10^3}{3\,600}\right)^2 = 45\,400\ (\mathrm{N}).$$

9—11. 此处解析请扫二维码查看．

习题 3-8 解答 方程的近似解

1. 试证明方程 $x^3 - 3x^2 + 6x - 1 = 0$ 在区间 $(0,1)$ 内有唯一的实根，并用二分法求这个根的近似值，使误差不超过 0.01.

证 设 $f(x) = x^3 - 3x^2 + 6x - 1$，是闭区间 $[0,1]$ 上的连续函数，且 $f(0) = -1 < 0$，$f(1) = 1 - 3 + 6 - 1 = 3 > 0$，根据闭区间的连续函数的零点定理可知，方程 $x^3 - 3x^2 + 6x - 1 = 0$ 在区间 $(0,1)$ 内有实根，同时 $f'(x) = 3x^2 - 6x + 6 = 3[(x-1)^2 + 1]$ 在区间 $(0,1)$ 内恒大于零，因此单调增加，综上分析可知方程 $x^3 - 3x^2 + 6x - 1 = 0$ 在区间 $(0,1)$ 内有唯一的实根．利用二分法计算可得

$\xi_1 = 0.5$，$f(\xi_1) > 0$；$\xi_2 = 0.25$，$f(\xi_2) > 0$；

$\xi_3 = 0.125$，$f(\xi_3) < 0$；$\xi_4 = 0.187\,5$，$f(\xi_4) > 0$；

$\xi_5 = 0.157$，$f(\xi_5) < 0$；$\xi_6 = 0.173$，$f(\xi_6) < 0$；

$\xi_7 = 0.180$，$f(\xi_7) < 0$；$\xi_8 = 0.184$，$f(\xi_8) > 0$；

$\xi_9 = 0.182$，$f(\xi_9) < 0$；$\xi_{10} = 0.183$，$f(\xi_{10}) > 0$；

$\xi_{11} = 0.183$，$f(\xi_{11}) > 0$.

因此取 $x = 0.183$ 作为近似根，使误差不超过 0.01.

2. 试证明方程 $x^5 + 5x + 1 = 0$ 在区间 $(-1,0)$ 内有唯一的实根，并用切线法求这个根的近似值，使误差不超过 0.01.

证 设 $f(x) = x^5 + 5x + 1$，是闭区间 $[-1,0]$ 上的连续函数，且 $f(-1) = -5 < 0$，$f(0) = 1 > 0$，根据闭区间的连续函数的零点定理可知，方程 $x^5 + 5x + 1 = 0$ 在区间 $(-1,0)$ 内有实根，同时 $f'(x) = 5x^4 + 5 > 0$，说明函数在区间 $(-1,0)$ 内单调递增，综上分析可知方程 $x^5 + 5x + 1 = 0$ 在区间 $(-1,0)$ 内有唯一的实根．

利用切线法 $x_n = x_{n-1} - \frac{f(x_{n-1})}{f'(x_{n-1})} = \frac{4x_{n-1}^5 - 1}{5(x_{n-1}^4 + 1)}$，取 $x_0 = 0$，得 $x_1 = -0.5$，$x_2 = -0.26$，$x_3 = -0.1999$，$x_4 = -0.1999$. 因此，以 $x = -0.1999$ 作为根的近似值，误差都小于 0.01.

3. 用割线法求方程 $x^3 + 3x - 1 = 0$ 的近似根，使误差不超过 0.01.

解　设 $f(x) = x^3 + 3x - 1$，$f'(x) = 3x^2 + 3$ 恒大于零，说明函数在 $(-\infty, +\infty)$ 内单调增加，由于 $f(0) = -1 < 0$，$f(1) = 1 + 3 - 1 = 3 > 0$ 是闭区间 $[0, 1]$ 上的连续函数，根据闭区间的连续函数的零点定理可知，方程 $x^3 + 3x - 1 = 0$ 在区间 $(0, 1)$ 内有唯一的实根.

现利用割线法求这个根的近似值：

由 $f''(x) = 6x$，$f''(1) = 6 > 0$ 知取 $x_0 = 1$，又取 $x_1 = 0.8$，利用递推公式 $x_{n+1} = x_n - \frac{x_n - x_{n-1}}{f(x_n) - f(x_{n-1})} \cdot f(x_n)$，得

$$x_2 = x_1 - \frac{x_1 - x_0}{f(x_1) - f(x_0)} \cdot f(x_1) \approx 0.449,$$

$$x_3 = x_2 - \frac{x_2 - x_1}{f(x_2) - f(x_1)} \cdot f(x_2) \approx 0.345,$$

$$x_4 = x_3 - \frac{x_3 - x_2}{f(x_3) - f(x_2)} \cdot f(x_3) \approx 0.323,$$

$$x_5 = x_4 - \frac{x_4 - x_3}{f(x_4) - f(x_3)} \cdot f(x_4) \approx 0.322,$$

因为 x_4 与 x_5 的前两位小数相同，故以 $x = 0.32$ 作为根的近似值，误差小于 0.01.

4. 求方程 $x\lg x = 1$ 的近似根，使误差不超过 0.01.

解　设函数 $f(x) = x\lg x - 1$，定义域为 $(0, +\infty)$，$f(x)$ 在 $[1, 3]$ 上连续，且 $f(1) = -1 < 0$，$f(3) = 3\lg 3 - 1 > 0$，由零点定理可知，至少存在一点 $\xi \in (1, 3)$，使 $f(\xi) = 0$，即方程 $x\lg x = 1$ 在区间 $(1, 3)$ 内至少有一实根. 又因为 $f'(x) = \lg x + \frac{1}{\ln 10} > 0(x \geqslant 1)$，故函数 $f(x)$ 在 $[1, 3]$ 上单调增加，从而方程 $x\lg x = 1$ 在 $(1, 3)$ 内至多有一个实根，因此方程 $x\lg x = 1$ 在 $(1, 3)$ 内有唯一实根. 在区间 $(1, 3)$ 内利用二分法计算可得

$\xi_1 = 2$，$f(\xi_1) < 0$；$\xi_2 = 2.5$，$f(\xi_2) < 0$；

$\xi_3 = 2.75$，$f(\xi_3) > 0$；$\xi_4 = 2.63$，$f(\xi_4) > 0$；

$\xi_5 = 2.57$，$f(\xi_5) > 0$；$\xi_6 = 2.53$，$f(\xi_6) > 0$；

$\xi_7 = 2.52$，$f(\xi_7) > 0$；$\xi_8 = 2.51$，$f(\xi_8) > 0$；

$\xi_9 = 2.51$，$f(\xi_9) > 0$.

因此，以 $x = 2.51$ 作为根的近似值，误差都小于 0.01.

总习题三　解答

1. 填空：

设常数 $k > 0$，函数 $f(x) = \ln x - \frac{x}{e} + k$ 在 $(0, +\infty)$ 内零点的个数为________.

解　$y' = \frac{1}{x} - \frac{1}{e} = \frac{e - x}{xe}$，令 $f'(x) = 0$ 得驻点 $x = e$. 当 $0 < x < e$ 时，$f'(x) > 0$，函数 $f(x)$ 在 $(0, e]$ 上单调增加. 当 $e < x < +\infty$ 时，$f'(x) < 0$，函数 $f(x)$ 在 $[e, +\infty)$ 上单调

减少，所以 $x=\mathrm{e}$ 为函数 $f(x)$ 的极大值点．由于驻点唯一，极大值也是最大值，且最大值 $f(\mathrm{e})=k>0$. 又 $\lim\limits_{x\to0^+}f(x)=-\infty$，$\lim\limits_{x\to+\infty}f(x)=-\infty$，故曲线 $y=\ln x-\dfrac{x}{\mathrm{e}}+k$ 与 x 轴有两个交点，因此函数 $f(x)=\ln x-\dfrac{x}{\mathrm{e}}+k$ 在 $(0,+\infty)$ 内零点的个数为2.

2. 以下两题中给出了四个结论，从中选出一个正确的结论：

(1) 设在 $[0,1]$ 上 $f''(x)>0$，则 $f'(0)$，$f'(1)$，$f(1)-f(0)$ 或 $f(0)-f(1)$ 几个数的大小顺序为（　　）.

(A) $f'(1)>f'(0)>f(1)-f(0)$　　(B) $f'(1)>f(1)-f(0)>f'(0)$

(C) $f(1)-f(0)>f'(1)>f'(0)$　　(D) $f'(1)>f(0)-f(1)>f'(0)$

解　因为 $f''(x)>0$，所以在 $[0,1]$ 上 $f'(x)$ 单调增加．又由拉格朗日中值定理知 $f(1)-f(0)=f'(\xi)$，其中 $\xi\in(0,1)$，故 $f'(0)<f'(\xi)<f'(1)$，即 $f'(0)<f(1)-f(0)<f'(1)$. 因此应填B.

(2) 设 $f'(x_0)=f''(x_0)=0$，$f'''(x_0)>0$，则（　　）.

(A) $f'(x_0)$ 是 $f'(x)$ 的极大值　　(B) $f(x_0)$ 是 $f(x)$ 的极大值

(C) $f(x_0)$ 是 $f(x)$ 的极小值　　(D) $(x_0,f(x_0))$ 是曲线 $y=f(x)$ 的拐点

解　因为 $f'''(x_0)>0$，由导数的定义

$$f'''(x_0)=\lim_{x\to x_0}\frac{f''(x)-f''(x_0)}{x-x_0}=\lim_{x\to x_0}\frac{f''(x)}{x-x_0}>0$$

知，在 x_0 的某邻域内，当 $x<x_0$ 时，$f''(x)<0$；当 $x>x_0$ 时，$f''(x)>0$，所以 $(x_0,f(x_0))$ 是曲线 $y=f(x)$ 的拐点．因此应选D.

另外，在 x_0 的某邻域内，当 $x<x_0$ 时，$f''(x)<0$，$f'(x)$ 单调减少，于是 $f'(x)>f'(x_0)=0$；当 $x>x_0$ 时，$f''(x)>0$，$f'(x)$ 单调增加，仍有 $f'(x)>f'(x_0)=0$. 所以 $f(x)$ 在 x_0 的某邻域内是单调增加的，从而 $f(x_0)$ 不是 $f(x)$ 的极值．综上所述，只能选D.

3. 列举一个函数 $f(x)$ 满足：$f(x)$ 在 $[a,b]$ 上连续，在 (a,b) 内除某一点外处处可导，但在 (a,b) 内不存在 ξ，使 $f(b)-f(a)=f'(\xi)(b-a)$.

解　设 $f(x)=|x|$，函数在 $[-1,1]$ 上连续，在 $(-1,1)$ 内除 $x=0$ 外处处可导．但 $f(x)$ 在 $(-1,1)$ 内不存在 ξ，使 $f'(\xi)=0$，即不存在 $\xi\in(-1,1)$，使

$$f(1)-f(-1)=f'(\xi)[1-(-1)].$$

4. 设 $\lim\limits_{x\to\infty}f'(x)=k$，求 $\lim\limits_{x\to\infty}[f(x+a)-f(x)]$.

解　由拉格朗日中值定理知

$$f(x+a)-f(x)=f'(\xi)a,\ \text{其中}\ \xi\ \text{介于}\ x\ \text{与}\ x+a\ \text{之间}.$$

当 $x\to\infty$ 时，$\xi\to\infty$. 故

$$\lim_{x\to\infty}[f(x+a)-f(x)]=\lim_{\xi\to\infty}f'(\xi)a=a\lim_{\xi\to\infty}f'(\xi)=ak.$$

5. 证明多项式 $f(x)=x^3-3x+a$ 在 $[0,1]$ 上不可能有两个零点．

证　假设 $f(x)=x^3-3x+a$ 在 $[0,1]$ 上有两个零点 x_1，x_2，不妨设 $x_1<x_2$.

因为 $f(x)$ 在 $[x_1,x_2]$ 上连续，在 (x_1,x_2) 内可导，且 $f(x_1)=f(x_2)$. 由罗尔定理知，至少存在一点 $\xi\in(x_1,x_2)$，使 $f'(\xi)=0$. 但在 (x_1,x_2) 内 $f'(x)=3x^2-3<0$. 故多项式 $f(x)=x^3-3x+a$ 在 $[0,1]$ 上不可能有两个零点．

6. 设 $a_0+\frac{a_1}{2}+\cdots+\frac{a_n}{n+1}=0$，证明多项式

$$f(x)=a_0+a_1x+\cdots+a_{n-1}x^{n-1}+a_nx^n$$

在 $(0,1)$ 内至少有一个零点．

证　设 $F(x)=a_0x+\frac{a_1}{2}x^2+\cdots+\frac{a_{n-1}}{n}x^n+\frac{a_n}{n+1}x^{n+1}$，$F(x)$ 在 $[0,1]$ 上连续，在 $(0,1)$ 内可导，且 $F(0)=F(1)=0$，由罗尔定理知至少存在一点 $\xi\in(0,1)$，使 $F'(\xi)=0$，即多项式 $f(x)=a_0+a_1x+\cdots+a_{n-1}x^{n-1}+a_nx^n$ 在 $(0,1)$ 内至少有一个零点．

7—8. 此处解析请扫二维码查看．

9. 设 $f(x)$、$g(x)$ 都是可导函数，且 $|f'(x)|<g'(x)$，证明：当 $x>a$ 时，$|f(x)-f(a)|<g(x)-g(a)$.

7—8 二维码

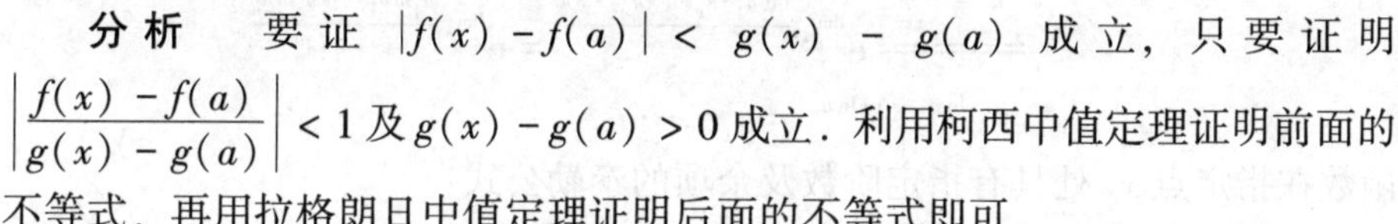

分析　要证 $|f(x)-f(a)|<g(x)-g(a)$ 成立，只要证明 $\left|\frac{f(x)-f(a)}{g(x)-g(a)}\right|<1$ 及 $g(x)-g(a)>0$ 成立．利用柯西中值定理证明前面的不等式，再用拉格朗日中值定理证明后面的不等式即可．

证　由 $g'(x)>|f'(x)|\geqslant 0$ 得 $g'(x)\neq 0$，故 $f(x)$，$g(x)$ 满足柯西中值定理条件，因此，在区间 $[a,x]$ 上，有

$$\frac{f(x)-f(a)}{g(x)-g(a)}=\frac{f'(\xi)}{g'(\xi)}\quad(a<\xi<x).$$

由条件 $\frac{|f'(x)|}{g'(x)}<1$ 及 $g'(x)>0$，有 $\left|\frac{f(x)-f(a)}{g(x)-g(a)}\right|<1$，即

$$|f(x)-f(a)|<|g(x)-g(a)|.$$

再由拉格朗日中值定理，得

$$g(x)-g(a)=(x-a)g'(\xi_1)(a<\xi_1<x),$$

而 $g'(x)>0$，于是 $g(x)-g(a)>0$，从而有

$$|f(x)-f(a)|<g(x)-g(a)\qquad(x>a).$$

10. 求下列极限：

(1) $\lim\limits_{x\to1}\frac{x-x^x}{1-x+\ln x}$；(2) $\lim\limits_{x\to0}\left[\frac{1}{\ln(1+x)}-\frac{1}{x}\right]$；(3) $\lim\limits_{x\to+\infty}\left(\frac{2}{\pi}\arctan x\right)^x$；

(4) $\lim\limits_{x\to\infty}[(a_1^{\frac{1}{x}}+a_2^{\frac{1}{x}}+\cdots+a_n^{\frac{1}{x}})/n]^{nx}$（其中 $a_1,a_2,\cdots,a_n>0$）．

解　(1) 原式 $=\lim\limits_{x\to1}\frac{x-e^{x\ln x}}{1-x+\ln x}=\lim\limits_{x\to1}\frac{1-e^{x\ln x}(\ln x+1)}{-1+\frac{1}{x}}$

$$=\lim_{x\to1}\frac{x-e^{x\ln x}(x\ln x+x)}{1-x}$$

$$=\lim_{x\to1}\frac{1-e^{x\ln x}x(\ln x+1)^2-e^{x\ln x}(\ln x+2)}{-1}=2;$$

(2) $\lim\limits_{x\to0}\left[\frac{1}{\ln(1+x)}-\frac{1}{x}\right]=\lim\limits_{x\to0}\frac{x-\ln(1+x)}{x\ln(1+x)}=\lim\limits_{x\to0}\frac{x-\ln(1+x)}{x^2}$

$$=\lim_{x\to 0}\frac{1-\frac{1}{1+x}}{2x}=\lim_{x\to 0}\frac{1}{2(1+x)}=\frac{1}{2};$$

注：第二个等号利用了 $x\to 0$，$\ln(1+x)\sim x$.

(3) $\lim\limits_{x\to+\infty}\left(\frac{2}{\pi}\arctan x\right)^{x}=\lim\limits_{x\to+\infty}e^{x\left(\ln\frac{2}{\pi}+\ln\arctan x\right)}=e^{\lim\limits_{x\to+\infty}\frac{\ln\frac{2}{\pi}+\ln\arctan x}{\frac{1}{x}}}$

$$=e^{\lim\limits_{x\to+\infty}\frac{\frac{1}{\arctan x}\cdot\frac{1}{1+x^2}}{\frac{1}{x^2}}}=e^{\lim\limits_{x\to+\infty}-\frac{x^2}{1+x^2}\cdot\frac{1}{\arctan x}}=e^{-\frac{2}{\pi}};$$

(4) $\lim\limits_{x\to\infty}\left(\frac{a_1^{\frac{1}{x}}+a_2^{\frac{1}{x}}+\cdots+a_n^{\frac{1}{x}}}{n}\right)^{nx}=\lim\limits_{x\to\infty}e^{nx\ln\left(\frac{a_1^{\frac{1}{x}}+a_2^{\frac{1}{x}}+\cdots+a_n^{\frac{1}{x}}}{n}\right)}$

$$\xlongequal{u=\frac{1}{x}}e^{\lim\limits_{u\to 0}n\cdot\frac{\ln(a_1^u+a_2^u+\cdots+a_n^u)-\ln n}{u}}=e^{\lim\limits_{u\to 0}n\cdot\frac{a_1^u\ln a_1+\cdots+a_n^u\ln a_n}{a_1^u+\cdots+a_n^u}}$$

$$=e^{\ln a_1+\cdots+\ln a_n}=a_1a_2\cdots a_n.$$

11\. 求下列函数在指定点 x_0 处具有指定阶数及余项的泰勒公式：

(1) $f(x)=x^3\ln x$，$x_0=1$，$n=4$， 拉格朗日余项；

(2) $f(x)=\arctan x$，$x_0=0$，$n=3$， 佩亚诺余项；

(3) $f(x)=e^{\sin x}$，$x_0=0$，$n=3$， 佩亚诺余项；

(4) $f(x)=\ln\cos x$，$x_0=0$，$n=6$， 佩亚诺余项.

解 (1) $f(1)=0$，$f'(x)=3x^2\ln x+x^2$，$f'(1)=1$，

$f''(x)=6x\ln x+5x$，$f''(1)=5$，$f'''(x)=6\ln x+11$，$f'''(1)=11$，

$f^{(4)}(x)=\frac{6}{x}$，$f^{(4)}(1)=6$，$f^{(5)}(x)=-\frac{6}{x^2}$，$f^{(5)}(\xi)=-\frac{6}{\xi^2}$.

因此，$x^3\ln x=(x-1)+\frac{5}{2!}(x-1)^2+\frac{11}{3!}(x-1)^3+\frac{6}{4!}(x-1)^4-\frac{6}{5!\,\xi^2}(x-1)^5$，其中 ξ 介于 1 和 x 之间.

(2) $f(0)=0$，$f'(x)=\frac{1}{1+x^2}$，$f'(0)=1$，$f''(x)=-\frac{2x}{(1+x^2)^2}$，$f''(0)=0$，$f'''(x)=-\frac{2(1-3x^2)}{(1+x^2)^3}$，$f'''(0)=-2$，

因此 $\arctan x=x-\frac{x^3}{3}+o(x^4)$.

(3) $e^{\sin x}=1+\sin x+\frac{1}{2!}\sin^2x+\frac{1}{3!}\sin^3x+o(x^3)$，又因为 $\sin x=x-\frac{x^3}{3!}+o(x^4)$，

因此，$e^{\sin x}=1+\left(x-\frac{1}{6}x^3\right)+\frac{1}{2}x^2+\frac{1}{6}x^3+o(x^3)=1+x+\frac{1}{2}x^2+o(x^3)$.

(4) $\ln\cos x=\ln[1+(\cos x-1)]$

$$=\cos x-1-\frac{1}{2}(\cos x-1)^2+\frac{1}{3}(\cos x-1)^3+o(x^6),$$

又 $\cos x-1=-\frac{1}{2}x^2+\frac{1}{24}x^4-\frac{1}{720}x^6+o(x^7)$，

因此，$\ln\cos x=\left(-\frac{1}{2}x^2+\frac{1}{24}x^4-\frac{1}{720}x^6\right)-\frac{1}{2}\left(\frac{1}{4}x^4-\frac{1}{24}x^6\right)+\frac{1}{3}\left(-\frac{1}{8}x^6\right)+o(x^6)$

$$=-\frac{1}{2}x^2-\frac{1}{12}x^4-\frac{1}{45}x^6+o(x^6).$$

12. 证明下列不等式：

（1）当 $0<x_1<x_2<\frac{\pi}{2}$ 时，$\frac{\tan x_2}{\tan x_1}>\frac{x_2}{x_1}$；

（2）当 $x>0$ 时，$\ln(1+x)>\frac{\arctan x}{1+x}$；

（3）当 $e<a<b<e^2$ 时，$\ln^2 b-\ln^2 a>\frac{4}{e^2}(b-a)$.

证　（1）设 $f(x)=\frac{\tan x}{x}$. $f'(x)=\frac{x\sec^2 x-\tan x}{x^2}=\frac{x-\sin x\cos x}{x^2\cos^2 x}$.

当 $0<x<\frac{\pi}{2}$ 时，令 $g(x)=x-\sin x\cos x=x-\frac{1}{2}\sin 2x$，由 $g'(x)=1-\cos 2x>0$，得 $g(x)$ 在 $\left(0,\frac{\pi}{2}\right)$ 内单调增加，于是 $g(x)>g(0)=0$，从而 $f'(x)>0$，$f(x)$ 在 $\left(0,\frac{\pi}{2}\right)$ 内单调增加，因此当 $0<x_1<x_2<\frac{\pi}{2}$ 时，有

$$\frac{\tan x_2}{x_2}>\frac{\tan x_1}{x_1}，\text{即}\ \frac{\tan x_2}{\tan x_1}>\frac{x_2}{x_1}.$$

（2）设 $f(x)=(1+x)\ln(1+x)-\arctan x$. 当 $x>0$ 时，有

$$f'(x)=\ln(1+x)+1-\frac{1}{1+x^2}=\ln(1+x)+\frac{x^2}{1+x^2}>0,$$

$f(x)$ 在 $(0,+\infty)$ 内单调增加，且当 $x>0$ 时，$f(x)>f(0)=0$，即

$$(1+x)\ln(1+x)-\arctan x>0，\text{亦即}\ \ln(1+x)>\frac{\arctan x}{1+x}.$$

（3）设 $f(x)=\ln^2 x(e<a<x<b<e^2)$. $f(x)$ 在 $[a,b]$ 上连续，在 (a,b) 内可导，由拉格朗日中值定理知，至少存在一点 $\xi\in(a,b)$，使

$$\ln^2 b-\ln^2 a=\frac{2\ln\xi}{\xi}(b-a).$$

设 $\varphi(t)=\frac{\ln t}{t}$，$\varphi'(t)=\frac{1-\ln t}{t^2}$. 当 $t>e$ 时，$\varphi'(t)<0$，所以 $\varphi(t)$ 在 $[e,+\infty)$ 内单调减少. 而 $e<a<\xi<b<e^2$，从而 $\varphi(\xi)>\varphi(e^2)$，即

$$\frac{\ln\xi}{\xi}>\frac{\ln e^2}{e^2}=\frac{2}{e^2},$$

因此 $\ln^2 b-\ln^2 a>\frac{4}{e^2}(b-a)$.

13. 设 $a>1$，$f(x)=a^x-ax$ 在 $(-\infty,+\infty)$ 内的驻点为 $x(a)$. 问：a 为何值时，$x(a)$ 最小？并求出最小值.

解　由 $f'(x)=a^x\ln a-a=0$ 得唯一驻点 $x(a)=1-\frac{\ln\ln a}{\ln a}$.

下面求 $a>1$ 时 $x(a)=1-\frac{\ln\ln a}{\ln a}$ 的最小值．令

$$x'(a)=-\frac{\frac{1}{a}-\frac{1}{a}\ln\ln a}{(\ln a)^2}=-\frac{1-\ln\ln a}{a(\ln a)^2}=0,$$

得唯一驻点 $a=e^e$. 当 $a>e^e$ 时，$x'(a)>0$，函数 $x(a)$ 单调增加，当 $a<e^e$ 时，$x'(a)<0$，函数 $x(a)$ 单调减少．因此 $x(e^e)=1-\frac{1}{e}$ 为极小值，也是最小值．

14. 求椭圆 $x^2-xy+y^2=3$ 上纵坐标最大和最小的点．

解 将方程两端分别对 x 求导，得

$$2x-y-xy'+2yy'=0,\ y'=\frac{y-2x}{2y-x}.$$

令 $y'=0$ 得 $y=2x$，而 $x=2y$ 时导数不存在．根据题意可知 $(1,2)$，$(-1,-2)$ 分别为椭圆上纵坐标最大和最小的点．

15. 求数列 $\{\sqrt[n]{n}\}$ 的最大项．

解 设 $f(x)=x^{\frac{1}{x}}(x>0)$，$f'(x)=(e^{\frac{\ln x}{x}})'=e^{\frac{\ln x}{x}}\frac{1-\ln x}{x^2}$.

令 $f'(x)=0$，得驻点 $x=e$. 在 $(0,e)$ 内，$f'(x)>0$，$f(x)$ 单调增加，于是 $f(1)<f(2)$. 在 $(e,+\infty)$ 内，$f'(x)<0$，$f(x)$ 单调减少，于是 $f(3)>f(4)>\cdots$，因此，$\{\sqrt[n]{n}\}$ 的最大值为 $\max\{f(2),f(3)\}=3^{\frac{1}{3}}=\sqrt[3]{3}$.

16. 曲线弧 $y=\sin x(0<x<\pi)$ 上哪一点处的曲率半径最小？求出该点处的曲率半径．

解 $y'=\cos x$，$y''=-\sin x$. 曲线 $y=\sin x(0<x<\pi)$ 的曲率为

$$K=\frac{|-\sin x|}{(1+\cos^2x)^{3/2}}=\frac{\sin x}{(1+\cos^2x)^{3/2}}.$$

令 $K'=\frac{2\cos x(1+\sin^2x)}{(1+\cos^2x)^{5/2}}=0$，得 $x=\frac{\pi}{2}$. 当 $0<x<\frac{\pi}{2}$ 时，$K'>0$；当 $\frac{\pi}{2}<x<\pi$ 时，$K'<0$. 因此 $x=\frac{\pi}{2}$ 为 K 的极大值点．又驻点唯一，故极大值点也是最大值点．且 K 的最大值为

$$K=\left.\frac{\sin x}{(1+\cos^2x)^{3/2}}\right|_{x=\frac{\pi}{2}}=1.$$

此时曲率半径最小，即曲线弧 $y=\sin x(0<x<\pi)$ 在 $x=\frac{\pi}{2}$ 处曲率半径最小，且为 $\rho=1$.

17. 证明方程 $x^3-5x-2=0$ 只有一个正根，并求此正根的近似值，精确到 10^{-3}.

证 设 $f(x)=x^3-5x-2$，是 $(-\infty,+\infty)$ 内的连续函数，令 $f'(x)=3x^2-5=0$，得 $x_1=-\sqrt{\frac{5}{3}}$，$x_2=\sqrt{\frac{5}{3}}$，经过分析，可知函数在 $\left(-\infty,-\sqrt{\frac{5}{3}}\right)$ 和 $\left(\sqrt{\frac{5}{3}},+\infty\right)$ 单调增加，在区间 $\left(-\sqrt{\frac{5}{3}},\sqrt{\frac{5}{3}}\right)$ 单调减少，而 $f(0)=-2<0$，$f\left(\sqrt{\frac{5}{3}}\right)=-\sqrt{\frac{5}{3}}\cdot\frac{10}{3}-2<0$，而当 $x\to+\infty$ 时，$f(x)\to+\infty$，因此方程在 $\left(\sqrt{\frac{5}{3}},+\infty\right)$ 内有一个根，所以方程

$x^3-5x-2=0$ 只有一个正根．又因为 $f(2)=8-10-2=-4<0$，$f(3)=27-15-2=10>0$，根据闭区间 [2，3] 上连续函数的零点定理可知，根在 [2，3] 上，然后利用二分法：

$\xi_1=2.5$，$f(\xi_1)=1.125>0$；

$\xi_2=2.25$，$f(\xi_2)=-1.8594<0$；

$\xi_3=2.375$，$f(\xi_3)=-0.4785156<0$；

$\xi_4=2.4375$，$f(\xi_4)=0.2947>0$；

$\xi_5=2.40625$，$f(\xi_5)=-0.0990<0$；

$\xi_6=2.421875$，$f(\xi_6)=0.0961>0$；

$\xi_7=2.4140625$，$f(\xi_7)=-0.0019<0$；

$\xi_8=2.41796875$，$f(\xi_8)=0.0470>0$；

$\xi_9=2.416015625$，$f(\xi_9)=0.0223>0$；

$\xi_{10}=2.4150$，$f(\xi_{10})=0.0098>0$；

$\xi_{11}=2.4156$，$f(\xi_{11})=0.0048>0$.

于是取 $x=2.415$ 作为根的不足近似值，其误差小于 10^{-3}.

18. 此处解析请扫二维码查看．

18 二维码

19. 设 $f(x)$ 在 (a, b) 内二阶可导，且 $f''(x)\geqslant 0$. 证明对于 (a, b) 内任意两点 x_1，x_2 及 $0\leqslant t\leqslant 1$，有

$$f[(1-t)x_1+tx_2]\leqslant(1-t)f(x_1)+tf(x_2).$$

证　设 $(1-t)x_1+tx_2=x_0$，则 $x_0\in(a, b)$. $f(x)$ 在点 x_0 处的一阶泰勒展开式为

$$f(x)=f(x_0)+f'(x_0)(x-x_0)+\frac{f''(\xi)}{2!}(x-x_0)^2\ (\xi\text{ 介于 } x \text{ 与 } x_0 \text{ 之间}).$$

因为 $f''(x)\geqslant 0$，所以

$$f(x)\geqslant f(x_0)+f'(x_0)(x-x_0),$$

$$f(x_1)\geqslant f(x_0)+f'(x_0)(x_1-x_0), \qquad ①$$

$$f(x_2)\geqslant f(x_0)+f'(x_0)(x_2-x_0), \qquad ②$$

①× $(1-t)$ +②×t，得

$$\begin{aligned}(1-t)f(x_1)+tf(x_2)&\geqslant(1-t)f(x_0)+(1-t)f'(x_0)(x_1-x_0)+tf(x_0)+tf'(x_0)(x_2-x_0)\\&=f(x_0)+f'(x_0)[(1-t)(x_1-x_0)+t(x_2-x_0)]\\&=f(x_0)+f'(x_0)[(1-t)x_1-x_0+tx_2]=f(x_0).\end{aligned}$$

于是命题得证．

20. 设确定常数 a 和 b，使 $f(x)=x-(a+b\cos x)\sin x$ 为当 $x\to 0$ 时关于 x 的 5 阶无穷小.

证　利用泰勒公式

$$\begin{aligned}f(x)&=x-a\sin x-\frac{b}{2}\sin 2x\\&=x-a\left[x-\frac{x^3}{3!}+\frac{x^5}{5!}+o(x^5)\right]-\frac{b}{2}\left[2x-\frac{(2x)^3}{3!}+\frac{(2x)^5}{5!}+o(x^5)\right]\\&=(1-a-b)x+\left(\frac{a}{6}+\frac{2b}{3}\right)x^3-\left(\frac{a}{120}+\frac{2b}{15}\right)x^5+o(x^5).\end{aligned}$$

根据题意，应有

$$\begin{cases} 1-a-b=0, \\ \dfrac{a}{6}+\dfrac{2b}{3}=0, \\ \dfrac{a}{120}+\dfrac{2b}{15}\neq 0, \end{cases}$$

得 $a=\dfrac{4}{3}$，$b=-\dfrac{1}{3}$.

因此，当 $a=\dfrac{4}{3}$，$b=-\dfrac{1}{3}$ 时，$f(x)=x-(a+b\cos x)\sin x$ 为当 $x\to 0$ 时关于 x 的5阶无穷小.

三、提高题目

1. （2016 数一）设函数 $f(x)=\arctan x-\dfrac{x}{1+ax^2}$，且 $f'''(0)=1$，则 $a=$______.

【解析】利用麦克劳林公式，得

$$f(x)=\arctan x-\frac{x}{1+ax^2}=\left(x-\frac{x^3}{3}+\cdots\right)-x(1-ax^2+\cdots)$$
$$=\left(a-\frac{1}{3}\right)x^3+\cdots,$$

根据麦克劳林公式的唯一性，可知 $a-\dfrac{1}{3}=\dfrac{f'''(0)}{3!}=\dfrac{1}{6}$，则 $a=\dfrac{1}{2}$.

2. （2014 数一）设函数 $y=f(x)$ 由方程 $y^3+xy^2+x^2y+6=0$ 确定，求 $f(x)$ 的极值.

【解析】利用隐式方程求导，即方程 $y^3+xy^2+x^2y+6=0$ 两端对 x 求导，可得

$$3y^2y'+y^2+2xyy'+2xy+x^2y'=0.$$

令 $y'=0$，得 $y^2+2xy=y(y+2x)=0$，因此 $y=0$，$y=-2x$，显然 $y=0$ 不满足方程. 将 $y=-2x$ 代入原方程可得 $-6x^3+6=0$，解得 $x=1$，$y(1)=-2$，$y'(1)=0$.

再针对方程 $3y^2y'+y^2+2xyy'+2xy+x^2y'=0$ 两端对 x 求导，可得

$$6yy'^2+3y^2y''+4yy'+2xy'^2+2xyy''+2y+4xy'+x^2y''=0,$$

将 $x=1$，$y(1)=-2$，$y'(1)=0$ 代入上式可得 $y''(1)=\dfrac{4}{9}>0$. 因此函数 $y=f(x)$ 在 $x=1$ 处取得极小值，且 $y(1)=-2$.

3. （2017 数一）设函数 $y=f(x)$ 可导，且 $f(x)f'(x)>0$，则（　　）.

(A) $f(1)>f(-1)$　　(B) $f(1)<f(-1)$

(C) $|f(1)|>|f(-1)|$　　(D) $|f(1)|<|f(-1)|$

【答案】C.

【解析】由 $f(x)f'(x)>0$ 可知 $\left[\dfrac{1}{2}f^2(x)\right]'=f(x)f'(x)>0$，则 $\dfrac{1}{2}f^2(x)$ 单调增加，从而单调增少，由此可知 $f^2(1)>f^2(-1)$，上式两端开方得 $|f(1)|>|f(-1)|$.

4. （2019 数一）设函数 $f(x)=\begin{cases} x|x|, & x\leqslant 0, \\ x\ln x, & x>0, \end{cases}$ 则 $x=0$ 是 $f(x)$ 的（　　）

(A) 可导点，极值点　　(B) 可导点，非极值点

(C) 不可导点，极值点　　　　(D) 不可导点，非极值点

【答案】C.

【解析】$\lim\limits_{x\to0^+}\dfrac{f(x)-f(0)}{x}=\lim\limits_{x\to0^+}\dfrac{x\ln x-0}{x}=\lim\limits_{x\to0^+}\ln x=\infty$，则$f'(0^+)$不存在，从而$x=0$是$f(x)$不可导点．又在$x=0$的左半邻域$f(x)=x|x|<0=f(0)$，在$x=0$的右半邻域$f(x)=x\ln x<0=f(0)$，则$f(x)$在$x=0$处取极大值，故应选C.

5. (2009 数二) 函数$y=x^{2x}$在区间(0，1]上的最小值为________.

【答案】$e^{-\frac{2}{e}}$.

【解析】因为$y'=2x^{2x}(\ln x+1)$，令$y'=0$，得驻点$x=\dfrac{1}{e}$，且当$x\in\left(0,\dfrac{1}{e}\right)$时，$y'<0$，$y(x)$单调减少，当$x\in\left(\dfrac{1}{e},1\right]$时，$y'>0$，$y(x)$单调增加，则$y(x)$在$x=\dfrac{1}{e}$处取得区间(0，1]上的最小值，最小值为$y\left(\dfrac{1}{e}\right)=e^{-\frac{2}{e}}$.

6. (2011 数一) 曲线$y=(x-1)(x-2)^2(x-3)^3(x-4)^4$的拐点是(　　).

(A) (1，0)　　(B) (2，0)　　(C) (3，0)　　(D) (4，0)

【答案】C.

【解析】记$g(x)=(x-1)(x-2)^2(x-4)^4$，则$y=(x-3)^3g(x)$，设$g(x)$在$x=3$处的泰勒展开式为$g(x)=a_0+a_1(x-3)+\cdots$，则$y=a_0(x-3)^3+a_1(x-3)^4+\cdots$，由该式可知，$y''(3)=0$，$y'''(3)=a_0\cdot3!\neq0$. 因为$a_0=g(3)\neq0$，由拐点的第二充分条件知(3，0)为拐点．

7. (2014 数一) 下列曲线中有渐近线的是(　　).

(A) $y=x+\sin x$　　　　(B) $y=x^2+\sin x$

(C) $y=x+\sin\dfrac{1}{x}$　　　　(D) $y=x^2+\sin\dfrac{1}{x}$

【答案】C.

【解析】因为$\lim\limits_{x\to\infty}\dfrac{f(x)}{x}=\lim\limits_{x\to\infty}\dfrac{x+\sin\frac{1}{x}}{x}=1=a$，

$$\lim_{x\to\infty}[f(x)-ax]=\lim_{x\to\infty}\left(x+\sin\frac{1}{x}-x\right)=\lim_{x\to\infty}\sin\frac{1}{x}=0=b,$$

所以曲线$y=x+\sin\dfrac{1}{x}$有斜渐近线$y=x$，故选C.

8. (2012 数一) 证明：当$-1<x<1$时，$x\ln\dfrac{1+x}{1-x}+\cos x\geqslant1+\dfrac{x^2}{2}$.

【证明】记$f(x)=x\ln\dfrac{1+x}{1-x}+\cos x-1-\dfrac{x^2}{2}$，则

$$f'(x)=\ln\frac{1+x}{1-x}+\frac{2x}{1-x^2}-\sin x-x,$$

$$f''(x)=\frac{4}{1-x^2}+\frac{4x^2}{(1-x^2)^2}-1-\cos x=\frac{4}{(1-x^2)^2}-1-\cos x.$$

当 $-1<x<1$ 时，由于 $\frac{4}{(1-x^2)^2}\geqslant 4$，$1+\cos x\leqslant 2$，所以 $f''(x)\geqslant 2>0$，从而 $f'(x)$ 单调增加．又因为 $f'(0)=0$，所以，当 $-1<x<0$ 时，$f'(x)<0$；当 $0<x<1$ 时，$f'(x)>0$；于是 $f(0)=0$ 是函数 $f(x)$ 在 $(-1,1)$ 内的最小值，从而当 $-1<x<1$ 时，$f(x)\geqslant f(0)=0$，即 $x\ln\frac{1+x}{1-x}+\cos x\geqslant 1+\frac{x^2}{2}$.

9.（2014 数一）设函数 $f(x)$ 具有二阶导数，$g(x)=f(0)(1-x)+f(1)x$，则在区间 $[0,1]$ 上（　　）.

（A）当 $f'(x)\geqslant 0$ 时，$f(x)\geqslant g(x)$　　（B）当 $f'(x)\geqslant 0$ 时，$f(x)\leqslant g(x)$

（C）当 $f''(x)\geqslant 0$ 时，$f(x)\geqslant g(x)$　　（D）当 $f''(x)\geqslant 0$ 时，$f(x)\leqslant g(x)$

【答案】 D.

【解析】 由于 $g(0)=f(0)$，$g(1)=f(1)$，则直线 $y=f(0)(1-x)+f(1)x$ 过点 $(0,f(0))$ 和 $(1,f(1))$，当 $f''(x)\geqslant 0$ 时，曲线 $y=f(x)$ 在区间 $[0,1]$ 上是凹的，曲线 $y=f(x)$ 应位于过两个端点 $(0,f(0))$ 和 $(1,f(1))$ 的弦 $y=f(0)(1-x)+f(1)x$ 的下方，即 $f(x)\leqslant g(x)$．故应选 D.

10.（2017 数一）设函数 $f(x)$ 在区间 $[0,1]$ 上具有二阶导数，且 $f(1)>0$，$\lim\limits_{x\to 0^+}\frac{f(x)}{x}<0$，证明：

（1）方程 $f(x)=0$ 在区间 $(0,1)$ 内至少存在一个实根；

（2）方程 $f(x)f''(x)+[f'(x)]^2=0$ 在区间 $(0,1)$ 内至少存在两个不同实根.

【证明】（1）由 $\lim\limits_{x\to 0^+}\frac{f(x)}{x}<0$ 及极限保号性知，存在 $\varepsilon>0$，在 $(0,\varepsilon)$ 内 $\frac{f(x)}{x}<0$，则存在 $x_1\in(0,\varepsilon)$ 使 $f(x_1)<0$，又 $f(1)>0$，由连续函数零点定理知，至少存在 $\xi\in(x_1,1)$，使 $f(\xi)=0$，即方程 $f(x)=0$ 在区间 $(0,1)$ 内至少存在一个实根.

（2）令 $F(x)=f(x)f'(x)$，则 $F'(x)=f(x)f''(x)+[f'(x)]^2$，又由 $\lim\limits_{x\to 0^+}\frac{f(x)}{x}$ 存在，且分母趋于零，则 $\lim\limits_{x\to 0^+}f(x)=f(0)=0$，又 $f(\xi)=0$，由罗尔定理知存在 $\eta\in(0,\xi)$，使 $f'(\eta)=0$，则 $F(0)=f(0)f'(0)=0$，$F(\eta)=f(\eta)f'(\eta)=0$，$F(\xi)=f(\xi)f'(\xi)=0$，由罗尔定理知，存在 $\eta_1\in(0,\eta)$，使 $F'(\eta_1)=0$，存在 $\eta_2\in(\eta,\xi)$，使 $F'(\eta_2)=0$，即 η_1 和 η_2 是方程 $f(x)f''(x)+[f'(x)]^2=0$ 的两个不同的实根，原题得证.

11.（2009 非数学预赛）求极限 $\lim\limits_{x\to 0}\left(\frac{e^x+e^{2x}+\cdots+e^{nx}}{n}\right)^{\frac{e}{x}}$，其中 n 是给定的正整数.

【答案】 $e^{\frac{e(1+n)}{2}}$.

【解析】 $\lim\limits_{x\to 0}\left(\frac{e^x+e^{2x}+\cdots e^{nx}}{n}\right)^{\frac{e}{x}}=\lim\limits_{x\to 0}e^{\frac{e}{x}\ln\left(\frac{e^x+e^{2x}+\cdots e^{nx}}{n}\right)}=e^{\lim\limits_{x\to 0}\frac{e[\ln(e^x+e^{2x}+\cdots e^{nx})-\ln n]}{x}}$，由洛必达法则，有

$$\lim_{x\to 0}\frac{e[\ln(e^x+e^{2x}+\cdots+e^{nx})-\ln n]}{x}=\lim_{x\to 0}\frac{e(e^x+2e^{2x}+\cdots+ne^{nx})}{e^x+e^{2x}+\cdots+e^{nx}}$$

$$=\frac{e(1+2+\cdots+n)}{n}=\frac{e(1+n)}{2},$$

于是原式 $= e^{\frac{e(1+n)}{2}}$.

12.（2010 非数学预赛）求极限 $\lim\limits_{x\to\infty} e^{-x}\left(1+\frac{1}{x}\right)^{x^2}$.

【答案】$e^{-\frac{1}{2}}$.

【解析】

$$\begin{aligned}\lim_{x\to\infty} e^{-x}\left(1+\frac{1}{x}\right)^{x^2} &= \lim_{x\to\infty}\left[e^{-1}\left(1+\frac{1}{x}\right)^{x}\right]^{x} \\ &= \exp\left\{\lim_{x\to\infty} x\left[x\ln\left(1+\frac{1}{x}\right)-1\right]\right\} \\ &= \exp\left\{\lim_{x\to\infty} x\left\{x\left[\frac{1}{x}-\frac{1}{2x^2}+o\left(\frac{1}{x^2}\right)\right]-1\right\}\right\} = e^{-\frac{1}{2}}.\end{aligned}$$

13.（2010 非数学预赛）求函数 $f(x)$ 在 $(-\infty,\ +\infty)$ 内具有二阶导数，并且 $f''(x)>0$，$\lim\limits_{x\to+\infty} f'(x)=\alpha>0$，$\lim\limits_{x\to-\infty} f'(x)=\beta<0$，且存在一点 x_0，使得 $f(x_0)<0$. 证明：方程 $f(x)=0$ 在 $(-\infty,\ +\infty)$ 内恰有两个实根．

【证明】根据极限的保号性，由 $\lim\limits_{x\to+\infty} f'(x)=\alpha>0$，必有一个充分大的 $a>x_0$，使得 $f'(a)>0$. 由 $f''(x)>0$，知 $y=f(x)$ 是凹函数，从而 $f(x)>f(a)+f'(a)(x-a)$，$x>a$. 当 $x\to+\infty$ 时，$f(a)+f'(a)(x-a)\to+\infty$，故存在 $b>a$，使得 $f(b)>f(a)+f'(a)(x-a)>0$. 同样，由 $\lim\limits_{x\to-\infty} f'(x)=\beta<0$，必有 $c<x_0$，使得 $f'(c)<0$，由 $f''(x)>0$，知 $y=f(x)$ 是凹函数，从而

$$f(x)>f(c)+f'(c)(x-c),\ x<c.$$

当 $x\to-\infty$ 时，$f(c)+f'(c)(x-c)\to+\infty$，故存在 $d<c$，使得

$$f(d)>f(c)+f'(c)(x-c)>0.$$

在 $[x_0,\ b]$ 和 $[d,\ x_0]$ 上利用零点定理，则存在 $x_1\in(x_0,\ b)$，$x_2\in(d,\ x_0)$，使得 $f(x_1)=f(x_2)=0$.

下面证明方程 $f(x)=0$ 在 $(-\infty,\ +\infty)$ 内只有两个实根．

用反证法，假设方程 $f(x)=0$ 在 $(-\infty,\ +\infty)$ 内有 3 个实根，不妨设为 x_1，x_2，x_3，且 $x_1<x_2<x_3$. 对 $f(x)$ 在区间 $[x_1,\ x_2]$ 和 $[x_2,\ x_3]$ 上分别应用罗尔定理，则各至少存在一点 $\xi_1(x_1<\xi_1<x_2)$ 和 $\xi_2(x_2<\xi_2<x_3)$，使得 $f'(\xi_1)=f'(\xi_2)=0$. 再将 $f'(x)$ 在区间 $[\xi_1,\ \xi_2]$ 上使用罗尔定理，则至少存在一点 $\eta(\xi_1<\eta<\xi_2)$，使 $f''(\eta)=0$，这与条件 $f''(x)>0$ 矛盾，从而方程 $f(x)=0$ 在 $(-\infty,\ +\infty)$ 不能多于两个根，因此方程 $f(x)=0$ 在 $(-\infty,\ +\infty)$ 只有两个实根．

14.（2011 非数学预赛）计算 $\lim\limits_{x\to0}\dfrac{(1+x)^{\frac{2}{x}}-e^2[1-\ln(1+x)]}{x}$.

【答案】0.

【解析】

因为 $\dfrac{(1+x)^{\frac{2}{x}}-e^2[1-\ln(1+x)]}{x}=\dfrac{e^{\frac{2}{x}\ln(1+x)}-e^2[1-\ln(1+x)]}{x}$，

其中，$\lim\limits_{x\to0}\dfrac{e^2\ln(1+x)}{x}=e^2$，$\lim\limits_{x\to0}\dfrac{e^{\frac{2}{x}\ln(1+x)}-e^2}{x}=e^2\lim\limits_{x\to0}\dfrac{e^{\frac{2}{x}\ln(1+x)-2}-1}{x}=2e^2\lim\limits_{x\to0}\dfrac{\frac{1}{1+x}-1}{2x}=-e^2$.

因此 $\lim\limits_{x\to 0}\dfrac{(1+x)^{\frac{2}{x}}-e^2[1-\ln(1+x)]}{x}=e^2-e^2=0.$

15.（2011 非数学预赛）设函数 $f(x)$ 在闭区间 $[-1,1]$ 上具有连续的三阶导数，且 $f(-1)=0$，$f(1)=1$，$f'(0)=0$. 求证：在开区间 $(-1,1)$ 内至少存在一点 x_0，使得 $f'''(x_0)=3$.

【证明】 根据麦克劳林公式，得

$$f(x)=f(0)+\frac{1}{2!}f''(0)x^2+\frac{1}{3!}f'''(\xi)x^3,$$

其中 ξ 介于0与 x 之间，$x\in[-1,1]$. 在上式中分别取 $x=1$ 和 $x=-1$，得

$$1=f(1)=f(0)+\frac{1}{2!}f''(0)+\frac{1}{3!}f'''(\xi_1),\ 0<\xi_1<1,$$

$$0=f(-1)=f(0)+\frac{1}{2!}f''(0)-\frac{1}{3!}f'''(\xi_2),\ -1<\xi_2<0,$$

两式相减，得 $f'''(\xi_1)+f'''(\xi_2)=6$. 由于 $f'''(x)$ 在闭区间 $[-1,1]$ 上连续，因此 $f'''(x)$ 在闭区间 $[\xi_2,\xi_1]$ 上有最大值 M 和最小值 m，则 $m\leqslant\frac{1}{2}[f'''(\xi_1)+f'''(\xi_2)]\leqslant M$，从而利用闭区间上连续函数的介值定理，至少存在一点 $x_0\in[\xi_2,\xi_1]\subset(-1,1)$，使得 $f'''(x_0)=\frac{1}{2}[f'''(\xi_1)+f'''(\xi_2)]=3$，得证.

16.（2012 非数学预赛）求方程 $x^2\sin\frac{1}{x}=2x-501$ 的近似解，精确解到 0.001.

【答案】 501.

【解析】 根据泰勒公式有

$$\sin t=t-\frac{\sin(\theta t)}{2}t^2,\ 0<\theta<1.$$

令 $t=\frac{1}{x}$，得 $\sin\frac{1}{x}=\frac{1}{x}-\dfrac{\sin\left(\frac{\theta}{x}\right)}{2x^2}$，代入原方程得 $x-\frac{1}{2}\sin\left(\frac{\theta}{x}\right)=2x-501$，即 $x=501-\frac{1}{2}\sin\left(\frac{\theta}{x}\right)$，据此可知 $x>500$，$0<\frac{\theta}{x}<\frac{1}{500}$，$|x-501|=\frac{1}{2}\left|\sin\left(\frac{\theta}{x}\right)\right|\leqslant\frac{1}{2}\frac{\theta}{x}\leqslant\frac{1}{1\,000}=0.001$. 所以，$x=501$ 为满足题设条件的解.

17.（2012 非数学预赛）设函数 $y=f(x)$ 的二阶导数连续，且 $f''(x)>0$，$f(0)=0$，$f'(0)=0$，求 $\lim\limits_{x\to 0}\dfrac{x^3f(u)}{f(x)\sin^3u}$，其中 u 是曲线 $y=f(x)$ 在点 $P(x,f(x))$ 处的切线在 x 轴上的截距.

【答案】 2.

【解析】 曲线 $y=f(x)$ 在点 $P(x,f(x))$ 处的切线方程为

$$Y-f(x)=f'(x)(X-x).$$

令 $Y=0$，则有 $X=x-\dfrac{f(x)}{f'(x)}$，由此 $u=x-\dfrac{f(x)}{f'(x)}$，且有

$$\lim_{x\to 0} u=\lim_{x\to 0}\left[x-\frac{f(x)}{f'(x)}\right]=-\lim_{x\to 0}\frac{\frac{f(x)-f(0)}{x}}{\frac{f'(x)-f'(0)}{x}}=-\frac{f'(0)}{f''(0)}=0,$$

由 $f(x)$ 在 $x=0$ 处的二阶泰勒公式

$$f(x)=f(0)+f'(0)x+\frac{f''(0)}{2}x^2+o(x^2)=\frac{f''(0)}{2}x^2+o(x^2)$$

得 $\lim\limits_{x\to 0}\frac{u}{x}=1-\lim\limits_{x\to 0}\frac{f(x)}{xf'(x)}=1-\lim\limits_{x\to 0}\frac{\frac{f''(0)}{2}x^2+o(x^2)}{xf'(x)}$

$$=1-\lim_{x\to 0}\frac{\frac{f''(0)}{2}+\frac{o(x^2)}{x^2}}{\frac{f'(x)-f'(0)}{x}}=1-\frac{1}{2}\frac{f''(0)}{f''(0)}=\frac{1}{2}.$$

故 $\lim\limits_{x\to 0}\frac{x^3f(u)}{f(x)\sin^3 u}=\lim\limits_{x\to 0}\frac{x^3\left[\frac{f''(0)}{2}u^2+o(u^2)\right]}{u^3\left[\frac{f''(0)}{2}x^2+o(x^2)\right]}=\lim\limits_{x\to 0}\frac{x}{u}=2.$

18.（2013 非数学预赛）设函数 $y=y(x)$ 由 $x^3+3x^2y-2y^3=2$ 所确定，求 $y(x)$ 的极值.

【答案】 -1 为极大值，1 为极小值.

【解析】 方程两边对 x 求导，得 $3x^2+6xy+3x^2y'-6y^2y'=0$，从而得到 $y'=\frac{x(x+2y)}{2y^2-x^2}$，令 $y'=0$，得 $x(x+2y)=0\Rightarrow x=0$，或 $x=-2y$，将 $x=0$ 和 $x=-2y$ 代入方程，得 $\begin{cases}x=0,\\y=-1\end{cases}$ 和 $\begin{cases}x=-2,\\y=1.\end{cases}$

又因为

$$y''=\frac{(2y^2-x^2)(2x+2xy'+2y)-(x^2+2xy)(4yy'-2x)}{(2y^2-x^2)^2},$$ 且 $y''\Big|_{\substack{x=0\\y=-1\\y'=0}}=-1<0$，

$y''\Big|_{\substack{x=-2\\y=1\\y'=0}}=1>0.$

所以 $y(0)=-1$ 为极大值，$y(-2)=1$ 为极小值.

19.（2014 非数学预赛）设函数 $f(x)$ 在 $[0,1]$ 上有二阶导数，且有正常数 A、B，使得 $|f(x)|\leqslant A$，$|f''(x)|\leqslant B$. 证明：对任意 $x\in[0,1]$，有 $|f'(x)|\leqslant 2A+\frac{B}{2}$.

【证明】 根据泰勒公式，有

$$f(0)=f(x)+f'(x)(0-x)+\frac{f''(\xi)}{2}(0-x)^2,\ \xi\in(0,x),$$

$$f(1)=f(x)+f'(x)(1-x)+\frac{f''(\eta)}{2}(1-x)^2,\ \eta\in(x,1),$$

上面两式相减，得

$$f'(x)=f(1)-f(0)+\frac{f''(\xi)}{2}x^2-\frac{f''(\eta)}{2}(1-x)^2.$$

由于 $|f(x)|\leqslant A$，$|f''(x)|\leqslant B$，得

$$|f'(x)|\leqslant 2A+\frac{B}{2}[x^2+(1-x)^2],$$

又 $x^2+(1-x)^2$ 在 $[0,1]$ 上的最大值为1，所以有 $|f'(x)|\leqslant 2A+\frac{B}{2}$.

20.（2016 非数学预赛）若 $f(x)$ 在 $x=a$ 处可导，且 $f(a)\neq 0$，则 $\lim\limits_{n\to+\infty}\left[\frac{f\left(a+\frac{1}{n}\right)}{f(a)}\right]^n=$

________.

【答案】$e^{\frac{f'(a)}{f(a)}}$.

【解析】

$$\lim_{n\to+\infty}\left[\frac{f\left(a+\frac{1}{n}\right)}{f(a)}\right]^n=\lim_{n\to+\infty}\left[\frac{f(a)+f'(a)\frac{1}{n}+o\left(\frac{1}{n}\right)}{f(a)}\right]^n$$

$$=\lim_{n\to+\infty}\left\{\left[1+\frac{f'(a)\frac{1}{n}+o\left(\frac{1}{n}\right)}{f(a)}\right]^{\frac{f(a)}{f'(a)\frac{1}{n}+o\left(\frac{1}{n}\right)}}\right\}^{\frac{n\left[f'(a)\frac{1}{n}+o\left(\frac{1}{n}\right)\right]}{f(a)}}=e^{\frac{f'(a)}{f(a)}}.$$

21.（2016 非数学预赛）设 $f(x)=e^x\sin 2x$，求 $f^{(4)}(0)$.

【答案】-24.

【解析】将 e^x 和 $\sin 2x$ 展开为带有佩亚诺余项的麦克劳林公式，有

$$f(x)=\left[1+x+\frac{1}{2!}x^2+\frac{1}{3!}x^3+o(x^3)\right]\cdot\left[2x-\frac{1}{3!}(2x)^3+o(x^4)\right]$$

$$=2x+2x^2+\left(1-\frac{2^3}{3!}\right)x^3+\left(\frac{2}{3!}-\frac{2^3}{3!}\right)x^4+o(x^4).$$

所以有 $\frac{f^{(4)}(0)}{4!}=\frac{2}{3!}-\frac{8}{3!}=-1$，即 $f^{(4)}(0)=-24$.

22.（2017 非数学预赛）设 $f(x)$ 有二阶导数且连续，$f(0)=f'(0)=0$，$f''(0)=6$，求 $\lim\limits_{x\to0}\frac{f(\sin^2x)}{x^4}$.

【答案】3.

【解析】$f(x)$ 在 $x=0$ 处的泰勒展开式为 $f(x)=f(0)+f'(0)x+\frac{f''(\xi)}{2}x^2$，所以 $f(\sin^2x)=\frac{f''(\xi)}{2}\sin^4x$，于是 $\lim\limits_{x\to0}\frac{f(\sin^2x)}{x^4}=\lim\limits_{x\to0}\frac{\frac{1}{2}f''(\xi)\sin^4x}{x^4}=3$.

23.（2017 非数学决赛）设 $f(x)$ 在区间 $(0,1)$ 内连续，且存在两两互异的点 x_1，x_2，x_3，$x_4\in(0,1)$，使得 $\alpha=\frac{f(x_1)-f(x_2)}{x_1-x_2}<\frac{f(x_3)-f(x_4)}{x_3-x_4}=\beta$. 证明：对任意 $\lambda\in(\alpha,\beta)$，

存在互异的点 x_5，$x_6 \in (0, 1)$，使得 $\lambda = \dfrac{f(x_5) - f(x_6)}{x_5 - x_6}$.

证　不妨设 $x_1 < x_2$，$x_3 < x_4$，考虑辅助函数 $F(t) = \dfrac{f[(1-t)x_2 + tx_4] - f[(1-t)x_1 + tx_3]}{(1-t)(x_2 - x_1) + t(x_4 - x_3)}$，则 $F(t)$ 在闭区间 $[0, 1]$ 上连续，且 $F(0) = \alpha < \lambda < \beta = F(1)$. 根据连续函数介值定理，存在 $t_0 \in (0, 1)$，使得 $F(t_0) = \lambda$.

令 $x_5 = (1-t_0)x_1 + t_0x_3$，$x_6 = (1-t_0)x_2 + t_0x_4$，则 x_5，$x_6 \in (0, 1)$，$x_5 < x_6$，且 $\lambda = F(t_0) = \dfrac{f(x_5) - f(x_6)}{x_5 - x_6}$.

24. （2019 非数学预赛）设 $f(x)$ 在 $[0, +\infty)$ 内可微，$f(0) = 0$，且存在常数 $A > 0$，使得 $|f'(x)| \leqslant A|f(x)|$ 在 $[0, +\infty)$ 内成立，试证明：在 $(0, +\infty)$ 内有 $f(x) \equiv 0$.

证　设 $x_0 \in \left[0, \dfrac{1}{2A}\right]$，使得 $|f(x_0)| = \max\left\{|f(x)|, x \in \left[0, \dfrac{1}{2A}\right]\right\}$.

又因为 $|f(x_0)| = |f(0) + f'(\xi)x_0| \leqslant A|f(x_0)|\dfrac{1}{2A} = \dfrac{1}{2}|f(x_0)|$，只有 $|f(x_0)| = 0$ 才成立. 故当 $x \in \left[0, \dfrac{1}{2A}\right]$ 时，$f(x) \equiv 0$. 递推下去可得，对所有 $x \in \left[\dfrac{k-1}{2A}, \dfrac{k}{2A}\right]$，$k = 1$，2，…，均有 $f(x) \equiv 0$.

25. （2020 非数学预赛）求极限 $\lim\limits_{x \to 0} \dfrac{(x - \sin x)e^{-x^2}}{\sqrt{1 - x^3} - 1}$.

【答案】$-\dfrac{1}{3}$.

【解析】利用等价无穷小：当 $x \to 0$ 时，有 $\sqrt{1 - x^3} - 1 \sim -\dfrac{1}{2}x^3$，所以 $\lim\limits_{x \to 0} \dfrac{(x - \sin x)e^{-x^2}}{\sqrt{1 - x^3} - 1} = -2\lim\limits_{x \to 0} \dfrac{x - \sin x}{x^3}$，再利用洛必达法则，得原式 $= -2\lim\limits_{x \to 0} \dfrac{1 - \cos x}{3x^2} = -\dfrac{1}{3}$.

26. （2020 非数学初赛）设函数 $f(x)$ 在 $[0, 1]$ 上连续，在 $(0, 1)$ 内可导，且 $f(0) = 0$，$f(1) = 1$. 证明：(1) 存在 $x_0 \in (0, 1)$ 使得 $f(x_0) = 2 - 3x_0$；(2) 存在 ξ，$\eta \in (0, 1)$，且 $\xi \neq \eta$，使得 $[1 + f'(\xi)][1 + f'(\eta)] = 4$.

证　(1) 设辅助函数 $F(x) = f(x) - 2 + 3x$，则 $F(x)$ 在 $[0, 1]$ 上连续，且 $F(0) = -2$，$F(1) = 2$. 根据连续函数的介值定理，存在 $x_0 \in (0, 1)$ 使得 $F(x_0) = 0$ 即 $f(x_0) = 2 - 3x_0$.

(2) 在区间 $[0, x_0]$，$[x_0, 1]$ 上利用拉格朗日中值定理，存在 ξ，$\eta \in (0, 1)$，且 $\xi \neq \eta$，使得

$$\frac{f(x_0) - f(0)}{x_0 - 0} = f'(\xi)，且 \frac{f(x_0) - f(1)}{x_0 - 1} = f'(\eta)，$$

整理可得 $[1 + f'(\xi)][1 + f'(\eta)] = 4$.

四、章自测题（章自测题的解析请扫二维码查看）

第三章自测题二维码

1. 填空题.

(1) 设 $f(x)=|x(1-x)|$，则 $x=$________是 $f(x)$ 的极值点，且曲线 $y=f(x)$ 的拐点是________;

(2) $f(x)=x^4$ 在 $[1, 2]$ 上满足拉格朗日中值定理，则 $\xi=$________;

(3) 设 $k>0$，则 $f(x)=\ln x-\dfrac{x}{\mathrm{e}}+k$ 在 $(0, +\infty)$ 内零点的个数为________;

(4) 若 $f(x)=x(x-1)(x-2)(x-3)$，则 $f'(x)=0$ 的实根个数为________;

(5) 曲线 $y=\dfrac{x^2+x}{x^2-1}$ 渐近线的条数为________.

2. 求极限.

(1) $\lim\limits_{x\to\infty}x(\mathrm{e}^{\frac{1}{x}}-1)$；　　(2) $\lim\limits_{x\to0}\left[\dfrac{1}{\ln(1+x)}-\dfrac{1}{x}\right]$；

(3) $\lim\limits_{x\to1^-}(1-x^2)^{\frac{1}{\ln(1-x)}}$；　　(4) $\lim\limits_{x\to0^+}x^{\alpha}\ln x\quad(\alpha>0)$；

(5) $\lim\limits_{x\to0}\dfrac{\sqrt{1+\tan x}-\sqrt{1+\sin x}}{x\sin^2x}$；　　(6) $\lim\limits_{x\to0}\dfrac{\cos x-\mathrm{e}^{-\frac{x^2}{2}}}{x^4}$.

3. 求函数 $y=\dfrac{2x-1}{(x-1)^2}$ 的单调区间、极值、凹凸区间及拐点.

4. 求函数 $y=2\tan x-\tan^2x$ 在区间 $\left[0, \dfrac{\pi}{2}\right)$ 内的最值.

5. 若 $a_0+\dfrac{a_1}{2}+\dfrac{a_2}{3}+\cdots+\dfrac{a_n}{n+1}=0$，则在区间 $(0, 1)$ 内至少存在一点 x_0，使 $a_0+a_1x_0+a_2x_0^2+\cdots+a_nx_0^n=0$.

6. 证明不等式 $\dfrac{\tan x}{x}>\dfrac{x}{\sin x}$，$x\in\left(0, \dfrac{\pi}{2}\right)$.

7. 设 $f(x)$ 在 $[a, b]$ 上连续，在 (a, b) 内可导，$0<a<b$，试证：$\exists\,\xi, \eta\in(a, b)$，使得 $f'(\xi)=\dfrac{a+b}{2\eta}f'(\eta)$.

8. 设函数 $f''(x)$ 在 $x=0$ 的某邻域内连续，且 $\lim\limits_{x\to0}\dfrac{f(x)}{x}=0$，$f''(0)=4$. 求 $\lim\limits_{x\to0}\left[1+\dfrac{f(x)}{x}\right]^{\frac{1}{x}}$.

第四章

不定积分

一、主要内容

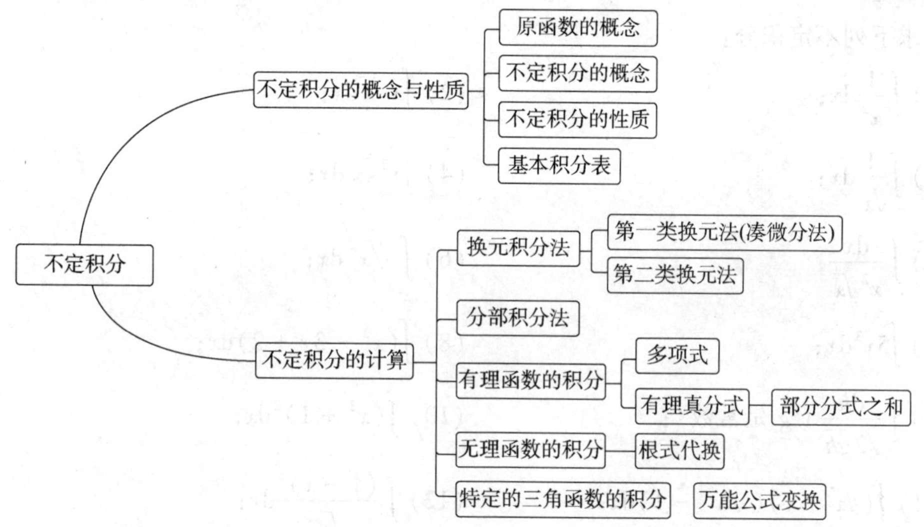

二、习题讲解

习题 4-1 解答 不定积分的概念与性质

1. 利用求导运算验证下列等式:

(1) $\int \frac{1}{\sqrt{x^2+1}}\mathrm{d}x = \ln\left(x+\sqrt{x^2+1}\right)+C$;

(2) $\int \frac{1}{x^2\sqrt{x^2-1}}\mathrm{d}x = \frac{\sqrt{x^2-1}}{x}+C$;

(3) $\int \frac{2x}{(1+x^2)(1+x)^2}\mathrm{d}x = \arctan x + \frac{1}{x+1}+C$;

(4) $\int \sec x\mathrm{d}x = \ln|\tan x + \sec x| + C$;

(5) $\int x\cos x\mathrm{d}x = x\sin x + \cos x + C$;

(6) $\int \mathrm{e}^x\sin x\mathrm{d}x = \frac{1}{2}\mathrm{e}^x(\sin x - \cos x) + C$.

解 (1) $[\ln(x+\sqrt{x^2+1}) + C]' = \frac{1}{x+\sqrt{x^2+1}}\left(1+\frac{x}{\sqrt{x^2+1}}\right) = \frac{1}{\sqrt{x^2+1}}$;

(2) $\left(\frac{\sqrt{x^2-1}}{x} + C\right)' = \frac{1}{x^2}\left(\frac{x^2}{\sqrt{x^2-1}} - \sqrt{x^2-1}\right) = \frac{1}{x^2\sqrt{x^2-1}}$;

(3) $\left(\arctan x + \frac{1}{x+1} + C\right)' = \frac{1}{1+x^2} - \frac{1}{(1+x)^2} = \frac{2x}{(1+x^2)(1+x)^2}$;

(4) $(\ln|\tan x + \sec x| + C)' = \frac{1}{\tan x + \sec x}(\sec^2 x + \sec x\tan x) = \sec x$;

(5) $(x\sin x + \cos x + C)' = \sin x + x\cos x - \sin x = x\cos x$;

(6) $\left[\frac{1}{2}\mathrm{e}^x(\sin x - \cos x) + C\right]' = \frac{1}{2}\mathrm{e}^x(\sin x - \cos x) + \frac{1}{2}\mathrm{e}^x(\cos x + \sin x) = \mathrm{e}^x\sin x$.

2. 求下列不定积分：

(1) $\int \frac{1}{x^2}\mathrm{d}x$;

(2) $\int x\sqrt{x}\,\mathrm{d}x$;

(3) $\int \frac{1}{\sqrt{x}}\mathrm{d}x$;

(4) $\int x^2\sqrt[3]{x}\,\mathrm{d}x$;

(5) $\int \frac{\mathrm{d}x}{x^2\sqrt{x}}$;

(6) $\int \sqrt[m]{x^n}\,\mathrm{d}x$;

(7) $\int 5x^3\mathrm{d}x$;

(8) $\int (x^2 - 3x + 2)\mathrm{d}x$;

(9) $\int \frac{\mathrm{d}h}{\sqrt{2gh}}$（$g$ 是常数）;

(10) $\int (x^2+1)^2\mathrm{d}x$;

(11) $\int (\sqrt{x}+1)(\sqrt{x^3}-1)\mathrm{d}x$;

(12) $\int \frac{(1-x)^2}{\sqrt{x}}\mathrm{d}x$;

(13) $\int \left(2\mathrm{e}^x + \frac{3}{x}\right)\mathrm{d}x$;

(14) $\int \left(\frac{3}{1+x^2} - \frac{2}{\sqrt{1-x^2}}\right)\mathrm{d}x$;

(15) $\int \mathrm{e}^x\left(1 - \frac{\mathrm{e}^{-x}}{\sqrt{x}}\right)\mathrm{d}x$;

(16) $\int 3^x\mathrm{e}^x\mathrm{d}x$;

(17) $\int \frac{2\cdot 3^x - 5\cdot 2^x}{3^x}\mathrm{d}x$;

(18) $\int \sec x(\sec x - \tan x)\mathrm{d}x$;

(19) $\int \cos^2\frac{x}{2}\mathrm{d}x$;

(20) $\int \frac{1}{1+\cos 2x}\mathrm{d}x$;

(21) $\int \frac{\cos 2x}{\cos x - \sin x}\mathrm{d}x$;

(22) $\int \frac{\cos 2x}{\cos^2 x\sin^2 x}\mathrm{d}x$;

(23) $\int \cot^2 x\mathrm{d}x$；　　(24) $\int \cos\theta(\tan\theta + \sec\theta)\mathrm{d}\theta$；

(25) $\int \dfrac{x^2}{x^2+1}\mathrm{d}x$；　　(26) $\int \dfrac{3x^4+2x^2}{x^2+1}\mathrm{d}x$.

解　(1) $\int \dfrac{1}{x^2}\mathrm{d}x = \int x^{-2}\mathrm{d}x = \dfrac{x^{-2+1}}{-2+1} + C = -\dfrac{1}{x} + C$；

(2) $\int x\sqrt{x}\,\mathrm{d}x = \int x^{\frac{3}{2}}\mathrm{d}x = \dfrac{x^{\frac{3}{2}+1}}{\dfrac{3}{2}+1} + C = \dfrac{2}{5}x^{\frac{5}{2}} + C$；

(3) $\int \dfrac{1}{\sqrt{x}}\mathrm{d}x = \int x^{-\frac{1}{2}}\mathrm{d}x = \dfrac{x^{-\frac{1}{2}+1}}{-\dfrac{1}{2}+1} + C = 2\sqrt{x} + C$；

(4) $\int x^2\sqrt[3]{x}\,\mathrm{d}x = \int x^{\frac{7}{3}}\mathrm{d}x = \dfrac{x^{\frac{7}{3}+1}}{\dfrac{7}{3}+1} + C = \dfrac{3}{10}x^{\frac{10}{3}} + C$；

(5) $\int \dfrac{\mathrm{d}x}{x^2\sqrt{x}} = \int x^{-\frac{5}{2}}\mathrm{d}x = \dfrac{x^{-\frac{5}{2}+1}}{-\dfrac{5}{2}+1} + C = -\dfrac{2}{3}x^{-\frac{3}{2}} + C$；

(6) $\int \sqrt[m]{x^n}\,\mathrm{d}x = \int x^{\frac{n}{m}}\mathrm{d}x = \dfrac{x^{\frac{n}{m}+1}}{\dfrac{n}{m}+1} + C = \dfrac{m}{m+n}x^{\frac{m+n}{m}} + C$；

(7) $\int 5x^3\mathrm{d}x = 5\int x^3\mathrm{d}x = 5\,\dfrac{x^{3+1}}{3+1} + C = \dfrac{5}{4}x^4 + C$；

(8) $\int (x^2-3x+2)\,\mathrm{d}x = \int x^2\mathrm{d}x - 3\int x\mathrm{d}x + 2\int \mathrm{d}x = \dfrac{1}{3}x^3 - \dfrac{3}{2}x^2 + 2x + C$；

(9) $\int \dfrac{\mathrm{d}h}{\sqrt{2gh}} = \dfrac{1}{\sqrt{2g}}\int h^{-\frac{1}{2}}\mathrm{d}x = \dfrac{h^{-\frac{1}{2}+1}}{-\dfrac{1}{2}+1}\dfrac{1}{\sqrt{2g}} + C = \sqrt{\dfrac{2h}{g}} + C$；

(10) $\int (x^2+1)^2\mathrm{d}x = \int (x^4+2x^2+1)\,\mathrm{d}x = \dfrac{1}{5}x^5 + \dfrac{2}{3}x^3 + x + C$；

(11) $\int (\sqrt{x}+1)(\sqrt{x^3}-1)\,\mathrm{d}x = \int (x^2+\sqrt{x^3}-\sqrt{x}-1)\,\mathrm{d}x = \int x^2\mathrm{d}x + \int x^{\frac{3}{2}}\mathrm{d}x - \int x^{\frac{1}{2}}\mathrm{d}x - \int 1\mathrm{d}x$

$= \dfrac{1}{3}x^3 + \dfrac{2}{5}x^{\frac{5}{2}} - \dfrac{2}{3}x^{\frac{3}{2}} - x + C$；

(12) $\int \dfrac{(1-x)^2}{\sqrt{x}}\mathrm{d}x = \int\left(\dfrac{1}{\sqrt{x}} - 2\sqrt{x} + x^{\frac{3}{2}}\right)\mathrm{d}x = \int x^{-\frac{1}{2}}\mathrm{d}x - 2\int x^{\frac{1}{2}}\mathrm{d}x + \int x^{\frac{3}{2}}\mathrm{d}x$

$= 2\sqrt{x} - \dfrac{4}{3}x^{\frac{3}{2}} + \dfrac{2}{5}x^{\frac{5}{2}} + C$；

(13) $\int\left(2\mathrm{e}^x + \dfrac{3}{x}\right)\mathrm{d}x = 2\int \mathrm{e}^x\mathrm{d}x + 3\int \dfrac{1}{x}\mathrm{d}x = 2\mathrm{e}^x + 3\ln|x| + C$；

(14) $\int\left(\dfrac{3}{1+x^2} - \dfrac{2}{\sqrt{1-x^2}}\right)\mathrm{d}x = 3\int \dfrac{1}{1+x^2}\mathrm{d}x - 2\int \dfrac{1}{\sqrt{1-x^2}}\mathrm{d}x = 3\arctan x - 2\arcsin x + C$；

(15) $\int e^x\left(1-\frac{e^{-x}}{\sqrt{x}}\right)dx=\int e^x dx-\int\frac{1}{\sqrt{x}}dx=e^x-2\sqrt{x}+C$；

(16) $\int 3^x e^x dx=\int(3e)^x dx=\frac{(3e)^x}{\ln(3e)}+C=\frac{3^x e^x}{\ln 3+1}+C$；

(17) $\int\frac{2\cdot 3^x-5\cdot 2^x}{3^x}dx=2\int dx-5\int\left(\frac{2}{3}\right)^x dx=2x-5\frac{\left(\frac{2}{3}\right)^x}{\ln\frac{2}{3}}+C$

$$=2x+\frac{5}{\ln 3-\ln 2}\left(\frac{2}{3}\right)^x+C;$$

(18) $\int\sec x(\sec x-\tan x)dx=\int\sec^2 x dx-\int\sec x\tan x dx=\tan x-\sec x+C$；

(19) $\int\cos^2\frac{x}{2}dx=\int\frac{\cos x+1}{2}dx=\frac{1}{2}\int\cos x dx+\frac{1}{2}\int dx=\frac{1}{2}(\sin x+x)+C$；

(20) $\int\frac{1}{1+\cos 2x}dx=\int\frac{1}{2\cos^2 x}dx=\frac{1}{2}\int\sec^2 x dx=\frac{1}{2}\tan x+C$；

(21) $\int\frac{\cos 2x}{\cos x-\sin x}dx=\int\frac{\cos^2 x-\sin^2 x}{\cos x-\sin x}dx=\int(\cos x+\sin x)dx=\sin x-\cos x+C$；

(22) $\int\frac{\cos 2x}{\cos^2 x\sin^2 x}dx=\int\frac{\cos^2 x-\sin^2 x}{\cos^2 x\sin^2 x}dx=\int(\csc^2 x-\sec^2 x)dx=-\cot x-\tan x+C$；

(23) $\int\cot^2 x dx=\int\frac{1-\sin^2 x}{\sin^2 x}dx=\int(\csc^2 x-1)dx=-\cot x-x+C$；

(24) $\int\cos\theta(\tan\theta+\sec\theta)d\theta=\int(\sin\theta+1)d\theta=\theta-\cos\theta+C$；

(25) $\int\frac{x^2}{x^2+1}dx=\int\left(1-\frac{1}{x^2+1}\right)dx=\int dx-\int\frac{1}{x^2+1}dx=x-\arctan x+C$；

(26) $\int\frac{3x^4+2x^2}{x^2+1}dx=\int\frac{3x^2(x^2+1)-x^2-1+1}{x^2+1}dx=3\int x^2 dx-\int dx+\int\frac{1}{x^2+1}dx$

$$=x^3-x+\arctan x+C.$$

3. 含有未知函数的导数的方程称为微分方程，例如方程 $\frac{dy}{dx}=f(x)$，其中 $\frac{dy}{dx}$ 为未知函数的导数，$f(x)$ 为已知函数，如果将函数 $y=\varphi(x)$ 代入微分方程，使微分方程成为恒等式，那么函数 $y=\varphi(x)$ 就称为该微分方程的解．求下列微分方程满足所给条件的解：

(1) $\frac{dy}{dx}=(x-2)^2$，$y|_{x=2}=0$；　　(2) $\frac{d^2x}{dt^2}=\frac{2}{t^3}$，$\frac{dx}{dt}\big|_{t=1}=1$，$x|_{t=1}=1$.

解　(1) 由不定积分的定义可知 $y=\int(x-2)^2dx=\int(x^2-4x+4)dx=\frac{1}{3}x^3-2x^2+4x+C.$

由 $y|_{x=2}=0$ 可得 $C=-\frac{8}{3}$. 故该微分方程的解为 $y=\frac{1}{3}x^3-2x^2+4x-\frac{8}{3}$.

(2) 先求 $\frac{dx}{dt}$. 由 $\frac{d^2x}{dt^2}=\frac{2}{t^3}$ 可得 $\frac{dx}{dt}=\int\frac{2}{t^3}dt=-\frac{1}{t^2}+C_1$.

又因 $\frac{dx}{dt}\big|_{t=1}=1$，则 $C_1=2$，即 $\frac{dx}{dt}=-\frac{1}{t^2}+2$. 再求 $x(t)$. 由 $\frac{dx}{dt}=-\frac{1}{t^2}+2$ 可得 $x(t)=\int\left(-\frac{1}{t^2}+2\right)dt=\frac{1}{t}+2t+C_2$. 因 $x\big|_{t=1}=1$，所以 $C_2=-2$. 因此 $x(t)=\frac{1}{t}+2t-2$.

4. 汽车以 20 m/s 的速度在直道上行驶，刹车后匀减速行驶了 50 m 停住，求刹车加速度 . 可执行下列步骤：

（1）求微分方程 $\frac{d^2s}{dt^2}=-k$ 满足条件 $\frac{ds}{dt}\big|_{t=0}=20$ 及 $s\big|_{t=0}=0$ 的解；

（2）求使 $\frac{ds}{dt}=0$ 的 t 值及相应的 s 值；

（3）求使 $s=50$ 的 k 值 .

解　（1）先求 $\frac{ds}{dt}$. 由 $\frac{d^2s}{dt^2}=-k$ 可得 $\frac{ds}{dt}=-\int k dt=-kt+C_1$. 又因 $\frac{ds}{dt}\big|_{t=0}=20$，则 $C_1=20$，即 $\frac{ds}{dt}=-kt+20$. 再求 $s(t)$. 由 $\frac{ds}{dt}=-kt+20$ 可得 $s(t)=\int(-kt+20)\,dt=-\frac{k}{2}t^2+20t+C_2$.

因 $s\big|_{t=0}=0$，所以 $C_2=0$. 因此 $s(t)=-\frac{k}{2}t^2+20t$.

（2）若 $\frac{ds}{dt}=0$，则 $t=\frac{20}{k}$，$s=-\frac{200}{k}+\frac{400}{k}=\frac{200}{k}$.

（3）当 $s=50$ 时，$k=4$. 故刹车加速度为 $-4\ m/s^2$.

5. 一曲线通过点 $(e^2, 3)$，且在任一点处的切线的斜率等于该点横坐标的倒数，求该曲线的方程 .

解　不妨假设该曲线的方程为 $y=y(x)$，由题目可知 $y=y(x)$ 满足方程 $y'=\frac{1}{x}$.

由不定积分的定义可知 $y(x)=\int\frac{1}{x}dx=\ln|x|+C$. 又因该曲线经过点 $(e^2, 3)$，即 $y(e^2)=3$，代入 $y(x)=\ln|x|+C$ 可得 $C=1$. 因此所求的曲线方程为 $y(x)=\ln|x|+1$.

6. 一物体由静止开始运动，经 t s 后的速度是 $3t^2$ m/s，问：

（1）在 3 s 后物体离开出发点的距离是多少？

（2）物体走完 360 m 需要多少时间？

解　不妨设该物体运动的位移函数为 $x=x(t)$，由题目可知 $x=x(t)$ 满足方程 $x'=3t^2$.

由不定积分的定义可知 $x(t)=\int 3t^2 dt=t^3+C$. 又因该物体由静止开始运动，即可假设 $x(0)=0$，代入 $x(t)=t^3+C$ 可得 $C=0$. 因此位移函数为 $x(t)=t^3$.

（1）当 $t=3$ 时，$x(3)=27$，即在 3 s 后物体离开出发点的距离是 27 m.

（2）当 $x=360$ 时，由 $t^3=360$ 可得 $t=\sqrt[3]{360}\approx 7.11$，即物体走完 360 m 需要 7.11 s.

7. 证明函数 $\arcsin(2x-1)$，$\arccos(1-2x)$ 和 $2\arctan\sqrt{\frac{x}{1-x}}$ 都是 $\frac{1}{\sqrt{x-x^2}}$ 的原函数 .

证　因 $[\arcsin(2x-1)]'=\frac{1}{\sqrt{1-(2x-1)^2}}(2x-1)'=\frac{1}{\sqrt{x-x^2}}$，

$$[\arccos(1-2x)]'=-\frac{1}{\sqrt{1-(1-2x)^2}}(1-2x)'=\frac{1}{\sqrt{x-x^2}},$$

$$\left(2\arctan\sqrt{\frac{x}{1-x}}\right)'=2\cdot\frac{1}{1+\frac{x}{1-x}}\left(\sqrt{\frac{x}{1-x}}\right)'=(1-x)\sqrt{\frac{1-x}{x}}\left(\frac{x}{1-x}\right)'$$

$$=(1-x)\sqrt{\frac{1-x}{x}}\frac{1}{(1-x)^2}=\frac{1}{\sqrt{x-x^2}},$$

故由原函数的定义可知结论成立.

习题4-2　解答　换元积分法

1. 在下列各式等号右端的空白处填入适当的系数，使等式成立（例如：$dx=\frac{1}{4}d(4x+7)$）：

(1) $dx=$ ______ $d(ax)$；　　(2) $dx=$ ______ $d(7x-3)$；

(3) $xdx=$ ______ $d(x^2)$；　　(4) $xdx=$ ______ $d(5x^2)$；

(5) $xdx=$ ______ $d(1-x^2)$；　　(6) $x^3dx=$ ______ $d(3x^4-2)$；

(7) $e^{2x}dx=$ ______ $d(e^{2x})$；　　(8) $e^{-\frac{x}{2}}dx=$ ______ $d(1+e^{-\frac{x}{2}})$；

(9) $\sin\frac{3}{2}xdx=$ ______ $d\left(\cos\frac{3}{2}x\right)$；　　(10) $\frac{dx}{x}=$ ______ $d(5\ln|x|)$；

(11) $\frac{dx}{x}=$ ______ $d(3-5\ln|x|)$；　　(12) $\frac{dx}{1+9x^2}=$ ______ $d(\arctan 3x)$；

(13) $\frac{dx}{\sqrt{1-x^2}}=$ ______ $d(1-\arcsin x)$；

(14) $\frac{xdx}{\sqrt{1-x^2}}=$ ______ $d(\sqrt{1-x^2})$.

解　(1) $dx=\underline{\frac{1}{a}}d(ax)$；　　(2) $dx=\underline{\frac{1}{7}}d(7x-3)$；

(3) $xdx=\underline{\frac{1}{2}}d(x^2)$；　　(4) $xdx=\underline{\frac{1}{10}}d(5x^2)$；

(5) $xdx=\underline{-\frac{1}{2}}d(1-x^2)$；　　(6) $x^3dx=\underline{\frac{1}{12}}d(3x^4-2)$；

(7) $e^{2x}dx=\underline{\frac{1}{2}}d(e^{2x})$；　　(8) $e^{-\frac{x}{2}}dx=\underline{-2}d(1+e^{-\frac{x}{2}})$；

(9) $\sin\frac{3}{2}xdx=\underline{-\frac{2}{3}}d\left(\cos\frac{3}{2}x\right)$；　　(10) $\frac{dx}{x}=\underline{\frac{1}{5}}d(5\ln|x|)$；

(11) $\frac{dx}{x}=\underline{-\frac{1}{5}}d(3-5\ln|x|)$；　　(12) $\frac{dx}{1+9x^2}=\underline{\frac{1}{3}}d(\arctan 3x)$；

(13) $\frac{dx}{\sqrt{1-x^2}}=\underline{-1}d(1-\arcsin x)$；　　(14) $\frac{xdx}{\sqrt{1-x^2}}=\underline{-1}d(\sqrt{1-x^2})$.

2. 求下列不定积分（其中 a、b、ω、φ 均为常数）：

(1) $\int e^{5t}dt$；

(2) $\int(3-2x)^3dx$；

(3) $\int\frac{dx}{1-2x}$；

(4) $\int\frac{dx}{\sqrt[3]{2-3x}}$；

(5) $\int(\sin ax-e^{\frac{x}{b}})dx$；

(6) $\int\frac{\sin\sqrt{t}}{\sqrt{t}}dt$；

(7) $\int xe^{-x^2}dx$；

(8) $\int x\cos(x^2)dx$；

(9) $\int\frac{x}{\sqrt{2-3x^2}}dx$；

(10) $\int\frac{3x^3}{1-x^4}dx$；

(11) $\int\frac{x+1}{x^2+2x+5}dx$；

(12) $\int\cos^2(\omega t+\varphi)\sin(\omega t+\varphi)dt$；

(13) $\int\frac{\sin x}{\cos^3x}dx$；

(14) $\int\frac{\sin x+\cos x}{\sqrt[3]{\sin x-\cos x}}dx$；

(15) $\int\tan^{10}x\cdot\sec^2x dx$；

(16) $\int\frac{dx}{x\ln x\ln\ln x}$；

(17) $\int\frac{dx}{(\arcsin x)^2\sqrt{1-x^2}}$；

(18) $\int\frac{10^{2\arccos x}}{\sqrt{1-x^2}}dx$；

(19) $\int\tan\sqrt{1+x^2}\cdot\frac{xdx}{\sqrt{1+x^2}}$；

(20) $\int\frac{\arctan\sqrt{x}}{\sqrt{x}(1+x)}dx$；

(21) $\int\frac{1+\ln x}{(x\ln x)^2}dx$；

(22) $\int\frac{dx}{\sin x\cos x}$；

(23) $\int\frac{\ln\tan x}{\sin x\cos x}dx$；

(24) $\int\cos^3x dx$；

(25) $\int\cos^2(\omega t+\varphi)dt$；

(26) $\int\sin 2x\cos 3x dx$；

(27) $\int\cos x\cos\frac{x}{2}dx$；

(28) $\int\sin 5x\sin 7x dx$；

(29) $\int\tan^3x\sec x dx$；

(30) $\int\frac{dx}{e^x+e^{-x}}$；

(31) $\int\frac{1-x}{\sqrt{9-4x^2}}dx$；

(32) $\int\frac{x^3}{9+x^2}dx$；

(33) $\int\frac{dx}{2x^2-1}$；

(34) $\int\frac{dx}{(x+1)(x-2)}$；

(35) $\int\frac{x}{x^2-x-2}dx$；

(36) $\int\frac{x^2}{\sqrt{a^2-x^2}}dx(a>0)$；

(37) $\int\frac{dx}{x\sqrt{x^2-1}}$；

(38) $\int\frac{dx}{\sqrt{(x^2+1)^3}}$；

(39) $\int\frac{\sqrt{x^2-9}\,dx}{x}$；

(40) $\int\frac{dx}{1+\sqrt{2x}}$；

(41) $\int \frac{dx}{1+\sqrt{1-x^2}}$；　　(42) $\int \frac{dx}{x+\sqrt{1-x^2}}$；

(43) $\int \frac{x-1}{x^2+2x+3}dx$；　　(44) $\int \frac{x^3+1}{(x^2+1)^2}dx$.

解　(1) $\int e^{5t}dt \xlongequal{u=5t} \frac{1}{5}\int e^u du = \frac{1}{5}e^u + C = \frac{1}{5}e^{5t} + C$；

(2) $\int (3-2x)^3 dx \xlongequal{u=3-2x} -\frac{1}{2}\int u^3 du = -\frac{1}{8}u^4 + C = -\frac{1}{8}(3-2x)^4 + C$；

(3) $\int \frac{dx}{1-2x} \xlongequal{u=1-2x} -\frac{1}{2}\int \frac{du}{u} = -\frac{1}{2}\ln|u| + C = -\frac{1}{2}\ln|1-2x| + C$；

(4) $\int \frac{dx}{\sqrt[3]{2-3x}} \xlongequal{u=2-3x} -\frac{1}{3}\int \frac{du}{\sqrt[3]{u}} = -\frac{1}{2}u^{\frac{2}{3}} + C = -\frac{1}{2}(2-3x)^{\frac{2}{3}} + C$；

(5) $\int (\sin ax - e^{\frac{x}{b}})dx = \int \sin ax dx - \int e^{\frac{x}{b}}dx = \frac{1}{a}\int \sin ax d(ax) - b\int e^{\frac{x}{b}} d\left(\frac{x}{b}\right)$

$= -\frac{1}{a}\cos ax - be^{\frac{x}{b}} + C$；

(6) $\int \frac{\sin\sqrt{t}}{\sqrt{t}}dt = 2\int \sin\sqrt{t}\, d(\sqrt{t}) = -2\cos\sqrt{t} + C$；

(7) $\int xe^{-x^2}dx = -\frac{1}{2}\int e^{-x^2}d(-x^2) = -\frac{1}{2}e^{-x^2} + C$；

(8) $\int x\cos(x^2)dx = \frac{1}{2}\int \cos(x^2)d(x^2) = \frac{1}{2}\sin(x^2) + C$；

(9) $\int \frac{x}{\sqrt{2-3x^2}}dx = \frac{1}{2}\int \frac{1}{\sqrt{2-3x^2}}d(x^2) = -\frac{1}{6}\int \frac{1}{\sqrt{2-3x^2}}d(2-3x^2) = -\frac{1}{3}\sqrt{2-3x^2} + C$；

(10) $\int \frac{3x^3}{1-x^4}dx = \frac{3}{4}\int \frac{1}{1-x^4}d(x^4) = -\frac{3}{4}\int \frac{1}{1-x^4}d(1-x^4) = -\frac{3}{4}\ln|1-x^4| + C$；

(11) $\int \frac{x+1}{x^2+2x+5}dx = \frac{1}{2}\int \frac{1}{x^2+2x+5}d(x^2+2x+5) = \frac{1}{2}\ln(x^2+2x+5) + C$；

(12) $\int \cos^2(\omega t+\varphi)\sin(\omega t+\varphi)dt = -\frac{1}{\omega}\int \cos^2(\omega t+\varphi)d[\cos(\omega t+\varphi)]$

$= -\frac{1}{3\omega}\cos^3(\omega t+\varphi) + C$；

(13) $\int \frac{\sin x}{\cos^3 x}dx = -\int \frac{1}{\cos^3 x}d(\cos x) = \frac{1}{2\cos^2 x} + C$；

(14) $\int \frac{\sin x+\cos x}{\sqrt[3]{\sin x-\cos x}}dx = \int \frac{1}{\sqrt[3]{\sin x-\cos x}}d(\sin x-\cos x) = \frac{3}{2}(\sin x-\cos x)^{\frac{2}{3}} + C$；

(15) $\int \tan^{10}x\cdot\sec^2 x dx = \int \tan^{10}x d(\tan x) = \frac{1}{11}\tan^{11}x + C$；

(16) $\int \frac{dx}{x\ln x\ln\ln x} = \int \frac{d(\ln x)}{\ln x\ln\ln x} = \int \frac{d(\ln\ln x)}{\ln\ln x} = \ln|\ln\ln x| + C$；

(17) $\int \frac{dx}{(\arcsin x)^2\sqrt{1-x^2}} = \int \frac{d(\arcsin x)}{(\arcsin x)^2} = -\frac{1}{\arcsin x} + C$;

(18) $\int \frac{10^{2\arccos x}}{\sqrt{1-x^2}}dx = -\int 10^{2\arccos x}d(\arccos x) = -\frac{1}{2}\int 10^{2\arccos x}d(2\arccos x) = -\frac{10^{2\arccos x}}{2\ln 10} + C$;

(19) $\int \tan\sqrt{1+x^2} \cdot \frac{xdx}{\sqrt{1+x^2}} = \int \tan\sqrt{1+x^2}\,d\sqrt{1+x^2} = -\ln|\cos\sqrt{1+x^2}| + C$;

(20) $\int \frac{\arctan\sqrt{x}}{\sqrt{x}(1+x)}dx = 2\int \frac{\arctan\sqrt{x}}{1+x}d(\sqrt{x}) = 2\int \arctan\sqrt{x}\,d(\arctan\sqrt{x}) = (\arctan\sqrt{x})^2 + C$;

(21) $\int \frac{1+\ln x}{(x\ln x)^2}dx = \int \frac{d(x\ln x)}{(x\ln x)^2} = -\frac{1}{x\ln x} + C$;

(22) $\int \frac{dx}{\sin x\cos x} = \int \frac{\sin^2 x + \cos^2 x}{\sin x\cos x}dx = \int \tan x dx + \int \cot x dx$

$= \ln|\sin x| - \ln|\cos x| + C = \ln|\tan x| + C$;

(23) $\int \frac{\ln\tan x}{\sin x\cos x}dx = \int \frac{\ln\tan x}{\tan x}\sec^2 x dx = \int \frac{\ln\tan x}{\tan x}d(\tan x)$

$= \int \ln\tan x\,d(\ln\tan x) = \frac{(\ln\tan x)^2}{2} + C$;

(24) $\int \cos^3 x dx = \int \cos^2 x\cos x dx = \int (1-\sin^2 x)d(\sin x)$

$= \int d(\sin x) - \int \sin^2 x d(\sin x) = \sin x - \frac{1}{3}\sin^3 x + C$;

(25) $\int \cos^2(\omega t+\varphi)dt = \int \frac{\cos 2(\omega t+\varphi)+1}{2}dt = \frac{1}{4\omega}\int \cos 2(\omega t+\varphi)d[2(\omega t+\varphi)] + \frac{1}{2}\int dt$

$= \frac{\sin 2(\omega t+\varphi)}{4\omega} + \frac{t}{2} + C$;

(26) $\int \sin 2x\cos 3x dx = \int \frac{1}{2}(\sin 5x - \sin x)dx = -\frac{1}{10}\cos 5x + \frac{1}{2}\cos x + C$;

(27) $\int \cos x\cos\frac{x}{2}dx = \int \frac{1}{2}\left(\cos\frac{3x}{2} + \cos\frac{x}{2}\right)dx = \frac{1}{3}\sin\frac{3x}{2} + \sin\frac{x}{2} + C$;

(28) $\int \sin 5x\sin 7x dx = -\int \frac{1}{2}(\cos 12x - \cos 2x)dx = -\frac{1}{24}\sin 12x + \frac{1}{4}\sin 2x + C$;

(29) $\int \tan^3 x\sec x dx = \int \tan^2 x d(\sec x) = \int (\sec^2 x - 1)d(\sec x) = \frac{1}{3}\sec^3 x - \sec x + C$;

(30) $\int \frac{dx}{e^x + e^{-x}} = \int \frac{e^x dx}{e^{2x}+1} = \int \frac{d(e^x)}{e^{2x}+1} = \arctan(e^x) + C$;

(31) $\int \frac{1-x}{\sqrt{9-4x^2}}dx = \int \frac{1}{\sqrt{9-4x^2}}dx + \int \frac{-x}{\sqrt{9-4x^2}}dx$

$= \frac{1}{2}\int \frac{1}{\sqrt{1-\left(\frac{2x}{3}\right)^2}}d\left(\frac{2x}{3}\right) + \frac{1}{8}\int \frac{1}{\sqrt{9-4x^2}}d(9-4x^2)$

$$= \frac{1}{2}\arcsin\frac{2x}{3} + \frac{1}{4}\sqrt{9 - 4x^2} + C;$$

(32) $\int \frac{x^3}{9 + x^2}dx = \int \frac{x(x^2 + 9) - 9x}{9 + x^2}dx = \int x dx - \int \frac{9x}{9 + x^2}dx = \frac{x^2}{2} - \frac{9}{2}\int \frac{1}{9 + x^2}d(9 + x^2)$

$$= \frac{x^2}{2} - \frac{9}{2}\ln(9 + x^2) + C;$$

(33) $\int \frac{dx}{2x^2 - 1} = \frac{1}{2}\int \frac{dx}{x^2 - \frac{1}{2}} = \frac{1}{2}\cdot\frac{1}{2\frac{1}{\sqrt{2}}}\ln\left|\frac{x - \frac{1}{\sqrt{2}}}{x + \frac{1}{\sqrt{2}}}\right| + C = \frac{\sqrt{2}}{4}\ln\left|\frac{\sqrt{2}x - 1}{\sqrt{2}x + 1}\right| + C;$

(34) $\int \frac{dx}{(x + 1)(x - 2)} = \frac{1}{3}\int \frac{dx}{x - 2} - \frac{1}{3}\int \frac{dx}{x + 1} = \frac{1}{3}\ln\left|\frac{x - 2}{x + 1}\right| + C;$

(35) $\int \frac{x}{x^2 - x - 2}dx = \frac{2}{3}\int \frac{dx}{x - 2} + \frac{1}{3}\int \frac{dx}{x + 1} = \frac{2}{3}\ln|x - 2| + \frac{1}{3}\ln|x + 1| + C;$

(36) 设 $x = a\sin t$，$-\frac{\pi}{2} < t < \frac{\pi}{2}$，那么 $\sqrt{a^2 - x^2} = a\cos t$，$dx = a\cos t dt$.

则 $\int \frac{x^2}{\sqrt{a^2 - x^2}}dx = \int a^2\sin^2 t dt = \frac{a^2}{2}\int (1 - \cos 2t)dt = \frac{a^2}{2}t - \frac{a^2}{4}\sin 2t + C.$

由于 $x = a\sin t$，$-\frac{\pi}{2} < t < \frac{\pi}{2}$，因此 $t = \arcsin\frac{x}{a}$，则

$$a^2\sin 2t = 2a\sin t a\cos t = 2x\sqrt{a^2 - a^2\sin^2 t} = 2x\sqrt{a^2 - x^2},$$

于是所求积分为 $\int \frac{x^2}{\sqrt{a^2 - x^2}}dx = \frac{a^2}{2}\arcsin\frac{x}{a} - \frac{1}{2}x\sqrt{a^2 - x^2} + C.$

(37) 由于被积函数的定义域是 $x > 1$ 和 $x < -1$ 两个区间，我们将在两个区间内分别求不定积分.

当 $x > 1$ 时，设 $x = \sec t$，$0 < t < \frac{\pi}{2}$，那么 $\sqrt{x^2 - 1} = \tan t$，$dx = \sec t\tan t dt$.

则 $\int \frac{dx}{x\sqrt{x^2 - 1}} = \int dt = t + C$. 由于 $x = \sec t$，$0 < t < \frac{\pi}{2}$，所以 $t = \arcsin\frac{\sqrt{x^2 - 1}}{x}$ $\left(或 t = \arccos\frac{1}{x}\right)$，于是所求积分为 $\int \frac{dx}{x\sqrt{x^2 - 1}} = \arcsin\frac{\sqrt{x^2 - 1}}{x} + C\left(或 \arccos\frac{1}{x} + C\right)$.

当 $x < -1$ 时，令 $x = -u$，则 $u > 1$，且

$$\int \frac{dx}{x\sqrt{x^2 - 1}} = \int \frac{du}{u\sqrt{u^2 - 1}} = \arcsin\frac{\sqrt{u^2 - 1}}{u} + C$$

$$= \arcsin\left(-\frac{\sqrt{x^2 - 1}}{x}\right) + C\left(或 \arcsin\left(-\frac{1}{x}\right) + C\right).$$

综上，可将结论写作：$\int \frac{dx}{x\sqrt{x^2 - 1}} = \arcsin\frac{\sqrt{x^2 - 1}}{|x|} + C\left(或 \arccos\frac{1}{|x|} + C\right)$.

（38）设 $x=\tan t$，$-\frac{\pi}{2}<t<\frac{\pi}{2}$，那么 $\sqrt{x^2+1}=\sec t$，$\mathrm{d}x=\sec^2 t\mathrm{d}t$. 则 $\int\frac{\mathrm{d}x}{\sqrt{(x^2+1)^3}}=$ $\int\cos t\mathrm{d}t=\sin t+C$. 由于 $x=\tan t$，$-\frac{\pi}{2}<t<\frac{\pi}{2}$，因此 $\sin t=\frac{x}{\sqrt{x^2+1}}$，于是所求积分为 $\int\frac{\mathrm{d}x}{\sqrt{(x^2+1)^3}}=\frac{x}{\sqrt{x^2+1}}+C$.

（39）由于被积函数的定义域是 $x>3$ 和 $x<-3$ 两个区间，我们将在两个区间内分别求不定积分.

当 $x>3$ 时，设 $x=3\sec t$，$0<t<\frac{\pi}{2}$，那么 $\sqrt{x^2-9}=3\tan t$，$\mathrm{d}x=3\sec t\tan t\mathrm{d}t$. 则

$$\int\frac{\sqrt{x^2-9}\mathrm{d}x}{x}=\int 3\tan^2 t\mathrm{d}t=3\int(\sec^2 t-1)\mathrm{d}t=3\tan t-3t+C.$$

由于 $x=3\sec t$，$0<t<\frac{\pi}{2}$，因此 $t=\arcsin\frac{\sqrt{x^2-9}}{x}$，$3\tan t=\sqrt{9\sec^2 t-9}=\sqrt{x^2-9}$.

于是所求积分为 $\int\frac{\sqrt{x^2-9}\mathrm{d}x}{x}=\sqrt{x^2-9}-3\arcsin\frac{\sqrt{x^2-9}}{x}+C$.

当 $x<-3$ 时，令 $x=-u$，则 $u>3$，且

$$\int\frac{\sqrt{x^2-9}\mathrm{d}x}{x}=\int\frac{\sqrt{u^2-9}\mathrm{d}u}{u}=\sqrt{u^2-9}-3\arcsin\frac{\sqrt{u^2-9}}{u}+C$$

$$=\sqrt{x^2-9}-3\arcsin\frac{\sqrt{x^2-9}}{-x}+C.$$

综上，可将结论写作：$\int\frac{\sqrt{x^2-9}\mathrm{d}x}{x}=\sqrt{x^2-9}-3\arcsin\frac{\sqrt{x^2-9}}{|x|}+C$.

或［（类似于习题4-2解答2.（37））］$\int\frac{\sqrt{x^2-9}\mathrm{d}x}{x}=\sqrt{x^2-9}-3\arccos\frac{3}{|x|}+C$.

（40）令 $u=\sqrt{2x}$，则 $\mathrm{d}x=u\mathrm{d}u$，于是 $\int\frac{\mathrm{d}x}{1+\sqrt{2x}}=\int\frac{u\mathrm{d}u}{1+u}=\int\mathrm{d}u-\int\frac{\mathrm{d}u}{1+u}=u-$ $\ln|1+u|+C=\sqrt{2x}-\ln(1+\sqrt{2x})+C$.

（41）设 $x=\sin t$，$-\frac{\pi}{2}<t<\frac{\pi}{2}$，那么 $\sqrt{1-x^2}=\cos t$，$\mathrm{d}x=\cos t\mathrm{d}t$. 则 $\int\frac{\mathrm{d}x}{1+\sqrt{1-x^2}}=$

$$\int\frac{\cos t\mathrm{d}t}{1+\cos t}=\int\frac{2\cos^2\frac{t}{2}-1}{2\cos^2\frac{t}{2}}\mathrm{d}t=\int\mathrm{d}t-\frac{1}{2}\int\sec^2\frac{t}{2}\mathrm{d}t=t-\tan\frac{t}{2}+C.$$

由于 $x=\sin t$，$-\frac{\pi}{2}<t<\frac{\pi}{2}$，因此 $t=\arcsin x$，$\tan\frac{t}{2}=\frac{\sin t}{1+\cos t}=\frac{x}{1+\sqrt{1-x^2}}$，于是所求积分为 $\int\frac{\mathrm{d}x}{1+\sqrt{1^2-x^2}}=\arcsin x-\frac{x}{1+\sqrt{1-x^2}}+C$.

（42）由于被积函数的定义域是 $-\frac{\sqrt{2}}{2}<x<1$ 和 $-1<x<-\frac{\sqrt{2}}{2}$ 两个区间，我们将在两个区间内分别求不定积分.

当 $-\frac{\sqrt{2}}{2}<x<1$，不妨设 $x=\sin t$，$-\frac{\pi}{4}<t<\frac{\pi}{2}$，$\sqrt{1-x^2}=\cos t$，$\mathrm{d}x=\cos t\mathrm{d}t$.

则 $\int\frac{\mathrm{d}x}{x+\sqrt{1-x^2}}=\int\frac{\cos t\mathrm{d}t}{\sin t+\cos t}$.

令 $I_1=\int\frac{\cos t\mathrm{d}t}{\sin t+\cos t}$，$I_2=\int\frac{\sin t\mathrm{d}t}{\sin t+\cos t}$，则 $I_1+I_2=\int\mathrm{d}t=t+C$，

$I_1-I_2=\int\frac{\cos t-\sin t}{\sin t+\cos t}\mathrm{d}t=\int\frac{\mathrm{d}(\sin t+\cos t)}{\sin t+\cos t}=\ln|\sin t+\cos t|+C$，

解得 $\int\frac{\cos t\mathrm{d}t}{\sin t+\cos t}=I_1=\frac{t}{2}+\frac{1}{2}\ln|\sin t+\cos t|+C.$

由于 $x=\sin t$，$-\frac{\pi}{4}<t<\frac{\pi}{2}$，因此 $t=\arcsin x$，$\cos t=\sqrt{1-\sin^2 t}=\sqrt{1-x^2}$，于是所求积分为 $\int\frac{\mathrm{d}x}{x+\sqrt{1-x^2}}=\int\frac{\cos t\mathrm{d}t}{\sin t+\cos t}=\frac{1}{2}\arcsin x+\frac{1}{2}\ln|x+\sqrt{1-x^2}|+C.$

当 $-1<x<-\frac{\sqrt{2}}{2}$ 时，重复上面的过程，可得与上面不定积分形式相同的结果，故在 $-\frac{\sqrt{2}}{2}<x<1$ 和 $-1<x<-\frac{\sqrt{2}}{2}$ 两个区间内，所求不定积分为

$$\int\frac{\mathrm{d}x}{x+\sqrt{1-x^2}}=\frac{1}{2}\arcsin x+\frac{1}{2}\ln|x+\sqrt{1-x^2}|+C.$$

（43）
$$\begin{aligned}\int\frac{x-1}{x^2+2x+3}\mathrm{d}x&=\int\frac{x+1}{x^2+2x+3}\mathrm{d}x-\int\frac{2}{x^2+2x+3}\mathrm{d}x\\&=\frac{1}{2}\int\frac{\mathrm{d}(x^2+2x+3)}{x^2+2x+3}-2\int\frac{\mathrm{d}(x+1)}{(x+1)^2+2}\\&=\frac{1}{2}\ln(x^2+2x+3)-\sqrt{2}\arctan\frac{x+1}{\sqrt{2}}+C.\end{aligned}$$

（44）设 $x=\tan t$，$-\frac{\pi}{2}<t<\frac{\pi}{2}$，那么 $x^2+1=\sec^2 t$，$\mathrm{d}x=\sec^2 t\mathrm{d}t$. 则

$$\begin{aligned}\int\frac{x^3+1}{(x^2+1)^2}\mathrm{d}x&=\int\frac{\tan^3 t+1}{\sec^2 t}\mathrm{d}t=\int\frac{\sin^3 t}{\cos t}\mathrm{d}t+\int\cos^2 t\mathrm{d}t\\&=-\int\frac{(1-\cos^2 t)}{\cos t}\mathrm{d}\cos t+\frac{1}{2}\int(\cos 2t+1)\mathrm{d}t\\&=-\ln(\cos t)+\frac{1}{2}\cos^2 t+\frac{1}{4}\sin 2t+\frac{t}{2}+C.\end{aligned}$$

由于 $x=\tan t$，$-\frac{\pi}{4}<t<\frac{\pi}{2}$，因此 $\cos t=\frac{1}{\sqrt{x^2+1}}$，$\sin t=\frac{x}{\sqrt{x^2+1}}$，$\sin 2t=2\sin t\cos t=\frac{2x}{x^2+1}$，于是所求积分为 $\int\frac{x^3+1}{(x^2+1)^2}\mathrm{d}x=\frac{1}{2}\ln(x^2+1)+\frac{1+x}{2(x^2+1)}+\frac{1}{2}\arcsin\frac{x}{\sqrt{x^2+1}}+C.$

习题4-3　解答　分部积分法

求下列不定积分:

1. $\int x\sin x\mathrm{d}x$.　　2. $\int \ln x\mathrm{d}x$.

3. $\int \arcsin x\mathrm{d}x$.　　4. $\int x\mathrm{e}^{-x}\mathrm{d}x$.

5. $\int x^2\ln x\mathrm{d}x$.　　6. $\int \mathrm{e}^{-x}\cos x\mathrm{d}x$.

7. $\int \mathrm{e}^{-2x}\sin\frac{x}{2}\mathrm{d}x$.　　8. $\int x\cos\frac{x}{2}\mathrm{d}x$.

9. $\int x^2\arctan x\mathrm{d}x$.　　10. $\int x\tan^2 x\mathrm{d}x$.

11. $\int x^2\cos x\mathrm{d}x$.　　12. $\int t\mathrm{e}^{-2t}\mathrm{d}t$.

13. $\int \ln^2 x\mathrm{d}x$.　　14. $\int x\sin x\cos x\mathrm{d}x$.

15. $\int x^2\cos^2\frac{x}{2}\mathrm{d}x$.　　16. $\int x\ln(x-1)\mathrm{d}x$.

17. $\int (x^2-1)\sin 2x\mathrm{d}x$.　　18. $\int \frac{\ln^3 x}{x^2}\mathrm{d}x$.

19. $\int \mathrm{e}^{\sqrt[3]{x}}\mathrm{d}x$.　　20. $\int \cos\ln x\mathrm{d}x$.

21. $\int (\arcsin x)^2\mathrm{d}x$.　　22. $\int \mathrm{e}^x\sin^2 x\mathrm{d}x$.

23. $\int x\ln^2 x\mathrm{d}x$.　　24. $\int \mathrm{e}^{\sqrt{3x+9}}\mathrm{d}x$.

解　1. $\int x\sin x\mathrm{d}x=\int x\mathrm{d}(-\cos x)=-x\cos x+\int\cos x\cdot(x)'\mathrm{d}x$

$$=-x\cos x+\int\cos x\mathrm{d}x=-x\cos x+\sin x+C.$$

2. $\int\ln x\mathrm{d}x=x\ln x-\int x\cdot(\ln x)'\mathrm{d}x=x\ln x-\int x\cdot\frac{1}{x}\mathrm{d}x=x\ln x-\int 1\mathrm{d}x=x\ln x-x+C.$

3. $\int\arcsin x\mathrm{d}x=x\arcsin x-\int x\cdot(\arcsin x)'\mathrm{d}x=x\arcsin x-\int\frac{x}{\sqrt{1-x^2}}\mathrm{d}x$

$$=x\arcsin x+\frac{1}{2}\int\frac{1}{\sqrt{1-x^2}}\mathrm{d}(1-x^2)=x\arcsin x+\sqrt{1-x^2}+C.$$

4. $\int x\mathrm{e}^{-x}\mathrm{d}x=-\int x\mathrm{d}(\mathrm{e}^{-x})=-x\mathrm{e}^{-x}+\int\mathrm{e}^{-x}\cdot(x)'\mathrm{d}x=-x\mathrm{e}^{-x}+\int\mathrm{e}^{-x}\mathrm{d}x=-x\mathrm{e}^{-x}-\mathrm{e}^{-x}+C.$

5. $\int x^2\ln x\mathrm{d}x=\frac{1}{3}\int\ln x\mathrm{d}(x^3)=\frac{1}{3}x^3\ln x-\frac{1}{3}\int x^3\cdot(\ln x)'\mathrm{d}x$

$$=\frac{1}{3}x^3\ln x-\frac{1}{3}\int x^2\mathrm{d}x=\frac{1}{3}x^3\ln x-\frac{1}{9}x^3+C.$$

6. 由$\int\mathrm{e}^{-x}\cos x\mathrm{d}x=-\int\cos x\mathrm{d}(\mathrm{e}^{-x})=-\mathrm{e}^{-x}\cos x+\int\mathrm{e}^{-x}\cdot(\cos x)'\mathrm{d}x$

$$=-e^{-x}\cos x-\int e^{-x}\sin x\mathrm{d}x=-e^{-x}\cos x+\int\sin x\mathrm{d}(e^{-x})$$

$$=-e^{-x}\cos x+e^{-x}\sin x-\int e^{-x}\cdot(\sin x)'\mathrm{d}x$$

$$=-e^{-x}\cos x+e^{-x}\sin x-\int e^{-x}\cdot\cos x\mathrm{d}x$$

可得 $\int e^{-x}\cos x\mathrm{d}x=\dfrac{e^{-x}(\sin x-\cos x)}{2}+C.$

7. 由 $\int e^{-2x}\sin\dfrac{x}{2}\mathrm{d}x=-\dfrac{1}{2}\int\sin\dfrac{x}{2}\mathrm{d}(e^{-2x})=-\dfrac{1}{2}e^{-2x}\sin\dfrac{x}{2}+\dfrac{1}{2}\int e^{-2x}\cdot\left(\sin\dfrac{x}{2}\right)'\mathrm{d}x$

$$=-\frac{1}{2}e^{-2x}\sin\frac{x}{2}+\frac{1}{4}\int e^{-2x}\cdot\cos\frac{x}{2}\mathrm{d}x=-\frac{1}{2}e^{-2x}\sin\frac{x}{2}-\frac{1}{8}\int\cos\frac{x}{2}\mathrm{d}(e^{-2x})$$

$$=-\frac{1}{2}e^{-2x}\sin\frac{x}{2}-\frac{1}{8}e^{-2x}\cos\frac{x}{2}+\frac{1}{8}\int e^{-2x}\cdot\left(\cos\frac{x}{2}\right)'\mathrm{d}x$$

$$=-\frac{1}{2}e^{-2x}\sin\frac{x}{2}-\frac{1}{8}e^{-2x}\cos\frac{x}{2}-\frac{1}{16}\int e^{-2x}\sin\frac{x}{2}\mathrm{d}x$$

可得 $\int e^{-2x}\sin\dfrac{x}{2}\mathrm{d}x=-\dfrac{2}{17}e^{-2x}\left(4\sin\dfrac{x}{2}+\cos\dfrac{x}{2}\right)+C.$

8. $\int x\cos\dfrac{x}{2}\mathrm{d}x=2\int x\mathrm{d}\left(\sin\dfrac{x}{2}\right)=2x\sin\dfrac{x}{2}-2\int\sin\dfrac{x}{2}\cdot(x)'\mathrm{d}x$

$$=2x\sin\frac{x}{2}-2\int\sin\frac{x}{2}\mathrm{d}x=2x\sin\frac{x}{2}+4\cos\frac{x}{2}+C.$$

9. $\int x^2\arctan x\mathrm{d}x=\dfrac{1}{3}\int\arctan x\mathrm{d}(x^3)=\dfrac{1}{3}x^3\arctan x-\dfrac{1}{3}\int x^3\cdot(\arctan x)'\mathrm{d}x$

$$=\frac{1}{3}x^3\arctan x-\frac{1}{3}\int\frac{x^3}{1+x^2}\mathrm{d}x=\frac{1}{3}x^3\arctan x-\frac{1}{3}\int x\mathrm{d}x+\frac{1}{3}\int\frac{x}{1+x^2}\mathrm{d}x$$

$$=\frac{1}{3}x^3\arctan x-\frac{1}{6}x^2+\frac{1}{6}\ln(1+x^2)+C.$$

10. $\int x\tan^2x\mathrm{d}x=\int x(\sec^2x-1)\mathrm{d}x=\int x\mathrm{d}(\tan x)-\int x\mathrm{d}x=x\tan x-\int\tan x\mathrm{d}x-\dfrac{1}{2}x^2$

$$=x\tan x+\ln|\cos x|-\frac{1}{2}x^2+C.$$

11. $\int x^2\cos x\mathrm{d}x=\int x^2\mathrm{d}(\sin x)=x^2\sin x-\int\sin x\cdot(x^2)'\mathrm{d}x$

$$=x^2\sin x-2\int x\sin x\mathrm{d}x=x^2\sin x+2\int x\mathrm{d}(\cos x)=x^2\sin x+2x\cos x-2\int\cos x\mathrm{d}x$$

$$=x^2\sin x+2x\cos x-2\sin x+C.$$

12. $\int te^{-2t}\mathrm{d}t=-\dfrac{1}{2}\int t\mathrm{d}e^{-2t}=-\dfrac{1}{2}te^{-2t}+\dfrac{1}{2}\int e^{-2t}\mathrm{d}t=-\dfrac{1}{2}te^{-2t}-\dfrac{1}{4}e^{-2t}+C.$

13. $\int\ln^2x\mathrm{d}x=x\ln^2x-2\int\ln x\mathrm{d}x=x\ln^2x-2x\ln x+2\int\mathrm{d}x=x\ln^2x-2x\ln x+2x+C.$

14. $\int x\sin x\cos x\mathrm{d}x=\dfrac{1}{2}\int x\sin 2x\mathrm{d}x=\dfrac{1}{4}\int x\mathrm{d}(-\cos 2x)=-\dfrac{1}{4}x\cos 2x+\dfrac{1}{4}\int\cos 2x\cdot(x)'\mathrm{d}x$

$$=-\frac{1}{4}x\cos 2x+\frac{1}{4}\int\cos 2x\mathrm{d}x=-\frac{1}{4}x\cos 2x+\frac{1}{8}\sin 2x+C.$$

15. $\int x^2\cos^2\frac{x}{2}\mathrm{d}x=\frac{1}{2}\int x^2(\cos x+1)\mathrm{d}x=\frac{1}{2}\int x^2\mathrm{d}(\sin x)+\frac{1}{2}\int x^2\mathrm{d}x$

$$=\frac{1}{2}x^2\sin x-\int\sin x\cdot x\mathrm{d}x+\frac{1}{6}x^3=\frac{1}{2}x^2\sin x+\int x\mathrm{d}(\cos x)+\frac{1}{6}x^3$$

$$=\frac{1}{2}x^2\sin x+x\cos x-\int\cos x\mathrm{d}x+\frac{1}{6}x^3$$

$$=\frac{1}{2}x^2\sin x+x\cos x-\sin x+\frac{1}{6}x^3+C.$$

16. $\int x\ln(x-1)\mathrm{d}x=\frac{1}{2}\int\ln(x-1)\mathrm{d}(x^2)=\frac{1}{2}x^2\ln(x-1)-\frac{1}{2}\int\frac{x^2}{x-1}\mathrm{d}x$

$$=\frac{1}{2}x^2\ln(x-1)-\frac{1}{2}\int(x+1)\mathrm{d}x-\frac{1}{2}\int\frac{1}{x-1}\mathrm{d}x$$

$$=\frac{1}{2}x^2\ln(x-1)-\frac{1}{4}x^2-\frac{1}{2}x-\frac{1}{2}\ln(x-1)+C.$$

17. $\int(x^2-1)\sin 2x\mathrm{d}x=-\frac{1}{2}\int x^2\mathrm{d}(\cos 2x)+\frac{1}{2}\int\mathrm{d}(\cos 2x)=\frac{1}{2}(1-x^2)\cos 2x+\int x\cos 2x\mathrm{d}x$

$$=\frac{1}{2}(1-x^2)\cos 2x+\frac{1}{2}\int x\mathrm{d}(\sin 2x)$$

$$=\frac{1}{2}(1-x^2)\cos 2x+\frac{1}{2}x\sin 2x-\frac{1}{2}\int\sin 2x\mathrm{d}x$$

$$=\frac{1}{2}(1-x^2)\cos 2x+\frac{1}{2}x\sin 2x+\frac{1}{4}\cos 2x+C$$

$$=\frac{1}{4}(3-2x^2)\cos 2x+\frac{1}{2}x\sin 2x+C.$$

18. $\int\frac{\ln^3x}{x^2}\mathrm{d}x=-\int\ln^3x\mathrm{d}\left(\frac{1}{x}\right)=-\frac{\ln^3x}{x}+3\int\frac{\ln^2x}{x^2}\mathrm{d}x=-\frac{\ln^3x}{x}-3\int\ln^2x\mathrm{d}\left(\frac{1}{x}\right)$

$$=-\frac{\ln^3x}{x}-\frac{3\ln^2x}{x}+6\int\frac{\ln x}{x^2}\mathrm{d}x=-\frac{\ln^3x}{x}-\frac{3\ln^2x}{x}-6\int\ln x\mathrm{d}\left(\frac{1}{x}\right)$$

$$=-\frac{\ln^3x}{x}-\frac{3\ln^2x}{x}-\frac{6\ln x}{x}+6\int\frac{1}{x^2}\mathrm{d}x=-\frac{\ln^3x+3\ln^2x+6\ln x+6}{x}+C.$$

19. $\int\mathrm{e}^{\sqrt[3]{x}}\mathrm{d}x\xlongequal{u=\sqrt[3]{x}}3\int u^2\mathrm{e}^u\mathrm{d}u=3u^2\mathrm{e}^u-6\int u\mathrm{e}^u\mathrm{d}u=3u(u-2)\mathrm{e}^u+6\int\mathrm{e}^u\mathrm{d}u$

$$=3(u^2-2u+2)\mathrm{e}^u+C=3(\sqrt[3]{x^2}-2\sqrt[3]{x}+2)\mathrm{e}^{\sqrt[3]{x}}+C.$$

20. 因$\int\cos\ln x\mathrm{d}x\xlongequal{u=\ln x}\int\mathrm{e}^u\cos u\mathrm{d}u$，又因$\int\mathrm{e}^u\cos u\mathrm{d}u=\mathrm{e}^u\sin u-\int\mathrm{e}^u\sin u\mathrm{d}u=\mathrm{e}^u(\sin u+\cos u)-\int\mathrm{e}^u\cos u\mathrm{d}u$，故$\int\mathrm{e}^u\cos u\mathrm{d}u=\frac{1}{2}\mathrm{e}^u(\sin u+\cos u)+C$. 因此

$$\int\cos\ln x\mathrm{d}x\xlongequal{u=\ln x}\frac{1}{2}\mathrm{e}^u(\sin u+\cos u)+C=\frac{1}{2}x(\sin\ln x+\cos\ln x)+C.$$

21. $\int(\arcsin x)^2\mathrm{d}x\xlongequal{u=\arcsin x}\int u^2\cos u\mathrm{d}u\xlongequal{P_{213},\ 11}u^2\sin u+2u\cos u-2\sin u+C$

$$=[(\arcsin x)^2-2]x+2\sqrt{1-x^2}\arcsin x+C.$$

22. $\int e^x\sin^2 x\mathrm{d}x=\frac{1}{2}\int e^x(1-\cos 2x)\mathrm{d}x=\frac{1}{2}\int e^x\mathrm{d}x-\frac{1}{2}\int e^x\cos 2x\mathrm{d}x=\frac{1}{2}e^x-\frac{1}{2}\int e^x\cos 2x\mathrm{d}x.$

由 $\int e^x\cos 2x\mathrm{d}x=\frac{1}{2}\int e^x\mathrm{d}(\sin 2x)=\frac{1}{2}e^x\sin 2x-\frac{1}{2}\int e^x\cdot\sin 2x\mathrm{d}x$

$$=\frac{1}{2}e^x\sin 2x+\frac{1}{4}e^x\cos 2x-\frac{1}{4}\int e^x\cos 2x\mathrm{d}x,$$

可得 $\int e^x\cos 2x\mathrm{d}x=\frac{1}{5}e^x(2\sin 2x+\cos 2x)+C.$ 因此 $\int e^x\sin^2 x\mathrm{d}x=\frac{1}{10}e^x(5-2\sin 2x-\cos 2x)+C.$

23. $\int x\ln^2 x\mathrm{d}x=\frac{1}{2}\int\ln^2 x\mathrm{d}(x^2)=\frac{1}{2}x^2\ln^2 x-\int x\ln x\mathrm{d}x$

$$=\frac{1}{2}x^2(\ln^2 x-\ln x)+\frac{1}{2}\int x\mathrm{d}x=\frac{1}{4}x^2(2\ln^2 x-2\ln x+1)+C.$$

24. $\int e^{\sqrt{3x+9}}\mathrm{d}x\xlongequal{u=\sqrt{3x+9}}\frac{2}{3}\int ue^u\mathrm{d}u=\frac{2}{3}ue^u-\frac{2}{3}\int e^u\mathrm{d}u$

$$=\frac{2}{3}(u-1)e^u+C=\frac{2}{3}(\sqrt{3x+9}-1)e^{\sqrt{3x+9}}+C.$$

习题4-4　解答　有理函数的积分

求下列不定积分：

1. $\int\frac{x^3}{x+3}\mathrm{d}x.$

2. $\int\frac{2x+3}{x^2+3x-10}\mathrm{d}x.$

3. $\int\frac{x+1}{x^2-2x+5}\mathrm{d}x.$

4. $\int\frac{\mathrm{d}x}{x(x^2+1)}.$

5. $\int\frac{3}{x^3+1}\mathrm{d}x.$

6. $\int\frac{x^2+1}{(x+1)^2(x-1)}\mathrm{d}x.$

7. $\int\frac{x\mathrm{d}x}{(x+1)(x+2)(x+3)}.$

8. $\int\frac{x^5+x^4-8}{x^3-x}\mathrm{d}x.$

9. $\int\frac{\mathrm{d}x}{(x^2+1)(x^2+x)}.$

10. $\int\frac{1}{x^4-1}\mathrm{d}x.$

11. $\int\frac{\mathrm{d}x}{(x^2+1)(x^2+x+1)}.$

12. $\int\frac{(x+1)^2}{(x^2+1)^2}\mathrm{d}x.$

13. $\int\frac{-x^2-2}{(x^2+x+1)^2}\mathrm{d}x.$

14. $\int\frac{\mathrm{d}x}{3+\sin^2 x}.$

15. $\int\frac{\mathrm{d}x}{3+\cos x}.$

16. $\int\frac{\mathrm{d}x}{2+\sin x}.$

17. $\int\frac{\mathrm{d}x}{1+\sin x+\cos x}.$

18. $\int\frac{\mathrm{d}x}{2\sin x-\cos x+5}.$

19. $\int\frac{\mathrm{d}x}{1+\sqrt[3]{1+x}}.$

20. $\int\frac{(\sqrt{x})^3-1}{\sqrt{x}+1}\mathrm{d}x.$

21. $\int\frac{\sqrt{x+1}-1}{\sqrt{x+1}+1}\mathrm{d}x.$

22. $\int\frac{\mathrm{d}x}{\sqrt{x}+\sqrt[4]{x}}.$

23. $\int \sqrt{\frac{1-x}{1+x}}\frac{dx}{x}$.　　24. $\int \frac{dx}{\sqrt[3]{(x+1)^2(x-1)^4}}$.

解 1. $\int \frac{x^3}{x+3}dx = \int\left(x^2 - 3x + 9 - \frac{27}{x+3}\right)dx = \frac{1}{3}x^3 - \frac{3}{2}x^2 + 9x - 27\ln|x+3| + C$.

2. $\int \frac{2x+3}{x^2+3x-10}dx = \int \frac{1}{x^2+3x-10}d(x^2+3x-10) = \ln|x^2+3x-10| + C$.

3. $$\begin{aligned}\int \frac{x+1}{x^2-2x+5}dx &= \frac{1}{2}\int \frac{1}{x^2-2x+5}d(x^2-2x+5) + 2\int \frac{1}{x^2-2x+5}dx \\ &= \frac{1}{2}\ln(x^2-2x+5) + 2\int \frac{1}{(x-1)^2+2^2}d(x-1) \\ &= \frac{1}{2}\ln(x^2-2x+5) + \arctan\frac{x-1}{2} + C.\end{aligned}$$

4. 因 $\frac{1}{x(x^2+1)} = \frac{1}{x} - \frac{x}{x^2+1}$，则 $\int \frac{dx}{x(x^2+1)} = \int \frac{dx}{x} - \int \frac{x}{x^2+1}dx = \ln|x| - \frac{1}{2}\ln(x^2+1) + C$.

5. 因 $\frac{1}{x^3+1} = \frac{1}{(x+1)(x^2-x+1)} = \frac{A}{x+1} + \frac{Bx+C}{x^2-x+1}$，其中 $A = \frac{1}{(x+1)(x^2-x+1)}\cdot(x+1)\big|_{x=-1} = \frac{1}{3}$. 令 $x=0$，则 $C = 1 - \frac{1}{3} = \frac{2}{3}$. 令 $x=1$，则 $\frac{1}{2} = \frac{1}{6} + (B+C)$，即 $B = -\frac{1}{3}$. 因此 $\frac{3}{x^3+1} = \frac{1}{x+1} + \frac{2-x}{x^2-x+1}$.

于是 $$\begin{aligned}\int \frac{3}{x^3+1}dx &= \int \frac{1}{x+1}dx + \int \frac{2-x}{x^2-x+1}dx \\ &= \ln|x+1| - \frac{1}{2}\int \frac{d(x^2-x+1)}{x^2-x+1} + \frac{3}{2}\int \frac{dx}{x^2-x+1} \\ &= \ln|x+1| - \frac{1}{2}\ln(x^2-x+1) + \frac{3}{2}\int \frac{d\left(x-\frac{1}{2}\right)}{\left(x-\frac{1}{2}\right)^2 + \left(\frac{\sqrt{3}}{2}\right)^2} \\ &= \ln|x+1| - \frac{1}{2}\ln(x^2-x+1) + \sqrt{3}\arctan\frac{2x-1}{\sqrt{3}} + C.\end{aligned}$$

6. 设 $\frac{x^2+1}{(x+1)^2(x-1)} = \frac{A}{x-1} + \frac{B}{x+1} + \frac{C}{(x+1)^2}$，则

$A = \frac{x^2+1}{(x+1)^2(x-1)}\cdot(x-1)\big|_{x=1} = \frac{1}{2}$，$C = \frac{x^2+1}{(x+1)^2(x-1)}\cdot(x+1)^2\big|_{x=-1} = -1$.

另外，令 $x=0$，则 $-1 = -A + B + C$，即 $B = \frac{1}{2}$. 从而

$$\int \frac{x^2+1}{(x+1)^2(x-1)}dx = \frac{1}{2}\int \frac{dx}{x-1} + \frac{1}{2}\int \frac{dx}{x+1} - \int \frac{dx}{(x+1)^2} = \frac{1}{2}\ln|x^2-1| + \frac{1}{x+1} + C.$$

7. 设 $\frac{x}{(x+1)(x+2)(x+3)} = \frac{A}{x+1} + \frac{B}{x+2} + \frac{C}{x+3}$，则

$$A=\frac{x}{(x+1)(x+2)(x+3)}\cdot(x+1)\Big|_{x=-1}=-\frac{1}{2},$$

$$B=\frac{x}{(x+1)(x+2)(x+3)}\cdot(x+2)\Big|_{x=-2}=2,$$

$$C=\frac{x}{(x+1)(x+2)(x+3)}\cdot(x+3)\Big|_{x=-3}=-\frac{3}{2},$$

从而$\displaystyle\int\frac{x\mathrm{d}x}{(x+1)(x+2)(x+3)}=-\frac{1}{2}\int\frac{\mathrm{d}x}{x+1}+2\int\frac{\mathrm{d}x}{x+2}-\frac{3}{2}\int\frac{\mathrm{d}x}{x+3}$

$$=-\frac{1}{2}\ln|x+1|+2\ln|x+2|-\frac{3}{2}\ln|x+3|+C.$$

8. $\displaystyle\int\frac{x^5+x^4-8}{x^3-x}\mathrm{d}x=\int\frac{x^2(x^3-x)+x(x^3-x)+(x^3-x)+x^2+x-8}{x^3-x}\mathrm{d}x$

$$=\int\left(x^2+x+1+\frac{x^2+x-8}{x^3-x}\right)\mathrm{d}x=\frac{1}{3}x^3+\frac{1}{2}x^2+x+\int\frac{x^2+x-8}{x^3-x}\mathrm{d}x.$$

设$\displaystyle\frac{x^2+x-8}{x^3-x}=\frac{A}{x}+\frac{B}{x-1}+\frac{C}{x+1}$，则$\displaystyle A=\frac{x^2+x-8}{x^3-x}\cdot x\Big|_{x=0}=8$，

$\displaystyle B=\frac{x^2+x-8}{x^3-x}\cdot(x-1)\Big|_{x=1}=-3$，$\displaystyle C=\frac{x^2+x-8}{x^3-x}\cdot(x+1)\Big|_{x=-1}=-4.$

从而$\displaystyle\int\frac{x^5+x^4-8}{x^3-x}\mathrm{d}x=\frac{1}{3}x^3+\frac{1}{2}x^2+x+8\int\frac{\mathrm{d}x}{x}-3\int\frac{\mathrm{d}x}{x-1}-4\int\frac{\mathrm{d}x}{x+1}$

$$=\frac{1}{3}x^3+\frac{1}{2}x^2+x+8\ln|x|-3\ln|x-1|-4\ln|x+1|+C.$$

·9. 设$\displaystyle\frac{1}{(x^2+1)(x^2+x)}=\frac{A}{x}+\frac{B}{x+1}+\frac{Cx+D}{x^2+1}$，则

$\displaystyle A=\frac{1}{(x^2+1)(x^2+x)}\cdot x\Big|_{x=0}=1$，$\displaystyle B=\frac{1}{(x^2+1)(x^2+x)}\cdot(x+1)\Big|_{x=-1}=-\frac{1}{2}.$

另外，令$x=1$，则$\displaystyle\frac{1}{4}=A+\frac{B}{2}+\frac{C+D}{2}$，令$x=-2$，则$\displaystyle\frac{1}{10}=-\frac{A}{2}-B+\frac{-2C+D}{5}$，

解得：$C=-\frac{1}{2}$，$D=-\frac{1}{2}$. 从而

$$\int\frac{\mathrm{d}x}{(x^2+1)(x^2+x)}=\int\frac{\mathrm{d}x}{x}-\frac{1}{2}\int\frac{\mathrm{d}x}{x+1}-\frac{1}{2}\int\frac{x+1}{x^2+1}\mathrm{d}x$$

$$=\ln|x|-\frac{1}{2}\ln|x+1|-\frac{1}{4}\int\frac{\mathrm{d}(x^2+1)}{x^2+1}-\frac{1}{2}\int\frac{\mathrm{d}x}{x^2+1}$$

$$=\ln|x|-\frac{1}{2}\ln|x+1|-\frac{1}{4}\ln(x^2+1)-\frac{1}{2}\arctan x+C.$$

10. $\displaystyle\int\frac{1}{x^4-1}\mathrm{d}x=\frac{1}{2}\int\frac{\mathrm{d}x}{x^2-1}-\frac{1}{2}\int\frac{\mathrm{d}x}{x^2+1}=\frac{1}{4}\int\frac{\mathrm{d}x}{x-1}-\frac{1}{4}\int\frac{\mathrm{d}x}{x+1}-\frac{1}{2}\int\frac{\mathrm{d}x}{x^2+1}$

$$=\frac{1}{4}\ln|x-1|-\frac{1}{4}\ln|x+1|-\frac{1}{2}\arctan x+C.$$

11. 设$\displaystyle\frac{1}{(x^2+1)(x^2+x+1)}=\frac{Ax+B}{x^2+1}+\frac{Cx+D}{x^2+x+1}$，两端去分母后，得

$$1=(Ax+B)(x^2+x+1)+(Cx+D)(x^2+1),$$

即

$$1=(A+C)x^3+(A+B+D)x^2+(A+B+C)x+B+D.$$

比较上式两端同次幂的系数，即有 $\begin{cases}A+C=0,\\A+B+D=0,\\A+B+C=0,\\B+D=1,\end{cases}$ 从而解得 $A=-1$，$B=0$，$C=1$，$D=1$. 于是

$$\begin{aligned}\int\frac{dx}{(x^2+1)(x^2+x+1)}&=\int\frac{-x}{x^2+1}dx+\int\frac{x+1}{x^2+x+1}dx\\&=-\frac{1}{2}\int\frac{d(x^2+1)}{x^2+1}+\frac{1}{2}\int\frac{d(x^2+x+1)}{x^2+x+1}+\frac{1}{2}\int\frac{dx}{\left(x+\frac{1}{2}\right)^2+\left(\frac{\sqrt{3}}{2}\right)^2}\\&=\frac{1}{2}\ln\frac{x^2+x+1}{x^2+1}+\frac{\sqrt{3}}{3}\arctan\frac{2x+1}{\sqrt{3}}+C.\end{aligned}$$

12. $\int\frac{(x+1)^2}{(x^2+1)^2}dx=\int\frac{1}{x^2+1}dx+\int\frac{2x}{(x^2+1)^2}dx=\arctan x-\frac{1}{x^2+1}+C.$

13. $$\begin{aligned}\int\frac{-x^2-2}{(x^2+x+1)^2}dx&=-\int\frac{1}{x^2+x+1}dx+\int\frac{x-1}{(x^2+x+1)^2}dx\\&=-\int\frac{1}{\left(x+\frac{1}{2}\right)^2+\frac{3}{4}}dx+\frac{1}{2}\int\frac{d(x^2+x+1)}{(x^2+x+1)^2}-\frac{3}{2}\int\frac{dx}{(x^2+x+1)^2}\\&=-\frac{2}{\sqrt{3}}\arctan\frac{2x+1}{\sqrt{3}}-\frac{1}{2}\frac{1}{x^2+x+1}-\frac{3}{2}\int\frac{dx}{(x^2+x+1)^2}.\end{aligned}$$

又因 $\int\frac{dx}{(x^2+x+1)^2}\xlongequal{u=x+\frac{1}{2}}\int\frac{du}{\left(u^2+\frac{3}{4}\right)^2}$. 不妨设 $u=\frac{\sqrt{3}}{2}\tan t$，$-\frac{\pi}{2}<t<\frac{\pi}{2}$，那么

$$u^2+\frac{3}{4}=\frac{3}{4}\sec^2 t,\ du=\frac{\sqrt{3}}{2}\sec^2 t dt.$$

则 $\int\frac{du}{\left(u^2+\frac{3}{4}\right)^2}=\frac{8}{3\sqrt{3}}\int\cos^2 t dt=\frac{4}{3\sqrt{3}}\int(\cos 2t+1)dt=\frac{2}{3\sqrt{3}}\sin 2t+\frac{4}{3\sqrt{3}}t+C.$

由于 $u=\frac{\sqrt{3}}{2}\tan t$，$-\frac{\pi}{2}<t<\frac{\pi}{2}$，因此

$t=\arctan\frac{2}{\sqrt{3}}u$，$\cos t=\frac{2u}{\sqrt{4u^2+3}}$，$\sin t=\frac{\sqrt{3}}{\sqrt{4u^2+3}}$，$\sin 2u=2\sin u\cos u=\frac{4\sqrt{3}u}{4u^2+3}$.

于是 $\int\frac{dx}{(x^2+x+1)^2}\xlongequal{u=x+\frac{1}{2}}\int\frac{du}{\left(u^2+\frac{3}{4}\right)^2}=\frac{8u}{3(4u^2+3)}+\frac{4}{3\sqrt{3}}\arctan\frac{2}{\sqrt{3}}u+C$

$$=\frac{2x+1}{3(x^2+x+1)}+\frac{4}{3\sqrt{3}}\arctan\frac{2x+1}{\sqrt{3}}+C.$$

则所求积分为 $\int\frac{-x^2-2}{(x^2+x+1)^2}\mathrm{d}x=-\frac{x+1}{x^2+x+1}-\frac{4}{\sqrt{3}}\arctan\frac{2x+1}{\sqrt{3}}+C.$

14. $\int\frac{\mathrm{d}x}{3+\sin^2x}=\int\frac{\sec^2x}{3\sec^2x+\tan^2x}\mathrm{d}x=\int\frac{\mathrm{d}(\tan x)}{3+4\tan^2x}=\frac{1}{2\sqrt{3}}\arctan\frac{2\tan x}{\sqrt{3}}+C.$

15. $$\int\frac{\mathrm{d}x}{3+\cos x}\xlongequal{u=\tan\frac{x}{2}}\int\frac{1}{3+\frac{1-u^2}{1+u^2}}\frac{2}{1+u^2}\mathrm{d}u=\int\frac{\mathrm{d}u}{2+u^2}=\frac{1}{\sqrt{2}}\arctan\frac{u}{\sqrt{2}}+C$$

$$=\frac{1}{\sqrt{2}}\arctan\left(\frac{1}{\sqrt{2}}\tan\frac{x}{2}\right)+C.$$

16. $$\int\frac{\mathrm{d}x}{2+\sin x}\xlongequal{u=\tan\frac{x}{2}}\int\frac{1}{2+\frac{2u}{1+u^2}}\frac{2}{1+u^2}\mathrm{d}u=\int\frac{\mathrm{d}u}{1+u+u^2}=\int\frac{\mathrm{d}\left(u+\frac{1}{2}\right)}{\left(u+\frac{1}{2}\right)^2+\frac{3}{4}}$$

$$=\frac{2}{\sqrt{3}}\arctan\frac{2u+1}{\sqrt{3}}+C=\frac{2}{\sqrt{3}}\arctan\left(\frac{2\tan\frac{x}{2}+1}{\sqrt{3}}\right)+C.$$

17. $$\int\frac{\mathrm{d}x}{1+\sin x+\cos x}\xlongequal{u=\tan\frac{x}{2}}\int\frac{1}{1+\frac{2u}{1+u^2}+\frac{1-u^2}{1+u^2}}\frac{2}{1+u^2}\mathrm{d}u=\int\frac{\mathrm{d}u}{1+u}$$

$$=\ln|1+u|+C=\ln\left|1+\tan\frac{x}{2}\right|+C.$$

18. $$\int\frac{\mathrm{d}x}{2\sin x-\cos x+5}\xlongequal{u=\tan\frac{x}{2}}\int\frac{1}{\frac{4u}{1+u^2}-\frac{1-u^2}{1+u^2}+5}\frac{2}{1+u^2}\mathrm{d}u=\int\frac{\mathrm{d}u}{3u^2+2u+2}$$

$$=\frac{1}{\sqrt{3}}\int\frac{\mathrm{d}\left(\sqrt{3}u+\frac{1}{\sqrt{3}}\right)}{\left(\sqrt{3}u+\frac{1}{\sqrt{3}}\right)^2+\frac{5}{3}}=\frac{1}{\sqrt{5}}\arctan\frac{3u+1}{\sqrt{5}}+C$$

$$=\frac{1}{\sqrt{5}}\arctan\frac{3\tan\frac{x}{2}+1}{\sqrt{5}}+C.$$

19. $$\int\frac{\mathrm{d}x}{1+\sqrt[3]{1+x}}\xlongequal{u=\sqrt[3]{1+x}}\int\frac{3u^2}{1+u}\mathrm{d}u=\int\left(3u-3+\frac{3}{1+u}\right)\mathrm{d}u$$

$$=\frac{3}{2}u^2-3u+3\ln|1+u|+C$$

$$=\frac{3}{2}(1+x)^{\frac{2}{3}}-3\sqrt[3]{1+x}+3\ln|1+\sqrt[3]{1+x}|+C.$$

20. $\int \frac{(\sqrt{x})^3 - 1}{\sqrt{x} + 1}dx \xlongequal{u = \sqrt{x}} \int 2u \cdot \frac{u^3 - 1}{1 + u}du = \int\left(2u^3 - 2u^2 + 2u - 4 + \frac{4}{1 + u}\right)du$

$$= \frac{1}{2}u^4 - \frac{2}{3}u^3 + u^2 - 4u + 4\ln|1 + u| + C$$

$$= \frac{1}{2}x^2 - \frac{2}{3}x^{\frac{3}{2}} + x - 4\sqrt{x} + 4\ln(1 + \sqrt{x}) + C.$$

21. $\int \frac{\sqrt{x + 1} - 1}{\sqrt{x + 1} + 1}dx \xlongequal{u = \sqrt{x + 1}} \int 2u \cdot \frac{u - 1}{1 + u}du = \int\left(2u - 4 + \frac{4}{1 + u}\right)du$

$$= u^2 - 4u + 4\ln|1 + u| + C = x - 4\sqrt{x + 1} + 4\ln(1 + \sqrt{x + 1}) + C.$$

22. $\int \frac{dx}{\sqrt{x} + \sqrt[4]{x}} \xlongequal{u = \sqrt[4]{x}} \int 4u^3 \cdot \frac{1}{u^2 + u}du = \int\left(4u - 4 + \frac{4}{1 + u}\right)du$

$$= 2u^2 - 4u + 4\ln|1 + u| + C = 2\sqrt{x} - 4\sqrt[4]{x} + 4\ln(1 + \sqrt[4]{x}) + C.$$

23. $\int \sqrt{\frac{1 - x}{1 + x}}\frac{dx}{x} = \int \frac{1 - x}{\sqrt{1 - x^2}}\frac{dx}{x} \xlongequal{x = \sin u} \int \frac{1 - \sin u}{\sin u}du = \ln|\csc u - \cot u| - u + C$

$$= \ln\frac{1 - \sqrt{1 - x^2}}{|x|} - \arcsin x + C.$$

24. $\int \frac{dx}{\sqrt[3]{(x + 1)^2(x - 1)^4}} = \int \frac{1}{x^2 - 1}\sqrt[3]{\frac{x + 1}{x - 1}}dx \xlongequal{u = \sqrt[3]{\frac{x + 1}{x - 1}}} -\frac{3}{2}\int du = -\frac{3}{2}u + C$

$$= -\frac{3}{2}\sqrt[3]{\frac{x + 1}{x - 1}} + C.$$

习题4-5　解答　积分表的使用

利用积分表计算下列不定积分：

1. $\int \frac{dx}{\sqrt{4x^2 - 9}}$.

2. $\int \frac{1}{x^2 + 2x + 5}dx$.

3. $\int \frac{1}{\sqrt{5 - 4x + x^2}}dx$.

4. $\int \sqrt{2x^2 + 9}\,dx$.

5. $\int \sqrt{3x^2 - 2}\,dx$.

6. $\int e^{2x}\cos x dx$.

7. $\int x\arcsin\frac{x}{2}dx$.

8. $\int \frac{dx}{(x^2 + 9)^2}$.

9. $\int \frac{dx}{\sin^3 x}$.

10. $\int e^{-2x}\sin 3x dx$.

11. $\int \sin 3x \sin 5x dx$.

12. $\int \ln^3 x dx$.

13. $\int \frac{1}{x^2(1 - x)}dx$.

14. $\int \frac{\sqrt{x - 1}}{x}dx$.

15. $\int \frac{1}{(1 + x^2)^2}dx$.

16. $\int \frac{1}{x\sqrt{x^2 - 1}}dx$.

17. $\int \frac{x}{(2+3x)^2}\mathrm{d}x$.　　18. $\int \cos^6 x\mathrm{d}x$.

19. $\int x^2\sqrt{x^2-2}\,\mathrm{d}x$.　　20. $\int \frac{1}{2+5\cos x}\mathrm{d}x$.

21. $\int \frac{\mathrm{d}x}{x^2\sqrt{2x-1}}$.　　22. $\int \sqrt{\frac{1-x}{1+x}}\mathrm{d}x$.

23. $\int \frac{x+5}{x^2-2x-1}\mathrm{d}x$.　　24. $\int \frac{x\mathrm{d}x}{\sqrt{1+x-x^2}}$.

25. $\int \frac{x^4}{25+4x^2}\mathrm{d}x$.

注：下列各题中等号上方括号内所标的数字是教材上册附录Ⅳ积分表中的编号.

解

1. $\int \frac{\mathrm{d}x}{\sqrt{4x^2-9}} = \frac{1}{2}\int \frac{\mathrm{d}(2x)}{\sqrt{4x^2-9}} \xlongequal{(45)} \frac{1}{2}\ln\left|2x+\sqrt{4x^2-9}\right| + C$.

2. $\int \frac{1}{x^2+2x+5}\mathrm{d}x \xlongequal{(29)} \frac{1}{2}\arctan\frac{x+1}{2} + C$.

3. $\int \frac{1}{\sqrt{5-4x+x^2}}\mathrm{d}x = \int \frac{1}{\sqrt{1+(x-2)^2}}\mathrm{d}(x-2) \xlongequal{(31)} \ln(x-2+\sqrt{5-4x+x^2}) + C$.

4. $\int \sqrt{2x^2+9}\,\mathrm{d}x = \frac{1}{\sqrt{2}}\int \sqrt{3^2+(\sqrt{2}x)^2}\,\mathrm{d}(\sqrt{2}x)$

$$\xlongequal{(39)} \frac{1}{2}x\sqrt{2x^2+9} + \frac{9\sqrt{2}}{4}\ln(\sqrt{2}x+\sqrt{2x^2+9}) + C.$$

5. $\int \sqrt{3x^2-2}\,\mathrm{d}x = \frac{1}{\sqrt{3}}\int \sqrt{(\sqrt{3}x)^2-(\sqrt{2})^2}\,\mathrm{d}(\sqrt{3}x)$

$$\xlongequal{(53)} \frac{1}{2}x\sqrt{3x^2-2} - \frac{1}{\sqrt{3}}\ln\left|\sqrt{3}x+\sqrt{3x^2-2}\right| + C.$$

6. $\int e^{2x}\cos x\mathrm{d}x \xlongequal{(129)} \frac{1}{5}e^{2x}(\sin x + 2\cos x) + C$.

7. $\int x\arcsin\frac{x}{2}\mathrm{d}x \xlongequal{(114)} \left(\frac{x^2}{2}-1\right)\arcsin\frac{x}{2} + \frac{x}{4}\sqrt{4-x^2} + C$.

8. $\int \frac{\mathrm{d}x}{(x^2+9)^2} \xlongequal{(20)} \frac{x}{18(x^2+9)} + \frac{1}{18}\int \frac{\mathrm{d}x}{x^2+9} \xlongequal{(19)} \frac{x}{18(x^2+9)} + \frac{1}{54}\arctan\frac{x}{3} + C$.

9. $\int \frac{\mathrm{d}x}{\sin^3 x} \xlongequal{(97)} -\frac{1}{2}\frac{\cos x}{\sin^2 x} + \frac{1}{2}\int \frac{\mathrm{d}x}{\sin x} \xlongequal{(88)} -\frac{\cos x}{2\sin^2 x} + \frac{1}{2}\ln|\csc x - \cot x| + C$.

10. $\int e^{-2x}\sin 3x\mathrm{d}x \xlongequal{(128)} -\frac{1}{13}e^{-2x}(2\sin 3x + 3\cos 3x) + C$.

11. $\int \sin 3x\sin 5x\mathrm{d}x \xlongequal{(101)} -\frac{1}{16}\sin 8x - \frac{1}{4}\sin(-2x) + C = -\frac{1}{16}\sin 8x + \frac{1}{4}\sin 2x + C$.

12. $\int \ln^3 x\mathrm{d}x \xlongequal{(135)} x\ln^3 x - 3\int \ln^2 x\mathrm{d}x \xlongequal{(135)} x(\ln^3 x - 3\ln^2 x) + 6\int \ln x\mathrm{d}x$

$$\xlongequal{(132)} x(\ln^3 x - 3\ln^2 x + 6\ln x) - 6x + C.$$

13. $\displaystyle\int \frac{1}{x^2(1-x)}\mathrm{d}x \xlongequal{(6)} -\frac{1}{x} - \ln\left|\frac{1-x}{x}\right| + C.$

14. $\displaystyle\int \frac{\sqrt{x-1}}{x}\mathrm{d}x \xlongequal{(17)} 2\sqrt{x-1} - \int \frac{\mathrm{d}x}{x\sqrt{x-1}} \xlongequal{(15)} 2\sqrt{x-1} - 2\arctan\sqrt{x-1} + C.$

15. $\displaystyle\int \frac{1}{(1+x^2)^2}\mathrm{d}x \xlongequal{(20)} \frac{x}{2(1+x^2)} + \frac{1}{2}\int \frac{1}{1+x^2}\mathrm{d}x \xlongequal{(19)} \frac{x}{2(1+x^2)} + \frac{1}{2}\arctan x + C.$

16. $\displaystyle\int \frac{1}{x\sqrt{x^2-1}}\mathrm{d}x \xlongequal{(51)} \arccos\frac{1}{|x|} + C.$

17. $\displaystyle\int \frac{x}{(2+3x)^2}\mathrm{d}x \xlongequal{(7)} \frac{1}{9}\left(\ln|3x+2| + \frac{2}{3x+2}\right) + C.$

18. $\displaystyle\int \cos^6 x\mathrm{d}x \xlongequal{(96)} \frac{1}{6}\cos^5 x\sin x + \frac{5}{6}\int \cos^4 x\mathrm{d}x$

$$\xlongequal{(96)} \frac{1}{6}\cos^5 x\sin x + \frac{5}{24}\cos^3 x\sin x + \frac{5}{8}\int \cos^2 x\mathrm{d}x$$

$$\xlongequal{(94)} \frac{1}{6}\cos^5 x\sin x + \frac{5}{24}\cos^3 x\sin x + \frac{5}{16}x + \frac{5}{32}\sin 2x + C.$$

19. $\displaystyle\int x^2\sqrt{x^2-2}\,\mathrm{d}x \xlongequal{(56)} \frac{x(x^2-1)\sqrt{x^2-2}}{4} - \frac{1}{2}\ln|x + \sqrt{x^2-2}| + C.$

20. $\displaystyle\int \frac{1}{2+5\cos x}\mathrm{d}x \xlongequal{(106)} \frac{1}{7}\sqrt{\frac{7}{3}}\ln\left|\frac{\tan\frac{x}{2} + \sqrt{\frac{7}{3}}}{\tan\frac{x}{2} - \sqrt{\frac{7}{3}}}\right| + C = \frac{1}{\sqrt{21}}\ln\left|\frac{\sqrt{3}\tan\frac{x}{2} + \sqrt{7}}{\sqrt{3}\tan\frac{x}{2} - \sqrt{7}}\right| + C.$

21. $\displaystyle\int \frac{\mathrm{d}x}{x^2\sqrt{2x-1}} \xlongequal{(16)} \frac{\sqrt{2x-1}}{x} + \int \frac{\mathrm{d}x}{x\sqrt{2x-1}} \xlongequal{(15)} \frac{\sqrt{2x-1}}{x} + 2\arctan\sqrt{2x-1} + C.$

22. $\displaystyle\int \sqrt{\frac{1-x}{1+x}}\mathrm{d}x = \int \frac{1-x}{\sqrt{1-x^2}}\mathrm{d}x = \int \frac{1}{\sqrt{1-x^2}}\mathrm{d}x - \int \frac{x}{\sqrt{1-x^2}}\mathrm{d}x$

$$\xlongequal{(59,\ 61)} \arcsin x + \sqrt{1-x^2} + C.$$

23. $\displaystyle\int \frac{x+5}{x^2-2x-1}\mathrm{d}x = \int \frac{x}{x^2-2x-1}\mathrm{d}x + 5\int \frac{1}{x^2-2x-1}\mathrm{d}x$

$$\xlongequal{(30)} \frac{1}{2}\ln|x^2-2x-1| + 6\int \frac{1}{x^2-2x-1}\mathrm{d}x$$

$$\xlongequal{(29)} \frac{1}{2}\ln|x^2-2x-1| + \frac{3}{\sqrt{2}}\ln\left|\frac{x-1-\sqrt{2}}{x-1+\sqrt{2}}\right| + C.$$

24. $\displaystyle\int \frac{x\mathrm{d}x}{\sqrt{1+x-x^2}} \xlongequal{(78)} -\sqrt{1+x-x^2} + \frac{1}{2}\arcsin\frac{2x-1}{\sqrt{5}} + C.$

25. $\displaystyle\int \frac{x^4}{25+4x^2}\mathrm{d}x = \int\left(\frac{1}{4}x^2 - \frac{25}{16} + \frac{625}{16}\cdot\frac{1}{25+4x^2}\right)\mathrm{d}x$

$$=\frac{1}{12}x^3-\frac{25}{16}x+\frac{625}{32}\int\frac{\mathrm{d}(2x)}{5^2+(2x)^2}$$

$$\xlongequal{(19)}\frac{1}{12}x^3-\frac{25}{16}x+\frac{125}{32}\arctan\frac{2}{5}x+C.$$

总习题四　解答

1. 填空：

(1) $\int x^3\mathrm{e}^x\mathrm{d}x=$________;

(2) $\int\frac{x+5}{x^2-6x+13}\mathrm{d}x=$________.

解　(1) $\int x^3\mathrm{e}^x\mathrm{d}x=\int x^3\mathrm{d}(\mathrm{e}^x)=x^3\mathrm{e}^x-\int\mathrm{e}^x\mathrm{d}(x^3)=x^3\mathrm{e}^x-3\int x^2\mathrm{e}^x\mathrm{d}x=x^3\mathrm{e}^x-3\int x^2\mathrm{d}(\mathrm{e}^x)$

$$=x^3\mathrm{e}^x-3x^2\mathrm{e}^x+6\int x\mathrm{e}^x\mathrm{d}x=x^3\mathrm{e}^x-3x^2\mathrm{e}^x+6\int x\mathrm{d}(\mathrm{e}^x)$$

$$=x^3\mathrm{e}^x-3x^2\mathrm{e}^x+6x\mathrm{e}^x-6\int\mathrm{e}^x\mathrm{d}x=(x^3-3x^2+6x-6)\mathrm{e}^x+C.$$

因此，应填 $(x^3-3x^2+6x-6)\mathrm{e}^x+C.$

(2) $\int\frac{x+5}{x^2-6x+13}\mathrm{d}x=\int\frac{\frac{1}{2}(2x-6)+8}{x^2-6x+13}\mathrm{d}x=\frac{1}{2}\int\frac{\mathrm{d}(x^2-6x+13)}{x^2-6x+13}+\int\frac{8}{x^2-6x+13}\mathrm{d}x$

$$=\frac{1}{2}\ln(x^2-6x+13)+8\int\frac{1}{(x-3)^2+4}\mathrm{d}x$$

$$=\frac{1}{2}\ln(x^2-6x+13)+4\arctan\frac{x-3}{2}+C.$$

因此，应填 $\frac{1}{2}\ln(x^2-6x+13)+4\arctan\frac{x-3}{2}+C.$

2. 以下两题中给出了四个结论，从中选出一个正确的结论：

(1) 已知 $f'(x)=\frac{1}{x(1+2\ln x)}$，且 $f(1)=1$，则 $f(x)$ 等于（　　）；

(A) $\ln(1+2\ln x)+1$　　(B) $\frac{1}{2}\ln(1+2\ln x)+1$

(C) $\frac{1}{2}\ln(1+2\ln x)+\frac{1}{2}$　　(D) $2\ln(1+2\ln x)+1$

(2) 在下列等式中，正确的结果是（　　）.

(A) $\int f'(x)\mathrm{d}x=f(x)$　　(B) $\int\mathrm{d}f(x)=f(x)$

(C) $\frac{\mathrm{d}}{\mathrm{d}x}\int f(x)\mathrm{d}x=f(x)$　　(D) $\mathrm{d}\int f(x)=f(x)$

解　(1) $\int f'(x)\mathrm{d}x=\int\frac{1}{x(1+2\ln x)}\mathrm{d}x=\frac{1}{2}\int\frac{\mathrm{d}(1+2\ln x)}{1+2\ln x}=\frac{1}{2}\ln(1+2\ln x)+C.$

又因 $f(1)=1$，所以 $C=1$，因此 $f(x)=\frac{1}{2}\ln(1+2\ln x)+1$. 选择 B.

（2）利用微分运算与积分运算的关系，可知 $\int \mathrm{d}f(x) = \int f'(x)\mathrm{d}x = f(x) + C$.

$\mathrm{d}\int f(x)\mathrm{d}x = \left(\int f(x)\mathrm{d}x\right)'\mathrm{d}x = f(x)\mathrm{d}x$. 故选 C.

3. 已知 $\frac{\sin x}{x}$ 是 $f(x)$ 的一个原函数，求 $\int x^3 f'(x)\mathrm{d}x$.

解 因 $\frac{\sin x}{x}$ 是 $f(x)$ 的一个原函数，则 $f(x) = \left(\frac{\sin x}{x}\right)' = \frac{x\cos x - \sin x}{x^2}$.

所以
$$\begin{aligned}\int x^3 f'(x)\mathrm{d}x &= \int x^3 \mathrm{d}[f(x)] = x^3 f(x) - 3\int x^2 f(x)\mathrm{d}x \\ &= x(x\cos x - \sin x) - 3\int (x\cos x - \sin x)\mathrm{d}x \\ &= x(x\cos x - \sin x) - 3\int x\mathrm{d}(\sin x) + 3\int \sin x\mathrm{d}x \\ &= x(x\cos x - \sin x) - 3\cos x - 3x\sin x + 3\int \sin x\mathrm{d}x \\ &= x^2\cos x - 4x\sin x - 6\cos x + C.\end{aligned}$$

4. 求下列不定积分（其中 a、b 均为常数）：

(1) $\int \frac{\mathrm{d}x}{\mathrm{e}^x - \mathrm{e}^{-x}}$;　　(2) $\int \frac{x}{(1-x)^3}\mathrm{d}x$;

(3) $\int \frac{x^2}{a^6 - x^6}\mathrm{d}x\ (a > 0)$;　　(4) $\int \frac{1+\cos x}{x + \sin x}\mathrm{d}x$;

(5) $\int \frac{\ln\ln x}{x}\mathrm{d}x$;　　(6) $\int \frac{\sin x\cos x}{1+\sin^4 x}\mathrm{d}x$;

(7) $\int \tan^4 x\mathrm{d}x$;　　(8) $\int \sin x\sin 2x\sin 3x\mathrm{d}x$;

(9) $\int \frac{\mathrm{d}x}{x(x^6+4)}$;　　(10) $\int \sqrt{\frac{a+x}{a-x}}\mathrm{d}x\ (a > 0)$;

(11) $\int \frac{\mathrm{d}x}{\sqrt{x(1+x)}}$;　　(12) $\int x\cos^2 x\mathrm{d}x$;

(13) $\int \mathrm{e}^{ax}\cos bx\mathrm{d}x$;　　(14) $\int \frac{\mathrm{d}x}{\sqrt{1+\mathrm{e}^x}}$;

(15) $\int \frac{\mathrm{d}x}{x^2\sqrt{x^2-1}}$;　　(16) $\int \frac{\mathrm{d}x}{(a^2-x^2)^{5/2}}$;

(17) $\int \frac{\mathrm{d}x}{x^4\sqrt{1+x^2}}$;　　(18) $\int \sqrt{x}\sin\sqrt{x}\mathrm{d}x$;

(19) $\int \ln(1+x^2)\mathrm{d}x$;　　(20) $\int \frac{\sin^2 x}{\cos^3 x}\mathrm{d}x$;

(21) $\int \arctan\sqrt{x}\mathrm{d}x$;　　(22) $\int \frac{\sqrt{1+\cos x}}{\sin x}\mathrm{d}x$;

(23) $\int \frac{x^3}{(1+x^8)^2}\mathrm{d}x$;　　(24) $\int \frac{x^{11}}{x^8+3x^4+2}\mathrm{d}x$;

(25) $\int\frac{dx}{16-x^4}$；　(26) $\int\frac{\sin x}{1+\sin x}dx$；

(27) $\int\frac{x+\sin x}{1+\cos x}dx$；　(28) $\int e^{\sin x}\frac{x\cos^3x-\sin x}{\cos^2x}dx$；

(29) $\int\frac{\sqrt[3]{x}}{x(\sqrt{x}+\sqrt[3]{x})}dx$；　(30) $\int\frac{dx}{(1+e^x)^2}$；

(31) $\int\frac{e^{3x}+e^x}{e^{4x}-e^{2x}+1}dx$；　(32) $\int\frac{xe^x}{(e^x+1)^2}dx$；

(33) $\int\ln^2(x+\sqrt{1+x^2})dx$；　(34) $\int\frac{\ln x}{(1+x^2)^{\frac{3}{2}}}dx$；

(35) $\int\sqrt{1-x^2}\arcsin x dx$；　(36) $\int\frac{x^3\arccos x}{\sqrt{1-x^2}}dx$；

(37) $\int\frac{\cot x}{1+\sin x}dx$；　(38) $\int\frac{dx}{\sin^3x\cos x}$；

(39) $\int\frac{dx}{(2+\cos x)\sin x}$；　(40) $\int\frac{\sin x\cos x}{\sin x+\cos x}dx$.

解　(1) $\int\frac{dx}{e^x-e^{-x}}=\int\frac{e^{-x}dx}{1-e^{-2x}}=-\int\frac{d(e^{-x})}{1-e^{-2x}}=-\frac{1}{2}\int\frac{d(e^{-x})}{1-e^{-x}}-\frac{1}{2}\int\frac{d(e^{-x})}{1+e^{-x}}$

$$=\frac{1}{2}\ln\frac{|1-e^{-x}|}{1+e^{-x}}+C.$$

(2) $\int\frac{x}{(1-x)^3}dx=-\int\frac{dx}{(1-x)^2}+\int\frac{dx}{(1-x)^3}=-\frac{1}{1-x}+\frac{1}{2(1-x)^2}+C.$

(3) $\int\frac{x^2}{a^6-x^6}dx\xlongequal{u=x^3}\frac{1}{3}\int\frac{du}{(a^3)^2-u^2}=\frac{1}{6a^3}\int\frac{du}{a^3-u}+\frac{1}{6a^3}\int\frac{du}{a^3+u}$

$$=\frac{1}{6a^3}\ln\left|\frac{a^3+u}{a^3-u}\right|+C=\frac{1}{6a^3}\ln\left|\frac{a^3+x^3}{a^3-x^3}\right|+C.$$

(4) $\int\frac{1+\cos x}{x+\sin x}dx\xlongequal{u=x+\sin x}\int\frac{du}{u}=\ln|u|+C=\ln|x+\sin x|+C.$

(5) $\int\frac{\ln\ln x}{x}dx\xlongequal{u=\ln x}\int\ln u du=u\ln u-\int du=u(\ln u-1)+C=\ln x(\ln\ln x-1)+C.$

(6) $\int\frac{\sin x\cos x}{1+\sin^4x}dx\xlongequal{u=\sin x}\int\frac{u}{1+u^4}du\xlongequal{t=u^2}\frac{1}{2}\int\frac{dt}{1+t^2}$

$$=\frac{1}{2}\arctan t+C=\frac{1}{2}\arctan(\sin^2x)+C.$$

(7) $\int\tan^4x dx=\int\tan^2x(\sec^2x-1)dx=\int\tan^2x d(\tan x)-\int\tan^2x dx$

$$=\frac{1}{3}\tan^3x-\int\sec^2x dx+\int dx=\frac{1}{3}\tan^3x-\tan x+x+C.$$

(8) $\int\sin x\sin 2x\sin 3x dx=\frac{1}{2}\int(\cos x-\cos 3x)\sin 3x dx=\frac{1}{2}\int\cos x\sin 3x dx-\frac{1}{2}\int\cos 3x\sin 3x dx$

$$=\frac{1}{4}\int(\sin 4x+\sin 2x)dx-\frac{1}{6}\int\sin 3x d(\sin 3x)$$

$$=-\frac{1}{16}\cos 4x-\frac{1}{8}\cos 2x-\frac{1}{12}\sin^2 3x+C.$$

(9) $\int\frac{\mathrm{d}x}{x(x^6+4)}\xlongequal{u=x^3}\frac{1}{3}\int\frac{\mathrm{d}u}{u(u^2+4)}=\frac{1}{12}\int\frac{\mathrm{d}u}{u}-\frac{1}{12}\int\frac{u\mathrm{d}u}{u^2+4}$

$$=\frac{1}{12}\ln|u|-\frac{1}{24}\ln(u^2+4)+C=\frac{1}{4}\ln|x|-\frac{1}{24}\ln(x^6+4)+C.$$

(10) $\int\sqrt{\frac{a+x}{a-x}}\mathrm{d}x\xlongequal{u=\sqrt{\frac{a+x}{a-x}}}4a\int\frac{u^2\mathrm{d}u}{(u^2+1)^2}=-2a\int u\mathrm{d}\left(\frac{1}{u^2+1}\right)=-\frac{2au}{u^2+1}+2a\int\frac{\mathrm{d}u}{u^2+1}$

$$=-\frac{2au}{u^2+1}+2a\arctan u+C=-\sqrt{a^2-x^2}+2a\arctan\sqrt{\frac{a+x}{a-x}}+C.$$

(11) $\int\frac{\mathrm{d}x}{\sqrt{x(1+x)}}=\int\frac{\mathrm{d}x}{\sqrt{\left(x+\frac{1}{2}\right)^2-\frac{1}{4}}}=\ln\left|x+\frac{1}{2}+\sqrt{x(1+x)}\right|+C$

$$=\ln\left|2x+1+2\sqrt{x(1+x)}\right|+C.$$

(12) $\int x\cos^2 x\mathrm{d}x=\frac{1}{2}\int x(\cos 2x+1)\mathrm{d}x$

$$=\frac{1}{4}\int x\mathrm{d}(\sin 2x)+\frac{1}{2}\int x\mathrm{d}x$$

$$=\frac{1}{4}x\sin 2x-\frac{1}{4}\int\sin 2x\mathrm{d}x+\frac{1}{4}x^2$$

$$=\frac{1}{4}x\sin 2x+\frac{1}{8}\cos 2x+\frac{1}{4}x^2+C.$$

(13) 当 $a=0$ 时，$\int e^{ax}\cos bx\mathrm{d}x=\int\cos bx\mathrm{d}x=\begin{cases}\frac{1}{b}\sin bx+C, & b\neq 0;\\ x+C, & b=0.\end{cases}$

当 $a\neq 0$ 时，由 $\int e^{ax}\cos bx\mathrm{d}x=\frac{1}{a}\int\cos bx\mathrm{d}(e^{ax})=\frac{1}{a}e^{ax}\cos bx-\frac{1}{a}\int e^{ax}\cdot(\cos bx)'\mathrm{d}x$

$$=\frac{1}{a}e^{ax}\cos bx+\frac{b}{a}\int e^{ax}\sin bx\mathrm{d}x=\frac{1}{a}e^{ax}\cos bx+\frac{b}{a^2}\int\sin bx\mathrm{d}(e^{ax})$$

$$=\frac{1}{a}e^{ax}\cos bx+\frac{b}{a^2}e^{ax}\sin bx-\frac{b}{a^2}\int e^{ax}\cdot(\sin bx)'\mathrm{d}x$$

$$=\frac{1}{a}e^{ax}\cos bx+\frac{b}{a^2}e^{ax}\sin bx-\frac{b^2}{a^2}\int e^{ax}\cdot\cos bx\mathrm{d}x$$

可得 $\int e^{ax}\cos bx\mathrm{d}x=\frac{e^{ax}(a\cos bx+b\sin bx)}{a^2+b^2}+C.$

(14) $\int\frac{\mathrm{d}x}{\sqrt{1+e^x}}\xlongequal{u=\sqrt{1+e^x}}2\int\frac{\mathrm{d}u}{u^2-1}=\int\frac{\mathrm{d}u}{u-1}-\int\frac{\mathrm{d}u}{u+1}=\ln\left|\frac{u-1}{u+1}\right|+C$

$$=\ln\frac{\sqrt{1+e^x}-1}{\sqrt{1+e^x}+1}+C.$$

(15) $\int \frac{dx}{x^2\sqrt{x^2-1}} \xlongequal{u=\frac{1}{x}} \begin{cases} -\int \frac{udu}{\sqrt{1-u^2}}, & x>0; \\ \int \frac{udu}{\sqrt{1-u^2}}, & x<0. \end{cases}$

当 $x>0$ 时，$-\int \frac{udu}{\sqrt{1-u^2}} = \sqrt{1-u^2}+C = \frac{\sqrt{x^2-1}}{x}+C$；

当 $x<0$ 时，$\int \frac{udu}{\sqrt{1-u^2}} = -\sqrt{1-u^2}+C = \frac{\sqrt{x^2-1}}{x}+C.$

综上，$\int \frac{dx}{x^2\sqrt{x^2-1}} = \frac{\sqrt{x^2-1}}{x}+C.$

(16) 设 $x=a\sin t$，$-\frac{\pi}{2}<t<\frac{\pi}{2}$，那么 $\sqrt{a^2-x^2}=a\cos t$，$dx=a\cos t dt.$

则 $\int \frac{dx}{(a^2-x^2)^{5/2}} = \frac{1}{a^4}\int \sec^4 t dt = \frac{1}{a^4}\int \sec^2 t d(\tan t) = \frac{1}{a^4}\int (\tan^2 t+1)d(\tan t)$

$$= \frac{\tan^3 t}{3a^4}+\frac{\tan t}{a^4}+C.$$

由于 $x=a\sin t$，$-\frac{\pi}{2}<t<\frac{\pi}{2}$，因此 $\tan t=\frac{x}{\sqrt{a^2-x^2}}$，于是所求积分为

$$\int \frac{dx}{(a^2-x^2)^{5/2}} = \frac{x^3}{3a^4(a^2-x^2)^{3/2}}+\frac{x}{a^4\sqrt{a^2-x^2}}+C.$$

(17) 设 $x=\tan t$，$-\frac{\pi}{2}<t<\frac{\pi}{2}$，那么 $x^2+1=\sec^2 t$，$dx=\sec^2 t dt.$ 则

$$\int \frac{dx}{x^4\sqrt{1+x^2}} = \int \frac{\sec t}{\tan^4 t}dt = \int \frac{\cos^3 t}{\sin^4 t}dt = \int \frac{\cos^2 t}{\sin^4 t}d(\sin t) = \int \frac{1}{\sin^4 t}d(\sin t) - \int \frac{1}{\sin^2 t}d(\sin t)$$

$$= -\frac{1}{3}\frac{1}{\sin^3 t}+\frac{1}{\sin t}+C.$$

由于 $x=\tan t$，$-\frac{\pi}{2}<t<\frac{\pi}{2}$，因此 $\sin t=\frac{x}{\sqrt{x^2+1}}$. 于是所求积分为

$$\int \frac{dx}{x^4\sqrt{1+x^2}} = -\frac{1}{3}\frac{1}{\sin^3 t}+\frac{1}{\sin t}+C = -\frac{1}{3}\frac{\sqrt{(x^2+1)^3}}{x^3}+\frac{\sqrt{x^2+1}}{x}+C.$$

(18) $\int \sqrt{x}\sin\sqrt{x}dx \xlongequal{u=\sqrt{x}} 2\int u^2\sin udu = -2\int u^2 d(\cos u) = -2u^2\cos u+4\int u\cos udu$

$$= -2u^2\cos u+4\int ud(\sin u) = -2u^2\cos u+4u\sin u-4\int \sin udu$$

$$= -2u^2\cos u+4u\sin u+4\cos u+C$$

$$= -2x\cos\sqrt{x}+4\sqrt{x}\sin\sqrt{x}+4\cos\sqrt{x}+C.$$

(19) $\int \ln(1+x^2)dx = x\ln(1+x^2)-2\int \frac{x^2}{1+x^2}dx = x\ln(1+x^2)-2\int dx+2\int \frac{1}{1+x^2}dx$

$$= x\ln(1+x^2)-2x+2\arctan x+C.$$

(20) 因$\int\frac{\sin^2x}{\cos^3x}dx=\int\frac{1-\cos^2x}{\cos^3x}dx=\int\sec^3xdx-\int\sec xdx$.

由$\int\sec^3xdx=\int\sec xd(\tan x)$

$$=\sec x\tan x-\int\tan^2x\sec xdx=\sec x\tan x-\int\sec^3xdx+\int\sec xdx$$

可得$\int\sec^3xdx=\frac{1}{2}\sec x\tan x+\frac{1}{2}\int\sec xdx$. 因此

$$\int\frac{\sin^2x}{\cos^3x}dx=\frac{1}{2}\sec x\tan x-\frac{1}{2}\int\sec xdx==\frac{1}{2}\sec x\tan x-\frac{1}{2}\ln|\sec x+\tan x|+C.$$

(21) $\int\arctan\sqrt{x}\,dx\xlongequal{u=\sqrt{x}}2\int u\arctan u du=\int\arctan ud(u^2)=u^2\arctan u-\int\frac{u^2}{1+u^2}du$

$$=u^2\arctan u-\int du+\int\frac{1}{1+u^2}du=u^2\arctan u-u+\arctan u+C$$

$$=(x+1)\arctan\sqrt{x}-\sqrt{x}+C.$$

(22) $\int\frac{\sqrt{1+\cos x}}{\sin x}dx\xlongequal{u=\sqrt{1+\cos x}}\int\frac{2}{u^2-2}du=\frac{\sqrt{2}}{2}\int\frac{1}{u-\sqrt{2}}du-\frac{\sqrt{2}}{2}\int\frac{1}{u+\sqrt{2}}du$

$$=\frac{\sqrt{2}}{2}\ln\left|\frac{u-\sqrt{2}}{u+\sqrt{2}}\right|+C=\frac{\sqrt{2}}{2}\ln\left|\frac{\sqrt{1+\cos x}-\sqrt{2}}{\sqrt{1+\cos x}+\sqrt{2}}\right|+C$$

$$=\frac{\sqrt{2}}{2}\ln\frac{1-\left|\cos\frac{x}{2}\right|}{1+\left|\cos\frac{x}{2}\right|}+C=\frac{\sqrt{2}}{2}\ln\frac{\left(1-\left|\cos\frac{x}{2}\right|\right)^2}{\sin^2\frac{x}{2}}+C$$

$$=\sqrt{2}\ln\frac{1-\left|\cos\frac{x}{2}\right|}{\left|\sin\frac{x}{2}\right|}+C=\sqrt{2}\ln\left(\left|\csc\frac{x}{2}\right|-\left|\cot\frac{x}{2}\right|\right)+C.$$

(23) 因$\int\frac{x^3}{(1+x^8)^2}dx\xlongequal{u=x^4}\frac{1}{4}\int\frac{du}{(1+u^2)^2}$. 再设$u=\tan t$，$-\frac{\pi}{2}<t<\frac{\pi}{2}$，那么$u^2+1=\sec^2t$，$du=\sec^2tdt$.

则$\int\frac{du}{(1+u^2)^2}=\int\cos^2tdt=\frac{1}{2}\int(1+\cos 2t)dt=\frac{1}{2}t+\frac{1}{4}\sin 2t+C$.

由于$u=\tan t$，$-\frac{\pi}{2}<t<\frac{\pi}{2}$，因此

$$t=\arctan u,\ \sin t=\frac{u}{\sqrt{u^2+1}},\ \cos t=\frac{1}{\sqrt{u^2+1}},\ \sin 2t=2\sin t\cos t=\frac{2u}{1+u^2}.$$

于是所求积分为$\int\frac{x^3}{(1+x^8)^2}dx\xlongequal{u=x^4}\frac{1}{4}\int\frac{du}{(1+u^2)^2}=\frac{1}{8}\arctan u+\frac{u}{8(1+u^2)}+C$

$$=\frac{1}{8}\arctan x^4+\frac{x^4}{8(1+x^8)}+C.$$

(24) $\int\frac{x^{11}}{x^8+3x^4+2}dx\xlongequal{u=x^4}\frac{1}{4}\int\frac{u^2du}{u^2+3u+2}=\frac{1}{4}\int du-\frac{1}{4}\int\frac{3u+2}{u^2+3u+2}du$

$$= \frac{1}{4}u + \frac{1}{4}\int \frac{du}{u+1} - \int \frac{du}{u+2}$$

$$= \frac{1}{4}u + \frac{1}{4}\ln|1+u| - \ln|u+2| + C$$

$$= \frac{1}{4}x^4 + \frac{1}{4}\ln(1+x^4) - \ln(2+x^4) + C.$$

(25) $\int \frac{dx}{16-x^4} = \frac{1}{8}\int \frac{dx}{4+x^2} + \frac{1}{32}\int \frac{dx}{2+x} + \frac{1}{32}\int \frac{dx}{2-x} = \frac{1}{16}\arctan\frac{x}{2} + \frac{1}{32}\ln\left|\frac{x+2}{x-2}\right| + C.$

(26) $\int \frac{\sin x}{1+\sin x}dx = \int \frac{\sin x(1-\sin x)}{\cos^2 x}dx = -\int \frac{1}{\cos^2 x}d\cos x - \int \tan^2 x dx$

$$= \frac{1}{\cos x} - \int(\sec^2 x - 1)dx = \frac{1}{\cos x} - \tan x + x + C.$$

(27) $\int \frac{x+\sin x}{1+\cos x}dx = \int \frac{x}{1+\cos x}dx + \int \frac{\sin x}{1+\cos x}dx = \frac{1}{2}\int x\sec^2\frac{x}{2}dx + \int \tan\frac{x}{2}dx$

$$= \int x d\left(\tan\frac{x}{2}\right) + \int \tan\frac{x}{2}dx = x\tan\frac{x}{2} + C.$$

(28) $\int e^{\sin x}\frac{x\cos^3 x - \sin x}{\cos^2 x}dx = \int xe^{\sin x}\cos x dx - \int e^{\sin x}\sec x\tan x dx$

$$= \int x d(e^{\sin x}) - \int e^{\sin x}d(\sec x)$$

$$= xe^{\sin x} - \int e^{\sin x}dx - \left(\sec x e^{\sin x} - \int e^{\sin x}dx\right)$$

$$= (x - \sec x)e^{\sin x} + C.$$

(29) $\int \frac{\sqrt[3]{x}}{x(\sqrt{x}+\sqrt[3]{x})}dx \xlongequal{u=\sqrt[6]{x}} 6\int \frac{du}{u^2+u} = 6\int \frac{du}{u} - 6\int \frac{du}{u+1}$

$$= 6\ln\left|\frac{u}{1+u}\right| + C = \ln\left(\frac{x}{(1+\sqrt[6]{x})^6}\right) + C.$$

(30) $\int \frac{dx}{(1+e^x)^2} \xlongequal{u=e^x} \int \frac{du}{u(1+u)^2} = \int \frac{du}{u} - \int \frac{du}{u+1} - \int \frac{du}{(u+1)^2}$

$$= \ln|u| - \ln|1+u| + \frac{1}{u+1} + C = x - \ln(1+e^x) + \frac{1}{e^x+1} + C.$$

(31) $\int \frac{e^{3x}+e^x}{e^{4x}-e^{2x}+1}dx = \int \frac{e^x+e^{-x}}{e^{2x}-1+e^{-2x}}dx = \int \frac{d(e^x-e^{-x})}{(e^x-e^{-x})^2+1} = \arctan(e^x-e^{-x}) + C.$

(32) $\int \frac{xe^x}{(e^x+1)^2}dx = -\int x d\left(\frac{1}{e^x+1}\right) = -\frac{x}{e^x+1} + \int \frac{dx}{e^x+1} = -\frac{x}{e^x+1} - \int \frac{d(e^{-x})}{e^{-x}+1}$

$$= -\frac{x}{e^x+1} - \ln(e^{-x}+1) + C = \frac{xe^x}{e^x+1} - \ln(e^x+1) + C.$$

(33) $\int \ln^2(x+\sqrt{1+x^2})dx = x\ln^2(x+\sqrt{1+x^2}) - \int \frac{2x}{\sqrt{1+x^2}}\ln(x+\sqrt{1+x^2})dx$

$$= x\ln^2(x+\sqrt{1+x^2}) - 2\int \ln(x+\sqrt{1+x^2})d(\sqrt{1+x^2})$$

$$=x\ln^2(x+\sqrt{1+x^2})-2\ln(x+\sqrt{1+x^2})\sqrt{1+x^2}+2\int dx$$

$$=x\ln^2(x+\sqrt{1+x^2})-2\ln(x+\sqrt{1+x^2})\sqrt{1+x^2}+2x+C.$$

(34) $\int\frac{\ln x}{(1+x^2)^{\frac{3}{2}}}dx \xlongequal{u=\frac{1}{x}} \int\frac{u\ln u}{(1+u^2)^{\frac{3}{2}}}du=-\int\ln u\,d\left(\frac{1}{\sqrt{1+u^2}}\right)=-\frac{\ln u}{\sqrt{1+u^2}}+\int\frac{du}{u\sqrt{1+u^2}}$

$$\xlongequal{u=\frac{1}{x}}\frac{x\ln x}{\sqrt{1+x^2}}-\int\frac{dx}{\sqrt{1+x^2}}=\frac{x\ln x}{\sqrt{1+x^2}}-\ln(x+\sqrt{1+x^2})+C.$$

(35) 设 $x=\sin t$，$-\frac{\pi}{2}<t<\frac{\pi}{2}$，那么 $\arcsin x=t$，$\sqrt{1-x^2}=\cos t$，$dx=\cos t dt$.

则 $\int\sqrt{1-x^2}\arcsin x dx=\int t\cos^2 t dt=\frac{1}{2}\int t(1+\cos 2t)dt=\frac{1}{4}t^2+\frac{1}{4}\int t d(\sin 2t)$

$$=\frac{1}{4}t^2+\frac{1}{4}t\sin 2t-\frac{1}{4}\int\sin 2t dt=\frac{1}{4}t^2+\frac{1}{4}t\sin 2t+\frac{1}{8}\cos 2t+C.$$

由于 $x=\sin t$，$-\frac{\pi}{2}<t<\frac{\pi}{2}$，因此 $t=\arcsin x$，$\cos t=\sqrt{1-x^2}$，$\sin 2t=2\sin t\cos t=2x\sqrt{1-x^2}$，$\cos 2t=1-2\sin^2 t=1-2x^2$. 于是所求积分为

$$\int\sqrt{1-x^2}\arcsin x dx=\frac{1}{4}(\arcsin x)^2+\frac{1}{2}x\sqrt{1-x^2}\arcsin x-\frac{1}{4}x^2+C.$$

(36) 设 $x=\cos t$，$0<t<\pi$，那么 $\arccos x=t$，$\sqrt{1-x^2}=\sin t$，$dx=-\sin t dt$.

则 $\int\frac{x^3\arccos x}{\sqrt{1-x^2}}dx=-\int t\cos^3 t dt=-\int t(1-\sin^2 t)\cos t dt=-\int t d(\sin t)+\frac{1}{3}\int t d(\sin^3 t)$

$$=-t\sin t+\int\sin t dt+\frac{1}{3}t\sin^3 t-\frac{1}{3}\int\sin^3 t dt$$

$$=-t\sin t-\cos t+\frac{1}{3}t\sin^3 t+\frac{1}{3}\int(1-\cos^2 t)d(\cos t)$$

$$=-t\sin t-\frac{2}{3}\cos t+\frac{1}{3}t\sin^3 t-\frac{1}{9}\cos^3 t+C.$$

于是所求积分为 $\int\frac{x^3\arccos x}{\sqrt{1-x^2}}dx=-\sqrt{1-x^2}\arccos x-\frac{2x}{3}+\frac{1}{3}(1-x^2)^{\frac{3}{2}}\arccos x-\frac{1}{9}x^3+C.$

(37) $\int\frac{\cot x}{1+\sin x}dx=\int\frac{\csc x\cot x}{\csc x+1}dx=-\int\frac{d(\csc x)}{\csc x+1}=-\ln|\csc x+1|+C.$

(38) $\int\frac{dx}{\sin^3 x\cos x}=\int\frac{\cos x}{\sin^3 x(1-\sin^2 x)}dx\xlongequal{u=\sin x}\int\frac{du}{u^3(1-u^2)}$

$$=\int\frac{du}{u}+\int\frac{du}{u^3}+\frac{1}{2}\int\frac{du}{1-u}-\frac{1}{2}\int\frac{du}{1+u}$$

$$=\ln|u|-\frac{1}{2}\ln|1-u^2|-\frac{1}{2u^2}+C=\ln|\tan x|-\frac{1}{2\sin^2 x}+C.$$

(39) $\int\frac{dx}{(2+\cos x)\sin x}=-\int\frac{d(\cos x)}{(2+\cos x)(1-\cos^2 x)}\xlongequal{u=\cos x}\int\frac{du}{(2+u)(u^2-1)}$

$$=\frac{1}{3}\int\frac{du}{2+u}-\frac{1}{2}\int\frac{du}{u+1}+\frac{1}{6}\int\frac{du}{u-1}$$

$$=\frac{1}{3}\ln|u+2|-\frac{1}{2}\ln|u+1|+\frac{1}{6}\ln|u-1|+C$$

$$=\frac{1}{3}\ln(\cos x+2)-\frac{1}{2}\ln(\cos x+1)+\frac{1}{6}\ln(1-\cos x)+C.$$

(40) $\int\frac{\sin x\cos x}{\sin x+\cos x}dx=\frac{1}{2}\int\frac{(\sin x+\cos x)^2-1}{\sin x+\cos x}dx=\frac{1}{2}\int(\sin x+\cos x)dx-\frac{1}{2}\int\frac{dx}{\sin x+\cos x}$

$$=\frac{1}{2}(\sin x-\cos x)-\frac{1}{2}\int\frac{dx}{\sin x+\cos x}.$$

又因 $\int\frac{dx}{\sin x+\cos x}\xlongequal{u=\tan\frac{x}{2}}2\int\frac{du}{1+2u-u^2}=\frac{1}{\sqrt{2}}\int\frac{du}{\sqrt{2}+1-u}+\frac{1}{\sqrt{2}}\int\frac{du}{\sqrt{2}-1+u}$

$$=\frac{1}{\sqrt{2}}\ln\left|\frac{\sqrt{2}-1+u}{\sqrt{2}+1-u}\right|+C=\frac{1}{\sqrt{2}}\ln\left|\frac{\sqrt{2}-1+\tan\frac{x}{2}}{\sqrt{2}+1-\tan\frac{x}{2}}\right|+C.$$

因此 $\int\frac{\sin x\cos x}{\sin x+\cos x}dx=\frac{1}{2}(\sin x-\cos x)-\frac{1}{2\sqrt{2}}\ln\left|\frac{\sqrt{2}-1+\tan\frac{x}{2}}{\sqrt{2}+1-\tan\frac{x}{2}}\right|+C.$

三、提高题目

1. （2016 数一、二）已知函数 $f(x)=\begin{cases}2(x-1), & x<1,\\ \ln x, & x\geqslant 1,\end{cases}$ 则 $f(x)$ 的一个原函数是（　　）.

(A) $F(x)=\begin{cases}(x-1)^2, & x<1,\\ x(\ln x-1), & x\geqslant 1\end{cases}$　　(B) $F(x)=\begin{cases}(x-1)^2, & x<1,\\ x(\ln x+1)-1, & x\geqslant 1\end{cases}$

(C) $F(x)=\begin{cases}(x-1)^2, & x<1,\\ x(\ln x+1)+1, & x\geqslant 1\end{cases}$　　(D) $F(x)=\begin{cases}(x-1)^2, & x<1,\\ x(\ln x-1)+1, & x\geqslant 1\end{cases}$

【答案】 D.

【解析】 当 $x<1$ 时，$F(x)=\int 2(x-1)dx=(x-1)^2+C_1$；

当 $x\geqslant 1$ 时，$F(x)=\int\ln x dx=x(\ln x-1)+C_2$.

由于原函数可导，则 $F(x)$ 必定连续．因此 $F(x)$ 在 $x=1$ 处连续，即 $F(1^-)=F(1^+)=F(1)$.

又因 $F(1^-)=\lim_{x\to 1^-}F(x)=C_1$，$F(1^+)=\lim_{x\to 1^+}F(x)=C_2-1$，因此 $C_1=C_2-1$. 令 $C_1=0$，则 $C_2=1$，此时 $f(x)$ 的一个原函数是 $F(x)=\begin{cases}(x-1)^2, & x<1,\\ x(\ln x-1)+1, & x\geqslant 1,\end{cases}$ 因此选 D.

2. （2014 数一、二）设 $f(x)$ 是周期为 4 的可导奇函数，且 $f'(x)=2(x-1)$，$x\in[0,$

2]，则$f(7)=$________.

【答案】1.

【解析】当$x\in[0,2]$时，$f(x)=\int 2(x-1)\mathrm{d}x=x^2-2x+C$. 由于$f(x)$是奇函数，则$f(0)=0$，从而可得$C=0$，因此$f(x)=x^2-2x$. 由于$f(x)$的周期是4，因此$f(7)=f(-1)=-f(1)=1$.

3.（2017非数学预赛）不定积分$I=\int\frac{\mathrm{e}^{-\sin x}\sin 2x}{(1-\sin x)^2}\mathrm{d}x=$________.

【答案】$\frac{2\mathrm{e}^{-\sin x}}{1-\sin x}+C$.

【解析】$$I=\int\frac{\mathrm{e}^{-\sin x}\sin 2x}{(1-\sin x)^2}\mathrm{d}x=2\int\frac{\mathrm{e}^{-\sin x}\sin x\cos x}{(1-\sin x)^2}\mathrm{d}x\xlongequal{u=\sin x}2\int\frac{\mathrm{e}^{-u}u}{(1-u)^2}\mathrm{d}u$$

$$=2\int\frac{\mathrm{e}^{-u}}{(1-u)^2}\mathrm{d}u-2\int\frac{\mathrm{e}^{-u}}{1-u}\mathrm{d}u=2\int\mathrm{e}^{-u}\mathrm{d}\frac{1}{1-u}-2\int\frac{\mathrm{e}^{-u}}{1-u}\mathrm{d}u$$

$$=2\left(\frac{\mathrm{e}^{-u}}{1-u}+\int\frac{\mathrm{e}^{-u}}{1-u}\mathrm{d}u\right)-2\int\frac{\mathrm{e}^{-u}}{1-u}\mathrm{d}u=\frac{2\mathrm{e}^{-u}}{1-u}+C=\frac{2\mathrm{e}^{-\sin x}}{1-\sin x}+C.$$

4.（2018非数学预赛）$\int\frac{\ln(x+\sqrt{1+x^2})}{(1+x^2)^{3/2}}\mathrm{d}x=$________.

【答案】$\frac{x}{\sqrt{x^2+1}}\ln(x+\sqrt{x^2+1})-\frac{1}{2}\ln(x^2+1)+C$.

【解析】解法一
$$\int\frac{\ln(x+\sqrt{1+x^2})}{(1+x^2)^{3/2}}\mathrm{d}x=\int\ln(x+\sqrt{1+x^2})\mathrm{d}\left(\frac{x}{\sqrt{1+x^2}}\right)$$

$$=\frac{x\ln(x+\sqrt{1+x^2})}{\sqrt{1+x^2}}-\int\frac{x}{1+x^2}\mathrm{d}x$$

$$=\frac{x\ln(x+\sqrt{1+x^2})}{\sqrt{1+x^2}}-\frac{1}{2}\ln(1+x^2)+C.$$

解法二　设$x=\tan u$，$-\frac{\pi}{2}<u<\frac{\pi}{2}$，那么$x^2+1=\sec^2u$，$\mathrm{d}x=\sec^2u\mathrm{d}u$.

则$$\int\frac{\ln(x+\sqrt{1+x^2})}{(1+x^2)^{3/2}}\mathrm{d}x=\int\frac{\ln(\tan u+\sec u)}{\sec u}\mathrm{d}u=\int\ln(\tan u+\sec u)\mathrm{d}(\sin u)$$

$$=\sin u\ln(\tan u+\sec u)-\int\tan u\mathrm{d}u$$

$$=\sin u\ln(\tan u+\sec u)+\ln|\cos u|+C.$$

由于$x=\tan u$，$-\frac{\pi}{2}<u<\frac{\pi}{2}$，因此$\sin u=\frac{x}{\sqrt{x^2+1}}$，$\cos u=\frac{1}{\sqrt{x^2+1}}$，$\sec u=\sqrt{x^2+1}$.

于是所求积分为

$$\int\frac{\ln(x+\sqrt{1+x^2})}{(1+x^2)^{3/2}}\mathrm{d}x=\sin u\ln(\tan u+\sec u)+\ln|\cos u|+C$$

$$=\frac{x}{\sqrt{x^2+1}}\ln(x+\sqrt{x^2+1})-\frac{1}{2}\ln(x^2+1)+C.$$

5. （2015 非数学决赛）不定积分 $\int\frac{x^2+1}{x^4+1}\mathrm{d}x=$ ________.

【答案】$\frac{1}{\sqrt{2}}\arctan\frac{1}{\sqrt{2}}\left(x-\frac{1}{x}\right)+C.$

【解析】

解法一 $\int\frac{x^2+1}{x^4+1}\mathrm{d}x=\int\frac{1+\frac{1}{x^2}}{x^2+\frac{1}{x^2}}\mathrm{d}x=\int\frac{\mathrm{d}\left(x-\frac{1}{x}\right)}{\left(x-\frac{1}{x}\right)^2+2}=\frac{1}{\sqrt{2}}\arctan\frac{1}{\sqrt{2}}\left(x-\frac{1}{x}\right)+C.$

解法二 $\int\frac{x^2+1}{x^4+1}\mathrm{d}x=\int\frac{x^2+1}{(x^2+1)^2-2x^2}\mathrm{d}x=\frac{1}{2}\int\frac{1}{x^2+1-\sqrt{2}x}\mathrm{d}x+\frac{1}{2}\int\frac{1}{x^2+1+\sqrt{2}x}\mathrm{d}x$

$$=\frac{1}{2}\int\frac{\mathrm{d}x}{\left(x-\frac{\sqrt{2}}{2}\right)^2+\frac{1}{2}}+\frac{1}{2}\int\frac{\mathrm{d}x}{\left(x+\frac{\sqrt{2}}{2}\right)^2+\frac{1}{2}}$$

$$=\frac{\sqrt{2}}{2}\arctan(\sqrt{2}x-1)+\frac{\sqrt{2}}{2}\arctan(\sqrt{2}x+1)+C.$$

6. （2018 数三）$\int\mathrm{e}^x\arcsin\sqrt{1-\mathrm{e}^{2x}}\,\mathrm{d}x=$ ________.

【答案】$\mathrm{e}^x\arcsin\sqrt{1-\mathrm{e}^{2x}}-\sqrt{1-\mathrm{e}^{2x}}+C.$

【解析】$\int\mathrm{e}^x\arcsin\sqrt{1-\mathrm{e}^{2x}}\,\mathrm{d}x\xlongequal{u=\mathrm{e}^x}\int\arcsin\sqrt{1-u^2}\,\mathrm{d}u=u\arcsin\sqrt{1-u^2}+\int\frac{u}{\sqrt{1-u^2}}\mathrm{d}u$

$$=u\arcsin\sqrt{1-u^2}-\sqrt{1-u^2}+C$$

$$=\mathrm{e}^x\arcsin\sqrt{1-\mathrm{e}^{2x}}-\sqrt{1-\mathrm{e}^{2x}}+C.$$

7. （2019 非数学预赛）设隐函数 $y=y(x)$ 由方程 $y^2(x-y)=x^2$ 所确定，则 $\int\frac{\mathrm{d}x}{y^2}=$ ________.

【答案】$\frac{3y}{x}-2\ln\left|\frac{y}{x}\right|+C.$

【解析】令 $y=tx$，则 $x=\frac{1}{t^2(1-t)}$，$y=\frac{1}{t(1-t)}$，$\mathrm{d}x=\frac{3t-2}{t^3(1-t)^2}\mathrm{d}t$. 因此

$$\int\frac{\mathrm{d}x}{y^2}=\int\left(3-\frac{2}{t}\right)\mathrm{d}t=3t-2\ln|t|+C=\frac{3y}{x}-2\ln\left|\frac{y}{x}\right|+C.$$

8. （2010 非数学决赛）已知 $f(x)$ 在 $\left(\frac{1}{4},\frac{1}{2}\right)$ 内满足 $f'(x)=\frac{1}{\sin^3x+\cos^3x}$，求 $f(x)$.

【解析】由 $\sin^3x+\cos^3x=(\sin x+\cos x)(\sin^2x-\sin x\cos x+\cos^2x)$

$$=\sqrt{2}\cos\left(\frac{\pi}{4}-x\right)\left[\frac{1}{2}+\left(\frac{\sqrt{2}}{2}\cos x-\frac{\sqrt{2}}{2}\sin x\right)^2\right]$$

$$=\sqrt{2}\cos\left(\frac{\pi}{4}-x\right)\left[\frac{1}{2}+\sin^2\left(\frac{\pi}{4}-x\right)\right],$$

得$f(x)=\frac{\sqrt{2}}{2}\int\frac{\mathrm{d}x}{\cos\left(\frac{\pi}{4}-x\right)\left[\frac{1}{2}+\sin^2\left(\frac{\pi}{4}-x\right)\right]}$.

令$u=\frac{\pi}{4}-x$，得

$$f(x)=-\frac{\sqrt{2}}{2}\int\frac{\mathrm{d}u}{\cos u\left(\frac{1}{2}+\sin^2 u\right)}=-\frac{\sqrt{2}}{2}\int\frac{\mathrm{d}(\sin u)}{\cos^2 u\left(\frac{1}{2}+\sin^2 u\right)}\xlongequal{t=\sin u}-\frac{\sqrt{2}}{2}\int\frac{\mathrm{d}t}{(1-t^2)\left(\frac{1}{2}+t^2\right)}$$

$$=-\frac{\sqrt{2}}{3}\int\frac{\mathrm{d}t}{1-t^2}-\frac{\sqrt{2}}{3}\int\frac{\mathrm{d}t}{\frac{1}{2}+t^2}=-\frac{2}{3}\arctan\sqrt{2}t-\frac{\sqrt{2}}{6}\ln\left|\frac{1+t}{1-t}\right|+C$$

$$=-\frac{2}{3}\arctan\left[\sqrt{2}\sin\left(\frac{\pi}{4}-x\right)\right]-\frac{\sqrt{2}}{6}\ln\left|\frac{1+\sin\left(\frac{\pi}{4}-x\right)}{1-\sin\left(\frac{\pi}{4}-x\right)}\right|+C.$$

9. （2012 非数学决赛）求不定积分$I=\int\left(1+x-\frac{1}{x}\right)\mathrm{e}^{x+\frac{1}{x}}\mathrm{d}x$.

【解析】

$$I=\int\left(1+x-\frac{1}{x}\right)\mathrm{e}^{x+\frac{1}{x}}\mathrm{d}x=\int\mathrm{e}^{x+\frac{1}{x}}\mathrm{d}x+\int x\left(1-\frac{1}{x^2}\right)\mathrm{e}^{x+\frac{1}{x}}\mathrm{d}x=\int\mathrm{e}^{x+\frac{1}{x}}\mathrm{d}x+\int x\mathrm{d}\left(\mathrm{e}^{x+\frac{1}{x}}\right)$$

$$=\int\mathrm{e}^{x+\frac{1}{x}}\mathrm{d}x+x\mathrm{e}^{x+\frac{1}{x}}-\int\mathrm{e}^{x+\frac{1}{x}}\mathrm{d}x=x\mathrm{e}^{x+\frac{1}{x}}+C.$$

10. （2011 数三）求不定积分$\int\frac{\arcsin\sqrt{x}+\ln x}{\sqrt{x}}\mathrm{d}x$.

【解析】 令$u=\sqrt{x}$，$u^2=x$，$\mathrm{d}x=2u\mathrm{d}u$，则

$$\int\frac{\arcsin\sqrt{x}+\ln x}{\sqrt{x}}\mathrm{d}x=2\int(\arcsin u+2\ln u)\mathrm{d}u=2u\arcsin u-2\int\frac{u}{\sqrt{1-u^2}}\mathrm{d}u+4u\ln u-4\int\mathrm{d}u$$

$$=2u\arcsin u+2\sqrt{1-u^2}+4u\ln u-4u+C$$

$$=2\sqrt{x}\arcsin\sqrt{x}+2\sqrt{1-x}+2\sqrt{x}\ln x-4\sqrt{x}+C.$$

11. （2018 数一、二，三）求不定积分$\int\mathrm{e}^{2x}\arctan\sqrt{\mathrm{e}^x-1}\,\mathrm{d}x$.

【解析】 令$u=\mathrm{e}^x$，$\mathrm{e}^x\mathrm{d}x=\mathrm{d}u$，则

$$\int\mathrm{e}^{2x}\arctan\sqrt{\mathrm{e}^x-1}\,\mathrm{d}x=\int u\arctan\sqrt{u-1}\,\mathrm{d}u=\frac{1}{2}\int\arctan\sqrt{u-1}\,\mathrm{d}(u^2)$$

$$=\frac{u^2}{2}\arctan\sqrt{u-1}-\frac{1}{4}\int\frac{u}{\sqrt{u-1}}\mathrm{d}u$$

$$=\frac{u^2}{2}\arctan\sqrt{u-1}-\frac{1}{4}\int\sqrt{u-1}\,\mathrm{d}u-\frac{1}{4}\int\frac{1}{\sqrt{u-1}}\mathrm{d}u$$

$$=\frac{u^2}{2}\arctan\sqrt{u-1}-\frac{1}{6}(u-1)^{\frac{3}{2}}-\frac{1}{2}\sqrt{u-1}+C$$

$$=\frac{e^{2x}}{2}\arctan\sqrt{e^x-1}-\frac{1}{6}(e^x-1)^{\frac{3}{2}}-\frac{1}{2}\sqrt{e^x-1}+C.$$

12.（2019 数二、三）求不定积分 $\int\frac{3x+6}{(x-1)^2(x^2+x+1)}dx$.

【解析】假设 $\frac{3x+6}{(x-1)^2(x^2+x+1)}=\frac{A}{x-1}+\frac{B}{(x-1)^2}+\frac{Cx+D}{x^2+x+1}$，两端去分母后，得

$$3x+6=(A+C)x^3+(B-2C+D)x^2+(B+C-2D)x-A+B+D.$$

比较上式两端同次幂的系数，即有

$$\begin{cases}A+C=0,\\B-2C+D=0,\\B+C-2D=3,\\-A+B+D=6,\end{cases}$$

从而解得 $A=-2$，$B=3$，$C=2$，$D=1$. 于是

$$\int\frac{3x+6}{(x-1)^2(x^2+x+1)}dx=-2\int\frac{dx}{x-1}+3\int\frac{dx}{(x-1)^2}+\int\frac{2x+1}{x^2+x+1}dx$$

$$=-2\ln|x-1|-\frac{3}{x-1}+\ln(x^2+x+1)+C.$$

四、章自测题（章自测题的解析请扫二维码查看）

第四章自测题二维码

1. 求原函数.

（1）若 $f'(x)=\cos x$，则 $f(x)$ 的原函数之一是（　　）.

(A) $1+\sin x$　　(B) $1-\sin x$

(C) $1+\cos x$　　(D) $1-\cos x$

（2）设 $f(x)$ 定义在 $\mathbf{R}$ 上，且满足 $f'(\ln x)=\begin{cases}1, & x\in(0,1],\\x, & x\in(1,+\infty),\end{cases}$ $f(0)=1$，则 $f(x)=$ ________.

（3）若 $f'(\cos^2x)=\sin^2x$，求 $f(x)$ 及 $f'(x)$.

（4）设 $\int xf(x)dx=\sqrt{1-x^2}+C$，求 $\int\frac{dx}{f(x)}$.

（5）设 $f(x)$ 的一个原函数为 e^{x^2}，求 $\int xf''(x)dx$.

2. 用凑微分法求下列不定积分：

（1）$\int\frac{\sin x}{\cos^3x}dx$；　（2）$\int\frac{e^{\arctan x}}{1+x^2}dx$；

（3）$\int\frac{1-\sin x}{(x+\cos x)^2}dx$；　（4）$\int\frac{e^x}{\sqrt{1+e^x}}dx$；

（5）$\int f'(\arccos x)\frac{dx}{\sqrt{1-x^2}}$，其中 $f(x)$ 可导.

3. 用换元法求下列不定积分：

(1) $\int \frac{7\mathrm{d}x}{x(x^7+1)}$;　(2) $\int \frac{\mathrm{d}x}{3+\sqrt{x}}$;

(3) $\int \frac{1}{\mathrm{e}^x(1+\mathrm{e}^{2x})}\mathrm{d}x$;　(4) $\int \frac{x^2}{\sqrt{1-x^2}}\mathrm{d}x$;

(5) $\int \frac{\mathrm{d}x}{x\sqrt{x^2-4}}$;　(6) $\int \frac{\sqrt{x^2+9}}{x}\mathrm{d}x$;

(7) $\int \frac{\mathrm{d}x}{\sqrt{1+\mathrm{e}^x}}$;　(8) $\int \frac{x^5-x}{x^8+1}\mathrm{d}x$.

4. 用分部积分法求下列不定积分：

(1) $\int \mathrm{e}^x\cos x\mathrm{d}x$;　(2) $\int x^2\mathrm{e}^x\mathrm{d}x$;

(3) $\int x^2\ln(x+1)\mathrm{d}x$;　(4) $\int \left(\frac{\ln x}{x}\right)^2\mathrm{d}x$;

(5) $\int x^2\cos 2x\mathrm{d}x$;　(6) $\int \frac{x\ln(x+\sqrt{x^2+1})}{\sqrt{x^2+1}}\mathrm{d}x$;

(7) $\int \arctan\sqrt{x}\,\mathrm{d}x$;　(8) $\int x\cot^2 x\mathrm{d}x$.

5. 求下列有理函数的积分：

(1) $\int \frac{2x+1}{x^2+x-6}\mathrm{d}x$;　(2) $\int \frac{1}{x^6+x}\mathrm{d}x$;

(3) $\int \frac{1}{(x^2+1)(x+1)^2}\mathrm{d}x$.

6. 求下列三角有理式的积分：

(1) $\int \frac{\mathrm{d}x}{\sin x-\cos x}$;　(2) $\int \frac{7\sin x+4\cos x}{\sin x+2\cos x}\mathrm{d}x$;

(3) $\int \frac{\mathrm{d}x}{5+4\sin x+3\cos x}$.

7. 求下列无理函数的积分：

(1) $\int \frac{\mathrm{d}x}{\sqrt{1+x}+\sqrt[3]{1+x}}$;　(2) $\int \frac{1}{x}\sqrt{\frac{1-x}{1+x}}\mathrm{d}x$;

(3) $\int \frac{1}{x\sqrt{x^n-1}}\mathrm{d}x$.

8. 计算下列不定积分：

(1) $\int \mathrm{e}^{\sqrt{2x-1}}\mathrm{d}x$;　(2) $\int \frac{x^2}{1+x^2}\arctan x\mathrm{d}x$;

(3) $\int \frac{2\sin x-\cos x}{3\sin^2 x+4\cos^2 x}\mathrm{d}x$;　(4) $\int \frac{\arctan \mathrm{e}^x}{\mathrm{e}^x}\mathrm{d}x$;

(5) $\int \frac{1+x}{x(1+x\mathrm{e}^x)}\mathrm{d}x$;　(6) $\int \frac{\mathrm{d}x}{a^2\sin^2 x+b^2\cos^2 x}(ab\neq 0)$;

（7）$\int \frac{xe^x}{\sqrt{e^x - 2}}dx$；　　（8）$\int \frac{\sin x}{\sin x + \cos x}dx$；

（9）$\int \arcsin x \cdot \arccos x dx$.

第五章

定积分

一、主要内容

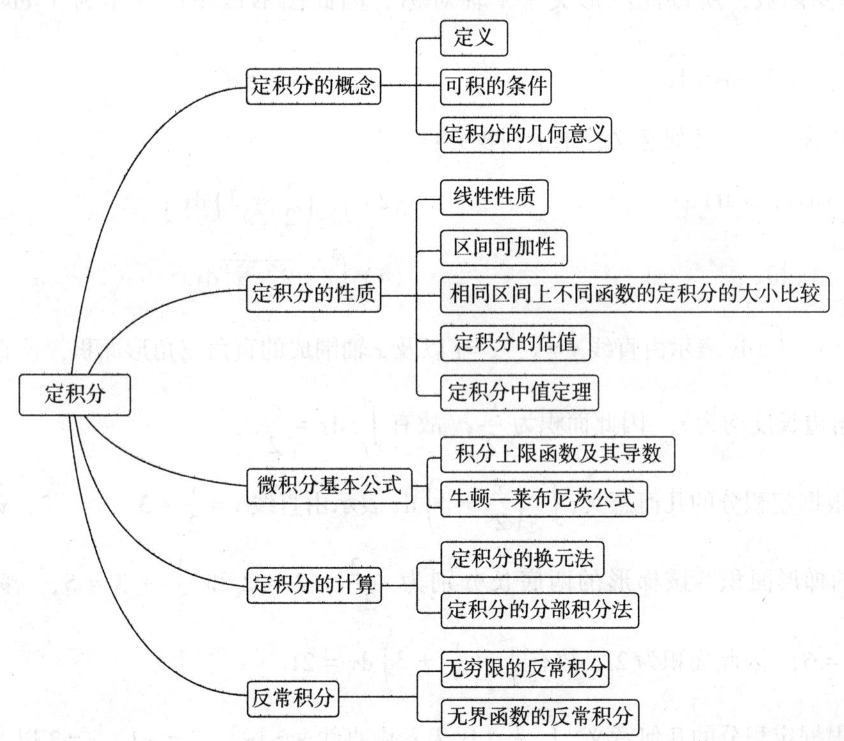

二、习题讲解

习题 5-1　解答　定积分的概念与性质

1—2. 此处解析请扫二维码查看 .

1—2 二维码

3. 利用定积分的几何意义，证明下列等式：

（1）$\int_0^1 2x\mathrm{d}x = 1$；　　（2）$\int_0^1 \sqrt{1-x^2}\mathrm{d}x = \frac{\pi}{4}$；

（3）$\int_{-\pi}^{\pi} \sin x\mathrm{d}x = 0$；　　（4）$\int_{-\frac{\pi}{2}}^{\frac{\pi}{2}} \cos x\mathrm{d}x = 2\int_0^{\frac{\pi}{2}} \cos x\mathrm{d}x$.

解　（1）$\int_0^1 2x\mathrm{d}x$ 表示由直线 $y=2x$，$x=0$，$x=1$ 所围成的面积，结果为1.

（2）$\int_0^1 \sqrt{1-x^2}\mathrm{d}x$ 表示由曲线 $y=\sqrt{1-x^2}$ 与坐标轴所围图形面积，即圆 $x^2+y^2=1$ 的面积的 $\frac{1}{4}$：$\int_0^1 \sqrt{1-x^2}\mathrm{d}x = \frac{1}{4}\pi$.

（3）由于 $y=\sin x$ 为奇函数，x 轴上方取正、下方取负，由对称性知在关于原点对称的区间 $[-\pi, \pi]$ 上与 x 轴所夹的面积代数和为0，即 $\int_{-\pi}^{\pi} \sin x\mathrm{d}x = 0$.

（4）$\int_{-\frac{\pi}{2}}^{\frac{\pi}{2}} \cos x\mathrm{d}x$ 表示曲线 $y=\cos x$ 与 x 轴上 $\left[-\frac{\pi}{2}, \frac{\pi}{2}\right]$ 一段所围成的图形面积．因为 $\cos x$ 为偶函数，所以此图形关于 y 轴对称．因此图形面积的一半为 $\int_0^{\frac{\pi}{2}} \cos x\mathrm{d}x$，即 $\int_{-\frac{\pi}{2}}^{\frac{\pi}{2}} \cos x\mathrm{d}x = 2\int_0^{\frac{\pi}{2}} \cos x\mathrm{d}x$.

4. 利用定积分的几何意义，求下列积分：

（1）$\int_0^t x\mathrm{d}x\ (t>0)$；　　（2）$\int_{-2}^{4} \left(\frac{x}{2}+3\right)\mathrm{d}x$；

（3）$\int_{-1}^{2} |x|\mathrm{d}x$；　　（4）$\int_{-3}^{3} \sqrt{9-x^2}\mathrm{d}x$.

解　（1）$\int_0^t x\mathrm{d}x$ 表示由直线 $y=x$，$x=t$ 以及 x 轴围成的直角三角形面积，该直角三角形的两条直角边长度均为 t，因此面积为 $\frac{t^2}{2}$，故有 $\int_0^t x\mathrm{d}x = \frac{t^2}{2}$.

（2）根据定积分的几何意义，$\int_{-2}^{4} \left(\frac{x}{2}+3\right)\mathrm{d}x$ 表示由直线 $y=\frac{x}{2}+3$，$x=-2$，$x=4$ 以及 x 轴所围成的梯形面积，该梯形的两底长分别为 $\frac{-2}{2}+3=2$ 和 $\frac{4}{2}+3=5$，梯形的高为 $4-(-2)=6$，因此面积为21. 故有 $\int_{-2}^{4} \left(\frac{x}{2}+3\right)\mathrm{d}x = 21$.

（3）根据定积分的几何意义，$\int_{-1}^{2} |x|\mathrm{d}x$ 表示由直线 $y=|x|$，$x=-1$，$x=2$ 以及 x 轴所围成的图形面积．该图形由两个等腰直角三角形组成，分别由直线 $y=-x$，$x=-1$ 和 x 轴围成，其直角边为1，面积为 $\frac{1}{2}$；由直线 $y=x$，$x=2$ 和 x 轴所围成，其直角边为2，面积为2. 因此 $\int_{-1}^{2} |x|\mathrm{d}x = \frac{5}{2}$.

（4）根据定积分的几何意义，$\int_{-3}^{3}\sqrt{9-x^2}\,\mathrm{d}x$ 表示由上半圆周 $y=\sqrt{9-x^2}$ 以及 x 轴所围成的半圆的面积，积分 $\int_{-3}^{3}\sqrt{9-x^2}\,\mathrm{d}x=\frac{9}{2}\pi$.

5. 设 $a<b$. 问：a、b 取什么值时，积分 $\int_a^b(x-x^2)\,\mathrm{d}x$ 取得最大值？

解　根据定积分的几何意义，$\int_a^b(x-x^2)\,\mathrm{d}x$ 由抛物线 $y=x-x^2$ 和直线 $x=a$，$x=b$ 以及 x 轴所围成的图形在 x 轴上方的部分减去 x 轴下方的部分．因此如果下方部分面积最小（为 0），上方部分面积为最大时，积分值取到最大．由于抛物线 $y=x-x^2$ 开口向下，与 x 轴的交点分别为 $(0,0)$，$(1,0)$，因此当 $a=0$，$b=1$ 时，积分取得最大值．

6. 已知 $\ln 2=\int_0^1\frac{1}{1+x}\mathrm{d}x$，试用抛物线法公式，求出 $\ln 2$ 的近似值（取 $n=10$，计算时取 4 位小数）．

解　计算 y_i 并列表如下：

i	0	1	2	3	4	5	6	7	8	9	10
x_i	0.000 0	0.100 0	0.200 0	0.300 0	0.400 0	0.500 0	0.600 0	0.700 0	0.800 0	0.900 0	1.000 0
y_i	1.000 0	0.909 1	0.833 3	0.769 2	0.714 3	0.666 7	0.625 0	0.588 2	0.555 6	0.526 3	0.500 0

按抛物线法公式，求得

$$s=\frac{1}{30}[(y_0+y_{10})+2(y_2+y_4+y_6+y_8)+4(y_1+y_3+y_5+y_7+y_9)]\approx 0.693\,1.$$

7. 设 $\int_{-1}^{1}3f(x)\,\mathrm{d}x=18$，$\int_{-1}^{3}f(x)\,\mathrm{d}x=4$，$\int_{-1}^{3}g(x)\,\mathrm{d}x=3$. 求：

（1）$\int_{-1}^{1}f(x)\,\mathrm{d}x$；　　（2）$\int_{1}^{3}f(x)\,\mathrm{d}x$；

（3）$\int_{3}^{-1}g(x)\,\mathrm{d}x$；　　（4）$\int_{-1}^{3}\frac{1}{5}[4f(x)+3g(x)]\,\mathrm{d}x$.

解　（1）$\int_{-1}^{1}f(x)\,\mathrm{d}x=\frac{1}{3}\int_{-1}^{1}3f(x)\,\mathrm{d}x=6$.

（2）$\int_{1}^{3}f(x)\,\mathrm{d}x=\int_{-1}^{3}f(x)\,\mathrm{d}x-\int_{-1}^{1}f(x)\,\mathrm{d}x=-2$.

（3）$\int_{3}^{-1}g(x)\,\mathrm{d}x=-\int_{-1}^{3}g(x)\,\mathrm{d}x=-3$.

（4）$\int_{-1}^{3}\frac{1}{5}[4f(x)+3g(x)]\,\mathrm{d}x=\frac{4}{5}\int_{-1}^{3}f(x)\,\mathrm{d}x+\frac{3}{5}\int_{-1}^{3}g(x)\,\mathrm{d}x=5$.

8. 水利工程中要计算水闸门所受的水压力．已知闸门上水的压强 p 与水深 h 存在函数关系，且有 $p=9.8h$ (kN/m^2)．若闸门高 $H=3$ m，宽 $L=2$ m，求水面与闸门顶相齐时闸门所受的水压力 P.

解　用分点 $x_i=\frac{H}{n}i(i=1,2,\cdots,n-1)$ 将区间 $[0,H]$ 分为 n 个小区间，各小区间的长度为 $\Delta x_i=\frac{H}{n}(i=1,2,\cdots,n)$.

在第 i 个小区间 $[x_{i-1}, x_i]$ 上，闸门相应部分所受的水压力近似为 $\Delta P_i = 9.8x_i \cdot L \cdot \Delta x_i$.

闸门所受压力为 $P = \lim\limits_{n\to\infty}\sum\limits_{i=1}^{n} 9.8x_i \cdot L \cdot \Delta x_i = 9.8L\lim\limits_{n\to\infty}\sum\limits_{i=1}^{n} \dfrac{H}{n}i\dfrac{H}{n}$

$$= 9.8LH^2\lim_{n\to\infty}\sum_{i=1}^{n}\frac{i}{n^2} = 9.8LH^2\lim_{n\to\infty}\frac{n(n+1)}{2n^2} = 4.8LH^2.$$

将 $L=2$，$H=3$ 代入得 $P = 86.4$ kN.

9. 证明定积分性质：

(1) $\int_a^b kf(x)\mathrm{d}x = k\int_a^b f(x)\mathrm{d}x$（$k$ 是常数）；（2）$\int_a^b 1\cdot\mathrm{d}x = \int_a^b \mathrm{d}x = b-a$.

证 根据定积分的定义：

(1) $\int_a^b kf(x)\mathrm{d}x = \lim\limits_{\lambda\to 0}\sum\limits_{i=1}^{n} kf(\xi_i)\Delta x_i = k\lim\limits_{\lambda\to 0}\sum\limits_{i=1}^{n} f(\xi_i)\Delta x_i = k\int_a^b f(x)\mathrm{d}x$；

(2) $\int_a^b 1\cdot\mathrm{d}x = \lim\limits_{\lambda\to 0}\sum\limits_{i=1}^{n}\Delta x_i = \lim\limits_{\lambda\to 0}(b-a) = b-a$.

10. 估计下列各积分的值：

(1) $\int_1^4 (x^2+1)\mathrm{d}x$；（2）$\int_{\frac{\pi}{4}}^{\frac{5}{4}\pi}(1+\sin^2 x)\mathrm{d}x$；

(3) $\int_{\frac{1}{\sqrt{3}}}^{\sqrt{3}} x\arctan x\mathrm{d}x$；（4）$\int_2^0 \mathrm{e}^{x^2-x}\mathrm{d}x$.

解 （1）在区间 $[1, 4]$ 上，$2 \leqslant x^2+1 \leqslant 17$，因此有

$$6 = \int_1^4 2\mathrm{d}x \leqslant \int_1^4 (x^2+1)\mathrm{d}x \leqslant \int_1^4 17\mathrm{d}x = 51.$$

（2）在区间 $\left[\frac{1}{4}\pi, \frac{5}{4}\pi\right]$ 上，$1 \leqslant 1+\sin^2 x \leqslant 2$，因此有

$$\pi = \int_{\frac{\pi}{4}}^{\frac{5}{4}\pi}\mathrm{d}x \leqslant \int_{\frac{\pi}{4}}^{\frac{5}{4}\pi}(1+\sin^2 x)\mathrm{d}x \leqslant \int_{\frac{\pi}{4}}^{\frac{5}{4}\pi}2\mathrm{d}x = 2\pi.$$

（3）在区间 $\left[\frac{1}{\sqrt{3}}, \sqrt{3}\right]$ 上，函数 $f(x) = x\arctan x$ 是单调增加的，因此 $f\left(\frac{1}{\sqrt{3}}\right) \leqslant f(x) \leqslant f(\sqrt{3})$，即 $\frac{\pi}{6\sqrt{3}} \leqslant x\arctan x \leqslant \frac{\pi}{\sqrt{3}}$，由定积分的性质知

$$\frac{\pi}{9} = \int_{\frac{1}{\sqrt{3}}}^{\sqrt{3}}\frac{\pi}{6\sqrt{3}}\mathrm{d}x \leqslant \int_{\frac{1}{\sqrt{3}}}^{\sqrt{3}} x\arctan x\mathrm{d}x \leqslant \int_{\frac{1}{\sqrt{3}}}^{\sqrt{3}}\frac{\pi}{\sqrt{3}}\mathrm{d}x = \frac{2}{3}\pi.$$

（4）设 $f(x)=x^2-x$，$x\in[0, 2]$，$f'(x)=2x-1$，函数极值点为 $x=\frac{1}{2}$，最大值、最小值为 $f(0)$，$f(2)$，$f\left(\frac{1}{2}\right)$ 中的最大值、最小值，即最大值为 $f(2)=2$，最小值为 $f\left(\frac{1}{2}\right)=-\frac{1}{4}$，因此有：$2\mathrm{e}^{-\frac{1}{4}} = \int_0^2 \mathrm{e}^{-\frac{1}{4}}\mathrm{d}x \leqslant \int_0^2 \mathrm{e}^{x^2-x}\mathrm{d}x \leqslant \int_0^2 \mathrm{e}^2\mathrm{d}x = 2\mathrm{e}^2$.

11. 设 $f(x)$ 在 $[0, 1]$ 上连续，证明 $\int_0^1 f^2(x)\mathrm{d}x \geqslant \left(\int_0^1 f(x)\mathrm{d}x\right)^2$.

证 记 $a = \int_0^1 f(x)\mathrm{d}x$，由定积分性质知 $\int_0^1 [f(x)-a]^2\mathrm{d}x \geqslant 0$，化简得

$$\int_0^1[f(x)-a]^2\mathrm{d}x=\int_0^1[f^2(x)-2af(x)+a^2]\mathrm{d}x=\int_0^1 f^2(x)\mathrm{d}x-2a\int_0^1 f(x)\mathrm{d}x+a^2$$

$$=\int_0^1 f^2(x)\mathrm{d}x-[\int_0^1 f(x)\mathrm{d}x]^2\geqslant 0$$

所以 $\int_0^1 f^2(x)\mathrm{d}x\geqslant\left(\int_0^1 f(x)\mathrm{d}x\right)^2$ 结论成立．

12. 设 $f(x)$ 及 $g(x)$ 在 $[a,\ b]$ 上连续，证明：

（1）若在 $[a,\ b]$ 上，$f(x)\geqslant 0$，且 $f(x)\not\equiv 0$，则 $\int_a^b f(x)\mathrm{d}x>0$；

（2）若在 $[a,\ b]$ 上，$f(x)\geqslant 0$，且 $\int_a^b f(x)\mathrm{d}x=0$，则在 $[a,\ b]$ 上 $f(x)\equiv 0$；

（3）若在 $[a,\ b]$ 上，$f(x)\leqslant g(x)$，且 $\int_a^b f(x)\mathrm{d}x=\int_a^b g(x)\mathrm{d}x$，则在 $[a,\ b]$ 上 $f(x)\equiv g(x)$.

证　（1）因为 $f(x)\geqslant 0$ 且不恒等于0，故至少存在一点 $x_0\in[a,\ b]$，使得 $f(x_0)>0$. 由连续性知存在包含 x_0 的某邻域 $[c_1,\ c_2]\subset[a,\ b]$，使得邻域内所有点满足 $f(x)>\frac{f(x_0)}{2}>0$. 于是 $\int_{c_1}^{c_2} f(x)\mathrm{d}x\geqslant\int_{c_1}^{c_2}\frac{f(x_0)}{2}\mathrm{d}x=\frac{f(x_0)}{2}(c_2-c_1)>0$.

显然 $\int_a^{c_1} f(x)\mathrm{d}x\geqslant 0$，$\int_{c_2}^b f(x)\mathrm{d}x\geqslant 0$，所以有

$$\int_a^b f(x)\mathrm{d}x=\int_a^{c_1} f(x)\mathrm{d}x+\int_{c_1}^{c_2} f(x)\mathrm{d}x+\int_{c_2}^b f(x)\mathrm{d}x>0.$$

（2）用反证法，假设 $f(x)$ 不恒等于0，由（1）可知 $\int_a^b f(x)\mathrm{d}x>0$，这与题设矛盾，因此必有 $f(x)\equiv 0$，$x\in[a,\ b]$.

（3）设 $F(x)=g(x)-f(x)$，$x\in[a,\ b]$，则 $F(x)\geqslant 0$，且

$$\int_a^b F(x)\mathrm{d}x=\int_a^b g(x)\mathrm{d}x-\int_a^b f(x)\mathrm{d}x=0,$$

由（1）知，$F(x)\equiv 0$，从而 $f(x)\equiv g(x)$.

13. 根据定积分的性质及第12题的结论，说明下列各对积分中哪一个的值较大：

（1）$\int_0^1 x^2\mathrm{d}x$ 还是 $\int_0^1 x^3\mathrm{d}x$？　　（2）$\int_1^2 x^2\mathrm{d}x$ 还是 $\int_1^2 x^3\mathrm{d}x$？

（3）$\int_1^2 \ln x\mathrm{d}x$ 还是 $\int_1^2(\ln x)^2\mathrm{d}x$？　　（4）$\int_0^1 x\mathrm{d}x$ 还是 $\int_0^1\ln(1+x)\mathrm{d}x$？

（5）$\int_0^1 \mathrm{e}^x\mathrm{d}x$ 还是 $\int_0^1(1+x)\mathrm{d}x$？

解　（1）在区间 $[0,\ 1]$ 上，$x^2\geqslant x^3$，因此 $\int_0^1 x^2\mathrm{d}x\geqslant\int_0^1 x^3\mathrm{d}x$.

（2）在区间 $[1,\ 2]$ 上，$x^2\leqslant x^3$，因此 $\int_1^2 x^2\mathrm{d}x\leqslant\int_1^2 x^3\mathrm{d}x$

（3）在区间 $[1,\ 2]$ 上，$0\leqslant\ln x\leqslant 1$，得 $\ln x\geqslant(\ln x)^2$，因此 $\int_1^2\ln x\mathrm{d}x\geqslant\int_1^2(\ln x)^2\mathrm{d}x$.

（4）当 $x>0$ 时，$\ln(x+1)<x$，因此 $\int_0^1 x\mathrm{d}x>\int_0^1\ln(1+x)\mathrm{d}x$.

（5）当 $x>0$ 时，$\ln(x+1)<x$，有 $1+x<\mathrm{e}^x$，因此 $\int_0^1 \mathrm{e}^x\mathrm{d}x>\int_0^1(1+x)\mathrm{d}x$.

习题5-2　解答　微积分基本公式

1. 试求函数 $y=\int_0^x \sin t\mathrm{d}t$ 当 $x=0$ 及 $x=\frac{\pi}{4}$ 时的导数.

解　$\frac{\mathrm{d}y}{\mathrm{d}x}=\sin x$，因此 $\frac{\mathrm{d}y}{\mathrm{d}x}\Big|_{x=0}=0$，$\frac{\mathrm{d}y}{\mathrm{d}x}\Big|_{x=\frac{\pi}{4}}=\frac{\sqrt{2}}{2}$.

2. 求由参数表达式 $x=\int_0^t \sin u\mathrm{d}u$，$y=\int_0^t \cos u\mathrm{d}u$ 所确定的函数对 x 的导数 $\frac{\mathrm{d}y}{\mathrm{d}x}$.

解　$\frac{\mathrm{d}y}{\mathrm{d}x}=\frac{\mathrm{d}y}{\mathrm{d}t}\Big/\frac{\mathrm{d}x}{\mathrm{d}t}=\frac{\cos t}{\sin t}=\cot t$.

3. 求由 $\int_0^y \mathrm{e}^t\mathrm{d}t+\int_0^x \cos t\mathrm{d}t=0$ 决定的隐函数对 x 的导数 $\frac{\mathrm{d}y}{\mathrm{d}x}$.

解　方程两端分别对 x 求导：$\mathrm{e}^y\frac{\mathrm{d}y}{\mathrm{d}x}+\cos x=0$，有 $\frac{\mathrm{d}y}{\mathrm{d}x}=-\mathrm{e}^{-y}\cos x$.

4. 当 x 为何值时，函数 $I(x)=\int_0^x t\mathrm{e}^{-t^2}\mathrm{d}t$ 有极值？

解　容易知道 $I(x)$ 可导，$I'(x)=x\mathrm{e}^{-x^2}$，令 $I'(x)=0$，得 $x=0$. 当 $x>0$ 时，$I'(x)>0$；当 $x<0$ 时，$I'(x)<0$，所以当 $x=0$ 时，函数 $I(x)$ 取极小值.

5. 计算下列各导数：

（1）$\frac{\mathrm{d}}{\mathrm{d}x}\int_0^{x^2}\sqrt{1+t^2}\mathrm{d}t$；　　（2）$\frac{\mathrm{d}}{\mathrm{d}x}\int_{x^2}^{x^3}\frac{\mathrm{d}t}{\sqrt{1+t^4}}$；

（3）$\frac{\mathrm{d}}{\mathrm{d}x}\int_{\sin x}^{\cos x}\cos(\pi t^2)\mathrm{d}t$

解　（1）$\frac{\mathrm{d}}{\mathrm{d}x}\int_0^{x^2}\sqrt{1+t^2}\mathrm{d}t=2x\sqrt{1+x^4}$.

（2）$\frac{\mathrm{d}}{\mathrm{d}x}\int_{x^2}^{x^3}\frac{\mathrm{d}t}{\sqrt{1+t^4}}=\frac{\mathrm{d}}{\mathrm{d}x}\left(\int_0^{x^3}\frac{\mathrm{d}t}{\sqrt{1+t^4}}-\int_0^{x^2}\frac{\mathrm{d}t}{\sqrt{1+t^4}}\right)=\frac{3x^2}{\sqrt{1+x^{12}}}-\frac{2x}{\sqrt{1+x^8}}$.

（3）
$$\begin{aligned}\frac{\mathrm{d}}{\mathrm{d}x}\int_{\sin x}^{\cos x}\cos(\pi t^2)\mathrm{d}t&=\frac{\mathrm{d}}{\mathrm{d}x}\int_0^{\cos x}\cos(\pi t^2)\mathrm{d}t-\frac{\mathrm{d}}{\mathrm{d}x}\int_0^{\sin x}\cos(\pi t^2)\mathrm{d}t\\&=-\sin x\cos(\pi\cos^2x)-\cos x\cos(\pi\sin^2x)\\&=-\sin x\cos(\pi-\pi\sin^2x)-\cos x\cos(\pi\sin^2x)\\&=(\sin x-\cos x)\cos(\pi\sin^2x).\end{aligned}$$

6. 证明 $f(x)=\int_1^x\sqrt{1+t^3}\mathrm{d}t$ 在 $[-1,+\infty)$ 内是单调增加函数，并求 $(f^{-1})'(0)$.

证　显然 $f(x)$ 在 $[-1,+\infty)$ 内可导，且当 $x>-1$ 时，$f'(x)=\sqrt{1+x^3}>0$，因此，$f(x)$ 在 $[-1,+\infty)$ 内是单调增加函数．又因为 $f(1)=\int_1^1\sqrt{1+t^3}\mathrm{d}t=0$，所以 $f^{-1}(0)=1$，因此

$$[f^{-1}(0)]'=\frac{1}{f'(1)}=\frac{1}{\sqrt{1+x^3}}\Big|_{x=1}=\frac{\sqrt{2}}{2}.$$

7. 设 $f(x)$ 具有三阶连续导数，$y=f(x)$ 的图形如图 5-1 所示．问：下列积分中的哪一个积分值为负？

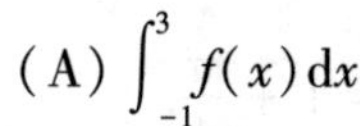

(A) $\int_{-1}^{3} f(x)\,\mathrm{d}x$ (B) $\int_{-1}^{3} f'(x)\,\mathrm{d}x$

(C) $\int_{-1}^{3} f''(x)\,\mathrm{d}x$ (D) $\int_{-1}^{3} f'''(x)\,\mathrm{d}x$

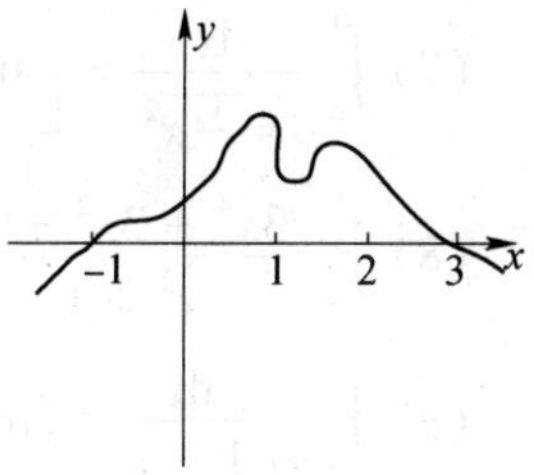

图 5-1

解 由 $y=f(x)$ 的图形知，当 $x\in[-1,3]$ 时，$f(x)\geqslant 0$，且 $f(-1)=f(3)=0$，$f'(-1)>0$，$f''(-1)<0$，$f'(3)<0$，$f''(3)>0$. 因此 $\int_{-1}^{3} f(x)\,\mathrm{d}x>0$，$\int_{-1}^{3} f'(x)\,\mathrm{d}x=f(3)-f(-1)=0$，$\int_{-1}^{3} f''(x)\,\mathrm{d}x=f'(3)-f'(-1)<0$，$\int_{-1}^{3} f'''(x)\,\mathrm{d}x=f''(3)-f''(-1)>0$. 故选 C.

8. 计算下列各定积分：

(1) $\int_{0}^{a}(3x^2-x+1)\,\mathrm{d}x$； (2) $\int_{1}^{2}\left(x^2+\dfrac{1}{x^4}\right)\mathrm{d}x$；

(3) $\int_{4}^{9}\sqrt{x}(1+\sqrt{x})\,\mathrm{d}x$； (4) $\int_{\frac{1}{\sqrt{3}}}^{\sqrt{3}}\dfrac{\mathrm{d}x}{1+x^2}$；

(5) $\int_{-\frac{1}{2}}^{\frac{1}{2}}\dfrac{\mathrm{d}x}{\sqrt{1-x^2}}$； (6) $\int_{0}^{\sqrt{3}a}\dfrac{\mathrm{d}x}{a^2+x^2}$；

(7) $\int_{0}^{1}\dfrac{\mathrm{d}x}{\sqrt{4-x^2}}$； (8) $\int_{-1}^{0}\dfrac{3x^4+3x^2+1}{x^2+1}\mathrm{d}x$；

(9) $\int_{-\mathrm{e}-1}^{-2}\dfrac{\mathrm{d}x}{1+x}$； (10) $\int_{0}^{\frac{\pi}{4}}\tan^2\theta\,\mathrm{d}\theta$；

(11) $\int_{0}^{2\pi}|\sin x|\,\mathrm{d}x$； (12) $\int_{0}^{2}f(x)\,\mathrm{d}x$，其中 $f(x)=\begin{cases}x+1, & x\leqslant 1,\\ \dfrac{1}{2}x^2, & x>1.\end{cases}$

解 (1) $\int_{0}^{a}(3x^2-x+1)\,\mathrm{d}x=\left[x^3-\dfrac{1}{2}x^2+x\right]_{0}^{a}=a^3-\dfrac{1}{2}a^2+a.$

(2) $\int_{1}^{2}\left(x^2+\dfrac{1}{x^4}\right)\mathrm{d}x=\left[\dfrac{1}{3}x^3-\dfrac{1}{3x^3}\right]_{1}^{2}=\dfrac{21}{8}.$

(3) $\int_{4}^{9}\sqrt{x}(1+\sqrt{x})\,\mathrm{d}x=\left[\dfrac{2}{3}x^{\frac{3}{2}}+\dfrac{x^2}{2}\right]_{4}^{9}=\dfrac{271}{6}.$

(4) $\int_{\frac{1}{\sqrt{3}}}^{\sqrt{3}}\dfrac{\mathrm{d}x}{1+x^2}=\left[\arctan x\right]_{\frac{1}{\sqrt{3}}}^{\sqrt{3}}=\dfrac{\pi}{6}.$

(5) $\int_{-\frac{1}{2}}^{\frac{1}{2}}\dfrac{\mathrm{d}x}{\sqrt{1-x^2}}=\left[\arcsin x\right]_{-\frac{1}{2}}^{\frac{1}{2}}=\dfrac{\pi}{3}.$

(6) $\int_{0}^{\sqrt{3}a}\dfrac{\mathrm{d}x}{a^2+x^2}=\left[\dfrac{1}{a}\arctan\dfrac{x}{a}\right]_{0}^{\sqrt{3}a}=\dfrac{\pi}{3a}.$

(7) $\int_0^1 \frac{\mathrm{d}x}{\sqrt{4-x^2}} = \left[\arcsin\frac{x}{2}\right]_0^1 = \frac{\pi}{6}$.

(8) $\int_{-1}^0 \frac{3x^4+3x^2+1}{x^2+1}\mathrm{d}x = \int_{-1}^0\left(3x^2+\frac{1}{x^2+1}\right)\mathrm{d}x = \left[x^3+\arctan x\right]_{-1}^0 = 1+\frac{\pi}{4}$.

(9) $\int_{-e-1}^{-2} \frac{\mathrm{d}x}{1+x} = [\ln|1+x|]_{-e-1}^{-2} = -1$.

(10) $\int_0^{\frac{\pi}{4}} \tan^2\theta\mathrm{d}\theta = \int_0^{\frac{\pi}{4}}(\sec^2\theta-1)\mathrm{d}\theta = [\tan\theta-\theta]_0^{\frac{\pi}{4}} = 1-\frac{\pi}{4}$.

(11) $\int_0^{2\pi}|\sin x|\mathrm{d}x = \int_0^{\pi}\sin x\mathrm{d}x + \int_{\pi}^{2\pi}(-\sin x)\mathrm{d}x = [-\cos x]_0^{\pi} + [\cos x]_{\pi}^{2\pi} = 4$.

(12) $\int_0^2 f(x)\mathrm{d}x = \int_0^1(x+1)\mathrm{d}x + \int_1^2\frac{1}{2}x^2\mathrm{d}x = \left[\frac{1}{2}x^2+x\right]_0^1 + \left[\frac{1}{6}x^3\right]_1^2 = \frac{8}{3}$.

9. 设 $k\in\mathbf{N}_+$，试证下列各题：

(1) $\int_{-\pi}^{\pi}\cos kx\mathrm{d}x = 0$；　　(2) $\int_{-\pi}^{\pi}\sin kx\mathrm{d}x = 0$；

(3) $\int_{-\pi}^{\pi}\cos^2 kx\mathrm{d}x = \pi$；　　(4) $\int_{-\pi}^{\pi}\sin^2 kx\mathrm{d}x = \pi$.

解　(1) $\int_{-\pi}^{\pi}\cos kx\mathrm{d}x = \left[\frac{1}{k}\sin kx\right]_{-\pi}^{\pi} = 0$.

(2) $\int_{-\pi}^{\pi}\sin kx\mathrm{d}x = \left[-\frac{1}{k}\cos kx\right]_{-\pi}^{\pi} = 0$.

(3) $\int_{-\pi}^{\pi}\cos^2 kx\mathrm{d}x = \frac{1}{2}\int_{-\pi}^{\pi}(1+\cos 2kx)\mathrm{d}x = \pi$.

(4) $\int_{-\pi}^{\pi}\sin^2 kx\mathrm{d}x = \frac{1}{2}\int_{-\pi}^{\pi}(1-\cos 2kx)\mathrm{d}x = \pi$.

10. 设 k、$l\in\mathbf{N}_+$，且 $k\neq l$. 证明：

(1) $\int_{-\pi}^{\pi}\cos kx\sin lx\mathrm{d}x = 0$；　　(2) $\int_{-\pi}^{\pi}\cos kx\cos lx\mathrm{d}x = 0$；

(3) $\int_{-\pi}^{\pi}\sin kx\sin lx\mathrm{d}x = 0$.

解　(1)
$$\begin{aligned}\int_{-\pi}^{\pi}\cos kx\sin lx\mathrm{d}x &= \frac{1}{2}\int_{-\pi}^{\pi}[\sin(kx+lx)-\sin(kx-lx)]\mathrm{d}x\\ &= \frac{1}{2}\int_{-\pi}^{\pi}\sin(kx+lx)\mathrm{d}x - \frac{1}{2}\int_{-\pi}^{\pi}\sin(kx-lx)\mathrm{d}x\\ &= \left[-\frac{1}{2(k+l)}\cos(kx+lx)\right]_{-\pi}^{\pi} - \left[-\frac{1}{2(k-l)}\cos(kx-lx)\right]_{-\pi}^{\pi}\\ &= 0.\end{aligned}$$

(2)
$$\begin{aligned}\int_{-\pi}^{\pi}\cos kx\cos lx\mathrm{d}x &= \frac{1}{2}\int_{-\pi}^{\pi}[\cos(kx+lx)+\cos(kx-lx)]\mathrm{d}x\\ &= \frac{1}{2}\int_{-\pi}^{\pi}\cos(kx+lx)x\mathrm{d}x + \frac{1}{2}\int_{-\pi}^{\pi}\cos(kx-lx)\mathrm{d}x\end{aligned}$$

$$= \left[\frac{1}{2(k+l)}\sin(kx+lx)\right]_{-\pi}^{\pi} + \left[\frac{1}{2(k-l)}\sin(kx-lx)\right]_{-\pi}^{\pi} = 0.$$

(3) $\int_{-\pi}^{\pi}\sin kx\sin lx\mathrm{d}x = -\frac{1}{2}\int_{-\pi}^{\pi}[\cos(kx+lx)-\cos(kx-lx)]\mathrm{d}x$

$$= -\frac{1}{2}\int_{-\pi}^{\pi}\cos(kx+lx)\mathrm{d}x + \frac{1}{2}\int_{-\pi}^{\pi}\cos(kx-lx)\mathrm{d}x$$

$$= \left[-\frac{1}{2(k+l)}\sin(kx+lx)\right]_{-\pi}^{\pi} + \left[\frac{1}{2(k-l)}\sin(kx-lx)\right]_{-\pi}^{\pi} = 0.$$

11. 求下列极限：

(1) $\lim\limits_{x\to 0}\dfrac{\int_0^x \cos t^2\mathrm{d}t}{x}$；　　(2) $\lim\limits_{x\to 0}\dfrac{\left(\int_0^x \mathrm{e}^{t^2}\mathrm{d}t\right)^2}{\int_0^x t\mathrm{e}^{2t^2}\mathrm{d}t}$.

解　(1) 利用洛必达法则，得 $\lim\limits_{x\to 0}\dfrac{\int_0^x \cos t^2\mathrm{d}t}{x} = \lim\limits_{x\to 0}\dfrac{\cos x^2}{1} = 1.$

(2) 利用洛必达法则，得

$$\lim_{x\to 0}\frac{\left(\int_0^x \mathrm{e}^{t^2}\mathrm{d}t\right)^2}{\int_0^x t\mathrm{e}^{2t^2}\mathrm{d}t} = \lim_{x\to 0}\frac{2\int_0^x \mathrm{e}^{t^2}\mathrm{d}t\cdot \mathrm{e}^{x^2}}{x\mathrm{e}^{2x^2}} = \lim_{x\to 0}\frac{2\int_0^x \mathrm{e}^{t^2}\mathrm{d}t}{x\mathrm{e}^{x^2}} = \lim_{x\to 0}\frac{2\mathrm{e}^{x^2}}{(1+2x^2)\mathrm{e}^{x^2}} = 2.$$

12. 设

$$f(x) = \begin{cases} x^2, & x\in[0,1), \\ x, & x\in[1,2]. \end{cases}$$

求 $\Phi(x) = \int_0^x f(t)\mathrm{d}t$ 在 $[0, 2]$ 上的表达式，并讨论 $\Phi(x)$ 在 $(0, 2)$ 内的连续性.

解　当 $x\in[0,1)$ 时，$f(x)=x^2$，所以 $\Phi(x) = \int_0^x f(t)\mathrm{d}t = \int_0^x t^2\mathrm{d}t = \left[\frac{1}{3}t^3\right]_0^x = \frac{1}{3}x^3.$

当 $x\in[1,2]$ 时，$f(x)=x$，所以 $\Phi(x) = \int_0^x f(t)\mathrm{d}t = \int_0^1 f(t)\mathrm{d}t + \int_1^x f(t)\mathrm{d}t = \int_0^1 t^2\mathrm{d}t + \int_1^x t\mathrm{d}t = \left[\frac{1}{3}t^3\right]_0^1 + \left[\frac{1}{2}t^2\right]_1^x = \frac{x^2}{2} - \frac{1}{6}$. 故 $\Phi(x) = \begin{cases} \dfrac{x^3}{3}, & x\in[0,1), \\ \dfrac{x^2}{2}-\dfrac{1}{6}, & x\in[1,2]. \end{cases}$

函数在 $x=1$ 处：$\lim\limits_{x\to 1^-}\Phi(x) = \lim\limits_{x\to 1^-}\frac{x^3}{3} = \frac{1}{3}$；$\lim\limits_{x\to 1^+}\Phi(x) = \lim\limits_{x\to 1^+}\left(\frac{x^2}{2}-\frac{1}{6}\right) = \frac{1}{3}$；$\Phi(1) = \frac{1}{3}$，故函数在该点连续，而其在其他点显然连续，因此函数 $\Phi(x)$ 在 $(0, 2)$ 内是连续的.

13. 设

$$f(x) = \begin{cases} \dfrac{1}{2}\sin x, & 0\leqslant x\leqslant \pi, \\ 0, & x<0 \text{ 或 } x>\pi. \end{cases}$$

求 $\Phi(x) = \int_0^x f(t)\mathrm{d}t$ 在 $(-\infty, +\infty)$ 内的表达式.

解 当 $x<0$ 时，$f(x)=0$，所以 $\Phi(x)=\int_0^x f(t)\mathrm{d}t=0$；

当 $0\leqslant x\leqslant\pi$ 时，$f(x)=\frac{1}{2}\sin x$，所以 $\Phi(x)=\int_0^x f(t)\mathrm{d}t=\int_0^x\frac{1}{2}\sin t\mathrm{d}t=\frac{1}{2}(1-\cos x)$；

当 $x>\pi$ 时，$\Phi(x)=\int_0^x f(t)\mathrm{d}t=\int_0^\pi f(t)\mathrm{d}t+\int_\pi^x f(t)\mathrm{d}t=\int_0^\pi\frac{1}{2}\sin t\mathrm{d}t+\int_\pi^x 0\mathrm{d}t=1.$

故

$$\Phi(x)=\begin{cases}0, & x<0,\\ \frac{1}{2}(1-\cos x), & 0\leqslant x\leqslant\pi,\\ 1, & x>\pi.\end{cases}$$

14. 设 $f(x)$ 在 $[a,\ b]$ 上连续，在 $(a,\ b)$ 内可导且 $f'(x)\leqslant0$，$F(x)=\dfrac{\int_a^x f(t)\mathrm{d}t}{x-a}$. 证明在 $(a,\ b)$ 内有 $F'(x)\leqslant0$.

证 $F'(x)=\dfrac{f(x)(x-a)-\int_a^x f(t)\mathrm{d}t}{(x-a)^2}$，利用积分中值定理得

$$F'(x)=\frac{f(x)(x-a)-f(\xi)(x-a)}{(x-a)^2}$$

$$=\frac{f(x)-f(\xi)}{x-a}=\frac{f'(\eta)(x-\xi)}{x-a},\ \xi\in(a,\ x)\subset[a,\ b],\ \eta\in(\xi,\ x)\subset(a,\ b).$$

由条件可知：$f'(\eta)\leqslant0$，$x-\xi>0$，$x-a>0$，所以 $F'(x)\leqslant0$.

15. 设 $F(x)=\int_0^x\frac{\sin t}{t}\mathrm{d}t$，求 $F'(0)$.

解 由导数定义知：$F'(0)=\lim\limits_{x\to0}\dfrac{F(x)-F(0)}{x}=\lim\limits_{x\to0}\dfrac{\int_0^x\frac{\sin t}{t}\mathrm{d}t}{x}=\lim\limits_{x\to0}\dfrac{\frac{\sin x}{x}}{1}=1.$

16. 设 $f(x)$ 在 $[0,\ +\infty)$ 内连续，且 $\lim\limits_{x\to+\infty}f(x)=1$. 证明函数 $y=\mathrm{e}^{-x}\int_0^x\mathrm{e}^t f(t)\mathrm{d}t$ 满足方程 $\dfrac{\mathrm{d}y}{\mathrm{d}x}+y=f(x)$，并求 $\lim\limits_{x\to+\infty}y(x)$.

证 $\dfrac{\mathrm{d}y}{\mathrm{d}x}=-\mathrm{e}^{-x}\int_0^x\mathrm{e}^t f(t)\mathrm{d}t+\mathrm{e}^{-x}\cdot\mathrm{e}^x f(x)=-y+f(x)$，因此函数 $y=\mathrm{e}^{-x}\int_0^x\mathrm{e}^t f(t)\mathrm{d}t$ 满足微分方程 $\dfrac{\mathrm{d}y}{\mathrm{d}x}+y=f(x)$.

由条件 $\lim\limits_{x\to+\infty}f(x)=1$ 知，存在 $X_0>0$，当 $x>X_0$ 时，有 $f(x)>\frac{1}{2}$. 因此有

$$\int_0^x\mathrm{e}^t f(t)\mathrm{d}t=\int_0^{X_0}\mathrm{e}^t f(t)\mathrm{d}t+\int_{X_0}^x\mathrm{e}^t f(t)\mathrm{d}t\geqslant\int_0^{X_0}\mathrm{e}^t f(t)\mathrm{d}t+\int_{X_0}^x\frac{1}{2}\mathrm{e}^{X_0}\mathrm{d}t$$

$$=\int_0^{X_0}\mathrm{e}^t f(t)\mathrm{d}t+\frac{1}{2}\mathrm{e}^{X_0}(x-X_0),$$

当 $x \to +\infty$ 时，$\int_0^x e^t f(t)\,dt \to +\infty$，从而利用洛必达法则，有

$$\lim_{x\to+\infty} y(x) = \lim_{x\to+\infty} \frac{\int_0^x e^t f(t)\,dt}{e^x} = \lim_{x\to+\infty} \frac{e^x f(x)}{e^x} = 1.$$

习题5-3 解答 定积分的换元法和分部积分法

1. 计算下列定积分：

(1) $\int_{\frac{\pi}{3}}^{\pi} \sin\left(x+\frac{\pi}{3}\right) dx$；

(2) $\int_{-2}^{1} \frac{dx}{(11+5x)^3}$；

(3) $\int_0^{\frac{\pi}{2}} \sin\varphi\cos^3\varphi\,d\varphi$；

(4) $\int_0^{\pi} (1-\sin^3\theta)\,d\theta$；

(5) $\int_{\frac{\pi}{6}}^{\frac{\pi}{2}} \cos^2 u\,du$；

(6) $\int_0^{\sqrt{2}} \sqrt{2-x^2}\,dx$；

(7) $\int_{-\sqrt{2}}^{\sqrt{2}} \sqrt{8-2y^2}\,dy$；

(8) $\int_{\frac{1}{\sqrt{2}}}^{1} \frac{\sqrt{1-x^2}}{x^2}dx$；

(9) $\int_0^a x^2\sqrt{a^2-x^2}\,dx\,(a>0)$；

(10) $\int_1^{\sqrt{3}} \frac{dx}{x^2\sqrt{1+x^2}}$；

(11) $\int_{-1}^{1} \frac{x\,dx}{\sqrt{5-4x}}$；

(12) $\int_1^4 \frac{dx}{1+\sqrt{x}}$；

(13) $\int_{\frac{3}{4}}^{1} \frac{dx}{\sqrt{1-x}-1}$；

(14) $\int_0^{\sqrt{2}a} \frac{x\,dx}{\sqrt{3a^2-x^2}}(a>0)$；

(15) $\int_0^1 te^{-\frac{t^2}{2}}dt$；

(16) $\int_1^{e^2} \frac{dx}{x\sqrt{1+\ln x}}$；

(17) $\int_{-2}^{0} \frac{(x+2)\,dx}{x^2+2x+2}$；

(18) $\int_0^2 \frac{x\,dx}{(x^2-2x+2)^2}$；

(19) $\int_{-\pi}^{\pi} x^4\sin x\,dx$；

(20) $\int_{-\frac{\pi}{2}}^{\frac{\pi}{2}} 4\cos^4\theta\,d\theta$；

(21) $\int_{-\frac{1}{2}}^{\frac{1}{2}} \frac{(\arcsin x)^2}{\sqrt{1-x^2}}dx$；

(22) $\int_{-5}^{5} \frac{x^3\sin^2 x}{x^4+2x^2+1}dx$；

(23) $\int_{-\frac{\pi}{2}}^{\frac{\pi}{2}} \cos x\cos 2x\,dx$；

(24) $\int_{-\frac{\pi}{2}}^{\frac{\pi}{2}} \sqrt{\cos x-\cos^3 x}\,dx$；

(25) $\int_0^{\pi} \sqrt{1+\cos 2x}\,dx$；

(26) $\int_0^{2\pi} |\sin(x+1)|\,dx$.

解 (1) $\int_{\frac{\pi}{3}}^{\pi} \sin\left(x+\frac{\pi}{3}\right) dx = \int_{\frac{\pi}{3}}^{\pi} \sin\left(x+\frac{\pi}{3}\right) d\left(x+\frac{\pi}{3}\right) = -\left[\cos\left(x+\frac{\pi}{3}\right)\right]_{\frac{\pi}{3}}^{\pi} = 0.$

(2) $\int_{-2}^{1} \frac{dx}{(11+5x)^3} = \frac{1}{5}\int_{-2}^{1} \frac{1}{(11+5x)^3}d(11+5x) = -\frac{1}{10}[(11+5x)^{-2}]_{-2}^{1} = \frac{51}{512}.$

(3) $\int_0^{\frac{\pi}{2}} \sin\varphi\cos^3\varphi\,d\varphi = -\int_0^{\frac{\pi}{2}} \cos^3\varphi\,d(\cos\varphi) = -\left[\frac{1}{4}\cos^4\varphi\right]_0^{\frac{\pi}{2}} = \frac{1}{4}.$

(4) $\int_0^{\pi}(1-\sin^3\theta)\mathrm{d}\theta=\int_0^{\pi}1\mathrm{d}\theta+\int_0^{\pi}\sin^2\theta\mathrm{d}(\cos\theta)=\pi+\left[\cos\theta-\frac{1}{3}\cos^3\theta\right]_0^{\pi}=\pi-\frac{4}{3}.$

(5) $\int_{\frac{\pi}{6}}^{\frac{\pi}{2}}\cos^2 u\mathrm{d}u=\int_{\frac{\pi}{6}}^{\frac{\pi}{2}}\frac{1+\cos 2u}{2}\mathrm{d}u=\left[\frac{1}{2}u+\frac{1}{4}\sin 2u\right]_{\frac{\pi}{6}}^{\frac{\pi}{2}}=\frac{\pi}{6}-\frac{\sqrt{3}}{8}.$

(6) 作代换 $x=\sqrt{2}\sin t$，则 $\mathrm{d}x=\sqrt{2}\cos t\mathrm{d}t$，代入得

$$\int_0^{\sqrt{2}}\sqrt{2-x^2}\mathrm{d}x=\int_0^{\frac{\pi}{2}}2\cos^2 t\mathrm{d}t=2\int_0^{\frac{\pi}{2}}\frac{1+\cos 2t}{2}\mathrm{d}t=\left[t+\frac{1}{2}\sin 2t\right]_0^{\frac{\pi}{2}}=\frac{\pi}{2}.$$

(7) 作代换 $y=2\sin t$，则 $\mathrm{d}y=2\cos t\mathrm{d}t$，代入得

$$\int_{-\sqrt{2}}^{\sqrt{2}}\sqrt{8-2y^2}\mathrm{d}y=2\int_0^{\sqrt{2}}\sqrt{8-2y^2}\mathrm{d}y=2\int_0^{\frac{\pi}{4}}2\sqrt{8}\cos^2 t\mathrm{d}t$$

$$=4\sqrt{8}\int_0^{\frac{\pi}{4}}\frac{1+\cos 2t}{2}\mathrm{d}t=2\sqrt{8}\left[t+\frac{1}{2}\sin 2t\right]_0^{\frac{\pi}{4}}=\sqrt{2}(\pi+2).$$

(8) 令 $x=\sin t$，则

$$\int_{\frac{1}{\sqrt{2}}}^{1}\frac{\sqrt{1-x^2}}{x^2}\mathrm{d}x=\int_{\frac{\pi}{4}}^{\frac{\pi}{2}}\frac{\sqrt{1-\sin^2 t}}{\sin^2 t}\cos t\mathrm{d}t=\int_{\frac{\pi}{4}}^{\frac{\pi}{2}}\cot^2 t\mathrm{d}t=\int_{\frac{\pi}{4}}^{\frac{\pi}{2}}(\csc^2 t-1)\mathrm{d}t$$

$$=-\left[\cot t+t\right]_{\frac{\pi}{4}}^{\frac{\pi}{2}}=1-\frac{\pi}{4}.$$

(9) 令 $x=a\sin t$，则

$$\int_0^a x^2\sqrt{a^2-x^2}\mathrm{d}x=\int_0^{\frac{\pi}{2}}a^4\sin^2 t\sqrt{1-\sin^2 t}\cos t\mathrm{d}t=a^4\int_0^{\frac{\pi}{2}}\sin^2 t\cos^2 t\mathrm{d}t=\frac{a^4}{4}\int_0^{\frac{\pi}{2}}\sin^2 2t\mathrm{d}t$$

$$=\frac{a^4}{4}\int_0^{\frac{\pi}{2}}\frac{1-\cos 4t}{2}\mathrm{d}t=\frac{a^4}{8}\left[t-\frac{1}{4}\sin 4t\right]_0^{\frac{\pi}{2}}=\frac{1}{16}\pi a^4.$$

(10) 令 $x=\tan t$，则

$$\int_1^{\sqrt{3}}\frac{\mathrm{d}x}{x^2\sqrt{1+x^2}}=\int_{\frac{\pi}{4}}^{\frac{\pi}{3}}\frac{\sec^2 t\mathrm{d}t}{\tan^2 t\cdot\sec t}=\int_{\frac{\pi}{4}}^{\frac{\pi}{3}}\frac{\cos t}{\sin^2 t}\mathrm{d}t=-\left[\frac{1}{\sin t}\right]_{\frac{\pi}{4}}^{\frac{\pi}{3}}=\sqrt{2}-\frac{2}{\sqrt{3}}.$$

(11) 令 $\sqrt{5-4x}=u$，则 $x=\frac{5-u^2}{4}$，$\mathrm{d}x=-\frac{u}{2}\mathrm{d}u$. 于是

$$\int_{-1}^{1}\frac{x\mathrm{d}x}{\sqrt{5-4x}}=-\int_3^1\frac{5-u^2}{4u}\cdot\frac{u}{2}\mathrm{d}u=\frac{1}{8}\int_1^3(5-u^2)\mathrm{d}u=\frac{1}{8}\left[5u-\frac{1}{3}u^3\right]_1^3=\frac{1}{6}.$$

(12) 令 $\sqrt{x}=u$，则 $x=u^2$，$\mathrm{d}x=2u\mathrm{d}u$.

$$\int_1^4\frac{\mathrm{d}x}{1+\sqrt{x}}=\int_1^2\frac{2u\mathrm{d}u}{1+u}=2\int_1^2\frac{1+u-1}{1+u}\mathrm{d}u=2\int_1^2\left(1-\frac{1}{1+u}\right)\mathrm{d}u$$

$$=2\left[u-\ln(1+u)\right]_1^2=2\left(1+\ln\frac{2}{3}\right).$$

(13) 令 $\sqrt{1-x}=u$，则 $x=1-u^2$，$\mathrm{d}x=-2u\mathrm{d}u$.

$$\int_{\frac{3}{4}}^{1}\frac{\mathrm{d}x}{\sqrt{1-x}-1}=-\int_{\frac{1}{2}}^{0}\frac{2u\mathrm{d}u}{u-1}=2\int_{0}^{\frac{1}{2}}\frac{u-1+1}{u-1}\mathrm{d}u$$

$$=2\int_{0}^{\frac{1}{2}}\left(1+\frac{1}{u-1}\right)\mathrm{d}u=2\left[u+\ln|u-1|\right]_{0}^{\frac{1}{2}}=1-2\ln 2.$$

(14) $\int_{0}^{\sqrt{2}a}\frac{x\mathrm{d}x}{\sqrt{3a^2-x^2}}=-\frac{1}{2}\int_{0}^{\sqrt{2}a}\frac{\mathrm{d}(3a^2-x^2)}{\sqrt{3a^2-x^2}}=-\left[\sqrt{3a^2-x^2}\right]_{0}^{\sqrt{2}a}=(\sqrt{3}-1)a.$

(15) $\int_{0}^{1}t\mathrm{e}^{-\frac{t^2}{2}}\mathrm{d}t=-\int_{0}^{1}\mathrm{e}^{-\frac{t^2}{2}}\mathrm{d}\left(-\frac{t^2}{2}\right)=-\left[\mathrm{e}^{-\frac{t^2}{2}}\right]_{0}^{1}=1-\mathrm{e}^{-\frac{1}{2}}.$

(16) 令 $x=\mathrm{e}^u$，$\mathrm{d}x=\mathrm{e}^u\mathrm{d}u$，则 $\int_{1}^{\mathrm{e}^2}\frac{\mathrm{d}x}{x\sqrt{1+\ln x}}=\int_{0}^{2}\frac{\mathrm{e}^u\mathrm{d}u}{\mathrm{e}^u\sqrt{1+u}}=\left[2\sqrt{1+u}\right]_{0}^{2}=2\sqrt{3}-2.$

(17) $\int_{-2}^{0}\frac{(x+2)\mathrm{d}x}{x^2+2x+2}=\int_{-2}^{0}\frac{(x+1)+1}{(x+1)^2+1}\mathrm{d}x$

$$=\left[\frac{1}{2}\ln(x^2+2x+2)+\arctan(x+1)\right]_{-2}^{0}=\frac{\pi}{2}.$$

(18) 令 $x=1+\tan u$，则 $\mathrm{d}x=\sec^2u\mathrm{d}u$，因此

$$\int_{0}^{2}\frac{x\mathrm{d}x}{(x^2-2x+2)^2}=\int_{0}^{2}\frac{x\mathrm{d}x}{[(x-1)^2+1]^2}=\int_{-\frac{\pi}{4}}^{\frac{\pi}{4}}\frac{(1+\tan u)\mathrm{d}u}{\sec^2u}$$

$$=2\int_{0}^{\frac{\pi}{4}}\cos^2u\mathrm{d}u=\int_{0}^{\frac{\pi}{4}}(1+\cos 2u)\mathrm{d}u=\frac{\pi}{4}+\frac{1}{2}.$$

(19) 由于被积函数为奇函数，因此 $\int_{-\pi}^{\pi}x^4\sin x\mathrm{d}x=0.$

(20) 由于被积函数为偶函数，因此 $\int_{-\frac{\pi}{2}}^{\frac{\pi}{2}}4\cos^4\theta\mathrm{d}\theta=2\int_{0}^{\frac{\pi}{2}}4\cos^4\theta\mathrm{d}\theta=8\cdot\frac{3}{4}\cdot\frac{\pi}{4}=\frac{3}{2}\pi.$

(21) 由于被积函数为偶函数，因此

$$\int_{-\frac{1}{2}}^{\frac{1}{2}}\frac{(\arcsin x)^2}{\sqrt{1-x^2}}\mathrm{d}x=2\int_{0}^{\frac{1}{2}}\frac{(\arcsin x)^2}{\sqrt{1-x^2}}\mathrm{d}x=2\int_{0}^{\frac{1}{2}}(\arcsin x)^2\mathrm{d}(\arcsin x)$$

$$=\frac{2}{3}\left[(\arcsin x)^3\right]_{0}^{\frac{1}{2}}=\frac{\pi^3}{324}.$$

(22) 由于被积函数为奇函数，因此 $\int_{-5}^{5}\frac{x^3\sin^2x}{x^4+2x^2+1}\mathrm{d}x=0.$

(23) **解法一**　$\int_{-\frac{\pi}{2}}^{\frac{\pi}{2}}\cos x\cos 2x\mathrm{d}x=\int_{-\frac{\pi}{2}}^{\frac{\pi}{2}}\cos x(1-2\sin^2x)\mathrm{d}x$

$$=\int_{-\frac{\pi}{2}}^{\frac{\pi}{2}}(1-2\sin^2x)\mathrm{d}(\sin x)=\left[\sin x-\frac{2}{3}\sin^3x\right]_{-\frac{\pi}{2}}^{\frac{\pi}{2}}=\frac{2}{3}.$$

解法二

$$\int_{-\frac{\pi}{2}}^{\frac{\pi}{2}}\cos x\cos 2x\mathrm{d}x=\frac{1}{2}\int_{-\frac{\pi}{2}}^{\frac{\pi}{2}}(\cos 3x+\cos x)\mathrm{d}x=\frac{1}{2}\left[\frac{1}{3}\sin 3x+\sin x\right]_{-\frac{\pi}{2}}^{\frac{\pi}{2}}=\frac{2}{3}.$$

(24) $\int_{-\frac{\pi}{2}}^{\frac{\pi}{2}}\sqrt{\cos x-\cos^3 x}\,\mathrm{d}x=2\int_0^{\frac{\pi}{2}}\sqrt{\cos x}\sin x\mathrm{d}x$

$$=-2\int_0^{\frac{\pi}{2}}\sqrt{\cos x}\,\mathrm{d}(\cos x)=\left[-2\cdot\frac{2}{3}(\cos x)^{\frac{3}{2}}\right]_0^{\frac{\pi}{2}}=\frac{4}{3}.$$

(25) $\int_0^{\pi}\sqrt{1+\cos 2x}\,\mathrm{d}x=\int_0^{\pi}\sqrt{2}\,|\cos x|\,\mathrm{d}x=\sqrt{2}\left(\int_0^{\frac{\pi}{2}}\cos x\mathrm{d}x-\int_{\frac{\pi}{2}}^{\pi}\cos x\mathrm{d}x\right)=2\sqrt{2}.$

(26) 令 $x=u-1$，则 $\int_0^{2\pi}|\sin(x+1)|\,\mathrm{d}x=\int_1^{2\pi+1}|\sin u|\,\mathrm{d}u.$

由于 $|\sin x|$ 是以 π 为周期的周期函数，因此

$$\int_1^{2\pi+1}|\sin u|\,\mathrm{d}u=2\int_0^{\pi}\sin u\mathrm{d}u=2[-\cos u]_0^{\pi}=4.$$

2. 设 $f(x)$ 在 $[a,b]$ 上连续，证明 $\int_a^b f(x)\mathrm{d}x=\int_a^b f(a+b-x)\mathrm{d}x.$

证 令 $a+b-x=t$，则 $x=a+b-t$，$\mathrm{d}x=-\mathrm{d}t$. 当 $x=a$ 时 $t=b$，当 $x=b$ 时 $t=a$. 于是有 $\int_a^b f(a+b-x)\mathrm{d}x=-\int_b^a f(t)\mathrm{d}t=\int_a^b f(t)\mathrm{d}t=\int_a^b f(x)\mathrm{d}x.$

3. 证明：$\int_x^1\frac{\mathrm{d}t}{1+t^2}=\int_1^{\frac{1}{x}}\frac{\mathrm{d}t}{1+t^2}(x>0).$

证 令 $t=\frac{1}{u}$，则 $\mathrm{d}t=-\frac{1}{u^2}\mathrm{d}u$. 当 $t=x$ 时 $u=\frac{1}{x}$，当 $t=1$ 时 $u=1$. 于是

$$\int_x^1\frac{\mathrm{d}t}{1+t^2}=\int_{\frac{1}{x}}^1\frac{-\frac{1}{u^2}\mathrm{d}u}{1+\frac{1}{u^2}}=\int_1^{\frac{1}{x}}\frac{\mathrm{d}u}{1+u^2}=\int_1^{\frac{1}{x}}\frac{\mathrm{d}x}{1+x^2}.$$

4. 证明：$\int_0^1 x^m(1-x)^n\mathrm{d}x=\int_0^1 x^n(1-x)^m\mathrm{d}x\,(m,n\in\mathbf{N}).$

证 令 $1-x=t$，则 $x=1-t$，$\mathrm{d}x=-\mathrm{d}t$. 当 $x=0$ 时 $t=1$，当 $x=1$ 时 $t=0$. 于是

$$\int_0^1 x^m(1-x)^n\mathrm{d}x=-\int_1^0(1-t)^m t^n\mathrm{d}t=\int_0^1(1-t)^m t^n\mathrm{d}t=\int_0^1 x^n(1-x)^m\mathrm{d}x.$$

5. 设 $f(x)$ 在 $[0,1]$ 上连续，$n\in\mathbf{Z}$，证明：

$$\int_{\frac{n}{2}\pi}^{\frac{n+1}{2}\pi}f(|\sin x|)\mathrm{d}x=\int_{\frac{n}{2}\pi}^{\frac{n+1}{2}\pi}f(|\cos x|)\mathrm{d}x=\int_0^{\frac{\pi}{2}}f(\sin x)\mathrm{d}x.$$

证 令 $x=u+\frac{n}{2}\pi$，则 $\mathrm{d}x=\mathrm{d}u$，因此

$$\int_{\frac{n}{2}\pi}^{\frac{n+1}{2}\pi}f(|\sin x|)\mathrm{d}x=\int_0^{\frac{\pi}{2}}f\left[\left|\sin\left(u+\frac{n}{2}\pi\right)\right|\right]\mathrm{d}u=\begin{cases}\int_0^{\frac{\pi}{2}}f(\sin u)\mathrm{d}u, & n\text{ 为偶数},\\ \int_0^{\frac{\pi}{2}}f(\cos u)\mathrm{d}u, & n\text{ 为奇数}.\end{cases}$$

$$\int_{\frac{n}{2}\pi}^{\frac{n+1}{2}\pi}f(|\cos x|)\mathrm{d}x=\int_0^{\frac{\pi}{2}}f\left[\left|\cos\left(u+\frac{n}{2}\pi\right)\right|\right]\mathrm{d}u=\begin{cases}\int_0^{\frac{\pi}{2}}f(\cos u)\mathrm{d}u, & n\text{ 为偶数},\\ \int_0^{\frac{\pi}{2}}f(\sin u)\mathrm{d}u, & n\text{ 为奇数}.\end{cases}$$

由于 $\int_0^{\frac{\pi}{2}} f(\sin x)\mathrm{d}x = \int_0^{\frac{\pi}{2}} f(\cos x)\mathrm{d}x$，故原结论成立.

6. 若 $f(t)$ 是连续的奇函数，证明 $\int_0^x f(t)\mathrm{d}t$ 是偶函数；若 $f(t)$ 是连续的偶函数，证明 $\int_0^x f(t)\mathrm{d}t$ 是奇函数.

证 记 $F(x) = \int_0^x f(t)\mathrm{d}t$，则有 $F(-x) = \int_0^{-x} f(t)\mathrm{d}t$，令 $t = -u$，则 $\mathrm{d}t = -\mathrm{d}u$，当 $t = 0$ 时 $u = 0$，当 $t = -x$ 时 $u = x$，则有 $F(-x) = -\int_0^x f(-u)\mathrm{d}u$.

当 $f(t)$ 是奇函数时，$F(-x) = -\int_0^x f(-u)\mathrm{d}u = F(x)$，故 $\int_0^x f(t)\mathrm{d}t$ 是偶函数.

当 $f(t)$ 是偶函数时，$F(-x) = -\int_0^x f(-u)\mathrm{d}u = -F(x)$，故 $\int_0^x f(t)\mathrm{d}t$ 是奇函数.

7. 计算下列定积分：

(1) $\int_0^1 x\mathrm{e}^{-x}\mathrm{d}x$；　　(2) $\int_1^{\mathrm{e}} x\ln x\mathrm{d}x$；

(3) $\int_0^{\frac{2\pi}{\omega}} t\sin\omega t\mathrm{d}t$（$\omega$ 为常数）；　　(4) $\int_{\frac{\pi}{4}}^{\frac{\pi}{3}} \frac{x}{\sin^2 x}\mathrm{d}x$；

(5) $\int_1^4 \frac{\ln x}{\sqrt{x}}\mathrm{d}x$；　　(6) $\int_0^1 x\arctan x\mathrm{d}x$；

(7) $\int_0^{\frac{\pi}{2}} \mathrm{e}^{2x}\cos x\mathrm{d}x$；　　(8) $\int_1^2 x\log_2 x\mathrm{d}x$；

(9) $\int_0^{\pi} (x\sin x)^2\mathrm{d}x$；　　(10) $\int_1^{\mathrm{e}} \sin(\ln x)\mathrm{d}x$；

(11) $\int_{\frac{1}{\mathrm{e}}}^{\mathrm{e}} |\ln x|\mathrm{d}x$；　　(12) $\int_0^1 (1-x^2)^{\frac{m}{2}}\mathrm{d}x\ (m \in \mathbf{N}_+)$；

(13) $J_m = \int_0^{\pi} x\sin^m x\mathrm{d}x\ (m \in \mathbf{N}_+)$.

解 (1) $\int_0^1 x\mathrm{e}^{-x}\mathrm{d}x = -\int_0^1 x\mathrm{d}(\mathrm{e}^{-x}) = -[x\mathrm{e}^{-x}]_0^1 + \int_0^1 \mathrm{e}^{-x}\mathrm{d}x = 1 - \frac{2}{\mathrm{e}}$.

(2) $\int_1^{\mathrm{e}} x\ln x\mathrm{d}x = \frac{1}{2}\int_1^{\mathrm{e}} \ln x\mathrm{d}(x^2) = \frac{1}{2}[x^2\ln x]_1^{\mathrm{e}} - \frac{1}{2}\int_1^{\mathrm{e}} x\mathrm{d}x = \frac{1}{4}(\mathrm{e}^2+1)$.

(3) $\int_0^{\frac{2\pi}{\omega}} t\sin\omega t\mathrm{d}t = -\frac{1}{\omega}\int_0^{\frac{2\pi}{\omega}} t\mathrm{d}(\cos\omega t) = -\frac{1}{\omega}\left[t\cos\omega t\right]_0^{\frac{2\pi}{\omega}} + \frac{1}{\omega}\int_0^{\frac{2\pi}{\omega}} \cos\omega t\mathrm{d}t = -\frac{2\pi}{\omega^2}$.

(4)
$$\int_{\frac{\pi}{4}}^{\frac{\pi}{3}} \frac{x}{\sin^2 x}\mathrm{d}x = -\int_{\frac{\pi}{4}}^{\frac{\pi}{3}} x\mathrm{d}(\cot x) = -\left[x\cot x\right]_{\frac{\pi}{4}}^{\frac{\pi}{3}} + \int_{\frac{\pi}{4}}^{\frac{\pi}{3}} \cot x\mathrm{d}x$$
$$= \left(\frac{1}{4} - \frac{\sqrt{3}}{9}\right)\pi + \left[\ln|\sin x|\right]_{\frac{\pi}{4}}^{\frac{\pi}{3}} = \left(\frac{1}{4} - \frac{\sqrt{3}}{9}\right)\pi + \frac{1}{2}\ln\frac{3}{2}.$$

(5) $\int_1^4 \frac{\ln x}{\sqrt{x}}\mathrm{d}x = 2\int_1^4 \ln x\mathrm{d}(\sqrt{x}) = 2[\ln x\sqrt{x}]_1^4 - 2\int_1^4 \frac{1}{\sqrt{x}}\mathrm{d}x = 8\ln 2 - 4[\sqrt{x}]_1^4 = 8\ln 2 - 4$.

(6) $\int_0^1 x\arctan x\mathrm{d}x = \frac{1}{2}\int_0^1 \arctan x\mathrm{d}(x^2) = \frac{1}{2}[x^2\arctan x]_0^1 - \frac{1}{2}\int_0^1 \frac{x^2}{1+x^2}\mathrm{d}x$

$= \frac{\pi}{8} - \frac{1}{2}\int_0^1 \frac{1+x^2-1}{1+x^2}\mathrm{d}x = \frac{\pi}{8} - \frac{1}{2}[x - \arctan x]_0^1 = \frac{\pi}{4} - \frac{1}{2}.$

(7) $\int_0^{\frac{\pi}{2}} \mathrm{e}^{2x}\cos x\mathrm{d}x = \int_0^{\frac{\pi}{2}} \mathrm{e}^{2x}\mathrm{d}(\sin x) = [\mathrm{e}^{2x}\sin x]_0^{\frac{\pi}{2}} - 2\int_0^{\frac{\pi}{2}} \sin x\mathrm{e}^{2x}\mathrm{d}x$

$= \mathrm{e}^{\pi} + 2\int_0^{\frac{\pi}{2}} \mathrm{e}^{2x}\mathrm{d}(\cos x) = \mathrm{e}^{\pi} + 2[\mathrm{e}^{2x}\cos x]_0^{\frac{\pi}{2}} - 4\int_0^{\frac{\pi}{2}} \mathrm{e}^{2x}\cos x\mathrm{d}x$

$= \mathrm{e}^{\pi} - 2 - 4\int_0^{\frac{\pi}{2}} \mathrm{e}^{2x}\cos x\mathrm{d}x,$

移项得 $\int_0^{\frac{\pi}{2}} \mathrm{e}^{2x}\cos x\mathrm{d}x = \frac{1}{5}(\mathrm{e}^{\pi} - 2).$

(8) $\int_1^2 x\log_2 x\mathrm{d}x = \frac{1}{\ln 2}\int_1^2 x\ln x\mathrm{d}x = \frac{1}{2\ln 2}\int_1^2 \ln x\mathrm{d}(x^2) = \frac{1}{2\ln 2}[x^2\ln x]_1^2 - \frac{1}{2\ln 2}\int_1^2 x\mathrm{d}x$

$= 2 - \frac{1}{4\ln 2}[x^2]_1^2 = 2 - \frac{3}{4\ln 2}.$

(9) $\int_0^{\pi} (x\sin x)^2\mathrm{d}x = \int_0^{\pi} x^2\frac{1-\cos 2x}{2}\mathrm{d}x = \frac{1}{6}[x^3]_0^{\pi} - \frac{1}{4}\int_0^{\pi} x^2\mathrm{d}(\sin 2x)$

$= \frac{\pi^3}{6} - \frac{1}{4}\int_0^{\pi} x\mathrm{d}(\cos 2x) = \frac{\pi^3}{6} - \frac{1}{4}[x\cos 2x]_0^{\pi} + \frac{1}{4}\int_0^{\pi} \cos 2x\mathrm{d}x$

$= \frac{\pi^3}{6} - \frac{\pi}{4} + \frac{1}{8}[\sin 2x]_0^{\pi} = \frac{\pi^3}{6} - \frac{\pi}{4}.$

(10) $\int_1^{\mathrm{e}} \sin(\ln x)\mathrm{d}x = [x\sin(\ln x)]_1^{\mathrm{e}} - \int_1^{\mathrm{e}} x\cos(\ln x)\cdot\frac{1}{x}\mathrm{d}x$

$= \mathrm{e}\sin 1 - [x\cos(\ln x)]_1^{\mathrm{e}} - \int_1^{\mathrm{e}} x\sin(\ln x)\cdot\frac{1}{x}\mathrm{d}x$

$= \mathrm{e}\sin 1 - \mathrm{e}\cos 1 + 1 - \int_1^{\mathrm{e}} \sin(\ln x)\mathrm{d}x.$

移项得 $\int_1^{\mathrm{e}} \sin(\ln x)\mathrm{d}x = \frac{1}{2}(\mathrm{e}\sin 1 - \mathrm{e}\cos 1 + 1).$

(11) $\int_{\frac{1}{\mathrm{e}}}^{\mathrm{e}} |\ln x|\mathrm{d}x = -\int_{\frac{1}{\mathrm{e}}}^1 \ln x\mathrm{d}x + \int_1^{\mathrm{e}} \ln x\mathrm{d}x = -\left[x\ln x - x\right]_{\frac{1}{\mathrm{e}}}^1 + [x\ln x - x]_1^{\mathrm{e}} = 2 - \frac{2}{\mathrm{e}}.$

(12) 令 $x = \sin t$，则 $\mathrm{d}x = \cos t\mathrm{d}t$，于是

$$\int_0^1 (1-x^2)^{\frac{m}{2}}\mathrm{d}x = \int_0^{\frac{\pi}{2}} (\cos^2 t)^{\frac{m}{2}}\cos t\mathrm{d}t = \int_0^{\frac{\pi}{2}} \cos^{m+1} t\mathrm{d}t$$

$$= \begin{cases} \dfrac{1\cdot 3\cdot 5\cdot\cdots\cdot m}{2\cdot 4\cdot 6\cdot\cdots\cdot(m+1)}\cdot\dfrac{\pi}{2}, & m\text{ 为奇数}, \\ \dfrac{2\cdot 4\cdot 6\cdot\cdots\cdot m}{1\cdot 3\cdot 5\cdot\cdots\cdot(m+1)}, & m\text{ 为偶数}. \end{cases}$$

(13) 令 $x = \pi - t$，则 $\mathrm{d}x = -\mathrm{d}t$，于是

$$J_m=\int_0^{\pi} x\sin^m x\mathrm{d}x=-\int_{\pi}^{0}(\pi-t)\sin^m(\pi-t)\mathrm{d}t=\int_0^{\pi}(\pi-t)\sin^m t\mathrm{d}t$$

$$=\pi\int_0^{\pi}\sin^m t\mathrm{d}t-\int_0^{\pi}t\sin^m t\mathrm{d}t=\pi\int_0^{\pi}\sin^m t\mathrm{d}t-\int_0^{\pi}x\sin^m x\mathrm{d}x,$$

移项得 $\int_0^{\pi}x\sin^m x\mathrm{d}x=\frac{\pi}{2}\int_0^{\pi}\sin^m x\mathrm{d}x=\frac{\pi}{2}\cdot 2\int_0^{\frac{\pi}{2}}\sin^m x\mathrm{d}x=\pi\int_0^{\frac{\pi}{2}}\sin^m x\mathrm{d}x.$

$$=\begin{cases}\pi, & m=1,\\ \dfrac{2\cdot 4\cdot 6\cdot\cdots\cdot(m-1)}{1\cdot 3\cdot 5\cdot\cdots\cdot m}\cdot\pi, & m\text{ 为大于 1 的奇数},\\ \dfrac{1\cdot 3\cdot 5\cdot\cdots\cdot(m-1)}{2\cdot 4\cdot 6\cdot\cdots\cdot m}\cdot\dfrac{\pi^2}{2}, & m\text{ 为偶数}.\end{cases}$$

习题5-4　解答　反常积分

1. 判定下列各反常积分的收敛性，如果收敛，计算反常积分的值：

(1) $\int_1^{+\infty}\frac{\mathrm{d}x}{x^4}$；　　(2) $\int_1^{+\infty}\frac{\mathrm{d}x}{\sqrt{x}}$；

(3) $\int_0^{+\infty}\mathrm{e}^{-ax}\mathrm{d}x(a>0)$；　　(4) $\int_0^{+\infty}\frac{\mathrm{d}x}{(1+x)(1+x^2)}$；

(5) $\int_0^{+\infty}\mathrm{e}^{-pt}\sin\omega t\mathrm{d}t(p>0,\ \omega>0)$；　　(6) $\int_{-\infty}^{+\infty}\frac{\mathrm{d}x}{x^2+2x+2}$；

(7) $\int_0^1\frac{x\mathrm{d}x}{\sqrt{1-x^2}}$；　　(8) $\int_0^2\frac{\mathrm{d}x}{(1-x)^2}$；

(9) $\int_1^2\frac{x\mathrm{d}x}{\sqrt{x-1}}$；　　(10) $\int_1^{\mathrm{e}}\frac{\mathrm{d}x}{x\sqrt{1-(\ln x)^2}}$.

解　(1) $\int_1^{+\infty}\frac{\mathrm{d}x}{x^4}=\left[-\frac{1}{3x^3}\right]_1^{+\infty}=\frac{1}{3}.$

(2) $\int_1^t\frac{\mathrm{d}x}{\sqrt{x}}=[2\sqrt{x}]_1^t=2\sqrt{t}-2$，当 $t\to+\infty$ 时，该极限不存在，故反常积分发散.

(3) $\int_0^{+\infty}\mathrm{e}^{-ax}\mathrm{d}x=\left[-\frac{1}{a}\mathrm{e}^{-ax}\right]_0^{+\infty}=\frac{1}{a}.$

(4) $$\int_0^{+\infty}\frac{\mathrm{d}x}{(1+x)(1+x^2)}=\frac{1}{2}\int_0^{+\infty}\frac{1+x^2+1-x^2}{(1+x)(1+x^2)}\mathrm{d}x=\frac{1}{2}\int_0^{+\infty}\frac{1}{1+x}\mathrm{d}x+\frac{1}{2}\int_0^{+\infty}\frac{1-x}{1+x^2}\mathrm{d}x$$

$$=\left[\frac{1}{2}\ln(1+x)+\frac{1}{2}\arctan x-\frac{1}{4}\ln(1+x^2)\right]_0^{+\infty}$$

$$=\left[\frac{1}{4}\ln\frac{(1+x)^2}{1+x^2}+\frac{1}{2}\arctan x\right]_0^{+\infty}=\frac{\pi}{4}.$$

(5) $$\int_0^{+\infty}\mathrm{e}^{-pt}\sin\omega t\mathrm{d}t=-\frac{1}{\omega}\int_0^{+\infty}\mathrm{e}^{-pt}\mathrm{d}(\cos\omega t)$$

$$=\frac{1}{\omega}-\frac{p}{\omega^2}[\mathrm{e}^{-pt}\sin\omega t]_0^{+\infty}+\frac{p}{\omega^2}\int_0^{+\infty}(-p\mathrm{e}^{-pt})\sin\omega t\mathrm{d}t$$

$$=\frac{1}{\omega}-\frac{p^2}{\omega^2}\int_0^{+\infty}\mathrm{e}^{-pt}\sin\omega t\mathrm{d}t,$$

移项得 $\int_0^{+\infty}\mathrm{e}^{-pt}\sin\omega t\mathrm{d}t=\frac{\omega}{p^2+\omega^2}$.

(6) $\int_{-\infty}^{+\infty}\frac{\mathrm{d}x}{x^2+2x+2}=\int_{-\infty}^{+\infty}\frac{\mathrm{d}(x+1)}{(x+1)^2+1}=[\arctan(x+1)]_{-\infty}^{+\infty}=\pi$.

(7) $x=1$ 是被积函数的瑕点，则

$$\int_0^1\frac{x\mathrm{d}x}{\sqrt{1-x^2}}=\lim_{t\to1^-}\int_0^t\frac{x\mathrm{d}x}{\sqrt{1-x^2}}=\lim_{t\to1^-}\left[-\sqrt{1-t^2}\right]_0^t=\lim_{t\to1^-}(1-\sqrt{1-t^2})=1.$$

(8) $x=1$ 是被积函数的瑕点，则

$\int_0^2\frac{\mathrm{d}x}{(1-x)^2}=\int_0^1\frac{\mathrm{d}x}{(1-x)^2}+\int_1^2\frac{\mathrm{d}x}{(1-x)^2}$，因为 $\int_0^1\frac{\mathrm{d}x}{(1-x)^2}=\left[\frac{1}{1-x}\right]_0^1=\infty$，故原积分发散.

(9) $x=1$ 是被积函数的瑕点，则

$$\int_1^2\frac{x\mathrm{d}x}{\sqrt{x-1}}=\int_1^2\frac{(x-1+1)\mathrm{d}x}{\sqrt{x-1}}=\int_1^2\left(\sqrt{x-1}+\frac{1}{\sqrt{x-1}}\right)\mathrm{d}x$$

$$=\frac{2}{3}\left[(x-1)^{\frac{3}{2}}\right]_1^2+2\left[(x-1)^{\frac{1}{2}}\right]_1^2=\frac{8}{3}.$$

(10) $x=\mathrm{e}$ 是被积函数的瑕点，则

$$\int_1^{\mathrm{e}}\frac{\mathrm{d}x}{x\sqrt{1-(\ln x)^2}}=\int_1^{\mathrm{e}}\frac{\mathrm{d}(\ln x)}{\sqrt{1-(\ln x)^2}}=[\arcsin(\ln x)]_1^{\mathrm{e}}=\frac{\pi}{2}.$$

2. 当 k 为何值时，反常积分 $\int_2^{+\infty}\frac{\mathrm{d}x}{x(\ln x)^k}$ 收敛？当 k 为何值时，该反常积分发散？又当 k 为何值时，该反常积分取得最小值？

解 $\int\frac{\mathrm{d}x}{x(\ln x)^k}=\int\frac{\mathrm{d}(\ln x)}{(\ln x)^k}=\begin{cases}\ln\ln x+C, & k=1,\\ -\frac{1}{(k-1)\ln^{k-1}x}+C, & k\neq1,\end{cases}$

因此当 $k\leqslant1$ 时，反常积分发散；当 $k>1$ 时，反常积分收敛，此时有

$\int_2^{+\infty}\frac{\mathrm{d}x}{x(\ln x)^k}=\left[-\frac{1}{(k-1)\ln^{k-1}x}\right]_2^{+\infty}=\frac{1}{(k-1)(\ln 2)^{k-1}}$. 记 $f(k)=\frac{1}{(k-1)\ln^{k-1}x}$，则

$$f'(k)=-\frac{1}{(k-1)^2(\ln 2)^{2k-2}}\left[(\ln 2)^{k-1}+(k-1)(\ln 2)^{k-1}\ln\ln 2\right]$$

$$=-\frac{1+(k-1)\ln\ln 2}{(k-1)^2(\ln 2)^{k-1}}.$$

令 $f'(k)=0$，得 $k=1-\frac{1}{\ln\ln 2}$. 当 $1<k<1-\frac{1}{\ln\ln 2}$ 时，$f'(k)<0$；当 $k>1-\frac{1}{\ln\ln 2}$ 时，$f'(k)>0$，故 $k=1-\frac{1}{\ln\ln 2}$ 为函数 $f(k)$ 的最小值点，即当 $k=1-\frac{1}{\ln\ln 2}$ 时，所给反常

积分取得最小值.

3. 利用递推公式计算反常积分 $I_n=\int_0^{+\infty}x^n e^{-x}dx(n\in\mathbf{N})$.

解 $I_0=\int_0^{+\infty}e^{-x}dx=[-e^{-x}]_0^{+\infty}=1$.

当 $n\geqslant 1$ 时, $I_n=-\int_0^{+\infty}x^n d(e^{-x})=-[x^n e^{-x}]_0^{+\infty}+n\int_0^{+\infty}x^{n-1}e^{-x}dx=nI_{n-1}$，故有 $I_n=n!$.

4. 计算反常积分 $\int_0^1\ln x dx$.

解 $\int_0^1\ln x dx=[x\ln x]_0^1-\int_0^1 x\cdot\frac{1}{x}dx=0-\lim\limits_{x\to0^+}x\ln x-[x]_0^1$

$$=-\lim_{x\to0^+}\frac{\ln x}{\frac{1}{x}}-1=-\lim_{x\to0^+}\frac{\frac{1}{x}}{-\frac{1}{x^2}}-1=-1.$$

习题 5-5 二维码

习题 5-5 的解析请扫二维码查看.

总习题五　解答

1. 填空

(1) 函数 $f(x)$ 在 $[a, b]$ 上有界是 $f(x)$ 在 $[a, b]$ 上可积的________条件，而 $f(x)$ 在 $[a, b]$ 上连续是 $f(x)$ 在 $[a, b]$ 上可积的________条件;

(2) 对 $[a, +\infty]$ 上非负、连续的函数 $f(x)$，它的变上限积分 $\int_a^x f(t)dt$ 在 $[a, +\infty)$ 内有界是反常积分 $\int_a^{+\infty}f(x)dx$ 收敛的________条件;

(3) 此处解析请扫二维码查看;

(3) 二维码

(4) 函数 $f(x)$ 在 $[a, b]$ 上有定义且 $|f(x)|$ 在 $[a, b]$ 上可积，此时积分 $\int_a^b f(x)dx$ ________存在;

(5) 设函数 $f(x)$ 连续，则 $\frac{d}{dx}\int_0^x tf(t^2-x^2)dt=$________.

解 (1) 必要，充分; (2) 充分必要; (4) 不一定，例如 $f(x)=\begin{cases}1, & x\text{ 为有理数},\\ -1, & x\text{ 为无理数},\end{cases}$ 则 $|f(x)|=1$ 在 $[a, b]$ 上可积，但 $\int_a^b f(x)dx$ 不存在;

(5) 令 $u=t^2-x^2$, $du=2tdt$，则原积分变为 $\int_{-x^2}^0\frac{1}{2}f(u)du=-\frac{1}{2}\int_0^{-x^2}f(u)du$，因此 $\frac{d}{dx}\int_0^x tf(t^2-x^2)dt=-\frac{1}{2}f(-x^2)\cdot(-2x)=xf(-x^2)$.

2. 以下两题中给出了四个结论，从中选出一个正确的结论:

(1) 设 $I=\int_0^1\frac{x^4}{\sqrt{1+x}}dx$，则估计 I 值的大致范围为 (　　);

(A) $0 \leqslant I \leqslant \frac{\sqrt{2}}{10}$　　(B) $\frac{\sqrt{2}}{10} \leqslant I \leqslant \frac{1}{5}$

(C) $\frac{1}{5} \leqslant I \leqslant 1$　　(D) $I \geqslant 1$

(2) 设 $F(x)$ 是连续函数 $f(x)$ 的一个原函数，则必有（　　）.

(A) $F(x)$ 是偶函数 $\Leftrightarrow f(x)$ 是奇函数

(B) $F(x)$ 是奇函数 $\Leftrightarrow f(x)$ 是偶函数

(C) $F(x)$ 是周期函数 $\Leftrightarrow f(x)$ 是周期函数

(D) $F(x)$ 是单调函数 $\Leftrightarrow f(x)$ 是单调函数

解　(1) 当 $0 \leqslant x \leqslant 1$ 时，$\frac{x^4}{\sqrt{2}} \leqslant \frac{x^4}{\sqrt{1+x}} \leqslant x^4$，$\int_0^1 \frac{x^4}{\sqrt{2}}\mathrm{d}x = \frac{\sqrt{2}}{10}[x^5]_0^1 = \frac{\sqrt{2}}{10}$，$\int_0^1 x^4\mathrm{d}x = \frac{1}{5}[x^5]_0^1 = \frac{1}{5}$，故 $\frac{\sqrt{2}}{10} \leqslant \int_0^1 \frac{x^4}{\sqrt{1+x}}\mathrm{d}x \leqslant \frac{1}{5}$. 故选 B.

(2) 令 $G(x) = \int_0^x f(t)\mathrm{d}t$，$G(x)$ 是 $f(x)$ 的一个原函数，且 $G(x)$ 是偶函数 $\Leftrightarrow f(x)$ 是奇函数，又 $F(x) = G(x) + C$ 也是偶函数；$G(x)$ 是奇函数 $\Leftrightarrow f(x)$ 是偶函数，但 $F(x) = G(x) + C$ 不一定是奇函数，故应选 A.

取 $f(x) = \cos x + 1$，则 $F(x) = \sin x + x + C$，此时 $f(x)$ 是周期函数，但 $F(x)$ 不是周期函数. 因此 C 不成立.

取 $f(x) = 2x$，则 $F(x) = x^2 + C$，此时 $f(x)$ 是单调函数，但 $F(x)$ 不是单调函数. 因此 D 不成立.

3. 回答下列问题：

(1) 设函数 $f(x)$ 及 $g(x)$ 在区间 $[a, b]$ 上连续，且 $f(x) \geqslant g(x)$，则 $\int_a^b [f(x) - g(x)]\mathrm{d}x$ 在几何上表示什么？

(2) 设函数 $f(x)$ 在区间 $[a, b]$ 上连续，且 $f(x) \geqslant 0$，则 $\int_a^b \pi f^2(x)\mathrm{d}x$ 在几何上表示什么？

(3) 如果在时刻 t 以 $\varphi(t)$ 的流量（单位时间内流过的流体的体积或质量）向一水池注水，那么 $\int_{t_1}^{t_2} \varphi(t)\mathrm{d}t$ 表示什么？

(4) 如果某国人口增长的速率为 $u(t)$，那么 $\int_{T_1}^{T_2} u(t)\mathrm{d}t$ 表示什么？

(5) 如果一公司经营某种产品的边际利润函数为 $P'(x)$，那么 $\int_{1000}^{2000} P'(x)\mathrm{d}x$ 表示什么？

解　(1) $\int_a^b [f(x) - g(x)]\mathrm{d}x$ 表示由曲线 $y = f(x)$，$y = g(x)$ 以及直线 $x = a$，$x = b$ 所围成的图形的面积.

(2) $\int_a^b \pi f^2(x)\mathrm{d}x$ 表示 xOy 面上，由曲线 $y = f(x)$，$x = a$，$x = b$ 以及 x 轴所围成的图形绕 x 轴旋转一周而得到的旋转体的体积.

（3）$\int_{t_1}^{t_2}\varphi(t)\mathrm{d}t$ 表示在时间段 $[t_1, t_2]$ 内向水池注入的水的总量．

（4）$\int_{T_1}^{T_2}u(t)\mathrm{d}t$ 表示该国在 $[T_1, T_2]$ 时间段内增加的人口总量．

（5）$\int_{1\,000}^{2\,000}P'(x)\mathrm{d}x$ 表示该公司经营该种产品自第 1 000 件至第 2 000 件所得利润．

4 二维码

4. 此处解析请扫二维码查看．

5. 求下列极限：

（1）$\lim\limits_{x\to a}\dfrac{x}{x-a}\int_a^x f(t)\mathrm{d}t$，其中 $f(x)$ 连续；（2）$\lim\limits_{x\to+\infty}\dfrac{\int_0^x(\arctan t)^2\mathrm{d}t}{\sqrt{x^2+1}}$.

解　（1）记 $F(x)=x\int_a^x f(t)\mathrm{d}t$，$\lim\limits_{x\to a}\dfrac{x}{x-a}\int_a^x f(t)\mathrm{d}t=\lim\limits_{x\to a}\dfrac{F(x)-F(a)}{x-a}=F'(a)=af(a)$.

（2）先证明所求极限为未定式 $\dfrac{\infty}{\infty}$. 由于当 $x>\tan 1$ 时，$\arctan x>1$，记 $c=\int_0^{\tan 1}(\arctan t)^2\mathrm{d}t$，则

$$\int_0^x(\arctan t)^2\mathrm{d}t=c+\int_{\tan 1}^x(\arctan t)^2\mathrm{d}t>c+\int_{\tan 1}^x 1\mathrm{d}t=c+x-\tan 1\ ;$$

故有 $\lim\limits_{x\to+\infty}\int_0^x(\arctan t)^2\mathrm{d}t=+\infty$，从而利用洛必达法则得

$$\lim_{x\to+\infty}\frac{\int_0^x(\arctan t)^2\mathrm{d}t}{\sqrt{x^2+1}}=\lim_{x\to+\infty}\frac{(\arctan x)^2}{\dfrac{x}{\sqrt{x^2+1}}}=\frac{\pi^2}{4}.$$

6. 下列计算是否正确，试说明理由：

（1）$\int_{-1}^{1}\dfrac{\mathrm{d}x}{1+x^2}=-\int_{-1}^{1}\dfrac{\mathrm{d}\left(\dfrac{1}{x}\right)}{1+\left(\dfrac{1}{x}\right)^2}=\left[-\arctan\left(\dfrac{1}{x}\right)\right]_{-1}^{1}=-\dfrac{\pi}{2}$；

（2）因为 $\int_{-1}^{1}\dfrac{\mathrm{d}x}{x^2+x+1}\overset{x=\frac{1}{t}}{=\!=\!=}-\int_{-1}^{1}\dfrac{\mathrm{d}t}{t^2+t+1}$，所以 $\int_{-1}^{1}\dfrac{\mathrm{d}x}{x^2+x+1}=0$；

（3）$\int_{-\infty}^{+\infty}\dfrac{x}{1+x^2}\mathrm{d}x=\lim\limits_{A\to+\infty}\int_{-A}^{A}\dfrac{x}{1+x^2}\mathrm{d}x=0$.

解　（1）不对．因为 $u=\dfrac{1}{x}$ 在 $[-1, 1]$ 上有间断点 $x=0$，不符合换元法的要求．由习题 5-1 第 12 题可知，该积分一定为正，因此该积分计算不对．正确的计算过程为

$$\int_{-1}^{1}\frac{\mathrm{d}x}{1+x^2}=[\arctan x]_{-1}^{1}=\frac{\pi}{2}.$$

（2）不对．原因与（1）相同．正确的计算过程为

$$\int_{-1}^{1}\frac{\mathrm{d}x}{x^2+x+1}=\int_{-1}^{1}\frac{\mathrm{d}\left(x+\frac{1}{2}\right)}{\left(x+\frac{1}{2}\right)^2+\left(\frac{\sqrt{3}}{2}\right)^2}=\left[\frac{2}{\sqrt{3}}\arctan\frac{2x+1}{\sqrt{3}}\right]_{-1}^{1}=\frac{\pi}{\sqrt{3}}.$$

（3）不对．因为$\int_0^{+A}\frac{x}{1+x^2}\mathrm{d}x=\frac{1}{2}\ln(1+A^2)$，当$A\to+\infty$时极限不存在，故$\int_0^{+\infty}\frac{x}{1+x^2}\mathrm{d}x$发散，也就得到$\int_{-\infty}^{+\infty}\frac{x}{1+x^2}\mathrm{d}x$发散．

7. 设$x>0$，证明$\int_0^x\frac{1}{1+t^2}\mathrm{d}t+\int_0^{\frac{1}{x}}\frac{1}{1+t^2}\mathrm{d}t=\frac{\pi}{2}$.

证 记$f(x)=\int_0^x\frac{1}{1+t^2}\mathrm{d}t+\int_0^{\frac{1}{x}}\frac{1}{1+t^2}\mathrm{d}t$，则当$x>0$时，有

$$f'(x)=\frac{1}{1+x^2}+\frac{1}{1+\frac{1}{x^2}}\cdot\left(-\frac{1}{x^2}\right)=0,$$

由拉格朗日中值定理的推论得$f(x)\equiv C(x>0)$．而$f(1)=\int_0^1\frac{1}{1+t^2}\mathrm{d}t+\int_0^1\frac{1}{1+t^2}\mathrm{d}t=\frac{\pi}{2}$，故$C=\frac{\pi}{2}$，故结论成立．

8. 设$p>0$，证明$\frac{p}{1+p}<\int_0^1\frac{\mathrm{d}x}{1+x^p}<1$.

证 由于当$p>0$时，$0<\frac{1}{1+x^p}<1$，因此有$\int_0^1\frac{\mathrm{d}x}{1+x^p}<1$．又

$$1-\int_0^1\frac{\mathrm{d}x}{1+x^p}=\int_0^1\frac{x^p\mathrm{d}x}{1+x^p}<\int_0^1x^p\mathrm{d}x=\frac{1}{1+p},$$

故有$\int_0^1\frac{\mathrm{d}x}{1+x^p}>\frac{p}{1+p}$，原题结论成立．

9. 设$f(x)$、$g(x)$在区间$[a,b]$上均连续，证明：

（1）$\left(\int_a^bf(x)g(x)\mathrm{d}x\right)^2\leqslant\int_a^bf^2(x)\mathrm{d}x\cdot\int_a^bg^2(x)\mathrm{d}x$（柯西—施瓦茨不等式）．

（2）$\left(\int_a^b[f(x)+g(x)]^2\mathrm{d}x\right)^{\frac{1}{2}}\leqslant\left(\int_a^bf^2(x)\mathrm{d}x\right)^{\frac{1}{2}}+\left(\int_a^bg^2(x)\mathrm{d}x\right)^{\frac{1}{2}}$（闵可夫斯基不等式）.

证 （1）对任意实数λ，有$\int_a^b[f(x)+\lambda g(x)]^2\mathrm{d}x\geqslant0$，即

$$\int_a^bf^2(x)\mathrm{d}x+2\lambda\int_a^bf(x)g(x)\mathrm{d}x+\lambda^2\int_a^bg^2(x)\mathrm{d}x\geqslant0,$$

左边关于λ的二次多项式非负的条件是判别式非正，即有$4\left(\int_a^bf(x)g(x)\mathrm{d}x\right)^2-4\int_a^bf^2(x)\mathrm{d}x\cdot\int_a^bg^2(x)\mathrm{d}x\leqslant0$，因此$\left(\int_a^bf(x)g(x)\mathrm{d}x\right)^2\leqslant\int_a^bf^2(x)\mathrm{d}x\cdot\int_a^bg^2(x)\mathrm{d}x$. 得证．

（2）$\int_a^b[f(x)+g(x)]^2\mathrm{d}x=\int_a^bf^2(x)\mathrm{d}x+2\int_a^bf(x)g(x)\mathrm{d}x+\int_a^bg^2(x)\mathrm{d}x$

$$\leqslant \int_a^b f^2(x)\,dx + 2\left(\int_a^b f^2(x)\,dx \cdot \int_a^b g^2(x)\,dx\right)^{\frac{1}{2}} + \int_a^b g^2(x)\,dx$$

$$= \left[\left(\int_a^b f^2(x)\,dx\right)^{\frac{1}{2}} + \left(\int_a^b g^2(x)\,dx\right)^{\frac{1}{2}}\right]^2,$$

从而本题得证.

10. 设 $f(x)$ 在区间 $[a, b]$ 上连续，且 $f(x) > 0$.

证明 $\int_a^b f(x)\,dx \cdot \int_a^b \frac{1}{f(x)}\,dx \geqslant (b-a)^2$.

证 根据柯西—施瓦茨不等式，有

$$\left(\int_a^b \sqrt{f(x)} \cdot \frac{1}{\sqrt{f(x)}}\,dx\right)^2 \leqslant \int_a^b \left(\sqrt{f(x)}\right)^2 dx \cdot \int_a^b \left(\frac{1}{\sqrt{f(x)}}\right)^2 dx,$$

$$\int_a^b \sqrt{f(x)} \cdot \frac{1}{\sqrt{f(x)}}\,dx = \int_a^b 1\,dx = b-a,$$

即得 $\int_a^b f(x)\,dx \cdot \int_a^b \frac{1}{f(x)}\,dx \geqslant (b-a)^2$.

11. 计算下列积分：

(1) $\int_0^{\frac{\pi}{2}} \frac{x+\sin x}{1+\cos x}\,dx$； (2) $\int_0^{\frac{\pi}{4}} \ln(1+\tan x)\,dx$；

(3) $\int_0^a \frac{dx}{x+\sqrt{a^2-x^2}}\ (a>0)$； (4) $\int_0^{\frac{\pi}{2}} \sqrt{1-\sin 2x}\,dx$；

(5) $\int_0^{\frac{\pi}{2}} \frac{dx}{1+\cos^2 x}$； (6) $\int_0^{\pi} x\sqrt{\cos^2 x - \cos^4 x}\,dx$；

(7) $\int_0^{\pi} x^2 |\cos x|\,dx$； (8) $\int_0^{+\infty} \frac{dx}{e^{x+1}+e^{3-x}}$；

(9) $\int_{\frac{1}{2}}^{\frac{3}{2}} \frac{dx}{\sqrt{|x^2-x|}}$； (10) $\int_0^x \max\{t^3, t^2, 1\}\,dt$.

解 (1) $\int_0^{\frac{\pi}{2}} \frac{x+\sin x}{1+\cos x}\,dx = \int_0^{\frac{\pi}{2}} \frac{x}{2}\sec^2\frac{x}{2}\,dx - \int_0^{\frac{\pi}{2}} \frac{1}{1+\cos x}\,d(1+\cos x)$

$$= \left[x\tan\frac{x}{2}\right]_0^{\frac{\pi}{2}} - \int_0^{\frac{\pi}{2}} \tan\frac{x}{2}\,dx - \left[\ln(1+\cos x)\right]_0^{\frac{\pi}{2}}$$

$$= \frac{\pi}{2} + \left[2\ln\cos\frac{x}{2}\right]_0^{\frac{\pi}{2}} + \ln 2 = \frac{\pi}{2}.$$

(2) $\int_0^{\frac{\pi}{4}} \ln(1+\tan x)\,dx = \int_0^{\frac{\pi}{4}} \ln\frac{\cos x+\sin x}{\cos x}\,dx$

$$= \int_0^{\frac{\pi}{4}} \ln(\cos x+\sin x)\,dx - \int_0^{\frac{\pi}{4}} \ln(\cos x)\,dx,$$

$\int_0^{\frac{\pi}{4}} \ln(\cos x+\sin x)\,dx$

$$=\int_0^{\frac{\pi}{4}}\ln\left[\sqrt{2}\cos\left(\frac{\pi}{4}-x\right)\right]\mathrm{d}x$$

$$=-\int_0^{\frac{\pi}{4}}\ln\left[\sqrt{2}\cos\left(\frac{\pi}{4}-x\right)\right]\mathrm{d}\left(\frac{\pi}{4}-x\right).$$

令 $u=\frac{\pi}{4}-x$，当 $x=0$ 时 $u=\frac{\pi}{4}$，当 $x=\frac{\pi}{4}$ 时 $u=0$，得

$$\int_0^{\frac{\pi}{4}}\ln(\cos x+\sin x)\mathrm{d}x=\int_0^{\frac{\pi}{4}}\ln\sqrt{2}\,\mathrm{d}u+\int_0^{\frac{\pi}{4}}\ln(\cos u)\mathrm{d}u=\frac{\pi\ln 2}{8}+\int_0^{\frac{\pi}{4}}\ln(\cos u)\mathrm{d}u,$$

故 $\int_0^{\frac{\pi}{4}}\ln(1+\tan x)\mathrm{d}x=\frac{\pi\ln 2}{8}.$

(3) 令 $x=a\sin t$，则 $\int_0^a\frac{\mathrm{d}x}{x+\sqrt{a^2-x^2}}=\int_0^{\frac{\pi}{2}}\frac{\cos t\mathrm{d}t}{\sin t+\cos t}.$

由 $\int_0^{\frac{\pi}{2}}f(\sin x)\mathrm{d}x=\int_0^{\frac{\pi}{2}}f(\cos x)\mathrm{d}x$，得 $\int_0^{\frac{\pi}{2}}\frac{\cos t\mathrm{d}t}{\sin t+\cos t}=\int_0^{\frac{\pi}{2}}\frac{\sin t\mathrm{d}t}{\sin t+\cos t}$，则

$$\int_0^a\frac{\mathrm{d}x}{x+\sqrt{a^2-x^2}}=\frac{1}{2}\int_0^{\frac{\pi}{2}}\frac{\cos t+\sin t}{\sin t+\cos t}\mathrm{d}t=\frac{\pi}{4}.$$

(4) $\int_0^{\frac{\pi}{2}}\sqrt{1-\sin 2x}\,\mathrm{d}x=\int_0^{\frac{\pi}{2}}\sqrt{\sin^2x+\cos^2x-2\sin x\cos x}\,\mathrm{d}x=\int_0^{\frac{\pi}{2}}|\sin x-\cos x|\mathrm{d}x$

$$=\int_0^{\frac{\pi}{4}}(\cos x-\sin x)\,\mathrm{d}x+\int_{\frac{\pi}{4}}^{\frac{\pi}{2}}(\sin x-\cos x)\,\mathrm{d}x=2(\sqrt{2}-1).$$

(5) $\int_0^{\frac{\pi}{2}}\frac{\mathrm{d}x}{1+\cos^2x}=\int_0^{\frac{\pi}{2}}\frac{\sec^2x\mathrm{d}x}{1+\sec^2x}=\int_0^{\frac{\pi}{2}}\frac{\mathrm{d}(\tan x)}{2+\tan^2x}$

$$=\left[\frac{1}{\sqrt{2}}\arctan\frac{\tan x}{\sqrt{2}}\right]_0^{\frac{\pi}{2}}=\lim_{x\to\frac{\pi}{2}^-}\frac{1}{\sqrt{2}}\arctan\frac{\tan x}{\sqrt{2}}=\frac{\pi}{2\sqrt{2}}.$$

(6) $\int_0^{\pi}x\sqrt{\cos^2x-\cos^4x}\,\mathrm{d}x=\int_0^{\pi}x|\cos x|\sin x\mathrm{d}x=\frac{\pi}{2}\left(\int_0^{\frac{\pi}{2}}\cos x\sin x\mathrm{d}x-\int_{\frac{\pi}{2}}^{\pi}\cos x\sin x\mathrm{d}x\right)$

$$=\frac{\pi}{2}\left[\frac{1}{2}\sin^2x\right]_0^{\frac{\pi}{2}}-\frac{\pi}{2}\left[\frac{1}{2}\sin^2x\right]_{\frac{\pi}{2}}^{\pi}=\frac{\pi}{2}.$$

(7) $\int_0^{\pi}x^2|\cos x|\mathrm{d}x=\int_0^{\frac{\pi}{2}}x^2\cos x\mathrm{d}x-\int_{\frac{\pi}{2}}^{\pi}x^2\cos x\mathrm{d}x,$

$$\int x^2\cos x\mathrm{d}x=\int x^2\mathrm{d}(\sin x)=x^2\sin x-\int 2x\sin x\mathrm{d}x=x^2\sin x+2x\cos x-2\sin x,$$

故原积分为

$$\int_0^{\pi}x^2|\cos x|\mathrm{d}x=[x^2\sin x+2x\cos x-2\sin x]_0^{\frac{\pi}{2}}-\left[x^2\sin x+2x\cos x-2\sin x\right]_{\frac{\pi}{2}}^{\pi}$$

$$=\frac{\pi^2}{2}+2\pi-4.$$

(8) $\int_0^{+\infty}\frac{\mathrm{d}x}{\mathrm{e}^{x+1}+\mathrm{e}^{3-x}}=\int_0^{+\infty}\frac{1}{\mathrm{e}^2}\frac{\mathrm{d}x}{\mathrm{e}^{x-1}+\mathrm{e}^{1-x}}=\frac{1}{\mathrm{e}^2}[\arctan(\mathrm{e}^{x-1})]_0^{+\infty}=\frac{1}{\mathrm{e}^2}\left(\frac{\pi}{2}-\arctan\frac{1}{\mathrm{e}}\right).$

(9) $\int_{\frac{1}{2}}^{\frac{3}{2}} \frac{\mathrm{d}x}{\sqrt{|x^2-x|}} = \int_{\frac{1}{2}}^{1} \frac{\mathrm{d}x}{\sqrt{x-x^2}} + \int_{1}^{\frac{3}{2}} \frac{\mathrm{d}x}{\sqrt{x^2-x}}$，因为

$$\int_{\frac{1}{2}}^{1} \frac{\mathrm{d}x}{\sqrt{x-x^2}} = \int_{\frac{1}{2}}^{1} \frac{\mathrm{d}\left(x-\frac{1}{2}\right)}{\sqrt{\frac{1}{4}-\left(x-\frac{1}{2}\right)^2}} = \int_{\frac{1}{2}}^{1} \frac{\mathrm{d}(2x-1)}{\sqrt{1-(2x-1)^2}} = [\arcsin(2x-1)]_{\frac{1}{2}}^{1} = \frac{\pi}{2},$$

$$\int_{1}^{\frac{3}{2}} \frac{\mathrm{d}x}{\sqrt{x^2-x}} = \int_{1}^{\frac{3}{2}} \frac{\mathrm{d}\left(x-\frac{1}{2}\right)}{\sqrt{\left(x-\frac{1}{2}\right)^2-\frac{1}{4}}} = \int_{1}^{\frac{3}{2}} \frac{\mathrm{d}(2x-1)}{\sqrt{(2x-1)^2-1}}$$

$$= \left[\ln\left(2x-1+\sqrt{(2x-1)^2-1}\right)\right]_{1}^{\frac{3}{2}} = \ln(2+\sqrt{3}).$$

所以 $\int_{\frac{1}{2}}^{\frac{3}{2}} \frac{\mathrm{d}x}{\sqrt{|x^2-x|}} = \int_{\frac{1}{2}}^{1} \frac{\mathrm{d}x}{\sqrt{x-x^2}} + \int_{1}^{\frac{3}{2}} \frac{\mathrm{d}x}{\sqrt{x^2-x}} = \frac{\pi}{2} + \ln(2+\sqrt{3})$.

(10) 当 $x<-1$ 时，$\int_0^x \max\{t^3, t^2, 1\}\,\mathrm{d}t = \int_0^{-1} 1\,\mathrm{d}x + \int_{-1}^{x} t^2\,\mathrm{d}t = \frac{1}{3}x^3 - \frac{2}{3}$；

当 $-1 \leqslant x \leqslant 1$ 时，$\int_0^x \max\{t^3, t^2, 1\}\,\mathrm{d}t = \int_0^x 1\,\mathrm{d}x = x$；

当 $x>1$ 时，$\int_0^x \max\{t^3, t^2, 1\}\,\mathrm{d}t = \int_0^1 1\,\mathrm{d}x + \int_1^x t^3\,\mathrm{d}t = \frac{1}{4}x^4 + \frac{3}{4}$；

因此 $\int_0^x \max\{t^3, t^2, 1\}\,\mathrm{d}t = \begin{cases} \frac{1}{3}x^3 - \frac{2}{3}, & x<-1, \\ x, & -1 \leqslant x \leqslant 1, \\ \frac{1}{4}x^4 + \frac{3}{4}, & x>1. \end{cases}$

12. 设 $f(x)$ 为连续函数，证明 $\int_0^x f(t)(x-t)\,\mathrm{d}t = \int_0^x \left(\int_0^t f(u)\,\mathrm{d}u\right)\mathrm{d}t$.

证　$\int_0^x \left[\int_0^t f(u)\,\mathrm{d}u\right]\mathrm{d}t = t\left[\int_0^t f(u)\,\mathrm{d}u\right]\Big|_0^x - \int_0^x tf(t)\,\mathrm{d}t = x\int_0^x f(u)\,\mathrm{d}u - \int_0^x tf(t)\,\mathrm{d}t$

$$= \int_0^x xf(t)\,\mathrm{d}t - \int_0^x tf(t)\,\mathrm{d}t = \int_0^x (x-t)f(t)\,\mathrm{d}t.$$

13. 设 $f(x)$ 在区间 $[a, b]$ 上连续，且 $f(x)>0$，$F(x) = \int_a^x f(t)\mathrm{d}t + \int_b^x \frac{\mathrm{d}t}{f(t)}$，$x \in [a, b]$.

证明：(1) $F'(x) \geqslant 2$；(2) 方程 $F(x)=0$ 在区间 (a, b) 内有且仅有一个根.

证　(1) $F'(x) = f(x) + \frac{1}{f(x)} \geqslant 2\sqrt{f(x) \cdot \frac{1}{f(x)}} = 2$.

(2) $F(a) = \int_b^a \frac{\mathrm{d}t}{f(t)} = -\int_a^b \frac{\mathrm{d}t}{f(t)} < 0$，$F(b) = \int_a^b f(t)\,\mathrm{d}t > 0$，由闭区间上连续函数性质可知 $F(x)$ 在区间 (a, b) 内必有零点，根据 (1) 可知 $F(x)$ 在区间 $[a, b]$ 上单调增加，从而零点唯一，即方程 $F(x)=0$ 在区间 (a, b) 内有且仅有一个根.

14. 求 $\int_0^2 f(x-1)\,\mathrm{d}x$，其中

$$f(x)=\begin{cases}\dfrac{1}{1+e^{x}}, & x<0,\\ \dfrac{1}{1+x}, & x\geqslant 0.\end{cases}$$

解 令 $u=x-1$，当 $x=0$ 时 $u=-1$，当 $x=2$ 时 $u=1$，故

$$\int_0^2 f(x-1)\mathrm{d}x=\int_{-1}^1 f(u)\mathrm{d}u=\int_{-1}^0 f(u)\mathrm{d}u+\int_0^1 f(u)\mathrm{d}u=\int_{-1}^0\frac{1}{1+e^{u}}\mathrm{d}u+\int_0^1\frac{1}{1+u}\mathrm{d}u$$

$$=\int_{-1}^0\frac{e^{-u}}{1+e^{-u}}\mathrm{d}u+[\ln(1+u)]_0^1=\ln(1+e).$$

15. 设 $f(x)$ 在区间 $[a, b]$ 上连续，$g(x)$ 在区间 $[a, b]$ 上连续且不变号．证明至少存在一点 $\xi\in[a, b]$，使下式成立：

$$\int_a^b f(x)g(x)\mathrm{d}x=f(\xi)\int_a^b g(x)\mathrm{d}x\text{（积分第一中值定理）}.$$

证 若 $g(x)\equiv 0$，则结论显然成立．

若 $g(x)$ 不恒为零，已知 $g(x)$ 不变号，不妨设 $g(x)\geqslant 0$，由定积分的性质知 $\int_a^b g(x)\mathrm{d}x\geqslant 0$. 因为 $f(x)$ 在区间 $[a, b]$ 上连续，所以有最大值 M 和最小值 m，即 $m\leqslant f(x)\leqslant M$，从而 $mg(x)\leqslant f(x)g(x)\leqslant Mg(x)$.

由定积分性质得 $m\int_a^b g(x)\mathrm{d}x\leqslant\int_a^b f(x)g(x)\mathrm{d}x\leqslant M\int_a^b g(x)\mathrm{d}x$.

两边同除以 $\int_a^b g(x)\mathrm{d}x$，得

$$m\leqslant\frac{\int_a^b f(x)g(x)\mathrm{d}x}{\int_a^b g(x)\mathrm{d}x}\leqslant M.$$

因为 $f(x)$ 在区间 $[a, b]$ 上连续，由介值定理知：至少存在一点 $\xi\in(a, b)$，使得 $f(\xi)=\dfrac{\int_a^b f(x)g(x)\mathrm{d}x}{\int_a^b g(x)\mathrm{d}x}$，即 $f(\xi)\int_a^b g(x)\mathrm{d}x=\int_a^b f(x)g(x)\mathrm{d}x$，结论得证.

16—18 二维码

16—18. 此处解析请扫二维码查看．

三、提高题目

1. （2011 考研数二、数三）设 $I=\int_0^{\frac{\pi}{4}}\ln\sin x\mathrm{d}x$，$J=\int_0^{\frac{\pi}{4}}\ln\cot x\mathrm{d}x$，$K=\int_0^{\frac{\pi}{4}}\ln\cos x\mathrm{d}x$，则 I、J、K 的大小关系是（　　）.

(A) $I<J<K$　(B) $I<K<J$　(C) $J<I<K$　(D) $K<J<I$

【答案】 B.

【解析】 因为 $0<x<\dfrac{\pi}{4}$ 时，$0<\sin x<\cos x<1<\cot x$，又因 $\ln x$ 是单调增加的函数，

所以 $\ln\sin x<\ln\cos x<\ln\cot x$，故正确答案为 B.

2.（2009 考研数三）使不等式 $\int_1^x \frac{\sin t}{t}dt>\ln x$ 成立的 x 的范围是（　　）.

（A）$(0,1)$　　（B）$\left(1,\frac{\pi}{2}\right)$　　（C）$\left(\frac{\pi}{2},\pi\right)$　　（D）$(\pi,+\infty)$

【答案】A.

【解析】原问题转化为求 $f(x)=\int_1^x \frac{\sin t}{t}dt-\ln x>0$ 成立时 x 的取值范围，令

$$f(x)=\int_1^x \frac{\sin t}{t}dt-\ln x=\int_1^x \frac{\sin t}{t}dt-\int_1^x \frac{1}{t}dt=\int_1^x \frac{\sin t-1}{t}dt=\int_x^1 \frac{1-\sin t}{t}dt>0.$$

由 $t\in(0,1)$ 时，$\frac{1-\sin t}{t}>0$ 知，当 $x\in(0,1)$ 时，$f(x)>0$. 故应选 A.

3.（2017 考研数二）设二阶可导函数 $f(x)$ 满足 $f(1)=f(-1)=1$，$f(0)=-1$ 且 $f''(x)>0$，则（　　）.

（A）$\int_{-1}^1 f(x)dx>0$　　（B）$\int_{-1}^1 f(x)dx<0$

（C）$\int_{-1}^0 f(x)dx>\int_0^1 f(x)dx$　　（D）$\int_{-1}^0 f(x)dx<\int_0^1 f(x)dx$

【答案】B.

【解析】$f(x)$ 为偶数时，满足题设条件，$\int_{-1}^0 f(x)dx=\int_0^1 f(x)dx$，排除 C、D.

取 $f(x)=2x^2-1$ 满足条件，则 $\int_{-1}^1 f(x)dx=\int_{-1}^1(2x^2-1)dx=-\frac{2}{3}<0$，故选 B.

4.（2013 考研数二）设函数 $f(x)=\begin{cases}\sin x, & 0\leqslant x<\pi,\\ 2, & \pi\leqslant x\leqslant 2\pi,\end{cases}$ $F(x)=\int_0^x f(t)dt$，则（　　）.

（A）$x=\pi$ 是函数 $F(x)$ 的跳跃间断点　　（B）$x=\pi$ 是函数 $F(x)$ 的可去间断点

（C）$F(x)$ 在 $x=\pi$ 处连续但不可导　　（D）$F(x)$ 在 $x=\pi$ 处可导

【答案】C.

【解析】

$$F(x)=\int_0^x f(t)dt=\begin{cases}\int_0^x \sin t dt, & 0\leqslant x<\pi,\\ \int_0^\pi \sin t dt+\int_\pi^x 2dt, & \pi\leqslant x\leqslant 2\pi\end{cases}=\begin{cases}1-\cos x, & 0\leqslant x<\pi,\\ 2+2x-2\pi, & \pi\leqslant x\leqslant 2\pi,\end{cases}$$

因为 $\lim\limits_{x\to\pi^-}F(x)=\lim\limits_{x\to\pi^+}F(x)=F(\pi)=2$，所以在 $x=\pi$ 处连续.

又因为
$$\lim_{x\to\pi^-}\frac{F(x)-F(\pi)}{x-\pi}=\lim_{x\to\pi^-}\frac{1-\cos x-2}{x-\pi}=\lim_{x\to\pi^-}\frac{\sin x}{1}=0,$$
$$\lim_{x\to\pi^+}\frac{F(x)-F(\pi)}{x-\pi}=\lim_{x\to\pi^+}\frac{2+2x-2\pi-2}{x-\pi}=2,$$

即 $F_-'(\pi)\neq F_+'(\pi)$，所以 $F(x)$ 在 $x=\pi$ 处不可导. 故选 C.

5.（2016 考研数二）有两个反常积分，分别是：

（1）$\int_{-\infty}^0 \frac{1}{x^2}e^{\frac{1}{x}}dx$，（2）$\int_0^{+\infty}\frac{1}{x^2}e^{\frac{1}{x}}dx$，它们的敛散性为（　　）.

（A）（1）收敛，（2）收敛　　（B）（1）收敛，（2）发散

（C）（1）发散，（2）收敛　　（D）（1）发散，（2）发散

【答案】B.

【解析】$\int_{-\infty}^{0}\frac{1}{x^2}e^{\frac{1}{x}}dx=\int_{-\infty}^{0}e^{\frac{1}{x}}d\left(-\frac{1}{x}\right)=\left[-e^{\frac{1}{x}}\right]_{-\infty}^{0}=1$，收敛；

$$\int_{0}^{+\infty}\frac{1}{x^2}e^{\frac{1}{x}}dx=\left[-e^{\frac{1}{x}}\right]_{0}^{+\infty}=+\infty，发散.$$

6.（2012 考研数二）$\lim\limits_{n\to\infty}n\left(\frac{1}{1+n^2}+\frac{1}{2^2+n^2}+\frac{1}{3^2+n^2}+\cdots+\frac{1}{n^2+n^2}\right)=$ ________.

【答案】$\frac{\pi}{4}$.

【解析】$\lim\limits_{n\to\infty}n\left(\frac{1}{1+n^2}+\frac{1}{2^2+n^2}+\frac{1}{3^2+n^2}+\cdots+\frac{1}{n^2+n^2}\right)$

$$=\lim_{n\to\infty}\left(\frac{n^2}{1+n^2}+\frac{n^2}{2^2+n^2}+\frac{n^2}{3^2+n^2}+\cdots+\frac{n^2}{n^2+n^2}\right)\cdot\frac{1}{n}$$

$$=\lim_{n\to\infty}\left[\frac{1}{1+\left(\frac{1}{n}\right)^2}+\frac{1}{1+\left(\frac{2}{n}\right)^2}+\frac{1}{1+\left(\frac{3}{n}\right)^2}+\cdots+\frac{1}{1+\left(\frac{n}{n}\right)^2}\right]\cdot\frac{1}{n}$$

$$=\int_0^1\frac{1}{1+x^2}dx=[\arctan x]_0^1=\frac{\pi}{4}.$$

7.（2012 考研数一）$\int_0^2 x\sqrt{2x-x^2}\,dx=$ ________.

【答案】$\frac{\pi}{2}$.

【解析】$\int_0^2 x\sqrt{2x-x^2}\,dx=\int_0^2 x\sqrt{1-(x-1)^2}\,dx$，令 $t=x-1$，得

$$\int_0^2 x\sqrt{2x-x^2}\,dx=\int_{-1}^{1}(t+1)\sqrt{1-t^2}\,dt=2\int_0^1\sqrt{1-t^2}\,dt=\frac{\pi}{2}.$$

8.（2014 考研数三）设 $\int_0^a xe^{2x}dx=\frac{1}{4}$，则 $a=$ ________.

【答案】$\frac{1}{2}$.

【解析】$\int_0^a xe^{2x}dx=\left[\frac{1}{2}xe^{2x}\right]_0^a-\left[\frac{1}{4}e^{2x}\right]_0^a=\frac{e^{2a}}{4}(2a-1)+\frac{1}{4}=\frac{1}{4}$，所以 $a=\frac{1}{2}$.

9.（2017 考研数三）$\int_{-\pi}^{\pi}(\sin^3x+\sqrt{\pi^2-x^2})\,dx=$ ________.

【答案】$\frac{\pi^3}{2}$.

【解析】$\int_{-\pi}^{\pi}(\sin^3x+\sqrt{\pi^2-x^2})\,dx=2\int_0^{\pi}(\sqrt{\pi^2-x^2})\,dx$，令 $x=\pi\sin t$，得

$$\int_{-\pi}^{\pi}(\sin^3x+\sqrt{\pi^2-x^2})\,dx=2\int_0^{\frac{\pi}{2}}\pi\cos t\cdot\pi\cos t\,dt=2\pi^2\int_0^{\frac{\pi}{2}}\cos^2t\,dt=2\pi^2\cdot\frac{1}{2}\cdot\frac{\pi}{2}=\frac{\pi^3}{2}.$$

10.（2018 考研数一）设函数 $f(x)$ 具有二阶连续导数，若曲线 $y=f(x)$ 过点（0，0）且与曲线 $y=2^x$ 在点（1，2）处相切，则 $\int_0^1 xf''(x)\mathrm{d}x=$ ________.

【答案】$2\ln 2-2$.

【解析】$f(0)=0$，$f(1)=2$，$f'(1)=2^x\ln 2\big|_{x=1}=2\ln 2$，则

$$\int_0^1 xf''(x)\mathrm{d}x=\int_0^1 x\mathrm{d}[f'(x)]=[xf'(x)]_0^1-\int_0^1 f'(x)\mathrm{d}x=f'(1)-(f(1)-f(0))=2\ln 2-2.$$

11.（2019 考研数三）已知 $f(x)=\int_1^x\sqrt{1+t^4}\,\mathrm{d}t$，则 $\int_0^1 x^2f(x)\mathrm{d}x=$ ________.

【答案】$\frac{1-2\sqrt{2}}{18}$.

【解析】

$$\int_0^1 x^2f(x)\mathrm{d}x=\frac{1}{3}\int_0^1 f(x)\mathrm{d}(x^3)=\left[\frac{x^3}{3}f(x)\right]_0^1-\frac{1}{3}\int_0^1 x^3f'(x)\mathrm{d}x=-\frac{1}{3}\int_0^1 x^3\sqrt{1+x^4}\,\mathrm{d}x$$

$$=-\frac{1}{3}\times\frac{1}{4}\int_0^1\sqrt{1+x^4}\,\mathrm{d}(1+x^4)=\left[-\frac{1}{12}\cdot\frac{2}{3}(1+x^4)^{\frac{3}{2}}\right]_0^1=\frac{1-2\sqrt{2}}{18}.$$

12.（2009 非数学类预赛）设 $f(x)$ 是连续函数，且满足 $f(x)=3x^2-\int_0^2 f(x)\mathrm{d}x-2$，则 $f(x)=$ ________.

【答案】$f(x)=3x^2-\frac{10}{3}$.

【解析】令 $a=\int_0^2 f(x)\mathrm{d}x$，则 $f(x)=3x^2-a-2$，两边积分得

$$\int_0^2 f(x)\mathrm{d}x=\int_0^2(3x^2-a-2)\mathrm{d}x=a,$$

解得 $[x^3-ax-2x]_0^2=a$，$a=\frac{4}{3}$，从而得到 $f(x)=3x^2-\frac{10}{3}$.

13.（2013 考研数三）$\int_1^{+\infty}\frac{\ln x}{(1+x)^2}\mathrm{d}x=$ ________.

【答案】$\ln 2$.

【解析】

$$\int_1^{+\infty}\frac{\ln x}{(1+x)^2}\mathrm{d}x=-\int_1^{+\infty}\ln x\,\mathrm{d}\left(\frac{1}{1+x}\right)=\left[\frac{-\ln x}{1+x}\right]_1^{+\infty}+\int_1^{+\infty}\frac{1}{(1+x)x}\mathrm{d}x=\left[\ln\frac{x}{1+x}\right]_1^{+\infty}=\ln 2.$$

14.（2014 非数学类预赛）设函数 $y=y(x)$ 由方程 $x=\int_1^{y-x}\sin^2\left(\frac{\pi t}{4}\right)\mathrm{d}t$ 所确定，则 $\frac{\mathrm{d}y}{\mathrm{d}x}\big|_{x=0}=$ ________.

【答案】3.

【解析】将 $x=0$ 代入方程，得 $y=1$. 等式两端对 x 求导，得

$1=\sin^2\left[\frac{\pi}{4}(y-x)\right]\cdot(y'-1)\Rightarrow y'=\csc^2\left[\frac{\pi}{4}(y-x)\right]+1$，将 $x=0$ 代入可得 $y'=3$.

15.（2010 非数学类预赛）设 $s>0$，求 $I_n=\int_0^{+\infty}\mathrm{e}^{-sx}x^n\mathrm{d}x(n=1,2,\cdots)$.

【答案】$I_n=\frac{n!}{s^{n+1}}$.

【解析】因为 $s>0$，$\lim\limits_{x\to+\infty}\mathrm{e}^{-sx}x^n=0$，由分部积分法得

$$I_n=-\frac{1}{s}\int_0^{+\infty}x^n\mathrm{d}\mathrm{e}^{-sx}=\left[-\frac{1}{s}x^n\mathrm{e}^{-sx}\right]_0^{+\infty}+\frac{n}{s}\int_0^{+\infty}\mathrm{e}^{-sx}x^{n-1}\mathrm{d}x=\frac{n}{s}I_{n-1},$$

由此得 $I_n=\frac{n}{s}I_{n-1}=\frac{n}{s}\cdot\frac{n-1}{s}I_{n-2}=\cdots=\frac{n!}{s^{n-1}}I_1$，$I_1=\int_0^{+\infty}\mathrm{e}^{-sx}x\mathrm{d}x=-\frac{1}{s^2}[\mathrm{e}^{-sx}]_0^{+\infty}=\frac{1}{s^2}$，于是 $I_n=\frac{n!}{s^{n+1}}$.

16.（2012 非数学类预赛）求极限 $\lim\limits_{x\to+\infty}\sqrt[3]{x}\int_x^{x+1}\frac{\sin t}{\sqrt{t+\cos t}}\mathrm{d}t$.

【答案】0.

【解析】当 $x>1$ 时，有

$$\left|\sqrt[3]{x}\int_x^{x+1}\frac{\sin t}{\sqrt{t+\cos t}}\mathrm{d}t\right|\leqslant\sqrt[3]{x}\int_x^{x+1}\frac{1}{\sqrt{t-1}}\mathrm{d}t\leqslant 2\sqrt[3]{x}(\sqrt{x}-\sqrt{x-1})$$

$$=2\frac{\sqrt[3]{x}}{\sqrt{x}+\sqrt{x-1}}\to 0(x\to+\infty).$$

所以 $\lim\limits_{x\to+\infty}\sqrt[3]{x}\int_x^{x+1}\frac{\sin t}{\sqrt{t+\cos t}}\mathrm{d}t=0$.

17.（2012 非数学类预赛）计算 $\int_0^{+\infty}\mathrm{e}^{-2x}|\sin x|\mathrm{d}x$.

【答案】$\int_0^{+\infty}\mathrm{e}^{-2x}|\sin x|\mathrm{d}x=\frac{1}{5}\frac{\mathrm{e}^{2\pi}+1}{\mathrm{e}^{2\pi}-1}$.

【解析】$\int_0^{+\infty}\mathrm{e}^{-2x}|\sin x|\mathrm{d}x=\sum\limits_{k=1}^{n}\int_{(k-1)\pi}^{k\pi}\mathrm{e}^{-2x}|\sin x|\mathrm{d}x=\sum\limits_{k=1}^{n}\int_{(k-1)\pi}^{k\pi}(-1)^{k-1}\mathrm{e}^{-2x}\sin x\mathrm{d}x$，用分部积分法得 $\int_{(k-1)\pi}^{k\pi}(-1)^{k-1}\mathrm{e}^{-2x}\sin x\mathrm{d}x=\frac{1}{5}\mathrm{e}^{-2k\pi}(1+\mathrm{e}^{2\pi})$，所以

$$\int_0^{+\infty}\mathrm{e}^{-2x}|\sin x|\mathrm{d}x=\frac{1}{5}(1+\mathrm{e}^{2\pi})\sum_{k=1}^{n}\mathrm{e}^{-2k\pi}=\frac{1}{5}(1+\mathrm{e}^{2\pi})\frac{\mathrm{e}^{-2\pi}-\mathrm{e}^{-2(n+1)\pi}}{1-\mathrm{e}^{-2\pi}},$$

当 $n\pi\leqslant x<(n+1)\pi$ 时，有

$$\int_0^{n\pi}\mathrm{e}^{-2x}|\sin x|\mathrm{d}x\leqslant\int_0^{x}\mathrm{e}^{-2x}|\sin x|\mathrm{d}x\leqslant\int_0^{(n+1)\pi}\mathrm{e}^{-2x}|\sin x|\mathrm{d}x,$$

令 $n\to\infty$，由夹逼准则得

$$\int_0^{+\infty}\mathrm{e}^{-2x}|\sin x|\mathrm{d}x=\lim_{x\to\infty}\int_0^{x}\mathrm{e}^{-2x}|\sin x|\mathrm{d}x=\frac{1}{5}\frac{\mathrm{e}^{2\pi}+1}{\mathrm{e}^{2\pi}-1}.$$

18.（2012 非数学类预赛）求最小的实数 C，使得满足 $\int_0^1|f(x)|\mathrm{d}x=1$ 的连续函数 $f(x)$ 都有 $\int_0^1 f(\sqrt{x})\mathrm{d}x\leqslant C$.

【答案】$C=2$.

【解析】令 $t=\sqrt{x}$，得 $\int_0^1 f(\sqrt{x})\mathrm{d}x=\int_0^1 f(t)2t\mathrm{d}t\leqslant 2\int_0^1|f(t)|\mathrm{d}t=2$.

另外，取 $f_n(x)=(n+1)x^n$，则 $\int_0^1|f_n(x)|\mathrm{d}x=\int_0^1 f_n(x)\mathrm{d}x=1$，而

$$\int_0^1 f(\sqrt{x})\mathrm{d}x=\int_0^1 f(t)2t\mathrm{d}t=2\frac{n+1}{n+2}=2\left(1-\frac{1}{n+2}\right)\to 2(n\to\infty),$$

因此最小的实数为 $C=2$.

19. (2013 非数学类预赛) 计算定积分 $I=\int_{-\pi}^{\pi}\frac{x\sin x\cdot\arctan \mathrm{e}^x}{1+\cos^2 x}\mathrm{d}x$.

【答案】$I=\frac{\pi^3}{8}$.

【解析】$I=\int_{-\pi}^{0}\frac{x\sin x\cdot\arctan \mathrm{e}^x}{1+\cos^2 x}\mathrm{d}x+\int_0^{\pi}\frac{x\sin x\cdot\arctan \mathrm{e}^x}{1+\cos^2 x}\mathrm{d}x$

$$=\int_0^{\pi}\frac{x\sin x\cdot\arctan \mathrm{e}^{-x}}{1+\cos^2 x}\mathrm{d}x+\int_0^{\pi}\frac{x\sin x\cdot\arctan \mathrm{e}^x}{1+\cos^2 x}\mathrm{d}x$$

$$=\int_0^{\pi}(\arctan \mathrm{e}^x+\arctan \mathrm{e}^{-x})\frac{x\sin x}{1+\cos^2 x}\mathrm{d}x=\frac{\pi}{2}\int_0^{\pi}\frac{x\sin x}{1+\cos^2 x}\mathrm{d}x$$

$$=\left(\frac{\pi}{2}\right)^2\int_0^{\pi}\frac{\sin x}{1+\cos^2 x}\mathrm{d}x=-\left(\frac{\pi}{2}\right)^2[\arctan(\cos x)]_0^{\pi}=\frac{\pi^3}{8}.$$

20. (2014 非数学类预赛) 设 n 为正整数，计算 $I=\int_{\mathrm{e}^{-2n\pi}}^{1}\left|\frac{\mathrm{d}}{\mathrm{d}x}\cos\left(\ln\frac{1}{x}\right)\right|\mathrm{d}x$.

【答案】$I=4n$.

【解析】$I=\int_{\mathrm{e}^{-2n\pi}}^{1}\left|\frac{\mathrm{d}}{\mathrm{d}x}\cos\left(\ln\frac{1}{x}\right)\right|\mathrm{d}x=\int_{\mathrm{e}^{-2n\pi}}^{1}\left|\frac{\mathrm{d}}{\mathrm{d}x}\cos(\ln x)\right|\mathrm{d}x=\int_{\mathrm{e}^{-2n\pi}}^{1}|\sin(\ln x)|\frac{1}{x}\mathrm{d}x$
$=\int_{\mathrm{e}^{-2n\pi}}^{1}|\sin(\ln x)|\mathrm{d}(\ln x)$.

令 $\ln x=u$，得 $I=\int_{-2n\pi}^{0}|\sin u|\mathrm{d}u\xlongequal{t=-u}\int_0^{2n\pi}|\sin t|\mathrm{d}t=4n\int_0^{\frac{\pi}{2}}|\sin t|\mathrm{d}t=4n$.

21. (2016 非数学类预赛) 设 $f(x)$ 在 $[0,1]$ 上可导，且当 $x\in(0,1)$ 时，$0<f'(x)<1$. 证明：当 $a\in(0,1)$ 时，有 $\left[\int_0^a f(x)\mathrm{d}x\right]^2>\int_0^a f^3(x)\mathrm{d}x$.

【解析】设 $F(x)=\left[\int_0^x f(t)\mathrm{d}t\right]^2-\int_0^x f^3(t)\mathrm{d}t$，则 $F(0)=0$，下证 $F'(x)>0$.

再设 $g(x)=2\int_0^x f(t)\mathrm{d}t-f^2(x)$，则 $F'(x)=f(x)g(x)$，由于 $f'(x)>0$，$f(0)=0$，故 $f(x)>0$. 从而只要证明 $g(x)>0(x>0)$. 而 $g(0)=0$，因此只要证明 $g'(x)>0(0<x<a)$. 而 $g'(x)=2f(x)[1-f'(x)]>0$，所以 $g(x)>0$，$F'(x)>0$. $F(a)>F(0)$，即 $\left[\int_0^a f(x)\mathrm{d}x\right]^2>\int_0^a f^3(x)\mathrm{d}x$.

22. (2018 非数学类预赛) 设 $f(x)$ 在区间 $[0,1]$ 上连续，且 $1\leqslant f(x)\leqslant 3$，证明：$1\leqslant\int_0^1 f(x)\mathrm{d}x\int_0^1\frac{1}{f(x)}\mathrm{d}x\leqslant\frac{4}{3}$.

【解析】由柯西不等式知 $\int_0^1 f(x)\,\mathrm{d}x\int_0^1 \frac{1}{f(x)}\mathrm{d}x \geqslant \left(\int_0^1 \sqrt{f(x)}\sqrt{\frac{1}{f(x)}}\mathrm{d}x\right)^2 = 1$，又由于 $[f(x)-1][f(x)-3] \leqslant 0$，则 $\frac{[f(x)-1][f(x)-3]}{f(x)} \leqslant 0$，即 $f(x)+\frac{3}{f(x)} \leqslant 4$，从而 $\int_0^1\left[f(x)+\frac{3}{f(x)}\right]\mathrm{d}x \leqslant \frac{1}{4}$. 由于 $\int_0^1 f(x)\,\mathrm{d}x\int_0^1 \frac{3}{f(x)}\mathrm{d}x \leqslant \frac{1}{4}\left[\int_0^1 f(x)\,\mathrm{d}x + \int_0^1 \frac{3}{f(x)}\mathrm{d}x\right]^2$，故

$$1 \leqslant \int_0^1 f(x)\,\mathrm{d}x\int_0^1 \frac{1}{f(x)}\mathrm{d}x \leqslant \frac{4}{3}.$$

四、章自测题（章自测题的解析请扫二维码查看）

第五章自测题二维码

1. 选择题.

(1) 设 $f(x)$ 是连续函数，下列函数必为偶函数的是（　　）；

(A) $\int_0^x tf(t^2)\,\mathrm{d}t$　　　　(B) $\int_0^x f^3(t)\,\mathrm{d}t$

(C) $\int_0^x t[f(t)-f(-t)]\,\mathrm{d}t$　　　　(D) $\int_0^x [f(t)+f(-t)]\,\mathrm{d}t$

(2) $M=\int_{-\frac{\pi}{2}}^{\frac{\pi}{2}} \frac{\sin^3 x\cos x}{1+x^4}\mathrm{d}x$，$N=\int_{-\frac{\pi}{2}}^{\frac{\pi}{2}} (\sin^3 x + x^2)\,\mathrm{d}x$，$P=\int_{-\frac{\pi}{2}}^{\frac{\pi}{2}} (\sin^3 x - x^2)\,\mathrm{d}x$，则有（　　）；

(A) $M<N<P$　　(B) $N<M<P$　　(C) $N<P<M$　　(D) $P<M<N$

(3) 设 $I=\int_0^a x^3 f(x^2)\,\mathrm{d}x\,(a>0)$，则（　　）；

(A) $I=\int_0^{a^2} xf(x)\,\mathrm{d}x$　　　　(B) $I=\int_0^a xf(x)\,\mathrm{d}x$

(C) $I=\frac{1}{2}\int_0^{a^2} xf(x)\,\mathrm{d}x$　　　　(D) $I=\frac{1}{2}\int_0^a xf(x)\,\mathrm{d}x$

(4) 设 $F(x)$ 是连续函数 $f(x)$ 的一个原函数，则（　　）；

(A) $F(x)$ 是偶函数 $\Leftrightarrow f(x)$ 是奇函数　　(B) $F(x)$ 是周期函数 $\Leftrightarrow f(x)$ 是周期函数

(C) $F(x)$ 是奇函数 $\Leftrightarrow f(x)$ 是偶函数　　(D) $F(x)$ 是单调函数 $\Leftrightarrow f(x)$ 是单调函数

(5) 在下列反常积分中收敛的是（　　）；

(A) $\int_0^{+\infty} \frac{\ln x}{x}\mathrm{d}x$　　　　(B) $\int_{\mathrm{e}}^{+\infty} \frac{1}{x(\ln x)^2}\mathrm{d}x$

(C) $\int_{\mathrm{e}}^{+\infty} \frac{1}{x\ln x}\mathrm{d}x$　　　　(D) $\int_{\mathrm{e}}^{+\infty} \frac{1}{x(\ln x)^{1/2}}\mathrm{d}x$

2. 填空题.

(1) 设 $f(x)$ 有一个原函数 $\tan x$，则 $\int_{-\frac{\pi}{4}}^{\frac{\pi}{4}} xf'(x)\,\mathrm{d}x=$ ________；

(2) 定积分 $\int_{-1}^1 \left(x+\sqrt{1-x^2}\right)^2\mathrm{d}x=$ ________；

(3) $\frac{\mathrm{d}}{\mathrm{d}x}\int_{x^2}^1 \mathrm{e}^{2t^2}\mathrm{d}t=$ ________，$\frac{\mathrm{d}}{\mathrm{d}x}\int_1^{x^2} \sin(t^2)\,\mathrm{d}t=$ ________；

(4) 设 $f(x)$ 是连续函数，且 $f(x)=x+3\int_0^1 f(t)\mathrm{d}t$，则 $f(x)=$________；

(5) $\int_0^{+\infty} \mathrm{e}^{-x}\cos x\mathrm{d}x=$________.

3. 计算题.

(1) $\lim\limits_{x\to 0}\dfrac{\int_0^{x^2}\cos t^2\mathrm{d}t}{x\sin x}$；

(2) $\lim\limits_{x\to +\infty}\dfrac{\left(\int_0^x \mathrm{e}^{t^2}\mathrm{d}t\right)^2}{\int_0^x \mathrm{e}^{2t^2}\mathrm{d}t}$；

(3) $\int_0^{\frac{\pi}{2}}\dfrac{1}{1+\cos^2 x}\mathrm{d}x$；

(4) $\int_0^{\pi}\sqrt{\sin^3 x-\sin^5 x}\,\mathrm{d}x$；

(5) $\int_0^{\pi^2}\cos\sqrt{x}\,\mathrm{d}x$；

(6) $\int_{-\frac{1}{2}}^{\frac{1}{2}}\dfrac{(\arcsin x)^2+x^3\sin^2 x}{\sqrt{1-x^2}}\mathrm{d}x$；

(7) $\int_0^{\ln 2} x\mathrm{e}^{-x}\mathrm{d}x$；

(8) $\int_0^1 x^2\sqrt{1-x^2}\,\mathrm{d}x$；

(9) $\int_0^1\dfrac{2}{(2x-1)^2}\mathrm{d}x$；

(10) $\int_{-\infty}^{+\infty}\dfrac{2x}{x^2+1}\mathrm{d}x$.

4. 求极限：$\lim\limits_{n\to\infty}\left(\dfrac{1}{n+1}+\dfrac{1}{n+2}+\cdots+\dfrac{1}{n+n}\right)$.

5. 已知 $f(\pi)=1$，且 $\int_0^{\pi}[f(x)+f''(x)]\sin x\mathrm{d}x=3$，求 $f(0)$.

6. 设 $f(x)=\int_0^x \mathrm{e}^{-t}\cos t\mathrm{d}t$，求 $f(x)$ 在 $[0,\pi]$ 上的最大值与最小值.

7. 设 $f(x)=\begin{cases}\mathrm{e}^{-x}, & x\geqslant 0,\\ 1+x^2, & x<0,\end{cases}$ 求 $\int_{\frac{1}{2}}^{2} f(x-1)\mathrm{d}x$.

8. 设函数 $g(x)$ 连续，且 $f(x)=\dfrac{1}{2}\int_0^x (x-t)^2 g(t)\mathrm{d}t$，求 $f'(x)$.

定积分的应用

一、主要内容

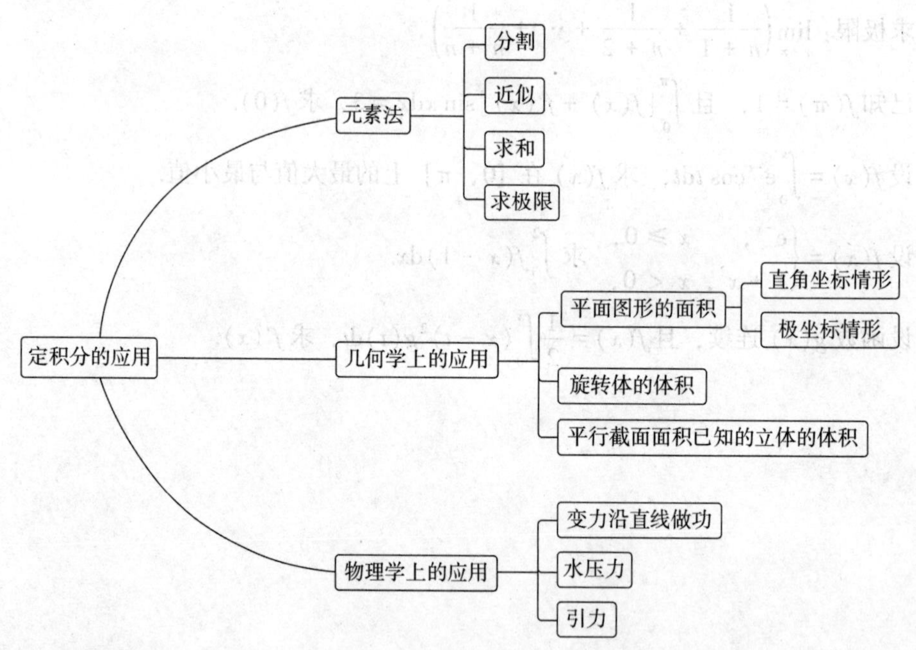

二、习题讲解

习题 6-1　解答　定积分在几何学中的应用

1. 求图 6-1 中各阴影部分的面积.

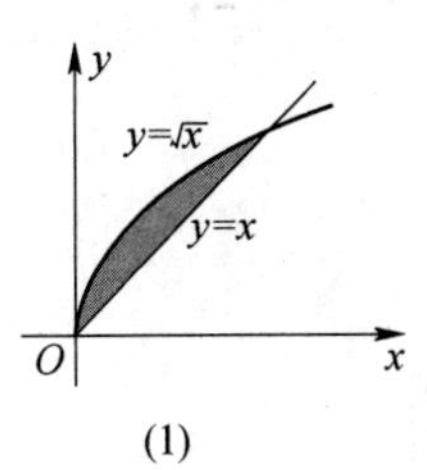

(1)

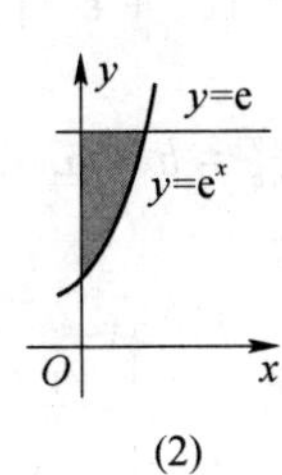

(2)

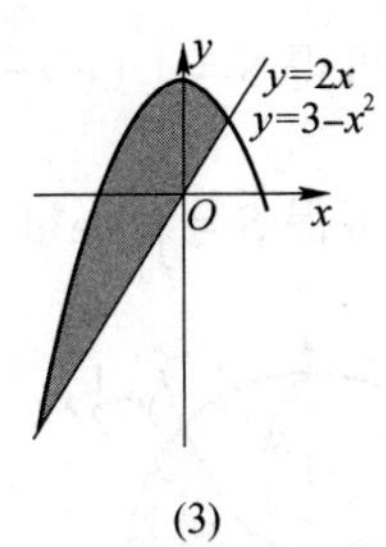

(3)

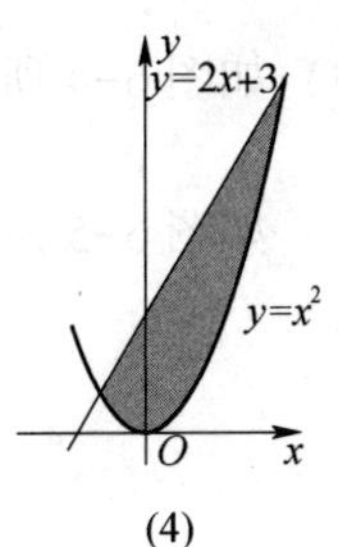

(4)

图 6-1

解　（1）直线 $y=x$ 与抛物线 $y=\sqrt{x}$ 的交点为 $(0,\ 0)$ 和 $(1,\ 1)$，故所求面积为

$$A=\int_0^1(\sqrt{x}-x)\,\mathrm{d}x=\left[\frac{2}{3}x^{\frac{3}{2}}-\frac{1}{2}x^2\right]_0^1=\frac{1}{6}.$$

（2）直线 $y=\mathrm{e}^x$ 与直线 $y=\mathrm{e}$ 的交点为 $(1,\ \mathrm{e})$，故所求面积为

$$A=\int_0^1(\mathrm{e}-\mathrm{e}^x)\,\mathrm{d}x=[\mathrm{e}x-\mathrm{e}^x]_0^1=1.$$

（3）直线 $y=2x$ 与抛物线 $y=3-x^2$ 的交点为 $(-3,\ -6)$ 和 $(1,\ 2)$，故所求面积为

$$A=\int_{-3}^1[3-x^2-2x]\,\mathrm{d}x=\left[3x-\frac{1}{3}x^3-x^2\right]_{-3}^1=\frac{32}{3}.$$

（4）直线 $y=2x+3$ 与抛物线 $y=x^2$ 的交点为 $(-1,\ 1)$ 和 $(3,\ 9)$，故所求面积为

$$A=\int_{-1}^3(2x+3-x^2)\,\mathrm{d}x=\left[x^2+3x-\frac{1}{3}x^3\right]_{-1}^3=\frac{32}{3}.$$

2. 求由下列各组曲线所围成的图形的面积：

（1）$y=\dfrac{1}{2}x^2$ 与 $x^2+y^2=8$（两部分都要计算）；

（2）$y=\dfrac{1}{x}$ 与直线 $y=x$ 及 $x=2$；

（3）$y=\mathrm{e}^x$，$y=\mathrm{e}^{-x}$ 与直线 $x=1$；

（4）$y=\ln x$，y 轴与直线 $y=\ln a$，$y=\ln b\,(b>a>0)$.

解　（1）如图 6-2 所示，解方程组：$\begin{cases}y=\dfrac{1}{2}x^2,\\x^2+y^2=8,\end{cases}$ 得交点 $(-2,\ 2)$ 和 $(2,\ 2)$，利用对称性，有

$$S_1=2\int_0^2\left(\sqrt{8-x^2}-\frac{1}{2}x^2\right)\mathrm{d}x=2\int_0^2\sqrt{8-x^2}\,\mathrm{d}x-\left[\frac{1}{3}x^3\right]_0^2$$

$$=2\int_0^{\frac{\pi}{4}}(2\sqrt{2}\cos t)^2\,\mathrm{d}t-\frac{8}{3}=16\int_0^{\frac{\pi}{4}}\frac{1+\cos 2t}{2}\mathrm{d}t-\frac{8}{3}=2\pi+\frac{4}{3},$$

$$S_2=\pi(2\sqrt{2})^2-S_1=6\pi-\frac{4}{3};$$

（2）如图 6-3 所示，可得 $S=\displaystyle\int_1^2\left(x-\frac{1}{x}\right)\mathrm{d}x=\left[\frac{1}{2}x^2-\ln x\right]_1^2=\frac{3}{2}-\ln 2$；

（3）如图 6-4 所示，可得 $S=\int_0^1(\mathrm{e}^x-\mathrm{e}^{-x})\,\mathrm{d}x=[\mathrm{e}^x+\mathrm{e}^{-x}]_0^1=\mathrm{e}+\dfrac{1}{\mathrm{e}}-2$；

（4）如图 6-5 所示，可得 $S=\int_{\ln a}^{\ln b}\mathrm{e}^y\,\mathrm{d}y=[\mathrm{e}^y]_{\ln a}^{\ln b}=b-a.$

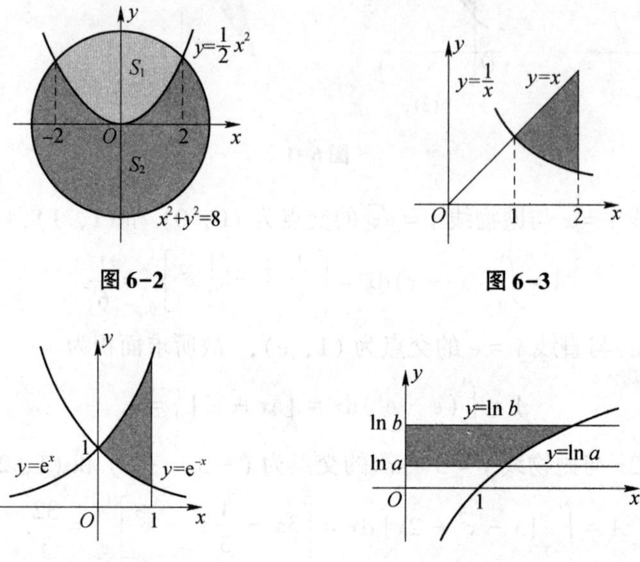

图 6-2　　图 6-3

图 6-4　　图 6-5

3. 求抛物线 $y=-x^2+4x-3$ 及其在点 $(0,\ -3)$ 和 $(3,\ 0)$ 处的切线所围成的图形的面积.

解　首先求得导数 $y'|_{x=0}=4$，$y'|_{x=3}=-2$，故抛物线在点 $(0,\ -3)$，$(3,\ 0)$ 处的切线分别为 $y=4x-3$，$y=-2x+6$，容易求得这两条切线交点为 $\left(\dfrac{3}{2},\ 3\right)$，如图 6-6 所示，因此所求面积为 $A=\int_0^{\frac{3}{2}}[4x-3-(-x^2+4x-3)]\,\mathrm{d}x+\int_{\frac{3}{2}}^3[-2x+6-(-x^2+4x-3)]\,\mathrm{d}x=\dfrac{9}{4}.$

4. 求抛物线 $y^2=2px$ 及其在点 $\left(\dfrac{p}{2},\ p\right)$ 处的法线所围成的图形的面积.

解　利用隐函数求导法则，对抛物线方程两端分别求关于 x 的导数：$2yy'=2p$，得 $y'|_{\left(\frac{p}{2},\ p\right)}=1$，故发现斜率为 $k=-1$，从而得到法线方程为 $y=-x+\dfrac{3}{2}p$（如图 6-7 所示），因此所求面积为

$$A=\int_{-3p}^{p}\left(-y+\frac{3}{2}p-\frac{1}{2p}y^2\right)\mathrm{d}y=\left[-\frac{1}{2}y^2+\frac{3}{2}py-\frac{1}{6p}y^3\right]_{-3p}^{p}=\frac{16}{3}p^2.$$

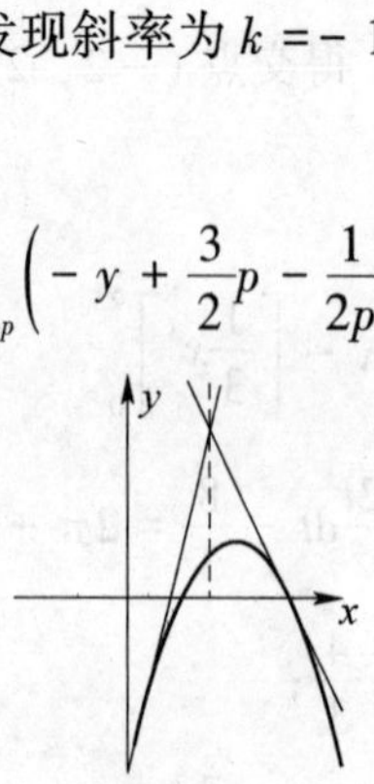

图 6-6 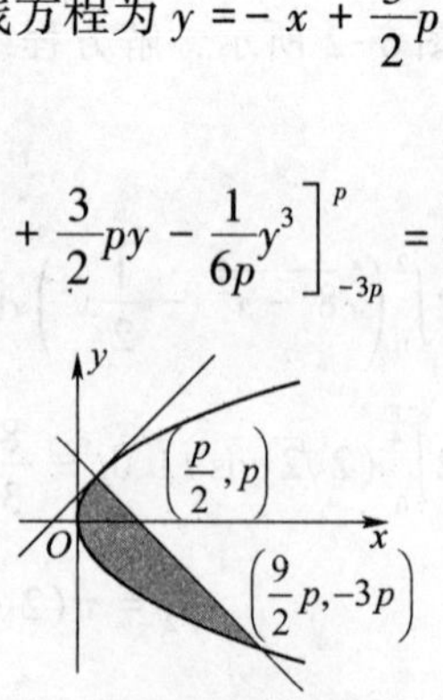　　图 6-7

5. 求由下列各曲线所围成的图形的面积：

（1）$\rho = 2a\cos\theta$；　　　　（2）$x = a\cos^3 t$，$y = a\sin^3 t$；

（3）$\rho = 2a(2 + \cos\theta)$.

解　（1）如图 6-8 所示，可得 $A = \int_{-\frac{\pi}{2}}^{\frac{\pi}{2}} \frac{1}{2}(2a\cos\theta)^2 d\theta = 4a^2\int_0^{\frac{\pi}{2}} \cos^2\theta d\theta = \pi a^2$.

（2）如图 6-9 所示，由对称性可知，所求面积为第一象限部分面积的 4 倍，故

$$A = 4\int_0^a y dx = 4\int_{\frac{\pi}{2}}^0 [a\sin^3 t \cdot 3a\cos^2 t(-\sin t)] dt = 12a^2\int_0^{\frac{\pi}{2}} (\sin^4 t - \sin^6 t) dt = \frac{3}{8}\pi a^2.$$

（3）如图 6-10 所示，根据图形的对称性得

$$A = 2 \times \frac{1}{2}\int_0^{\pi} [2a(2 + \cos\theta)]^2 d\theta = 4a\int_0^{\pi} (4 + 4\cos\theta + \cos^2\theta) d\theta = 18\pi a^2.$$

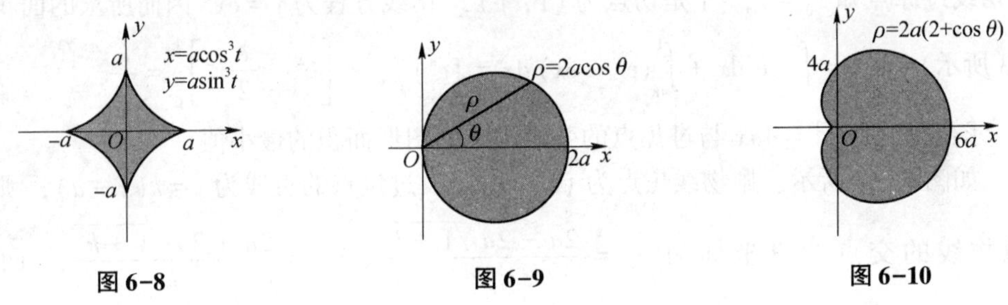

图 6-8　　　　图 6-9　　　　图 6-10

6. 求由摆线 $x = a(t - \sin t)$，$y = a(1 - \cos t)$ 的一拱 $(0 \leqslant t \leqslant 2\pi)$ 与横轴所围成的图形的面积.

解　以 x 为积分变量，则 x 的变化范围为 $[0, 2\pi a]$，则所求面积为

$$A = \int_0^{2\pi a} y dx = \int_0^{2\pi} a(1 - \cos t) \cdot a(1 - \cos t) dt = a^2\int_0^{2\pi} (1 - 2\cos t + \cos^2 t) dt = 3\pi a^2.$$

7. 求对数螺线 $\rho = ae^{\theta}(-\pi \leqslant \theta \leqslant \pi)$ 及射线 $\theta = \pi$ 所围成的图形的面积.

解　$A = \int_{-\pi}^{\pi} \frac{1}{2}(ae^{\theta})^2 d\theta = \frac{a^2}{4}(e^{2\pi} - e^{-2\pi})$.

8. 求下列各曲线所围成图形的公共部分的面积：

（1）$\rho = 3\cos\theta$ 及 $\rho = 1 + \cos\theta$；　　　　（2）$\rho = \sqrt{2}\sin\theta$ 及 $\rho^2 = \cos 2\theta$.

解　（1）首先求出两曲线交点为 $\left(\frac{3}{2}, \frac{\pi}{3}\right)$，$\left(\frac{3}{2}, -\frac{\pi}{3}\right)$，由于图形关于极轴对称（如图 6-11 所示），因此所求面积为极轴上面部分面积的 2 倍，得

$$A = 2\left[\int_0^{\frac{\pi}{3}} \frac{1}{2}(1 + \cos\theta)^2 d\theta + \int_{\frac{\pi}{3}}^{\frac{\pi}{2}} \frac{1}{2}(3\cos\theta)^2 d\theta\right] = \frac{5\pi}{4}.$$

（2）首先求出两曲线交点为 $\left(\frac{\sqrt{2}}{2}, \frac{\pi}{6}\right)$，$\left(\frac{\sqrt{2}}{2}, \frac{5\pi}{6}\right)$，由图形的对称性（如图 6-12 所示），有 $A = 2\left[\int_0^{\frac{\pi}{6}} \frac{1}{2}(\sqrt{2}\sin\theta)^2 d\theta + \int_{\frac{\pi}{6}}^{\frac{\pi}{4}} \frac{1}{2}\cos 2\theta d\theta\right] = \frac{\pi}{6} + \frac{1 - \sqrt{3}}{2}$.

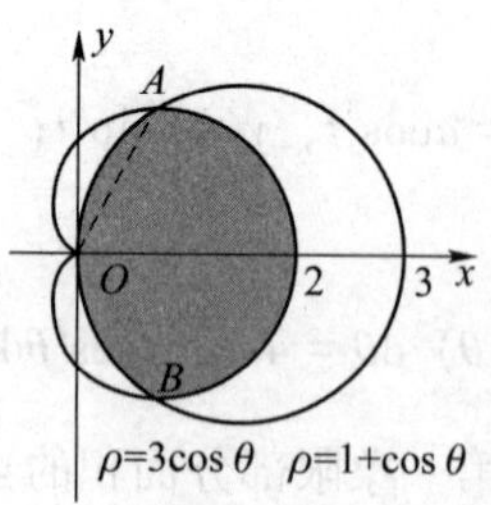

图 6-11

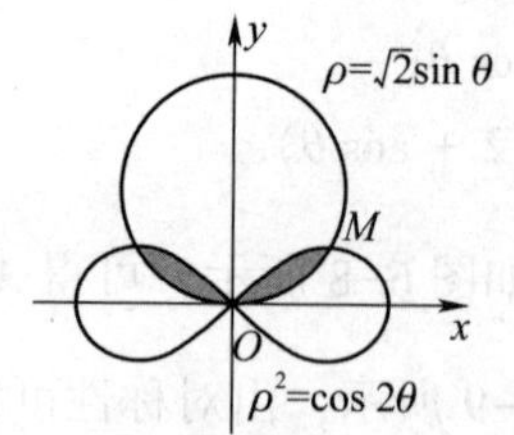

图 6-12

9. 求位于曲线 $y=\mathrm{e}^x$ 下方，该曲线过原点的切线的左方以及 x 轴上方之间的图形的面积.

解 设切线与曲线 $y=\mathrm{e}^x$ 相切于点 (x_0, y_0)，则切线方程为 $y-\mathrm{e}^{x_0}=\mathrm{e}^{x_0}(x-x_0)$. 由切线过原点知 $x_0=1$，于是切点为 $(1, \mathrm{e})$，切线方程为 $y=\mathrm{e}x$. 因而所求的面积（如图 6-13 所示）为 $A=\int_{-\infty}^{0}\mathrm{e}^x\mathrm{d}x+\int_0^1(\mathrm{e}^x-\mathrm{e}x)\,\mathrm{d}x=[\mathrm{e}^x]_{-\infty}^{0}+\left[\mathrm{e}^x-\frac{\mathrm{e}}{2}x^2\right]_0^1=\frac{\mathrm{e}}{2}$.

10. 求由抛物线 $y^2=4ax$ 与过焦点的弦所围成的图形面积的最小值.

解 如图 6-14 所示，抛物线焦点为 $(a, 0)$，设过焦点的直线为 $y=k(x-a)$，则该直线与抛物线的交点的纵坐标为 $y_1=\dfrac{2a-2a\sqrt{1+k^2}}{k}$，$y_2=\dfrac{2a+2a\sqrt{1+k^2}}{k}$，面积为

$$A=\int_{y_1}^{y_2}\left(a+\frac{y}{k}-\frac{y^2}{4a}\right)\mathrm{d}y=a(y_2-y_1)+\frac{y_2^2-y_1^2}{2k}-\frac{y_2^3-y_1^3}{12a}=\frac{8a^2}{3}\left(1+\frac{1}{k^2}\right)^{\frac{3}{2}}.$$

故面积是 k 的递减函数，当 $k\to\infty$ 时面积最小，最小值为 $\dfrac{8}{3}a^2$. 此时过焦点的弦与 x 轴垂直.

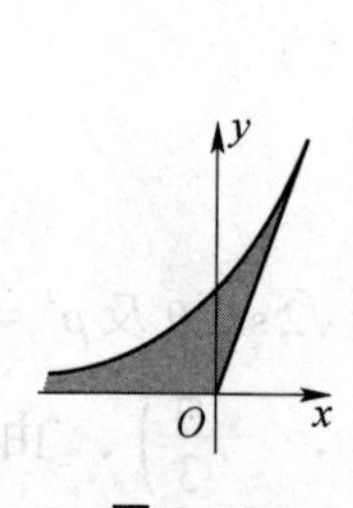

图 6-13

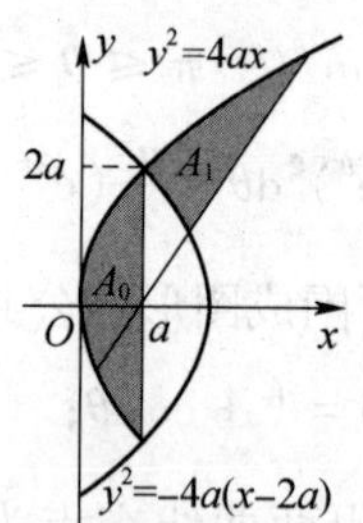

图 6-14

11. 已知抛物线 $y=px^2+qx$（其中 $p<0$，$q>0$）在第一象限内与直线 $x+y=5$ 相切，且此抛物线与 x 轴所围成的图形的面积为 A. 问：p 和 q 为何值时，A 达到最大值？并求出此最大值.

解 根据题意，抛物线与 x 轴交点的横坐标为 $x_1=0$，$x_2=-\dfrac{q}{p}$. 抛物线与 x 轴所围成的图形的面积为 $A=\int_0^{-\frac{q}{p}}(px^2+qx)\,\mathrm{d}x=\left[\dfrac{p}{3}x^3+\dfrac{q}{2}x^2\right]_0^{-\frac{q}{p}}=\dfrac{q^3}{6p^2}$.

因为直线 $x+y=5$ 与抛物线 $y=px^2+qx$ 相切，故它们有唯一交点，由方程组

$\begin{cases} x+y=5, \\ y=px^2+qx, \end{cases}$ 得 $px^2+(q+1)x-5=0$，解得 $p=-\dfrac{1}{20}(q+1)^2$，代入面积 A 得 $A(q)=\dfrac{200q^3}{3(1+q)^4}$，令 $A'(q)=\dfrac{200q^2(3-q)}{3(1+q)^5}=0$，得 $q=3$. 当 $0<q<3$ 时，$A'(q)>0$；当 $q>3$ 时，$A'(q)<0$. 于是 $q=3$ 时 $A(q)$ 取得极大值，也是最大值. 此时 $p=-\dfrac{4}{5}$，最大值 $A=\dfrac{225}{32}$.

12. 由 $y=x^3$，$x=2$，$y=0$ 所围成的图形分别绕 x 轴及 y 轴旋转，计算所得两个旋转体的体积.

解　所围成的图形如图 6-15 所示.

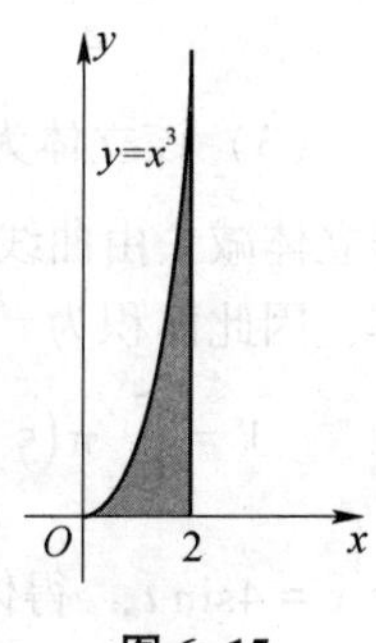

图 6-15

(1) 图形绕 x 轴旋转，该体积为 $V=\int_0^2 \pi(x^3)^2\mathrm{d}x=\dfrac{128}{7}\pi$.

(2) 图形绕 y 轴旋转，该立体可看作圆柱体（由 $x=2$，$y=8$，$x=0$，$y=0$ 所围成的图形绕 y 轴旋转所得的立体）减去由曲线 $x=\sqrt[3]{y}$，$y=8$，$x=0$ 所围成的图形绕 y 轴旋转所得的立体，因此体积为 $V=\pi\cdot 2^2\cdot 8-\int_0^8 \pi(\sqrt[3]{y})^2\mathrm{d}y=\dfrac{64}{5}\pi$.

13. 把星形线 $x^{\frac{2}{3}}+y^{\frac{2}{3}}=a^{\frac{2}{3}}$ 所围成的图形绕 x 轴旋转，计算所得旋转体的体积.

解　记 x 轴上部分星形线的函数为 $y=y(x)$，则所求体积为曲线 $y=y(x)$ 与 x 轴所围成的图形绕 x 轴旋转而成，故有 $V=\int_{-a}^{a}\pi y^2\mathrm{d}x$.

由于星形线的参数方程为 $x=a\cos^3 t$，$y=a\sin^3 t$，因此对上述积分作换元得

$$V=\int_{-a}^{a}\pi(a\sin^3 t)^2(a\cos^3 t)'\mathrm{d}t=\frac{32}{105}\pi a^3.$$

14. 用积分方法证明图 6-16 中球缺的体积为 $V=\pi H^2\left(R-\dfrac{H}{3}\right)$.

证　该立体可看作由曲线 $x=\sqrt{R^2-y^2}$，$y=R-H$ 和 $x=0$ 所围成的图形绕 y 轴旋转所得，因此体积为 $V=\int_{R-H}^{R}\pi(\sqrt{R^2-y^2})^2\mathrm{d}y=\pi\left[R^2y-\dfrac{1}{3}y^3\right]_{R-H}^{R}=\pi H^2\left(R-\dfrac{H}{3}\right)$.

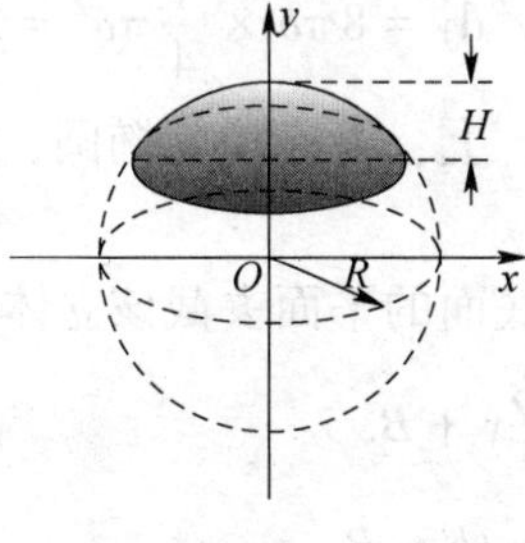

图 6-16

15. 求下列已知曲线所围成的图形按指定的轴旋转所产生的旋转体的体积：

(1) $y=x^2$，$x=y^2$，绕 y 轴；

(2) $y=\arcsin x$，$x=1$，$y=0$，绕 x 轴；

(3) $x^2+(y-5)^2=16$，绕 x 轴；

（4）摆线 $x=a(t-\sin t)$，$y=a(1-\cos t)$ 的一拱，$y=0$，绕直线 $y=2a$.

解 （1）$V=\int_0^1[\pi(\sqrt{y})^2-\pi(y^2)^2]\,\mathrm{d}y=\frac{3}{10}\pi.$

（2）$V=\int_0^1\pi(\arcsin x)^2\mathrm{d}x=[\pi x(\arcsin x)^2]_0^1-2\pi\int_0^1\frac{x}{\sqrt{1-x^2}}\arcsin x\mathrm{d}x$

$$=\frac{\pi^3}{4}-2\pi\left\{[-\sqrt{1-x^2}\arcsin x]_0^1+\int_0^1\mathrm{d}x\right\}=\frac{\pi^3}{4}-2\pi.$$

（3）该立体为由曲线 $y=5+\sqrt{16-x^2}$，$x=4$，$x=-4$，$y=0$ 所围成的图形绕 x 轴旋转所得立体减去由曲线 $y=5-\sqrt{16-x^2}$，$x=4$，$x=-4$，$y=0$ 所围成的图形绕 x 轴旋转所得立体，因此体积为

$$V=\int_{-4}^4\pi\left(5+\sqrt{16-x^2}\right)^2\mathrm{d}x-\int_{-4}^4\pi\left(5-\sqrt{16-x^2}\right)^2\mathrm{d}x=20\pi\int_{-4}^4\sqrt{16-x^2}\,\mathrm{d}x.$$

令 $x=4\sin t$，得体积为 $V=320\pi\int_{-\frac{\pi}{2}}^{\frac{\pi}{2}}\cos^2t\mathrm{d}t=160\pi^2$.

（4）该立体可以看作由曲线 $y=2a$，$y=0$，$x=0$，$x=2\pi a$ 所围成的图形绕 $y=2a$ 旋转所得的柱体减去由摆线 $y=2a$，$x=0$，$x=2a$ 所围成的立体，故体积为

$$V=\pi(2a)^2(2\pi a)-\int_0^{2\pi a}\pi(2a-y)^2\mathrm{d}x,$$

根据摆线的参数方程进行换元得

$$V=8\pi^2a^3-\int_0^{2\pi}\pi[2a-a(1-\cos t)]^2a(1-\cos t)\mathrm{d}t$$

$$=8\pi^2a^3-\pi a^3\int_0^{2\pi}(1+\cos t-\cos^2t-\cos^3t)\mathrm{d}t=7\pi^2a^3.$$

16. 求圆盘 $x^2+y^2\leqslant a^2$ 绕 $x=-b(b>a>0)$ 旋转所成旋转体的体积.

解 所求旋转体的体积数值上等于 $(x-b)^2+y^2=a^2$ 绕 y 轴旋转所成旋转体的体积. 其体积为内、外两弧所形成的旋转体的体积之差，故

$$V=\pi\left[\int_{-a}^a\left(b+\sqrt{a^2-y^2}\right)^2\mathrm{d}y-\int_{-a}^a\left(b-\sqrt{a^2-y^2}\right)^2\mathrm{d}y\right]$$

$$=8\pi b\int_0^a\sqrt{a^2-y^2}\,\mathrm{d}y=8\pi b\times\frac{1}{4}\pi a^2=2\pi^2a^2b.$$

17. 设有一截锥体，其高为 h，上、下底均为椭圆，椭圆的轴长分别为 $2a$、$2b$ 和 $2A$、$2B$，求该截锥体的体积.

解 用与下底相距 x 且平行于底面的平面去截该立体得到一个椭圆，记其半轴长分别为 u，v，则 $u=\frac{a-A}{h}x+A$，$v=\frac{b-B}{h}x+B$.

该椭圆的面积为 $\pi\left(\frac{a-A}{h}x+A\right)\left(\frac{b-B}{h}x+B\right)$，因此体积为

$$V=\int_0^h\pi\left(\frac{a-A}{h}x+A\right)\left(\frac{b-B}{h}x+B\right)\mathrm{d}x=\frac{1}{6}\pi h[2(ab+AB)+aB+bA].$$

18. 计算底面是半径为 R 的圆，而垂直于底面上一条固定直径的所有截面都是等边三角形的立体体积（见图6-17）.

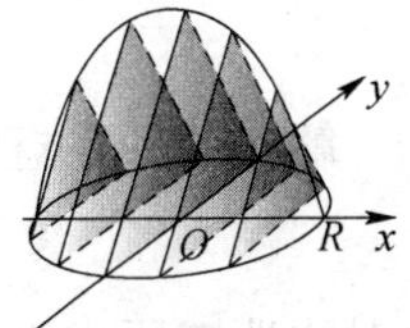

图 6-17

解　设过点 x 且垂直于 x 轴的截面面积为 $A(x)$. 已知此截面为等边三角形，由于底面半径为 R，因此相应于点 x 的截面的底边长为 $2\sqrt{R^2-x^2}$，高为 $\sqrt{3(R^2-x^2)}$，因而 $A(x)=\sqrt{3}(R^2-x^2)$，故所求体积为

$$V=2\int_0^R\sqrt{3}(R^2-x^2)\,\mathrm{d}x=2\sqrt{3}\left[R^2x-\frac{1}{3}x^3\right]_0^R=\frac{4\sqrt{3}}{3}R^3.$$

19. 证明：由平面图形 $0\leqslant a\leqslant x\leqslant b$，$0\leqslant y\leqslant f(x)$ 绕 y 轴旋转所成的旋转体的体积为 $V=2\pi\int_a^b xf(x)\,\mathrm{d}x$.

证　取横坐标 x 为积分变量，在区间 $[a,\ b]$ 上任取一小区间 $[x,\ x+\mathrm{d}x]$，其相应的窄条图形绕 y 轴旋转所得的旋转体是一个圆柱壳，圆柱壳的高为 $f(x)$，厚为 $\mathrm{d}x$，底面圆周长为 $2\pi x$，故体积元素为 $\mathrm{d}V=2\pi xf(x)\,\mathrm{d}x$，因此所给图形绕 y 轴旋转所成的旋转体的体积为 $V=\int_a^b 2\pi xf(x)\,\mathrm{d}x=2\pi\int_a^b xf(x)\,\mathrm{d}x$.

20. 利用第 19 题的结论，计算曲线 $y=\sin x(0\leqslant x\leqslant\pi)$ 和 x 轴所围成的图形绕 y 轴旋转所得旋转体的体积.

解　根据第 19 题的结论有 $V=2\pi\int_0^\pi x\sin x\,\mathrm{d}x=\pi^2\int_0^\pi\sin x\,\mathrm{d}x=2\pi^2$.

21. 设由抛物线 $y=2x^2$ 和直线 $x=a$，$x=2$ 及 $y=0$ 所围成的平面图形为 D_1，由抛物线 $y=2x^2$ 和直线 $x=a$ 及 $y=0$ 所围成的平面图形为 D_2，其中 $0<a<2$（见图 6-18）.

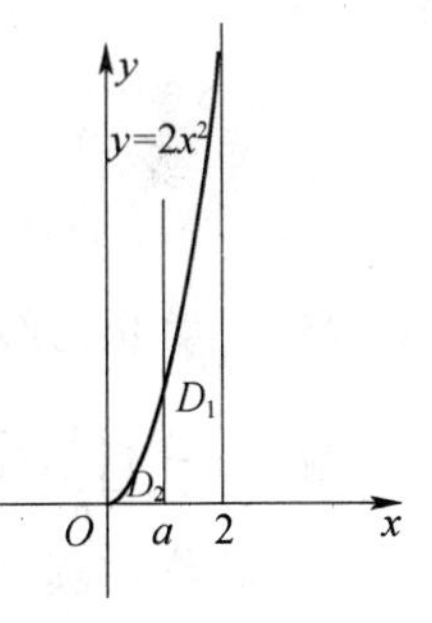

图 6-18

（1）试求 D_1 绕 x 轴旋转而成的旋转体体积 V_1，D_2 绕 y 轴旋转而成的旋转体体积 V_2；

（2）问：当 a 为何值时，V_1+V_2 取得最大值？试求此最大值.

解　（1）$V_1=\pi\int_a^2(2x^2)^2\,\mathrm{d}x=\frac{4\pi}{5}(32-a^5)$；$V_2=\pi a^2\cdot 2a^2-\pi\int_a^{2a^2}\frac{y}{2}\mathrm{d}y=\pi a^4$.

（2）设 $V=V_1+V_2=\frac{4\pi}{5}(32-a^5)+\pi a^4$，令 $V'=4\pi a^3(1-a)=0$，得 $a=1$.

当 $0<a<1$ 时，$V'>0$；当 $a>1$ 时，$V'<0$，因此 $a=1$ 是极大值点也是最大值点，此时 V_1+V_2 取得最大值 $\frac{129}{5}\pi$.

22. 计算曲线 $y=\ln x$ 上相应于 $\sqrt{3}\leqslant x\leqslant\sqrt{8}$ 的一段弧的长度.

解　$y'=\frac{1}{x}$，由弧长公式得

$$s=\int_{\sqrt{3}}^{\sqrt{8}}\sqrt{1+\left(\frac{1}{x}\right)^2}\,\mathrm{d}x=\int_{\sqrt{3}}^{\sqrt{8}}\frac{\sqrt{1+x^2}}{x}\mathrm{d}x\xlongequal{\sqrt{1+x^2}=t}\int_2^3\frac{t}{\sqrt{t^2-1}}\cdot\frac{t}{\sqrt{t^2-1}}\mathrm{d}t=1+\frac{1}{2}\ln\frac{3}{2}.$$

23. 计算半立方抛物线 $y^2=\frac{2}{3}(x-1)^3$ 被抛物线 $y^2=\frac{x}{3}$ 截得的一段弧的长度.

解 解联立方程组 $\begin{cases} y^2 = \dfrac{2}{3}(x-1)^3, \\ y^2 = \dfrac{x}{3}, \end{cases}$ 可求得两曲线的交点为 $A\left(2, \dfrac{\sqrt{6}}{3}\right)$ 和 $B\left(2, -\dfrac{\sqrt{6}}{3}\right)$.

由对称性知所求弧长为第一象限内弧长部分的 2 倍．因为第一象限部分弧段方程为 $y = \sqrt{\dfrac{2}{3}(x-1)^3}\ (1 \leqslant x \leqslant 2)$，$y' = \sqrt{\dfrac{3}{2}(x-1)}$，故所求弧长为

$$s = 2\int_1^2 \sqrt{1 + \frac{3}{2}(x-1)}\,\mathrm{d}x = \sqrt{6}\left[\frac{2}{3}\left(x - \frac{1}{3}\right)^{\frac{3}{2}}\right]_1^2 = \frac{8}{9}\left[\left(\frac{5}{2}\right)^{\frac{3}{2}} - 1\right].$$

24. 计算抛物线 $y^2 = 2px$ 从顶点到该曲线上的一点 $M(x, y)$ 的弧长．

解 不妨设 $p > 0$，$y > 0$，故有

$$s = \int_0^y \sqrt{1 + \left(\frac{\mathrm{d}x}{\mathrm{d}y}\right)^2}\,\mathrm{d}y = \int_0^y \sqrt{1 + \left(\frac{y}{p}\right)^2}\,\mathrm{d}y$$

$$= \frac{1}{p}\left[\frac{1}{2}y\sqrt{p^2 + y^2} + \frac{1}{2}p^2\ln\left(y + \sqrt{p^2 + y^2}\right)\right]_0^y$$

$$= \frac{1}{2p}y\sqrt{p^2 + y^2} + \frac{1}{2}p\ln\frac{y + \sqrt{p^2 + y^2}}{p}.$$

25. 计算星形线 $x = a\cos^3 t$，$y = a\sin^3 t$ 的全长．

解 $s = 4\int_0^{\frac{\pi}{2}} \sqrt{(-3a\cos^2 t\sin t)^2 + (3a\sin^2 t\cos t)^2}\,\mathrm{d}t = 12a\int_0^{\frac{\pi}{2}} \sin t\cos t\,\mathrm{d}t = 6a.$

26. 将绕在圆（半径为 a）上的细线放开拉直，使细线与圆周始终相切（见图 6-19），细线端点画出的轨迹叫作圆的渐伸线，它的方程为 $x = a(\cos t + t\sin t)$，$y = a(\sin t - t\cos t)$．算出该曲线上相应于 $0 \leqslant t \leqslant \pi$ 的一段弧的长度．

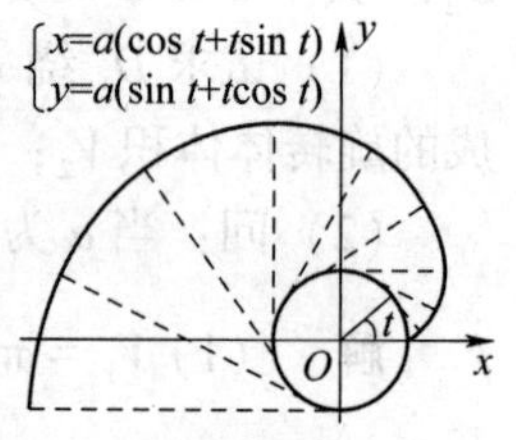

图 6-19

解 $\dfrac{\mathrm{d}x}{\mathrm{d}t} = at\cos t$，$\dfrac{\mathrm{d}y}{\mathrm{d}t} = at\sin t$，因此有

$$s = \int_0^{\pi} \sqrt{\left(\frac{\mathrm{d}x}{\mathrm{d}t}\right)^2 + \left(\frac{\mathrm{d}y}{\mathrm{d}t}\right)^2}\,\mathrm{d}t = \int_0^{\pi} at\,\mathrm{d}t = \frac{a}{2}\pi^2.$$

27. 在摆线 $x = a(t - \sin t)$，$y = a(1 - \cos t)$ 上求分摆线第一拱成 $1:3$ 的点的坐标．

解 对应于摆线第一拱的参数 t 的范围为 $[0, 2\pi]$，参数 t 在范围 $[0, t_0]$ 时摆线的长度为 $s_0 = \int_0^{t_0} \sqrt{a^2(1 - \cos t)^2 + a^2\sin t^2}\,\mathrm{d}t = a\int_0^{t_0} 2\sin\dfrac{t}{2}\mathrm{d}t = 4a\left(1 - \cos\dfrac{t_0}{2}\right)$.

当 $t_0 = 2\pi$ 时，长度为 $8a$，故所求点对应的参数 t_0 满足 $4a\left(1 - \cos\dfrac{t_0}{2}\right) = \dfrac{8a}{4}$，解得 $t_0 = \dfrac{2\pi}{3}$，从而得到点的坐标为 $\left(\left(\dfrac{2\pi}{3} - \dfrac{\sqrt{3}}{2}\right)a, \dfrac{3a}{2}\right)$.

28. 求对数螺线 $\rho = \mathrm{e}^{a\theta}$ 相应于 $0 \leqslant \theta \leqslant \varphi$ 的一段弧长．

解 $s = \int_0^{\varphi} \sqrt{\rho^2 + \rho'^2}\,\mathrm{d}\theta = \int_0^{\varphi} \sqrt{1 + a^2}\,\mathrm{e}^{a\theta}\mathrm{d}\theta = \dfrac{\sqrt{1 + a^2}}{a}(\mathrm{e}^{a\varphi} - 1).$

29. 求曲线 $\rho\theta = 1$ 相应于 $\frac{3}{4} \leqslant \theta \leqslant \frac{4}{3}$ 的一段弧长.

解 $s = \int_{\frac{3}{4}}^{\frac{4}{3}} \sqrt{\rho^2 + \rho'^2}\mathrm{d}\theta = \int_{\frac{3}{4}}^{\frac{4}{3}} \frac{\sqrt{1+\theta^2}}{\theta^2}\mathrm{d}\theta = -\int_{\frac{3}{4}}^{\frac{4}{3}} \sqrt{1+\theta^2}\,\mathrm{d}\left(\frac{1}{\theta}\right)$

$$= -\left[\frac{\sqrt{1+\theta^2}}{\theta}\right]_{\frac{3}{4}}^{\frac{4}{3}} + \int_{\frac{3}{4}}^{\frac{4}{3}} \frac{1}{\sqrt{1+\theta^2}}\mathrm{d}\theta = \frac{5}{12} + \left[\ln(\theta + \sqrt{1+\theta^2})\right]_{\frac{3}{4}}^{\frac{4}{3}} = \frac{5}{12} + \ln\frac{3}{2}.$$

30. 求心形线 $\rho = a(1+\cos\theta)$ 的全长.

解 $s = \int_0^{2\pi} \sqrt{a^2(1+\cos\theta)^2 + a^2\sin^2\theta}\,\mathrm{d}\theta = \int_0^{2\pi} 2a\left|\cos\frac{\theta}{2}\right|\mathrm{d}\theta = 8a.$

习题 6-2 解答 定积分在物理学上的应用

1. 由实验知道，弹簧在拉伸过程中，需要的力 F（单位：N）与伸长量 s（单位：cm）成正比，即 $F = ks$（k 是比例系数）. 如果把弹簧由原长拉伸 6 cm，计算所做的功.

解 功元素为 $\mathrm{d}W = F\mathrm{d}s = ks\mathrm{d}s$，因此所求的功为

$$W = \int_0^6 ks\mathrm{d}s = \frac{1}{2}[ks^2]_0^6 = 18k(\mathrm{N}\cdot\mathrm{cm}).$$

2. 直径为 20 cm、高为 80 cm 的圆筒内充满压强为 10 N/ cm^2 的蒸气. 设温度保持不变，要使蒸气体积缩小一半，问：需要做多少功？

解 设高度减少 x cm 时压强为 $p(x)$. 因为温度不变，因此 $p_1V_1 = p_2V_2$，即 $10\times(\pi 10^2 \times 80) = p(x)[\pi 10^2(80-x)]$，于是得 $p(x) = \frac{80}{80-x}$，所以功元素为 $\mathrm{d}W = \pi 10^2 p(x)\mathrm{d}x = \frac{80\,000\pi}{80-x}\mathrm{d}x$，所做功为

$$W = \int_0^{40} \frac{80\,000\pi}{80-x}\mathrm{d}x = 80\,000\pi[-\ln(80-x)]_0^{40} = 800\pi\ln 2 \approx 1\,742(\mathrm{J}).$$

3（1）证明：把质量为 m 的物体从地球表面升高到 h 处所做的功是 $W = \frac{mgRh}{R+h}$，其中 g 是重力加速度，R 是地球的半径.

（2）一个人造地球卫星的质量为 173 kg，在高于地面 630 km 处进入轨道. 问：把这颗卫星从地面送到 630 km 的高空处，克服地球引力要做多少功？已知 $g = 9.8\ \mathrm{m/s^2}$，地球半径 $R = 6\,370$ km.

解 （1）质量为 m 的物体在 x 处受到的地球引力为 $F = k\frac{mM}{x^2}$，根据条件 $mg = k\frac{mM}{R^2}$，因此有 $k = \frac{R^2 g}{M}$，$F = \frac{mgR^2}{x^2}$，功元素为 $\mathrm{d}W = \frac{mgR^2}{x^2}\mathrm{d}x$，所做的功为 $W = \int_R^{R+h} \frac{mgR^2}{x^2}\mathrm{d}x = mgR^2\left(\frac{1}{R} - \frac{1}{R+h}\right) = \frac{mgRh}{R+h}$.

（2）$W = \frac{mgRh}{R+h} = 971\,973 \approx 9.72\times 10^5(\mathrm{kJ})$.

4. 一物体按规律 $x = ct^3$ 做直线运动，介质的阻力与速度的平方成正比. 计算物体由 $x = 0$ 移动到 $x = a$ 时，克服介质阻力所做的功.

解 速度为 $v=x'(t)=3ct^2$，由题意得阻力为 $f=kv^2=9kc^2t^4$（k 为比例系数），因此功元素为

$$dW=f dx=9kc^2t^4 d(ct^3)=27kc^3t^6 dt.$$

当 $x=a$ 时 $t=\left(\frac{a}{c}\right)^{\frac{1}{3}}$，故所做的功为 $W=\int_0^{\left(\frac{a}{c}\right)^{\frac{1}{3}}}27kc^3t^6 dt=\left[\frac{27}{7}kc^3t^7\right]_0^{\left(\frac{a}{c}\right)^{\frac{1}{3}}}=\frac{27}{7}kc^{\frac{2}{3}}a^{\frac{7}{3}}$.

5. 用铁锤将一铁钉击入木板，设木板对铁钉的阻力与铁钉击入木板的深度成正比，在击第一次时，将铁钉击入木板 1 cm. 如果铁锤每次锤击铁钉所做的功相等，问：锤击第二次时，铁钉又击入木板多少？

解 设木板对铁钉的阻力为 R，则铁钉击入木板的深度为 h 时的阻力为 $R=kh$，其中 k 为常数.

铁锤第一次击时所做的功为 $W_1=\int_0^1 R dh=\int_0^1 kh dh=\frac{k}{2}$.

设铁锤第二次击时，铁钉又击入 h_0 cm，则铁锤第二次击时所做的功为

$$W_2=\int_1^{1+h_0}R dh=\int_1^{1+h_0}kh dh=\frac{k}{2}[(1+h_0)^2-1],$$

由条件 $W_1=W_2$，得 $h_0=\sqrt{2}-1$.

6. 设一圆锥形储水池，深 15 cm，口径 20 cm，盛满水，今以泵将水吸尽，问：要做多少功？

解 以高 h 为积分变量，变化范围为 $[0, 15]$，对该区间内任一小区间 $[h, h+dh]$，对应的小立体的底面半径满足 $\frac{10}{15}=\frac{r}{h}$，则体积为 $\pi\left(\frac{10}{15}h\right)^2 dh=\pi\frac{4}{9}h^2 dh$，则做的功为

$$W=\int_0^{15}\pi\frac{4}{9}h^2\rho(15-h)dh=1\,875\pi\rho g\approx 5.769\,75\times 10^7(\mathrm{J}).$$

7. 有一闸门，它的形状和尺寸如图 6-20 所示，水面超过门顶 2 m. 求闸门上所受的水压力.

解 设水深 x m 的地方压强为 $p(x)$，则 $p(x)=1\,000gx$，取 x 为积分变量，则 x 的变化范围为 $[2, 5]$，对该区间内任意小区间 $[x, x+dx]$，压力为 $dF=p(x)dS=2p(x)dx=2\,000gx dx$，因此闸门上所受的水压力为

$$F=\int_2^5 2\,000gx dx=1\,000g[x^2]_2^5=21\,000g\approx 205.8(\mathrm{kN}).$$

8. 洒水车上的水箱是一个横放的椭圆柱体，尺寸如图 6-21 所示. 当水箱装满水时，计算水箱的一个端面所受的压力.

解 以侧面的椭圆长轴为 x 轴，短轴为 y 轴设立坐标系，则该椭圆的方程为 $x^2+\frac{y^2}{0.75^2}=1$，取 y 为积分变量，则 y 的变化范围为 $[-0.75, 0.75]$，对该区间内任一小区间 $[y, y+dy]$，该小区间相应的水深为 $0.75-y$，相应面积为 $dS=2\sqrt{1-\frac{y^2}{0.75^2}}dy$，得到该小区间相应的压力为

$$dF=1\,000g(0.75-y)dS=2\,000g(0.75-y)\sqrt{1-\frac{y^2}{0.75^2}}dy,$$

因此压力为 $F=\int_{-0.75}^{0.75}2\,000g(0.75-y)\sqrt{1-\frac{y^2}{0.75^2}}\mathrm{d}y\approx 17\,318\approx 17.3(\mathrm{kN})$.

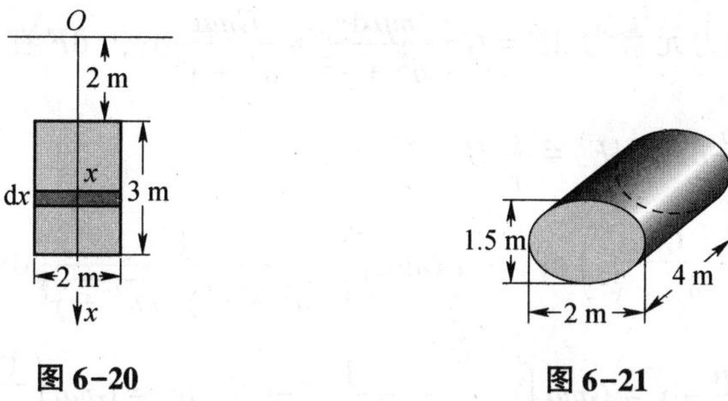

图 6-20　　　　图 6-21

9. 有一等腰梯形闸门，它的两条底边各长 10 m 和 6 m，高为 20 m. 较长的底边与水面相齐．计算闸门的一侧所受的水压力．

解　建立坐标系如图 6-22 所示．直线 AB 的方程为 $y=5-\frac{1}{10}x$，在坐标为 x 处任取小区间 $[x,x+\mathrm{d}x]$，对应的窄条面积近似等于 $2\left(-\frac{1}{10}x+5\right)\mathrm{d}x$，水深为 x，压强为 ρgx，故压力元素 $\mathrm{d}F=\rho xg\cdot 2\left(-\frac{1}{10}x+5\right)\mathrm{d}x$，于是所求的压力为

$$F=\int_0^{20}\rho xg\cdot 2\left(-\frac{1}{10}x+5\right)\mathrm{d}x=\rho g\left[5x^2-\frac{1}{15}x^3\right]_0^{20}\approx 1.44\times 10^7(\mathrm{N}).$$

10. 一底为 8 cm、高为 6 cm 的等腰三角形片，铅直地沉没在水中，顶在上，底在下且与水面平行，而顶离水面 3 cm，试求它每面所受的压力．

解　建立坐标系如图 6-23 所示，以三角形顶点为原点，取积分变量为 x，则 x 的变化范围为 $[0,0.06]$，易知 B 的坐标为 $(0.06,0.04)$，因此腰 AC 的方程为 $y=\frac{2}{3}x$，故对应小区间 $[x,x+\mathrm{d}x]$ 的面积近似为 $\mathrm{d}S=2\cdot\frac{2}{3}x\mathrm{d}x=\frac{4}{3}x\mathrm{d}x$. 水深为 $0.03+x$，压强为 $\rho g(0.03+x)$，压力元素为 $\mathrm{d}F=(x+3)\cdot 2\cdot\frac{2}{3}x\cdot\mathrm{d}x=\frac{4}{3}x(x+3)\mathrm{d}x$.

所求压力为

$$F=\int_0^{0.06}\frac{4}{3}\rho gx(x+3)\mathrm{d}x=\frac{4}{3}\times 1\,000\times 9.8\times\left[\frac{1}{3}x^3+\frac{0.03}{2}x^2\right]_0^{0.06}\approx 1.65(\mathrm{N}).$$

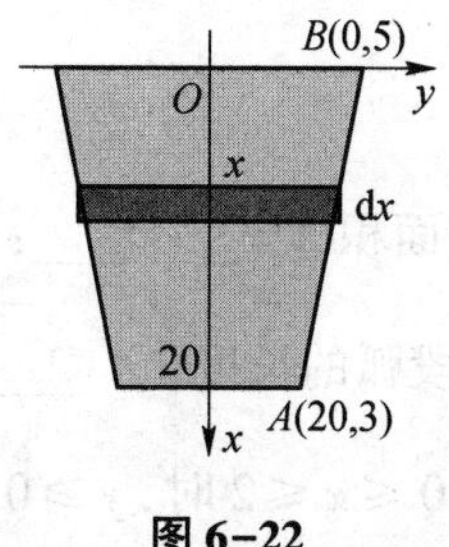

图 6-22

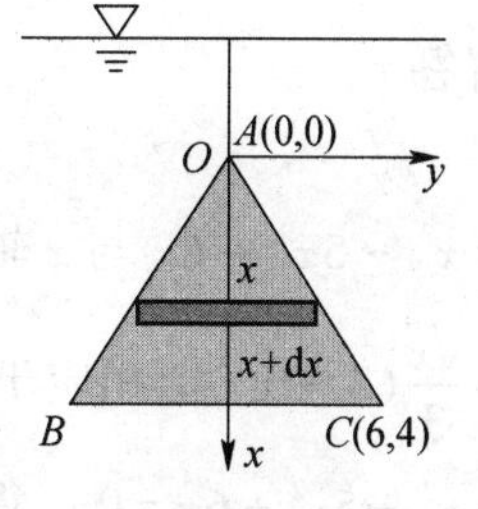

图 6-23

11. 设有一长度为 l、线密度为 μ 的均匀细直棒，在与棒的一端垂直距离为 a 单位处有

一质量为 m 的质点 M，试求该细棒对质点 M 的引力.

解 建立坐标系如图6-24所示. 取 y 为积分变量，则 y 的变化范围为 $[0,\ l]$，在细直棒上取一小段 $\mathrm{d}y$，则引力元素为 $\mathrm{d}F = G\cdot\dfrac{m\mu\mathrm{d}y}{a^2+y^2}=\dfrac{Gm\mu}{a^2+y^2}\mathrm{d}y$，$\mathrm{d}F$ 在 x 轴方向和 y 轴方向上的分力分别为 $\mathrm{d}F_x=-\dfrac{a}{r}\mathrm{d}F$，$\mathrm{d}F_y=\dfrac{y}{r}\mathrm{d}F$.

因此 $F_x=\int_0^l\left(-\dfrac{a}{r}\cdot\dfrac{Gm\mu}{a^2+y^2}\right)\mathrm{d}y=-aGm\mu\int_0^l\dfrac{1}{(a^2+y^2)\sqrt{a^2+y^2}}\mathrm{d}y=-\dfrac{Gm\mu l}{a\sqrt{a^2+l^2}}$，

$$F_y=\int_0^l\frac{y}{r}\cdot\frac{Gm\mu}{a^2+y^2}\mathrm{d}y=Gm\mu\int_0^l\frac{1}{(a^2+y^2)\sqrt{a^2+y^2}}\mathrm{d}y=Gm\mu\left(\frac{1}{a}-\frac{1}{\sqrt{a^2+l^2}}\right).$$

12. 设有一半径为 R、中心角为 φ 的圆弧形细棒，其线密度为常数 μ. 在圆心处有一质量为 m 的质点 M. 试求该细棒对质点 M 的引力.

解 建立如图6-25所示的坐标系，则相应小区间 $[\theta,\ \theta+\mathrm{d}\theta]$ 的弧长为 $\mathrm{d}s=R\mathrm{d}\theta$，质量为 $\mu\mathrm{d}s=\mu R\mathrm{d}\theta$，此段弧对质点 M 的引力元素为

$$\mathrm{d}F=\frac{G\cdot m\cdot\mu\mathrm{d}s}{R^2}=\frac{Gm\mu(R\mathrm{d}\theta)}{R^2}=\frac{Gm\mu}{R}\mathrm{d}\theta.$$

根据对称性可知所求的铅直方向引力分量为零，水平方向的引力分量为

$$\mathrm{d}F_x=\mathrm{d}F\cdot\cos\theta=\frac{Gm\mu}{R}\cos\theta\mathrm{d}\theta,$$

$$F_x=\int_{-\frac{\varphi}{2}}^{\frac{\varphi}{2}}\frac{Gm\mu}{R}\cos\theta\mathrm{d}\theta=\frac{2Gm\mu}{R}\int_0^{\frac{\varphi}{2}}\cos\theta\mathrm{d}\theta=\frac{2Gm\mu}{R}\sin\frac{\varphi}{2},$$

故所求引力的大小为 $\dfrac{2Gm\mu}{R}\sin\dfrac{\varphi}{2}$，方向自点 M 指向圆弧中点.

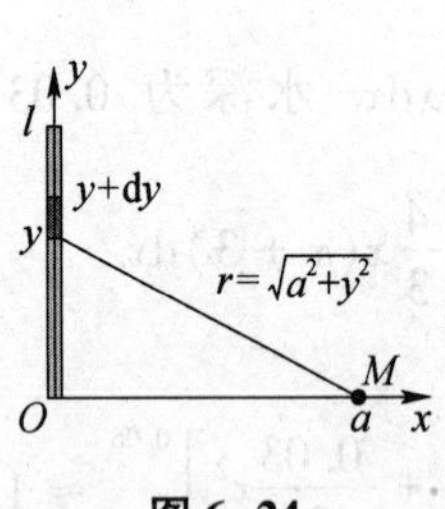

图6-24

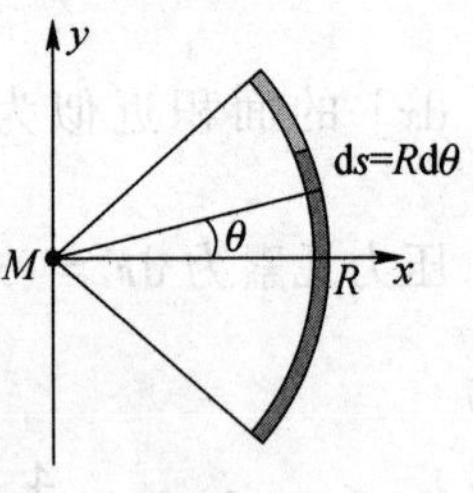

图6-25

总习题六　解答

1. 填空：

(1) 曲线 $y=x^3-5x^2+6x$ 与 x 轴所围成的图形的面积 $A=$________；

(2) 曲线 $y=\dfrac{\sqrt{x}}{3}(3-x)$ 上相应于 $1\leqslant x\leqslant 3$ 的一段弧的长度 $s=$________；

解 (1) 令 $x^3-5x^2+6x=0$，得 $x=0,\ 2,\ 3$. 当 $0\leqslant x\leqslant 2$ 时，$y\geqslant 0$；当 $2\leqslant x\leqslant 3$ 时，$y\leqslant 0$. 故 $A=\int_0^2(x^3-5x^2+6x)\mathrm{d}x-\int_2^3(x^3-5x^2+6x)\mathrm{d}x=\dfrac{37}{12}$.

(2) $s=\int_1^3\sqrt{1+y'^2}\,\mathrm{d}x=\int_1^3\frac{1+x}{2\sqrt{x}}\mathrm{d}x=\left[\sqrt{x}+\frac{1}{3}x^{\frac{3}{2}}\right]_1^3=2\sqrt{3}-\frac{4}{3}$.

2. 以下两题中给出了四个结论，从中选出一个正确的结论：

(1) 设 x 轴上有一长度为 l、线密度为常数 μ 的细棒，在与细棒右端的距离为 a 处有一质量为 m 的质点 M（见图 6-26），已知万有引力常量为 G，则质点 M 与细棒之间的引力的大小为（　　）；

(A) $\int_{-l}^{0}\frac{Gm\mu}{(a-x)^2}\mathrm{d}x$　　　　(B) $\int_{0}^{l}\frac{Gm\mu}{(a-x)^2}\mathrm{d}x$

(C) $2\int_{-\frac{l}{2}}^{0}\frac{Gm\mu}{(a+x)^2}\mathrm{d}x$　　　　(D) $2\int_{0}^{\frac{l}{2}}\frac{Gm\mu}{(a+x)^2}\mathrm{d}x$

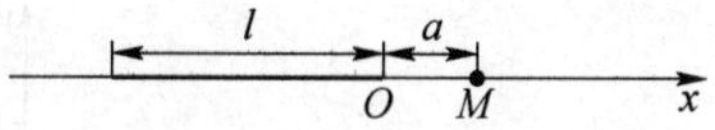

图 6-26

(2) 设在区间 $[a,\ b]$ 上，$f(x)>0$，$f'(x)>0$，$f''(x)<0$. 令 $A_1=\int_a^b f(x)\mathrm{d}x$，$A_2=f(a)(b-a)$，$A_3=\frac{1}{2}[f(a)+f(b)](b-a)$，则有（　　）.

(A) $A_1<A_2<A_3$　　　　(B) $A_2<A_1<A_3$

(C) $A_3<A_1<A_2$　　　　(D) $A_2<A_3<A_1$

解　(1) 选 A.

(2) 从几何意义判断：因为 $f'(x)>0$，所以 $f(x)$ 在区间 $[a,\ b]$ 上单调增加. 又因为 $f''(x)<0$，所以曲线 $y=f(x)$ 在 $[a,\ b]$ 上向上凸，矩形面积<梯形面积<曲边梯形面积，故选 D.

3. 一金属棒长 3 m，离棒左端 x m 处的线密度为 $\rho(x)=\frac{1}{\sqrt{x+1}}$ (kg/m). 问：x 为何值时，$[0,\ x]$ 一段的质量为全棒质量的一半？

解　$[0,\ x]$ 一段的质量为 $\int_0^x\rho(x)\mathrm{d}x=\int_0^x\frac{1}{\sqrt{x+1}}\mathrm{d}x=2\sqrt{x+1}-2$，总质量为 $m(3)=\int_0^3\frac{1}{\sqrt{x+1}}\mathrm{d}x=[2\sqrt{x+1}]_0^3=2$，要满足 $m(x)=\frac{1}{2}m(3)=1$，所以 $2\sqrt{x+1}-2=1$，得 $x=\frac{5}{4}$.

4. 求由曲线 $\rho=a\sin\theta$，$\rho=a(\cos\theta+\sin\theta)\ (a>0)$ 所围图形公共部分的面积.

解　联立两曲线方程，得交点 $\left(a,\ \frac{\pi}{2}\right)$，注意到当 $\theta=0$ 时 $\rho=a\sin\theta=0$，当 $\theta=\frac{3\pi}{4}$ 时，$\rho=a(\cos\theta+\sin\theta)=0$，故两曲线分别过 $(0,\ 0)$ 和 $\left(0,\ \frac{3\pi}{4}\right)$（见图 6-27），因此所求面积为

$$A=\frac{1}{2}\cdot\pi\left(\frac{a}{2}\right)^2+\frac{1}{2}\int_{\frac{\pi}{2}}^{\frac{3\pi}{4}}a^2(\cos\theta+\sin\theta)^2\mathrm{d}\theta=\frac{\pi a^2}{8}+\frac{a^2}{2}\int_{\frac{\pi}{2}}^{\frac{3\pi}{4}}(1+\sin2\theta)\mathrm{d}\theta=\frac{\pi-1}{4}a^2.$$

5. 如图 6-28 所示，从下到上依次有三条曲线：$y=x^2$，$y=2x^2$ 和 C. 假设对曲线 $y=2x^2$

上的任一点 P，所对应的面积 A 和 B 恒相等，求曲线 C 的方程．

解 设曲线 C 的方程为 $x=f(y)$，点 P 的坐标为 $\left(\sqrt{\frac{y}{2}},\ y\right)$，则

$$A=\int_0^y\left[\sqrt{\frac{y}{2}}-f(y)\right]\mathrm{d}y,\ B=\int_0^{\sqrt{\frac{y}{2}}}(2x^2-x^2)\mathrm{d}x,$$

又 $A=B$，即 $\int_0^y\left[\sqrt{\frac{y}{2}}-f(y)\right]\mathrm{d}y=\int_0^{\sqrt{\frac{y}{2}}}(2x^2-x^2)\mathrm{d}x$，对 y 求导得 $\sqrt{\frac{y}{2}}-f(y)=\frac{y}{2}\cdot\frac{1}{2\sqrt{2y}}$，因此 $f(y)=\frac{3\sqrt{2y}}{8}$，即曲线 C 为 $x=\frac{3\sqrt{2y}}{8}$ 或 $y=\frac{32}{9}x^2(x\geqslant 0)$．

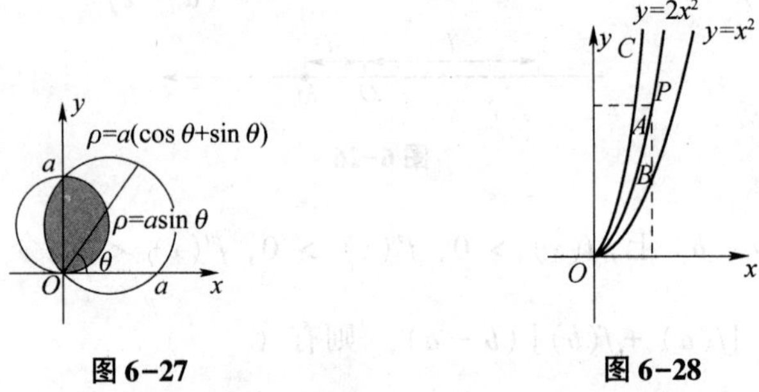

图 6-27　　图 6-28

6. 设抛物线 $y=ax^2+bx+c$ 通过点 $(0,\ 0)$，且当 $x\in[0,\ 1]$ 时，$y\geqslant 0$. 试确定 a、b、c 的值，使得抛物线 $y=ax^2+bx+c$ 与直线 $x=1$，$y=0$ 所围图形的面积为 $\frac{4}{9}$，且使该图形绕 x 轴旋转而成的旋转体的体积最小．

解 $y=ax^2+bx+c$ 通过点 $(0,\ 0)$，所以 $c=0$，从而 $y=ax^2+bx$. 抛物线 $y=ax^2+bx$ 与直线 $x=1$，$y=0$ 所围图形的面积为 $S=\int_0^1(ax^2+bx)\mathrm{d}x=\frac{a}{3}+\frac{b}{2}$.

令 $\frac{a}{3}+\frac{b}{2}=\frac{4}{9}$，得 $b=\frac{8-6a}{9}$. 该图形绕 x 轴旋转而成的旋转体的体积为

$$V=\pi\int_0^1(ax^2+bx)^2\mathrm{d}x=\pi\left(\frac{a^2}{5}+\frac{b^2}{3}+\frac{ab}{2}\right)=\pi\left[\frac{a^2}{5}+\frac{1}{3}\left(\frac{8-6a}{9}\right)^2+\frac{a}{2}\left(\frac{8-6a}{9}\right)\right].$$

令 $\frac{\mathrm{d}V}{\mathrm{d}}=\pi\left[\frac{2a}{5}+\frac{12}{3}\cdot\frac{6a-8}{81}+\frac{1}{18}(8-12a)\right]=0$，得 $a=-\frac{5}{3}$，于是 $b=2$.

故所求解 $a=-\frac{5}{3}$，$b=2$，$c=0$ 满足题目要求．

7. 过坐标原点作曲线 $y=\ln x$ 的切线，该切线与曲线 $y=\ln x$ 及 x 轴围成平面图形 D.

（1）求平面图形 D 的面积 A；

（2）求平面图形 D 绕直线 $x=\mathrm{e}$ 旋转一周所得旋转体的体积 V.

解 （1）设切点的横坐标为 x_0，则曲线 $y=\ln x$ 在点 $(x_0,\ \ln x_0)$ 处的切线方程是 $y=\ln x_0+\frac{1}{x_0}(x-x_0)$. 由该切线过原点知 $y=\ln x_0-1=0$，从而 $x_0=\mathrm{e}$，所以该切线的方程式 $y=\frac{1}{\mathrm{e}}x$. 平面图形 D 的面积为 $A=\int_0^1(\mathrm{e}^y-\mathrm{e}y)\mathrm{d}y=\frac{1}{2}\mathrm{e}-1$.

（2）切线 $y=\frac{1}{\mathrm{e}}x$ 与 x 轴及直线 $x=\mathrm{e}$ 所围成的三角形绕直线 $x=\mathrm{e}$ 旋转所得的圆锥体的体积为 $V_1=\frac{1}{3}\pi\mathrm{e}^2$.

曲线 $y=\ln x$ 与 x 轴及直线 $x=\mathrm{e}$ 所围成的图形绕直线 $x=\mathrm{e}$ 旋转所得的旋转体的体积为 $V_2=\int_0^1\pi(\mathrm{e}-\mathrm{e}^y)^2\mathrm{d}y=\frac{\pi}{2}(-\mathrm{e}^2+4\mathrm{e}-1)$.

因此所求旋转体的体积为 $V=V_1-V_2=\frac{\pi}{6}(5\mathrm{e}^2-12\mathrm{e}+3)$.

8. 求由曲线 $y=x^{\frac{3}{2}}$，直线 $x=4$ 及 x 轴所围图形绕 y 轴旋转而成的旋转体的体积.

解　曲线 $y=x^{\frac{3}{2}}$ 与直线 $x=4$ 及 x 轴所围图形绕 y 轴旋转所得的体积可看成内外两旋转体的体积之差，故

$$V=\pi\int_0^8\varphi^2(y)\mathrm{d}y-\pi\int_0^8\phi^2(y)\mathrm{d}y=\pi\int_0^8 16\mathrm{d}y-\pi\int_0^8 y^{\frac{4}{3}}\mathrm{d}y=\frac{512}{7}\pi.$$

9. 求圆盘 $(x-2)^2+y^2\leqslant 1$ 绕 y 轴旋转而成的旋转体的体积.

解法一　这是一个圆环面，如图 6-29 所示，可看作由图形 $\{(x,y)\mid 0\leqslant x\leqslant 2+\sqrt{1-y^2},\ -1\leqslant y\leqslant 1\}$ 绕 y 轴旋转所得的立体减去 $\{(x,y)\mid 0\leqslant x\leqslant 2-\sqrt{1-y^2},\ -1\leqslant y\leqslant 1\}$ 绕 y 轴旋转所得的立体，因此

$$V=\pi\int_{-1}^1 x(2+\sqrt{1-y^2})^2\mathrm{d}y-\pi\int_{-1}^1 x(2-\sqrt{1-y^2})^2\mathrm{d}y=8\pi\int_{-1}^1\sqrt{1-y^2}\mathrm{d}y=4\pi^2.$$

解法二　利用习题 6-2 第 19 题的结论. 因为旋转体上下对称，所以

$$V=2\cdot 2\pi\int_1^3 x\cdot\sqrt{1-(x-2)^2}\mathrm{d}x\xlongequal{令 x-2=\sin t}4\pi\int_{-\frac{\pi}{2}}^{\frac{\pi}{2}}(2+\sin t)\cos^2 t\mathrm{d}t=4\pi^2.$$

10. 求抛物线 $y=\frac{1}{2}x^2$ 被圆 $x^2+y^2=3$ 所截下的有限部分的弧长.

解　由 $\begin{cases}x^2+y^2=3,\\ y=\frac{1}{2}x^2\end{cases}$ 解得抛物线与圆的两个交点为 $(-\sqrt{2},1)$，$(\sqrt{2},1)$，如图 6-30 所示，于是所求的弧长为

$$s=2\int_0^{\sqrt{2}}\sqrt{1+x^2}\mathrm{d}x=2\left[\frac{x}{2}\sqrt{1+x^2}+\frac{1}{2}\ln(x+\sqrt{1+x^2})\right]\Bigg|_0^{\sqrt{2}}=\sqrt{6}+\ln(\sqrt{2}+\sqrt{3}).$$

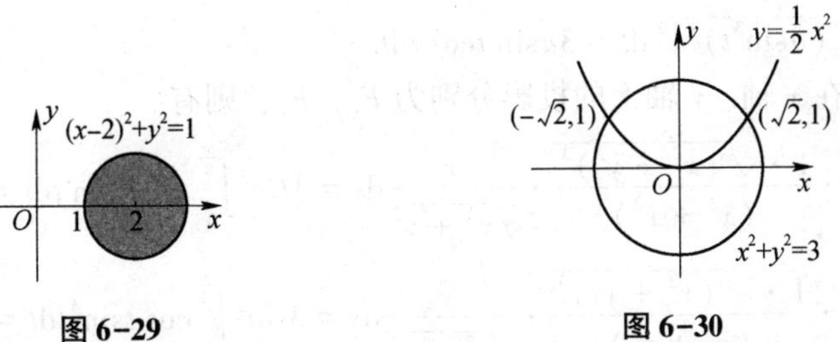

图 6-29　　　　图 6-30

11. 半径为 r 的球沉入水中. 球的上部与水面相切，球的密度与水相同，现将球从水中取出，需做多少功？

解 建立坐标系如图6-31所示．将球从水中取出时，球的各点上升的高度均为$2r$，在x处取一厚度为dx的薄片，在将球从水中取出的过程中，薄片在水下上升的高度为$r+x$，在水上上升的高度为$r-x$. 在水下对薄片所做的功为零，在水上对薄片所做的功为

$$dW=mg(r+x)=[\rho\cdot\pi y^2(x)dx]g(r+x)=g\pi(r+x)(r^2-x^2)dx,$$

对球所做的功为

$$W=g\pi\int_{-r}^{r}(r+x)(r^2-x^2)dx=\pi gr\int_{-r}^{r}(r^2-x^2)dx+\pi g\int_{-r}^{r}x(r^2-x^2)dx$$

$$=2\pi gr\int_{0}^{r}(r^2-x^2)dx=\frac{4}{3}\pi r^4 g.$$

12. 边长为a和b的矩形薄板，与液面成α角斜沉于液体内，长边平行于液面而位于深h处，设$a>b$，液体的密度为ρ，试求薄板每面所受的压力．

解 如图6-32所示，在水面上建立x轴，使长边与x轴在同一垂面上，长边的上端点与原点对应，长边在x轴上的投影区间为$[0,\ b\cos\alpha]$，在x处x轴到薄板的距离为$h+x\tan\alpha$. 压力元素为

$$dF=\rho g\cdot(h+x\tan\alpha)\cdot a\cdot\frac{dx}{\cos\alpha}=\frac{\rho ga}{\cos\alpha}(h+x\tan\alpha)dx,$$

薄板各面所受到的压力为

$$F=\frac{\rho ga}{\cos\alpha}\int_{0}^{b\cos\alpha}(h+x\tan\alpha)dx=\frac{1}{2}\rho gab(2h+b\sin\alpha).$$

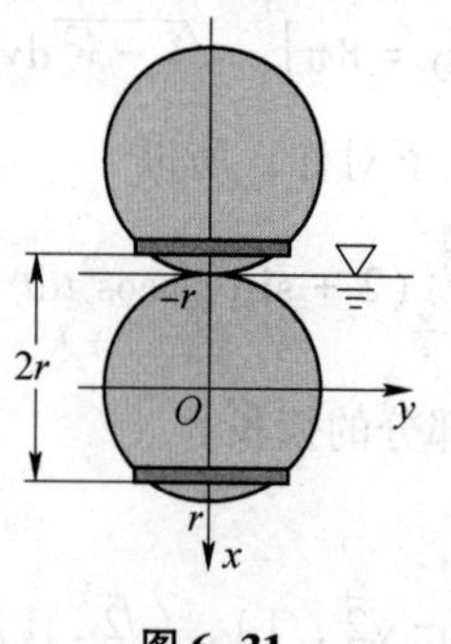

图6-31

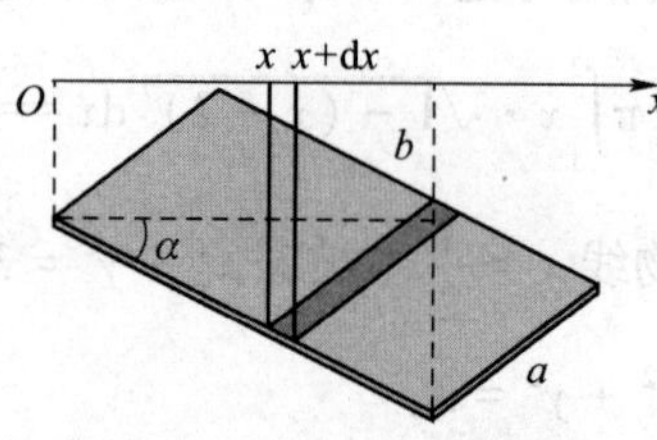

图6-32

13. 设星形线$x=a\cos^3 t$，$y=a\sin^3 t$上每一点处的线密度的大小等于该点到原点距离的立方，在原点O处有一单位质点，求星形线在第一象限的弧段对该质点的引力．

解 取弧微分ds为质点，则其质量为$(\sqrt{x^2+y^2})^3 ds=\sqrt{(x^2+y^2)^3}ds$，其中$ds=\sqrt{[(a\cos^3 t)']^2+[(a\sin^3 t)']^2}dt=3a\sin t\cos t dt$.

设所求的引力在x轴、y轴上的投影分别为F_x、F_y，则有

$$F_x=\int_0^{\frac{\pi}{2}}G\cdot\frac{1\cdot\sqrt{(x^2+y^2)^3}}{(x^2+y^2)}\cdot\frac{x}{\sqrt{x^2+y^2}}ds=3Ga^2\int_0^{\frac{\pi}{2}}\cos^4 t\sin t dt=\frac{3}{5}Ga^2,$$

$$F_y=\int_0^{\frac{\pi}{2}}G\cdot\frac{1\cdot\sqrt{(x^2+y^2)^3}}{(x^2+y^2)}\cdot\frac{y}{\sqrt{x^2+y^2}}ds=3Ga^2\int_0^{\frac{\pi}{2}}\cos t\sin^4 t dt=\frac{3}{5}Ga^2,$$

所以$\boldsymbol{F}=\left(\frac{3}{5}Ga^2,\ \frac{3}{5}Ga^2\right)$.

14. 某建筑工程打地基时，需用汽锤将桩打进土层．汽锤每次击打，都要克服土层对桩的阻力做功．设土层对桩的阻力的大小与桩被打进地下的深度成正比（比例系数为 k，$k>0$）．汽锤第一次击打将桩打进地下 a m. 根据设计方案，要求汽锤每次击打桩时所做的功与前一次击打时所做的功之比为常数 r（$0<r<1$）．问：

（1）汽锤击打桩 3 次后，可将桩打进地下多深？

（2）若击打次数不限，则汽锤至多能将桩打进地下多深？

解　（1）设第 n 次击打后，桩被打进地下 x_n，第 n 次击打时，汽锤克服阻力所做的功为 $W_n(n\in\mathbf{N}_+)$. 由题设知，当桩被打进地下的深度为 x 时，土层对桩的阻力的大小为 kx，所以

$$W_1=\int_0^{x_1}kx\mathrm{d}x=\frac{k}{2}x_1^2=\frac{k}{2}a^2,\quad W_2=\int_{x_1}^{x_2}kx\mathrm{d}x=\frac{k}{2}(x_2^2-x_1^2)=\frac{k}{2}(x_2^2-a^2).$$

由 $W_2=rW_1$ 得 $x_2^2-a^2=ra^2$，则 $W_3=\int_{x_2}^{x_3}kx\mathrm{d}x=\frac{k}{2}(x_3^2-x_2^2)=\frac{k}{2}[x_3^2-(1+r)a^2]$，由 $W_3=rW_2=r^2W_1$，可得 $x_3^2-(1+r)a^2=r^2a^2$，从而 $x_3=a\sqrt{1+r+r^2}$，即汽锤击打桩 3 次后，可将桩打进地下 $a\sqrt{1+r+r^2}$ m.

（2）$W_n=\int_{x_{n-1}}^{x_n}kx\mathrm{d}x=\frac{k}{2}(x_n^2-x_{n-1}^2)$，由 $W_n=rW_{n-1}$，可得 $x_n^2-x_{n-1}^2=r(x_{n-1}^2-x_{n-2}^2)$，由（1）知 $x_2^2-x_1^2=ra^2$，因此 $x_n^2-x_{n-1}^2=r^{n-1}a^2$，从而由归纳法得 $x_n=\sqrt{1+r+r^2+\cdots+r^{n-1}}\,a$. 故 $\lim\limits_{n\to\infty}x_n=\lim\limits_{n\to\infty}\sqrt{\frac{1-r^n}{1-r}}\,a=\frac{a}{\sqrt{1-r}}$.

即若击打次数不限，汽锤至多能将桩打进地下 $\frac{a}{\sqrt{1-r}}$ m.

三、提高题目

1.（1995 考研数二）曲线 $y=x(x-1)(2-x)$ 与 x 轴所围图形的面积可表示为（　　）.

(A) $-\int_0^2 x(x-1)(2-x)\mathrm{d}x$

(B) $\int_0^1 x(x-1)(2-x)\mathrm{d}x-\int_1^2 x(x-1)(2-x)\mathrm{d}x$

(C) $-\int_0^1 x(x-1)(2-x)\mathrm{d}x+\int_1^2 x(x-1)(2-x)\mathrm{d}x$

(D) $\int_0^2 x(x-1)(2-x)\mathrm{d}x$

【答案】 C.

【解析】 利用定积分求面积的计算公式，得

$$S=\int_0^2|x(x-1)(2-x)|\mathrm{d}x=\int_0^2 x|x-1|(2-x)\mathrm{d}x$$
$$=-\int_0^1 x(x-1)(2-x)\mathrm{d}x+\int_1^2 x(x-1)(2-x)\mathrm{d}x,$$

故选 C.

2.（1997 考研数一）设在区间 $[a, b]$ 上，$f(x) > 0$，$f'(x) < 0$，$f''(x) > 0$，令 $S_1 = \int_a^b f(x)\mathrm{d}x$，$S_2 = f(b)(b-a)$，$S_3 = \frac{1}{2}[f(a) + f(b)](b-a)$，则（　　）.

(A) $S_1 < S_2 < S_3$　(B) $S_2 < S_1 < S_3$　(C) $S_3 < S_1 < S_2$　(D) $S_2 < S_3 < S_1$

【答案】B.

【解析】取 $f(x) = \frac{1}{x^2}$，$x \in [1, 2]$，$S_1 = \int_1^2 \frac{1}{x^2}\mathrm{d}x = \frac{1}{2}$，$S_2 = \frac{1}{4}$，$S_3 = \frac{5}{8}$，故选 B.

3.（2011 考研数一、数二）曲线 $y = \int_0^x \tan t\mathrm{d}t\left(0 \leqslant x \leqslant \frac{\pi}{4}\right)$ 的弧长 $s =$ ________.

【答案】$\ln(1 + \sqrt{2})$.

【解析】选取 x 为参数，则弧微分元素为

$$\mathrm{d}s = \sqrt{1 + (y')^2}\mathrm{d}x = \sqrt{1 + \tan^2 x}\mathrm{d}x = \sec x\mathrm{d}x,$$

则 $s = \int_0^{\frac{\pi}{4}} \sec x\mathrm{d}x = [\ln(\sec x + \tan x)]_0^{\frac{\pi}{4}} = \ln(1 + \sqrt{2})$.

4.（2011 考研数三）曲线 $y = \sqrt{x^2 - 1}$，直线 $x = 2$ 及 x 轴所围成的平面图形绕 x 轴旋转所成的旋转体的体积为________.

【答案】$\frac{4}{3}\pi$.

【解析】$V = \pi\int_1^2 f^2(x)\mathrm{d}x = \pi\int_1^2 (x^2 - 1)\mathrm{d}x = \frac{4}{3}\pi$.

5.（2014 考研数三）设 D 是由曲线 $xy + 1 = 0$ 与直线 $x + y = 0$，$y = 2$ 围成的有界区域，则 D 的面积为________.

【答案】$\frac{3}{2} - \ln 2$.

【解析】$S = \int_1^2 \left(-\frac{1}{y} + y\right)\mathrm{d}y = [-\ln y]_1^2 + \left[\frac{y^2}{2}\right]_1^2 = \frac{3}{2} - \ln 2$.

6.（2015 考研数二）设 $A > 0$，D 是由曲线 $y = A\sin x\left(0 \leqslant x \leqslant \frac{\pi}{2}\right)$ 与直线 $y = 0$，$x = \frac{\pi}{2}$ 所围成的平面区域，V_1、V_2 分别表示 D 绕 x 轴与 y 轴旋转所成旋转体的体积，若 $V_1 = V_2$，求 A 的值.

【答案】$\frac{8}{\pi}$.

【解析】$V_1 = \pi\int_0^{\frac{\pi}{2}} A^2\sin^2 x\mathrm{d}x = \pi A^2\int_0^{\frac{\pi}{2}} \frac{1 - \cos 2x}{2}\mathrm{d}x = \frac{\pi A^2}{4}$,

$$V_2 = 2\pi\int_0^{\frac{\pi}{2}} x \cdot A\sin x\mathrm{d}x = -2\pi A\int_0^{\frac{\pi}{2}} x\mathrm{d}(\cos x) = -2\pi A\left([x\cos x]_0^{\frac{\pi}{2}} - \int_0^{\frac{\pi}{2}} \cos x\mathrm{d}x\right) = 2\pi A.$$

因为 $V_1 = V_2$，即 $\frac{\pi A^2}{4} = 2\pi A$，所以 $A = \frac{8}{\pi}$.

7.（2007 考研数二）设 D 是位于曲线 $y = \sqrt{x}a^{-\frac{x}{2a}}(a > 1,\ 0 \leqslant x < +\infty)$ 下方、x 轴上方的无界区域.

（1）求区域 D 绕 x 轴旋转一周所成旋转体的体积 $V(a)$；

（2）当 a 为何值时，$V(a)$ 最小？并求此最小值.

【答案】（1）$V(a)=\dfrac{a^2\pi}{\ln^2 a}$；（2）$a=\mathrm{e}$ 取最小值，最小值为 $V(\mathrm{e})=\mathrm{e}^2\pi$.

【解析】（1）$V(a)=\int_0^{+\infty}\pi y^2\mathrm{d}x=\int_0^{+\infty}\pi\left(\sqrt{x}a^{-\frac{x}{2a}}\right)^2\mathrm{d}x=\int_0^{+\infty}\pi x a^{-\frac{x}{a}}\mathrm{d}x=\dfrac{a^2\pi}{\ln^2 a}$.

（2）$V'(a)=\pi\dfrac{2a\ln^2 a-a^2(2\ln a)\dfrac{1}{a}}{\ln^4 a}=\dfrac{2\pi a(\ln a-1)}{\ln^3 a}$，显然 $a=\mathrm{e}$ 是唯一驻点. 又由题意知 $V(a)$ 有最小值，故 $a=\mathrm{e}$ 就是最小值点，最小值为 $V(\mathrm{e})=\mathrm{e}^2\pi$.

8.（2011 年非数学类预赛）在平面上，有一条从点 $(a,0)$ 向右的射线，其线密度为 ρ. 在点 $(0,h)$ 处（其中 $h>0$）有一质量为 m 的质点. 求射线对该质点的引力.

【答案】在 x 轴的 x 处取一小段 $\mathrm{d}x$，其质量是 $\rho\mathrm{d}x$，到质点的距离为 $\sqrt{h^2+x^2}$，这一小段与质点的引力是 $\mathrm{d}F=\dfrac{Gm\rho\mathrm{d}x}{h^2+x^2}$（其中 G 为万有引力常数）. 这个引力在水平方向的分量为 $\mathrm{d}F_x=\dfrac{Gm\rho\mathrm{d}x}{(h^2+x^2)^{\frac{3}{2}}}$，从而

$$F_x=\int_a^{+\infty}\frac{Gm\rho\mathrm{d}x}{(h^2+x^2)^{\frac{3}{2}}}=\frac{Gm\rho}{2}\int_a^{+\infty}\frac{\mathrm{d}(x^2)}{(h^2+x^2)^{\frac{3}{2}}}=\left[-Gm\rho(h^2+x^2)^{-\frac{1}{2}}\right]_a^{+\infty}=\frac{Gm\rho}{\sqrt{h^2+x^2}}.$$

引力在竖直方向的分量为 $\mathrm{d}F_y=-\dfrac{Gm\rho h\mathrm{d}x}{(h^2+x^2)^{\frac{3}{2}}}$，故

$$F_y=\int_a^{+\infty}-\frac{Gm\rho h\mathrm{d}x}{(h^2+x^2)^{\frac{3}{2}}}=-\int_{\arctan\frac{a}{h}}^{\frac{\pi}{2}}\frac{Gm\rho h^2\sec^2 t\mathrm{d}t}{h^3\sec^3 t}=-\frac{Gm\rho}{h}\int_{\arctan\frac{a}{h}}^{\frac{\pi}{2}}\cos t\mathrm{d}t$$

$$=-\frac{Gm\rho}{h}\left(1-\sin\arctan\frac{a}{h}\right)=\frac{Gm\rho}{h}\left(\frac{a}{\sqrt{a^2+h^2}}-1\right).$$

所求引力向量为 $\boldsymbol{F}=(F_x,F_y)$.

9.（2013 非数学类预赛）过曲线 $y=\sqrt[3]{x}\ (x\geqslant 0)$ 上的点 A 作切线，使该切线与曲线及 x 轴所围成的平面图形的面积为 $\dfrac{3}{4}$，求点 A 的坐标.

【答案】$(1,1)$.

【解析】设切点 A 的坐标为 $(t,\sqrt[3]{t})$，曲线过点 A 的切线方程为 $y-\sqrt[3]{t}=\dfrac{1}{3\sqrt[3]{t^2}}(x-t)$，令 $y=0$，由切线方程可得切线与 x 轴交点 B 的横坐标为 $x_0=-2t$. 设 A 在 x 轴上的投影点为 C. 平面图形 $\triangle ABC$ 的面积减曲边梯形 OCA 的面积，得

$$S=\frac{1}{2}\sqrt[3]{t}\cdot 3t-\int_0^t\sqrt[3]{x}\mathrm{d}x=\frac{3}{4}t\sqrt[3]{t}=\frac{3}{4}\Rightarrow t=1,$$

故 A 的坐标为 $(1,1)$.

四、章自测题（章自测题的解析请扫二维码查看）

第六章自测题二维码

1. 求曲线 $x = a\cos^3 t$，$y = a\sin^3 t$ 所围图形的面积 S 及全长 L.

2. 求由抛物线 $y = x^2$ 和 $y = 2 - x^2$ 所围图形绕 x 轴及 y 轴旋转一周所成立体的体积.

3. 求对数螺线 $\rho = e^{2\theta}(0 \leqslant \theta \leqslant \pi)$ 与 x 轴围成图形的面积 S 及全长 L.

4. 求由抛物线 $y = x(x-1)$ 与直线 $y = x$ 所围平面图形的面积.

5. 求由曲线 $y = e^{-x}$ 与过点 $(-1, e)$ 的切线及 x 轴所夹图形的面积.

6. 设平面图形由曲线 $y = \sin x\left(0 \leqslant x \leqslant \dfrac{\pi}{2}\right)$ 和直线 $x = \dfrac{\pi}{2}$ 及 $y = 0$ 围成.

求：(1) 此平面图形的面积；(2) 此平面图形绕 x 轴旋转一周而成的旋转体的体积.

微分方程

一、主要内容

- 微分方程
  - 微分方程的基本概念
    - 微分方程的阶
    - 方程的通解
    - 方程的特解
    - 初值问题
  - 一阶微分方程
    - 可分离变量的微分方程
    - 齐次方程
    - 一阶线性微分方程
      - 线性方程
        - 常数变易法
      - 伯努利方程
  - 高阶微分方程
    - 可降阶的高阶微分方程
      - 高阶导数多次积分
      - 缺x型
      - 缺y型
    - 高阶线性微分方程
      - 齐次方程解的结构
      - 非齐次方程解的结构
    - 常系数齐次线性微分方程
      - 特征方程
      - 齐次通解
    - 常系数非齐次线性微分方程
      - $f(x)=e^{\lambda x}P_m(x)$型 第一类型
      - $f(x)=e^{\lambda x}[P_l(x)\cos\omega x+P_n(x)\sin\omega x]$型 第二类型

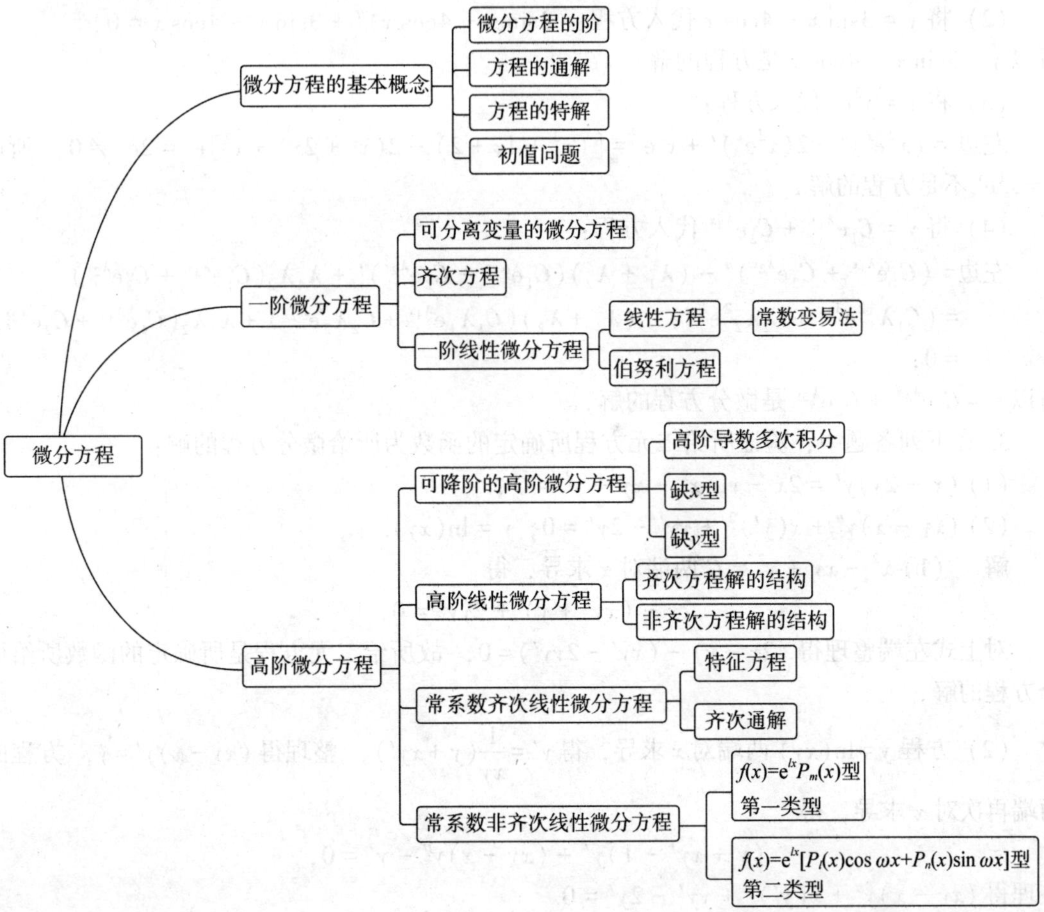

二、习题讲解

习题7-1 解答 微分方程的基本概念

1. 试说出下列各微分方程的阶数：

(1) $x(y')^2-2yy'+x=0$；　(2) $x^2y''-xy'+y=0$；

(3) $xy'''+2y''+x^2y=0$；　(4) $(7x-6y)\mathrm{d}x+(x+y)\mathrm{d}y=0$；

(5) $L\dfrac{\mathrm{d}^2Q}{\mathrm{d}t^2}+R\dfrac{\mathrm{d}Q}{\mathrm{d}t}+\dfrac{Q}{C}=0$；　(6) $\dfrac{\mathrm{d}\rho}{\mathrm{d}\theta}+\rho=\sin^2\theta$.

解 (1) 一阶；(2) 二阶；(3) 三阶；(4) 一阶；(5) 二阶；(6) 一阶.

2. 指出下列各题中的函数是否为所给微分方程的解：

(1) $xy'=2y$，$y=5x^2$；

(2) $y''+y=0$，$y=3\sin x-4\cos x$；

(3) $y''-2y'+y=0$，$y=x^2\mathrm{e}^x$；

(4) $y''-(\lambda_1+\lambda_2)y'+\lambda_1\lambda_2y=0$，$y=C_1\mathrm{e}^{\lambda_1x}+C_2\mathrm{e}^{\lambda_2x}$；

解 (1) 将 $y=5x^2$ 代入方程：左边 $=x(5x^2)'=10x^2$，右边 $=10x^2$，所以 $y=5x^2$ 是方程的解.

(2) 将 $y=3\sin x-4\cos x$ 代入方程：$(3\sin x-4\cos x)''+3\sin x-4\cos x=0$，所以 $y=3\sin x-4\cos x$ 是方程的解.

(3) 将 $y=x^2\mathrm{e}^x$ 代入方程：

左边 $=(x^2\mathrm{e}^x)''-2(x^2\mathrm{e}^x)'+x^2\mathrm{e}^x=[(x^2+4x+2)-2(x^2+2x)+x^2]\mathrm{e}^x=2\mathrm{e}^x\neq0$，所以 $y=x^2\mathrm{e}^x$ 不是方程的解.

(4) 将 $y=C_1\mathrm{e}^{\lambda_1x}+C_2\mathrm{e}^{\lambda_2x}$ 代入方程：

$$\begin{aligned}左边&=(C_1\mathrm{e}^{\lambda_1x}+C_2\mathrm{e}^{\lambda_2x})''-(\lambda_1+\lambda_2)(C_1\mathrm{e}^{\lambda_1x}+C_2\mathrm{e}^{\lambda_2x})'+\lambda_1\lambda_2(C_1\mathrm{e}^{\lambda_1x}+C_2\mathrm{e}^{\lambda_2x})\\&=(C_1\lambda_1{}^2\mathrm{e}^{\lambda_1x}+C_2\lambda_2{}^2\mathrm{e}^{\lambda_2x})-(\lambda_1+\lambda_2)(C_1\lambda_1\mathrm{e}^{\lambda_1x}+C_2\lambda_2\mathrm{e}^{\lambda_2x})+\lambda_1\lambda_2(C_1\mathrm{e}^{\lambda_1x}+C_2\mathrm{e}^{\lambda_2x})\\&=0,\end{aligned}$$

所以 $y=C_1\mathrm{e}^{\lambda_1x}+C_2\mathrm{e}^{\lambda_2x}$ 是微分方程的解.

3. 在下列各题中，验证所给二元方程所确定的函数为所给微分方程的解：

(1) $(x-2y)y'=2x-y$，$x^2-xy+y^2=C$；

(2) $(xy-x)y''+x(y')^2+yy'-2y'=0$，$y=\ln(xy)$.

解 (1) $x^2-xy+y^2=C$ 两端对 x 求导，得

$$2x-(xy'+y)+2yy'=0,$$

对上式左端整理得 $(2x-y)-(xy'-2yy')=0$，故所给二元方程是所确定的函数所给微分方程的解.

(2) 方程 $y=\ln(xy)$ 两端对 x 求导，得 $y'=\dfrac{1}{xy}(y+xy')$，整理得 $(xy-x)y'=y$，方程的两端再次对 x 求导，得

$$(y+xy'-1)y'+(xy-x)y''-y'=0,$$

整理得 $(xy-x)y''+x(y')^2+yy'-2y'=0$.

4. 在下列各题中，确定函数关系式中所含的参数，使函数满足所给的初值条件：

(1) $x^2-y^2=C$，$y|_{x=0}=5$；

(2) $y=(C_1+C_2x)\mathrm{e}^{2x}$，$y|_{x=0}=0$，$y'|_{x=0}=1$；

(3) $y=C_1\sin(x-C_2)$，$y|_{x=\pi}=1$，$y'|_{x=\pi}=0$.

解　(1) 将 $x=0$，$y=5$ 代入函数得到 $-25=C$，所以 $x^2-y^2=-25$.

(2) $y'=C_2\mathrm{e}^{2x}+2(C_1+C_2x)\mathrm{e}^{2x}$，将 $y|_{x=0}=0$，$y'|_{x=0}=1$ 代入得

$$\begin{cases}0=C_1,\\1=C_2+2C_1,\end{cases}\Rightarrow C_1=0,\ C_2=1,$$

所以 $y=x\mathrm{e}^{2x}$.

(3) $y'=C_1\cos(x-C_2)$，将 $y|_{x=\pi}=1$，$y'|_{x=\pi}=0$ 代入得

$$\begin{cases}1=C_1\sin(\pi-C_2),\\0=C_1\cos(\pi-C_2),\end{cases}\Rightarrow C_1^2=1,$$

若 $C_1=1$，可以得到 $C_2=2k\pi+\dfrac{\pi}{2}$，所以 $y=C_1\sin\left(x-2k\pi-\dfrac{\pi}{2}\right)=-\cos x$；

若 $C_1=-1$，可以得到 $C_2=2k\pi-\dfrac{\pi}{2}$，所以 $y=C_1\sin\left(x-2k\pi+\dfrac{\pi}{2}\right)=-\cos x$.

5. 写出由下列条件确定的曲线所满足的微分方程：

(1) 曲线在点 (x,y) 处的切线的斜率等于该点横坐标的平方；

(2) 曲线上点 $P(x,y)$ 处的法线与 x 轴交点为 Q，且线段 PQ 被 y 轴平分.

解　(1) $y'=x^2$.

(2) 设所求曲线为 $y=f(x)$，在点 $P(x,y)$ 处的法线斜率为 $-\dfrac{1}{y'}$，根据条件可以知道点 Q 的横坐标为 $-x$，所以可以得到 $y-0=-\dfrac{1}{y'}[x-(-x)]$. 整理得 $yy'+2x=0$.

6. 用微分方程表示一物理命题：某种气体的压强 p 对于温度 T 的变化率与压强成正比，与温度的平方成反比.

解　因 $\dfrac{\mathrm{d}p}{\mathrm{d}T}$ 与压强 p 成正比，与温度的平方 T^2 成反比，若比例系数为 λ，则有

$$\frac{\mathrm{d}p}{\mathrm{d}T}=\lambda\frac{p}{T^2}.$$

7. 一个半球体形体的雪堆，其体积融化率与半球面面积 A 成正比，比例系数 $k>0$. 假设在融化过程中雪堆始终保持半球体形状，已知半径为 r_0 的雪堆在开始融化的 3 h 内，融化了其体积的 $\dfrac{7}{8}$，问：雪堆全部融化需要多少小时？

解　半球形的雪堆在 t 时刻的体积为 $V=\dfrac{2}{3}\pi[r(t)]^3$，半球面面积为 $A=2\pi[r(t)]^2$，由题意可以得到 $\dfrac{\mathrm{d}V}{\mathrm{d}t}=2\pi[r(t)]^2\dfrac{\mathrm{d}r}{\mathrm{d}t}=-kA=-2k\pi[r(t)]^2$.

因此可以得到微分方程 $\dfrac{\mathrm{d}r}{\mathrm{d}t}=-k$，积分可得 $r(t)=-kt+C$. 又因为 $r|_{t=0}=r_0$，得到 $C=r_0$，所以 $r(t)=r_0-kt$. 又由于当 $t=3$ 时，$A=\dfrac{1}{8}\cdot\dfrac{2}{3}\pi r_0^3$，即 $\dfrac{2}{3}\pi(r_0-3k)^3=\dfrac{1}{12}\pi r_0^3$，可以得

到 $k=\frac{1}{6}r_0$，所以 $r(t)=r_0-\frac{1}{6}r_0t$.

雪堆全部融化，也就是 $r(t)=0$，代入可得 $t=6$，即雪堆全部融化需要 6 h.

习题 7-2 解答 可分离变量的微分方程

1. 求下列微分方程的通解：

(1) $xy'-y\ln y=0$；　(2) $3x^2+5x-5y'=0$；

(3) $\sqrt{1-x^2}y'=\sqrt{1-y^2}$；　(4) $y'-xy'=a(y^2+y')$；

(5) $\sec^2x\tan y\mathrm{d}x+\sec^2y\tan x\mathrm{d}y=0$；　(6) $\frac{\mathrm{d}y}{\mathrm{d}x}=10^{x+y}$；

(7) $(\mathrm{e}^{x+y}-\mathrm{e}^x)\mathrm{d}x+(\mathrm{e}^{x+y}+\mathrm{e}^y)\mathrm{d}y=0$；　(8) $\cos x\sin y\mathrm{d}x+\sin x\cos y\mathrm{d}y=0$；

(9) $(y+1)^2\frac{\mathrm{d}y}{\mathrm{d}x}+x^3=0$；　(10) $y\mathrm{d}x+(x^2-4x)\mathrm{d}y=0$.

解 (1) 原方程可以写成 $\frac{\mathrm{d}y}{\mathrm{d}x}=\frac{y\ln y}{x}$，此方程为可分离变量方程，分离变量可得 $\frac{\mathrm{d}y}{y\ln y}=\frac{\mathrm{d}x}{x}$，两边积分 $\int\frac{\mathrm{d}y}{y\ln y}=\int\frac{\mathrm{d}x}{x}$，得 $\ln|\ln y|=\ln|x|+C_1$，整理得 $y=\mathrm{e}^{Cx}$.

(2) 原方程可以写成 $y'=\frac{1}{5}(3x^2+5x)$，积分得 $y=\frac{1}{5}\left(x^3+\frac{5}{2}x^2+C\right)$.

(3) 原方程可以写成 $\sqrt{1-x^2}\frac{\mathrm{d}y}{\mathrm{d}x}=\sqrt{1-y^2}$，分离变量得 $\frac{\mathrm{d}y}{\sqrt{1-y^2}}=\frac{\mathrm{d}x}{\sqrt{1-x^2}}$，两边积分得 $\arcsin y=\arcsin x+C$.

(4) 方程可以写成 $(1-x-a)\frac{\mathrm{d}y}{\mathrm{d}x}=ay^2$，分离变量得 $\frac{\mathrm{d}y}{y^2}=\frac{a}{1-x-a}\mathrm{d}x$，两边积分得 $-\frac{1}{y}=-a\ln|1-x-a|+C_1$，即 $y=\frac{1}{a\ln|1-x-a|+C}$.

(5) 方程为可分离变量方程，即 $\frac{\sec^2y}{\tan y}\mathrm{d}y=-\frac{\sec^2x}{\tan x}\mathrm{d}x$，两边积分得 $\int\frac{\sec^2y}{\tan y}\mathrm{d}y=-\int\frac{\sec^2x}{\tan x}\mathrm{d}x$，可以得到 $\ln|\tan y|=-\ln|\tan x|+C_1$，整理得 $\tan y\cdot\tan x=C$.

(6) 方程为可分离变量方程，分离变量得 $10^{-y}\mathrm{d}y=10^x\mathrm{d}x$，两边积分得 $\int10^{-y}\mathrm{d}y=\int10^x\mathrm{d}x$，可以得到 $-\frac{10^{-y}}{\ln 10}=\frac{10^x}{\ln 10}+C_1$，整理得 $10^{-y}+10^x=C$.

(7) 方程可以写为 $\mathrm{e}^x(\mathrm{e}^y-1)\mathrm{d}x+\mathrm{e}^y(\mathrm{e}^x+1)\mathrm{d}y=0$，分离变量得 $\frac{\mathrm{e}^y}{\mathrm{e}^y-1}\mathrm{d}y=-\frac{\mathrm{e}^x}{\mathrm{e}^x+1}\mathrm{d}x$，两边积分得 $\int\frac{\mathrm{e}^y}{\mathrm{e}^y-1}\mathrm{d}y=-\int\frac{\mathrm{e}^x}{\mathrm{e}^x+1}\mathrm{d}x$，可以得到 $\ln|\mathrm{e}^y-1|=-\ln(\mathrm{e}^x+1)+\mathrm{C}_1$，整理得 $(\mathrm{e}^y-1)(\mathrm{e}^x+1)=C$.

(8) 原方程可以写为 $\frac{\cos x}{\sin x}\mathrm{d}x=-\frac{\cos y}{\sin y}\mathrm{d}y$，两边积分得 $\int\frac{\cos x}{\sin x}\mathrm{d}x=-\int\frac{\cos y}{\sin y}\mathrm{d}y$，可以得到 $\ln|\sin x|=-\ln|\sin y|+C_1$，整理得 $\sin x\sin y=C$.

（9）方程为可分离变量方程，分离变量 $(y+1)^2\mathrm{d}y=-x^3\mathrm{d}x$，两边积分得 $\int(y+1)^2\mathrm{d}y=-\int x^3\mathrm{d}x$，可以得到 $\frac{1}{3}(y+1)^3=-\frac{1}{4}x^4+C_1$，整理得 $4(y+1)^3+3x^4=C$.

（10）原方程为可分离变量方程，分离变量得 $\frac{\mathrm{d}y}{y}=-\frac{\mathrm{d}x}{x^2-4x}$，两边积分得 $\int\frac{\mathrm{d}y}{y}=\int\frac{\mathrm{d}x}{4x-x^2}$，可以得到 $\ln|y|=\frac{1}{4}\int\left(\frac{1}{x}+\frac{1}{4-x}\right)\mathrm{d}x=\frac{1}{4}(\ln|x|-\ln|4-x|)+C_1$，整理可以得 $(4-x)y^4=Cx$.

2. 求下列微分方程满足所给初值条件的特解：

（1）$y'=\mathrm{e}^{2x-y}$，$y|_{x=0}=0$；

（2）$\cos x\sin y\mathrm{d}y=\cos y\sin x\mathrm{d}x$，$y|_{x=0}=\frac{\pi}{4}$；

（3）$y'\sin x=y\ln y$，$y|_{x=\frac{\pi}{2}}=\mathrm{e}$；

（4）$\cos y\mathrm{d}x+(1+\mathrm{e}^{-x})\sin y\mathrm{d}y=0$，$y|_{x=0}=\frac{\pi}{4}$；

（5）$x\mathrm{d}y+2y\mathrm{d}x=0$，$y|_{x=2}=1$.

解　（1）原方程为可分离变量方程，分离变量得 $\mathrm{e}^y\mathrm{d}y=\mathrm{e}^{2x}\mathrm{d}x$，两边积分得 $\int\mathrm{e}^y\mathrm{d}y=\int\mathrm{e}^{2x}\mathrm{d}x$，可以得到 $\mathrm{e}^y=\frac{1}{2}\mathrm{e}^{2x}+C$. 将 $y|_{x=0}=0$ 代入通解，可以得到 $C=\frac{1}{2}$，方程的特解为 $\mathrm{e}^y=\frac{1}{2}(\mathrm{e}^{2x}+1)$，整理得 $y=\ln\frac{\mathrm{e}^{2x}+1}{2}$.

（2）原方程为可分离变量方程，分离变量得 $\frac{\sin y}{\cos y}\mathrm{d}y=\frac{\sin x}{\cos x}\mathrm{d}x$，两边积分得 $\int\frac{\sin y}{\cos y}\mathrm{d}y=\int\frac{\sin x}{\cos x}\mathrm{d}x$，可以得到 $-\ln|\cos y|=-\ln|\cos x|+C_1$，整理得 $\cos y=C\cos x$. 将 $y|_{x=0}=\frac{\pi}{4}$ 代入可以得到 $C=\frac{\sqrt{2}}{2}$，所求特解为 $\cos y=\frac{\sqrt{2}}{2}\cos x$.

（3）原方程为可分离变量方程，分离变量得 $\frac{\mathrm{d}y}{y\ln y}=\frac{\mathrm{d}x}{\sin x}$，两边积分得 $\int\frac{\mathrm{d}y}{y\ln y}=\int\frac{\mathrm{d}x}{\sin x}$，积分可以得到 $\ln|\ln y|=\ln\left|\tan\frac{x}{2}\right|+C_1$，整理得通解为 $\ln y=C\tan\frac{x}{2}$，将初值条件 $y|_{x=\frac{\pi}{2}}=\mathrm{e}$ 代入，可以得到 $C=1$，则所求特解为 $y=\mathrm{e}^{\tan\frac{x}{2}}$.

（4）原方程为可分离变量方程，分离变量得 $-\frac{\sin y}{\cos y}\mathrm{d}y=\frac{1}{1+\mathrm{e}^{-x}}\mathrm{d}x$，两边积分得 $-\int\frac{\sin y}{\cos y}\mathrm{d}y=\int\frac{1}{1+\mathrm{e}^{-x}}\mathrm{d}x=\int\frac{\mathrm{e}^x}{1+\mathrm{e}^x}\mathrm{d}x$，可以得到 $\ln|\cos y|=\ln(\mathrm{e}^x+1)+C_1$. 整理得方程的通解为 $\cos y=C(\mathrm{e}^x+1)$. 将初值条件 $y|_{x=0}=\frac{\pi}{4}$ 代入通解，可以得到 $C=\frac{1}{2\sqrt{2}}$，则 $2\sqrt{2}\cos y=\mathrm{e}^x+1$ 为所求方程的特解.

（5）原方程为可分离变量方程，分离变量得 $\frac{\mathrm{d}y}{2y}=-\frac{\mathrm{d}x}{x}$，两边积分得 $\int\frac{\mathrm{d}y}{2y}=-\int\frac{\mathrm{d}x}{x}$，可以得到 $\frac{1}{2}\ln|2y|=-\ln|x|+C_1$，整理得方程的通解为 $x^2y=C$. 将初值条件 $y|_{x=2}=1$ 代入，可以得到 $C=4$，则方程的特解为 $x^2y=4$.

3. 有一盛满了水的圆锥形漏斗，高为 10 cm，顶角为60°，漏斗下面有面积为 0.5 cm 的孔，求水面高度变化的规律及水流完所需的时间.

解 设水的流量为 Q，水流量是单位时间内流出的水量 $Q=\frac{\mathrm{d}V}{\mathrm{d}t}$，由水流量系数 $k=0.62$，可以得到 $Q=0.62S\sqrt{2gh}$，其中 S 为漏斗口的截面积，g 为重力加速度，h 为水面的高度，如图 7-1 所示，可以得到 $\frac{\mathrm{d}V}{\mathrm{d}t}=0.62S\sqrt{2gh}$.

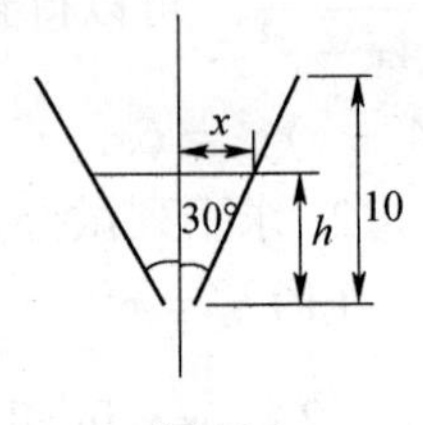

图 7-1

设水面高度为时间 t 的函数 $h=h(t)$，从图中可以看到 $x=h(t)\tan\frac{\pi}{6}=\frac{\sqrt{3}}{3}h(t)$，漏斗内水体积的改变量 $\mathrm{d}V=-\pi x^2\mathrm{d}h=-\frac{\pi}{3}h^2(t)\mathrm{d}h$，这样，我们可以得到一个关于 $h(t)$ 的微分方程 $0.62S\sqrt{2gh}\,\mathrm{d}t=-\frac{\pi}{3}h^2(t)\mathrm{d}h$. 又知道初值条件：$t=0$ 时，$h=10$. 将微分方程分离变量，得 $\mathrm{d}t=-\frac{\pi}{3\times0.62S\sqrt{2g}}h^{\frac{3}{2}}\mathrm{d}h$，两边积分，得 $t=-\frac{2\pi}{5\times3\times0.62S\sqrt{2g}}h^{\frac{5}{2}}+C$.

代入初值条件：$t=0$，$h=10$，得到 $C=\frac{2\pi}{15\times0.62S\sqrt{2g}}10^{\frac{5}{2}}$. 取 $g=980\ \mathrm{cm/s^2}$，将 $S=0.5\ \mathrm{cm^2}$ 代入可得 $t=-0.030\,5h^{\frac{5}{2}}+9.64$，将 $h=0$ 代入得 $t=10$ s.

4. 质量为 1 g 的质点受外力作用做直线运动，该外力和时间成正比，和质点运动的速度成反比. 在 $t=10$ s 时，速度等于 50 cm/s，外力为 4 g · cm/s²，问：从运动开始经过了 1 min 后的速度是多少？

解 设质点的速度为 $v(t)$，根据题目中给出的条件以及运动规律 $F=ma=m\frac{\mathrm{d}v}{\mathrm{d}t}=k\frac{t}{v}$，又在 $t=10$ s 时，速度等于 50 cm/s，外力为 4 g · cm/s²，可以得到 $k=20$.

所以微分方程为 $\frac{\mathrm{d}v}{\mathrm{d}t}=20\frac{t}{v}$，这是一个可分离变量方程，分离变量并对两边积分可以得到微分方程的通解为 $v^2=20t^2+C$. 由 $t=10$ s 时，速度等于 50 cm/s，可得 $C=500$，代入通解可以得到特解为 $v=\sqrt{20t^2+500}$. 当 $t=60$ s 时，$v=269.3$ cm/s.

5. 镭的衰变有如下规律：镭的衰变速度与它的现存量 R 成正比，由经验材料得知，镭经过 1 600 年后，只余原始量 R_0 的一半，试求镭的现存量 R 与时间 t 的函数关系.

解 设镭的现存量 R 与时间 t 的函数关系为 $R(t)$，由条件可以知道 $\frac{\mathrm{d}R}{\mathrm{d}t}=-\lambda R$，这是一个可分离变量方程，分离变量并对两边积分可以得到 $\ln R=-\lambda t+C_1$，整理得方程的通解为 $R=C\mathrm{e}^{-\lambda t}$. 又因为 $t=0$ 时原始量为 R_0，可得 $C=R_0$. 代入通解可以得到 $R=R_0\mathrm{e}^{-\lambda t}$. 又因为镭

经过 1 600 年后，只余原始量 R_0 的一半，则 $\lambda=\dfrac{\ln 2}{1\,600}$，所以 $R=R_0\mathrm{e}^{-\frac{\ln 2}{1\,600}t}$.

6. 一曲线通过点（2，3），它在两坐标轴间的任一切线线段均被切点所平分，求该曲线方程.

解　设曲线方程为 $y=f(x)$，根据题意可以得到，如果取切点为 (x, y)，切线与 x 轴交于 $2x$，与 y 轴交于 $2y$，可以得到 $\dfrac{\mathrm{d}y}{\mathrm{d}x}=-\dfrac{2y}{2x}=-\dfrac{y}{x}$. 分离变量并积分得 $\ln|y|=-\ln|x|+C_1$，整理得 $xy=C$. 又因为曲线通过点（2，3），则 $C=6$. 所以曲线方程为 $xy=6$.

7. 小船从河边点 O 处出发驶向对岸（两岸为平行直线）. 设船速为 a，船行方向始终与河岸垂直，又设河宽为 h，河中任一点处的水流速度与该点到两岸距离的乘积成正比（比例系数为 k）. 求小船的航行路线.

解　设小船的航行轨迹为 l：$\begin{cases}x=x(t),\\ y=y(t).\end{cases}$ 根据题意在 t 时刻，小船的实际航行速度为 $v(t)=(x'(t), y'(t))$. 又因为河中任一点处的水流速度与该点到两岸距离的乘积成正比，所以 $\begin{cases}x'(t)=ky(h-y), & \text{水流速度},\\ y'(t)=a, & \text{小船的速度}.\end{cases}$

小船航行轨迹的切线方向就是小船的实际速度方向，所以 $\dfrac{\mathrm{d}y}{\mathrm{d}x}=\dfrac{y'(t)}{x'(t)}=\dfrac{a}{ky(h-y)}$. 这是一个可分离变量方程，分离变量可以得到 $\mathrm{d}x=\dfrac{k}{a}y(h-y)\mathrm{d}y$，两边积分可以得到 $x=\dfrac{k}{a}\left(\dfrac{h}{2}y^2-\dfrac{1}{3}y^3\right)+C$. 小船从河边点 O 出发，也就是 $x=0$，$y=0$，代入原方程，可以得到 $C=0$，所以小船的航行轨迹为 $x=\dfrac{k}{a}\left(\dfrac{h}{2}y^2-\dfrac{1}{3}y^3\right)$，$y\in[0, h]$.

习题 7-3　解答　齐次方程

1. 求下列齐次方程的通解：

(1) $xy'-y-\sqrt{y^2-x^2}=0$；

(2) $x\dfrac{\mathrm{d}y}{\mathrm{d}x}=y\ln\dfrac{y}{x}$；

(3) $(x^2+y^2)\mathrm{d}x-xy\mathrm{d}y=0$；

(4) $(x^3+y^3)\mathrm{d}x-3xy^2\mathrm{d}y=0$；

(5) $\left(2x\sin\dfrac{y}{x}+3y\cos\dfrac{y}{x}\right)\mathrm{d}x-3x\cos\dfrac{y}{x}\mathrm{d}y=0$；

(6) $(1+2\mathrm{e}^{\frac{x}{y}})\mathrm{d}x+2\mathrm{e}^{\frac{x}{y}}\left(1-\dfrac{x}{y}\right)\mathrm{d}y=0$.

解　(1) 方程两边同时除以 x 可得 $y'-\dfrac{y}{x}-\sqrt{\left(\dfrac{y}{x}\right)^2-1}=0$，设 $u=\dfrac{y}{x}$，即 $y=xu$，两边求导得 $y'=u+xu'$，代入微分方程可得 $xu'=\sqrt{u^2-1}$. 这是一个可分离变量方程，分离变量可得 $\dfrac{\mathrm{d}u}{\sqrt{u^2-1}}=\dfrac{\mathrm{d}x}{x}$，两边积分可得 $\ln\left|u+\sqrt{u^2-1}\right|=\ln|x|+C_1$，整理可得 $u+\sqrt{u^2-1}=$

Cx，将 $u=\frac{y}{x}$ 代入整理，得到原方程的通解为 $y+\sqrt{y^2-x^2}=Cx^2$.

（2）方程的两边同时除以 x 可得 $\frac{dy}{dx}=\frac{y}{x}\ln\frac{y}{x}$. 设 $u=\frac{y}{x}$，即 $y=xu$，两边求导得 $\frac{dy}{dx}=u+x\frac{du}{dx}$，代入微分方程可得 $u+x\frac{du}{dx}=u\ln u$. 我们发现这是一个可分离变量方程，分离变量可得 $\frac{du}{u\ln u-u}=\frac{dx}{x}$，两边积分可得 $\ln|\ln u-1|=\ln|x|+C_1$，整理并代入 $u=\frac{y}{x}$，可得 $\ln\frac{y}{x}=Cx+1$.

（3）方程两边同时除以 x^2 可得 $\left(1+\frac{y^2}{x^2}\right)dx-\frac{y}{x}dy=0$，设 $u=\frac{y}{x}$，即 $y=xu$，两边求导得 $\frac{dy}{dx}=u+x\frac{du}{dx}$，代入微分方程可得 $udu=\frac{1}{x}dx$，两边积分得 $\frac{1}{2}u^2=\ln|x|+C_1$，整理可以得到 $u^2=\ln x^2+C$，代入 $u=\frac{y}{x}$，可得 $\left(\frac{y}{x}\right)^2=\ln x^2+C$.

（4）原方程两边同时除以 x^3 可得 $\left[1+\left(\frac{y}{x}\right)^3\right]dx-3\left(\frac{y}{x}\right)^2dy=0$，可以发现这是个齐次方程．设 $u=\frac{y}{x}$，即 $y=xu$，两边求导得 $\frac{dy}{dx}=u+x\frac{du}{dx}$，代入微分方程整理可得 $\frac{3u^2}{1-2u^3}du=\frac{1}{x}dx$，两边积分得 $-\frac{1}{2}\ln|1-2u^3|=\ln|x|+C_1$，整理得到通解为 $2u^3=1-\frac{C}{x^2}$，将 $u=\frac{y}{x}$ 代入上式得原方程的通解为 $x^3-2y^3=Cx$.

（5）原方程两边同时除以 x 可得 $\frac{dy}{dx}=\frac{2}{3}\tan\frac{y}{x}+\frac{y}{x}$ 设 $u=\frac{y}{x}$，即 $y=xu$，两边求导得 $\frac{dy}{dx}=u+x\frac{du}{dx}$，代入微分方程整理可得 $u+x\frac{du}{dx}=\frac{2}{3}\tan u+u$，分离变量得 $3\frac{1}{\tan u}du=\frac{2}{x}dx$，两边积分得 $3\ln|\sin u|=2\ln|x|+C_1$，两边整理可得 $\sin^3u=Cx^2$. 将 $u=\frac{y}{x}$ 代入上式得到原方程的通解 $\sin^3\frac{y}{x}=Cx^2$.

（6）原方程可以变为 $\frac{dx}{dy}=\frac{2\left(\frac{x}{y}-1\right)e^{\frac{x}{y}}}{1+2e^{\frac{x}{y}}}$，这是一个齐次方程．

设 $u=\frac{x}{y}$，即 $x=yu$，两边求导得 $\frac{dx}{dy}=u+y\frac{du}{dy}$，代入微分方程整理可得 $u+y\frac{du}{dy}=\frac{2(u-1)e^u}{1+2e^u}$，整理得 $y\frac{du}{dy}=-\frac{u+2e^u}{1+2e^u}$，这是一个可分离变量方程，分离变量得 $\frac{1+2e^u}{u+2e^u}du=-\frac{1}{y}dy$，两边积分可得 $\ln(u+2e^u)=-\ln|y|+C_1$，整理可得 $y(u+2e^u)=C$，将 $u=\frac{x}{y}$ 代入上式得原方程的通解为 $y\left(\frac{x}{y}+2e^{\frac{x}{y}}\right)=C$，即 $x+2ye^{\frac{x}{y}}=C$.

2. 求下列齐次方程满足所给初值条件的特解：

(1) $(y^2-3x^2)\mathrm{d}y+2xy\mathrm{d}x=0$，$y|_{x=0}=1$；

(2) $y'=\dfrac{x}{y}+\dfrac{y}{x}$，$y|_{x=1}=2$；

(3) $(x^2+2xy-y^2)\mathrm{d}x+(y^2+2xy-x^2)\mathrm{d}y=0$，$y|_{x=1}=1$.

解　(1) 方程两边同时除以 x^2，得到 $\left(\dfrac{y^2}{x^2}-3\right)\mathrm{d}y+2\dfrac{y}{x}\mathrm{d}x=0$，可以看到原方程为齐次方程．设 $u=\dfrac{y}{x}$，即 $y=xu$，两边求导得 $\dfrac{\mathrm{d}y}{\mathrm{d}x}=u+x\dfrac{\mathrm{d}u}{\mathrm{d}x}$，代入微分方程整理可得 $\dfrac{u^2-3}{u-u^3}\mathrm{d}u=\dfrac{1}{x}\mathrm{d}x$，即 $\left(-\dfrac{3}{u}+\dfrac{1}{u+1}+\dfrac{1}{u-1}\right)\mathrm{d}u=\dfrac{1}{x}\mathrm{d}x$.

对上式两边积分得 $-3\ln|u|+\ln|u+1|+\ln|u-1|=\ln|x|+C_1$，整理可得 $u^2-1=Cxu^3$，将 $u=\dfrac{y}{x}$ 代入上式得原方程的通解为 $y^2-x^2=Cy^3$. 由初值条件 $y|_{x=0}=1$ 得 $C=1$，故所求特解为 $y^2-x^2=y^3$.

(2) 这是一个齐次方程，设 $u=\dfrac{y}{x}$，即 $y=xu$，两边求导得 $\dfrac{\mathrm{d}y}{\mathrm{d}x}=u+x\dfrac{\mathrm{d}u}{\mathrm{d}x}$，代入微分方程整理可得 $u+x\dfrac{\mathrm{d}u}{\mathrm{d}x}=\dfrac{1}{u}+u$，即 $u\mathrm{d}u=\dfrac{1}{x}\mathrm{d}x$，两边积分得 $\dfrac{1}{2}u^2=\ln|x|+C$.

将 $u=\dfrac{y}{x}$ 代入上式得原方程的通解为 $y^2=2x^2(\ln x+C)$，由初值条件 $y|_{x=1}=2$ 得 $C=2$，故所求特解为 $y^2=2x^2(\ln x+2)$.

(3) 方程两边同时除以 x^2，得到 $\left[1+2\dfrac{y}{x}-\left(\dfrac{y}{x}\right)^2\right]\mathrm{d}x+\left[\left(\dfrac{y}{x}\right)^2+2\dfrac{y}{x}-1\right]\mathrm{d}y=0$，这是一个齐次方程 设 $u=\dfrac{y}{x}$，即 $y=xu$，两边求导得 $\dfrac{\mathrm{d}y}{\mathrm{d}x}=u+x\dfrac{\mathrm{d}u}{\mathrm{d}x}$，代入微分方程整理可得 $\dfrac{u^2+2u-1}{u^3+u^2+u+1}\mathrm{d}u=-\dfrac{1}{x}\mathrm{d}x$ 即 $\left(\dfrac{1}{u+1}-\dfrac{2u}{u^2+1}\right)\mathrm{d}u=\dfrac{1}{x}\mathrm{d}x$，两边积分得 $\ln|u+1|-\ln(u^2+1)=\ln|x|+C_1$，整理可得 $u+1=Cx(u^2+1)$.

将 $u=\dfrac{y}{x}$ 代入上式可得原方程的通解为 $x+y=C(x^2+y^2)$. 由初值条件 $y|_{x=1}=1$ 得 $C=1$，故所求特解为 $x+y=x^2+y^2$.

3. 设有连接点 $O(0,0)$ 和 $A(1,1)$ 的一段向上凸的曲线弧 $\overset{\frown}{OA}$，对于 $\overset{\frown}{OA}$ 上任一点 $P(x,y)$，曲线弧 $\overset{\frown}{OP}$ 与直线段 $\overline{OP}$ 所围图形的面积为 x^2，求曲线弧 $\overset{\frown}{OA}$ 的方程

解　设曲线弧 $\overset{\frown}{OA}$ 的方程为 $y=y(x)$，由题意可知 $\int_0^x y(x)\mathrm{d}x-\dfrac{1}{2}xy(x)=x^2$.

对上式两边求导得 $y(x)-\dfrac{1}{2}y(x)-\dfrac{1}{2}xy'(x)=2x$，整理可得 $y'=\dfrac{y}{x}-4$，设 $u=\dfrac{y}{x}$，即 $y=xu$，两边求导得 $\dfrac{\mathrm{d}y}{\mathrm{d}x}=u+x\dfrac{\mathrm{d}u}{\mathrm{d}x}$，代入微分方程整理可得 $u+x\dfrac{\mathrm{d}u}{\mathrm{d}x}=u-4$，即 $\mathrm{d}u=-\dfrac{4}{x}\mathrm{d}x$，两边积分得 $u=-4\ln x+C$.

将 $u=\frac{y}{x}$ 代入上式得方程的通解为 $y=-4x\ln x+Cx$. 又因为点 $A(1,1)$ 在曲线上，代入通解可得 $C=1$，因此所求函数为 $y=-4x\ln x+x$.

4. 此处解析请扫二维码查看.

习题7-4 解答 一阶线性微分方程

1. 求下列微分方程的通解:

(1) $\frac{dy}{dx}+y=e^{-x}$;　　(2) $xy'+y=x^2+3x+2$;

(3) $y'+y\cos x=e^{-\sin x}$;　　(4) $y'+y\tan x=\sin 2x$;

(5) $(x^2-1)y'+2xy-\cos x=0$;　　(6) $\frac{d\rho}{d\theta}+3\rho=2$;

(7) $\frac{dy}{dx}+2xy=4x$;　　(8) $y\ln y\,dx+(x-\ln y)\,dy=0$;

(9) $(x-2)\frac{dy}{dx}=y+2(x-2)^3$;　　(10) $(y^2-6x)\frac{dy}{dx}+2y=0$.

解 (1) $y=e^{-\int dx}\left(\int e^{-x}\cdot e^{\int dx}dx+C\right)=e^{-x}(x+C)$.

(2) 方程变为 $y'+\frac{1}{x}y=x+3+\frac{2}{x}$. $y=e^{-\int\frac{1}{x}dx}\left[\int\left(x+3+\frac{2}{x}\right)\cdot e^{\int\frac{1}{x}dx}dx+C\right]$

$$=\frac{1}{x}\left[\int\left(x+3+\frac{2}{x}\right)xdx+C\right]=\frac{1}{x}\left[\int(x^2+3x+2)dx+C\right]$$

$$=\frac{1}{x}\left(\frac{1}{3}x^3+\frac{3}{2}x^2+2x+C\right)=\frac{1}{3}x^2+\frac{3}{2}x+2+\frac{C}{x}.$$

(3) $y=e^{-\int\cos x dx}\left(\int e^{-\sin x}\cdot e^{\int\cos x dx}dx+C\right)$

$$=e^{-\sin x}\left(\int e^{-\sin x}\cdot e^{\sin x}dx+C\right)=e^{-\sin x}(x+C).$$

(4) $y=e^{-\int\tan x dx}\left(\int\sin 2x\cdot e^{\int\tan x dx}dx+C\right)=e^{\ln\cos x}\left(\int\sin 2x\cdot e^{-\ln\cos x}dx+C\right)$

$$=\cos x\left(\int 2\sin x\cos x\cdot\frac{1}{\cos x}dx+C\right)=C\cos x-2\cos^2 x.$$

(5) 原方程可以变形为 $y'+\frac{2x}{x^2-1}y=\frac{\cos x}{x^2-1}$，$y=e^{-\int\frac{2x}{x^2-1}dx}\left(\int\frac{\cos x}{x^2-1}\cdot e^{\int\frac{2x}{x^2-1}dx}dx+C\right)$

$$=\frac{1}{x^2-1}\left[\int\frac{\cos x}{x^2-1}\cdot(x^2-1)dx+C\right]=\frac{1}{x^2-1}(\sin x+C).$$

(6) $\rho=e^{-\int 3d\theta}\left(\int 2\cdot e^{\int 3d\theta}d\theta+C\right)=e^{-3\theta}\left(\int 2e^{3\theta}d\theta+C\right)$

$$=e^{-3\theta}\left(\frac{2}{3}e^{3\theta}+C\right)=\frac{2}{3}+Ce^{-3\theta}.$$

(7) $y=e^{-\int 2xdx}\left(\int 4x\cdot e^{\int 2xdx}dx+C\right)=e^{-x^2}\left(\int 4x\cdot e^{x^2}dx+C\right)$

$$=e^{-x^2}(2e^{x^2}+C)=2+Ce^{-x^2}.$$

(8) 原方程可以变形为 $\frac{dx}{dy}+\frac{1}{y\ln y}x=\frac{1}{y}$，代入公式得

$$x=e^{-\int\frac{1}{y\ln y}dy}\left(\int\frac{1}{y}\cdot e^{\int\frac{1}{y\ln y}dy}dy+C\right)=\frac{1}{\ln y}\left(\int\frac{1}{y}\cdot\ln y dy+C\right)$$

$$=\frac{1}{\ln y}\left(\frac{1}{2}\ln^2 y+C\right)=\frac{1}{2}\ln y+\frac{C}{\ln y}.$$

(9) 原方程可以变形为 $\frac{dy}{dx}-\frac{1}{x-2}y=2(x-2)^2$，代入公式得

$$y=e^{\int\frac{1}{x-2}dx}\left[\int 2(x-2)^2\cdot e^{-\int\frac{1}{x-2}dx}dx+C\right]$$

$$=(x-2)\left[\int 2(x-2)^2\cdot\frac{1}{x-2}dx+C\right]=(x-2)^3+C(x-2).$$

(10) 原方程可以变形为 $\frac{dx}{dy}-\frac{3}{y}x=-\frac{1}{2}y$，代入公式得

$$x=e^{\int\frac{3}{y}dy}\left[\int\left(-\frac{1}{2}y\right)\cdot e^{-\int\frac{3}{y}dy}dy+C\right]$$

$$=y^3\left(-\frac{1}{2}\int y\cdot\frac{1}{y^3}dy+C\right)=y^3\left(\frac{1}{2y}+C\right)=\frac{1}{2}y^2+Cy^3.$$

2. 求下列微分方程满足所给初值条件的特解：

(1) $\frac{dy}{dx}-y\tan x=\sec x$，$y|_{x=0}=0$；　　(2) $\frac{dy}{dx}+\frac{y}{x}=\frac{\sin x}{x}$，$y|_{x=\pi}=1$；

(3) $\frac{dy}{dx}+y\cot x=5e^{\cos x}$，$y|_{x=\frac{\pi}{2}}=-4$.　　(4) $\frac{dy}{dx}+3y=8$，$y|_{x=0}=2$；

(5) $\frac{dy}{dx}+\frac{2-3x^2}{x^3}y=1$，$y|_{x=1}=0$.

解　(1) $y=e^{\int\tan x dx}\left(\int\sec x\cdot e^{-\int\tan x dx}dx+C\right)$

$$=\frac{1}{\cos x}\left(\int\sec x\cdot\cos x dx+C\right)=\frac{1}{\cos x}(x+C).$$

由初值条件 $y|_{x=0}=0$，得 $C=0$，故所求方程的特解为 $y=x\sec x$.

(2) $y=e^{-\int\frac{1}{x}dx}\left(\int\frac{\sin x}{x}\cdot e^{\int\frac{1}{x}dx}dx+C\right)$

$$=\frac{1}{x}\left(\int\frac{\sin x}{x}\cdot x dx+C\right)=\frac{1}{x}(-\cos x+C).$$

由 $y|_{x=\pi}=1$，得 $C=\pi-1$，故所求方程的特解为 $y=\frac{1}{x}(\pi-1-\cos x)$.

(3) $y=e^{-\int\cot x dx}\left(\int 5e^{\cos x}\cdot e^{\int\cot x dx}dx+C\right)$

$$=\frac{1}{\sin x}\left(\int 5e^{\cos x}\cdot\sin x dx+C\right)=\frac{1}{\sin x}(-5e^{\cos x}+C).$$

由 $y\Big|_{x=\frac{\pi}{2}}=-4$，得 $C=1$，故所求方程的特解为 $y=\frac{1}{\sin x}(-5e^{\cos x}+1)$.

(4) $y = e^{-\int 3dx}\left(\int 8 \cdot e^{\int 3dx}dx + C\right)$

$$= e^{-3x}\left(8\int e^{3x}dx + C\right) = e^{-3x}\left(\frac{8}{3}e^{3x} + C\right) = \frac{8}{3} + Ce^{-3x}.$$

由 $y|_{x=0} = 2$，得 $C = -\frac{2}{3}$，故所求方程的特解为 $y = \frac{2}{3}(4 - e^{-3x})$.

(5) $y = e^{-\int\frac{2-3x^2}{x^3}dx}\left(\int 1 \cdot e^{\int\frac{2-3x^2}{x^3}dx}dx + C\right)$

$$= x^3 e^{\frac{1}{x^2}}\left(\int \frac{1}{x^3}e^{-\frac{1}{x^2}}dx + C\right) = x^3 e^{\frac{1}{x^2}}\left(\frac{1}{2}e^{-\frac{1}{x^2}} + C\right).$$

由 $y|_{x=1} = 0$，得 $C = -\frac{1}{2e}$，故所求方程的特解为 $y = \frac{1}{2}x^3(1 - e^{\frac{1}{x^2}-1})$.

3. 求一曲线的方程，这曲线通过原点，并且它在点 (x, y) 处的切线斜率等于 $2x + y$.

解 根据题意 $y' = 2x + y$，并且 $y|_{x=0} = 0$.

由一阶微分方程通解公式得 $y = e^{\int dx}\left(\int 2xe^{-\int dx}dx + C\right) = e^x\left(2\int xe^{-x}dx + C\right)$

$$= e^x(-2xe^{-x} - 2e^{-x} + C) = Ce^x - 2x - 2.$$

由 $y|_{x=0} = 0$，得 $C = 2$，故所求曲线的方程为 $y = 2e^x - 2x - 2$.

4. 设有一质量为 m 的质点做直线运动，从速度等于零的时刻起，有一个与运动方向一致、大小与时间成正比（比例系数为 k_1）的力作用于它，此外还受一与速度成正比（比例系数为 k_2）的阻力作用. 求质点运动的速度与时间的函数关系.

解 由牛顿定律 $F = ma$，得 $m\frac{dv}{dt} = k_1 t - k_2 v$，即 $\frac{dv}{dt} + \frac{k_2}{m}v = \frac{k_1}{m}t$.

代入通解公式得 $v = e^{-\int\frac{k_2}{m}dt}\left(\int \frac{k_1}{m}t \cdot e^{\int\frac{k_2}{m}dt}dt + C\right) = e^{-\frac{k_2}{m}t}\left(\int \frac{k_1}{m}t \cdot e^{\frac{k_2}{m}t}dt + C\right)$

$$= e^{-\frac{k_2}{m}t}\left(\frac{k_1}{k_2}te^{\frac{k_2}{m}t} - \frac{k_1 m}{k_2^2}e^{\frac{k_2}{m}t} + C\right).$$

由题意，当 $t = 0$ 时 $v = 0$，可得 $C = \frac{k_1 m}{k_2^2}$. 因此

$$v = e^{-\frac{k_2}{m}t}\left(\frac{k_1}{k_2}te^{\frac{k_2}{m}t} - \frac{k_1 m}{k_2^2}e^{\frac{k_2}{m}t} + \frac{k_1 m}{k_2^2}\right)，即 v = \frac{k_1}{k_2}t - \frac{k_1 m}{k_2^2}(1 - e^{-\frac{k_2}{m}t}).$$

5. 设有一个由电阻 $R = 10\ \Omega$、电感 $L = 2$ H 和电源电压 $E = 20\sin 5t$ V 串联组成的电路. 开关 S 合上后，电路中有电流通过. 求电流 i 与时间 t 的函数关系.

解 由回路电压定律可以得到 $20\sin 5t - 2\frac{di}{dt} - 10i = 0$，即 $\frac{di}{dt} + 5i = 10\sin 5t$.

代入通解公式得 $i = e^{-\int 5dt}\left(\int 10\sin 5t \cdot e^{\int 5dt}dt + C\right) = \sin 5t - \cos 5t + Ce^{-5t}$.

又因为当 $t = 0$ 时 $i = 0$，所以 $C = 1$.

因此 $i = \sin 5t - \cos 5t + e^{-5t} = e^{-5t} + \sqrt{2}\sin\left(5t - \frac{\pi}{4}\right)$.

6. 验证形如 $yf(xy)dx + xg(xy)dy = 0$ 的微分方程可经变量代换 $v = xy$ 化为可分离变量的方程，并求其通解.

解　将微分方程变形为 $\frac{\mathrm{d}y}{\mathrm{d}x}=\frac{-yf(xy)}{xg(xy)}$，若 $v=xy$，则原方程化为

$$\frac{x\frac{\mathrm{d}v}{\mathrm{d}x}-v}{x^2}=-\frac{vf(v)}{x^2g(v)}，即\ \frac{g(v)}{v[g(v)-f(v)]}\mathrm{d}v=\frac{1}{x}\mathrm{d}x,$$

两边对 x 积分得 $\int\frac{g(v)}{v[g(v)-f(v)]}\mathrm{d}v=\ln|x|+C$，对上式求出积分后，将 $v=xy$ 代回，就是原方程的通解.

7. 用适当的变量代换将下列方程化为可分离变量的方程，然后求出通解：

(1) $\frac{\mathrm{d}y}{\mathrm{d}x}=(x+y)^2$;

(2) $\frac{\mathrm{d}y}{\mathrm{d}x}=\frac{1}{x-y}+1$;

(3) $xy'+y=y(\ln x+\ln y)$;

(4) $y'=y^2+2(\sin x-1)y+\sin^2x-2\sin x-\cos x+1$;

(5) $y(xy+1)\mathrm{d}x+x(1+xy+x^2y^2)\mathrm{d}y=0$.

解　(1) 设 $u=x+y$，代入原方程可以化为 $\frac{\mathrm{d}u}{\mathrm{d}x}-1=u^2$，即 $\mathrm{d}x=\frac{\mathrm{d}u}{1+u^2}$.

对上式两边积分得 $x=\arctan u+C$.

将 $u=x+y$ 代入上式可得原方程的通解为 $x=\arctan(x+y)+C$.

(2) 设 $u=x-y$，代入原方程可以化为 $1-\frac{\mathrm{d}u}{\mathrm{d}x}=\frac{1}{u}+1$，整理为 $\mathrm{d}x=-u\mathrm{d}u$，对上式两边积分得 $x=-\frac{1}{2}u^2+C_1$. 将 $u=x-y$ 代入上式可得原方程的通解为

$$x=-\frac{1}{2}(x-y)^2+C_1,$$

即 $(x-y)^2=-2x+C$.

(3) 设 $u=xy$，代入原方程化为 $x\left(\frac{1}{x}\frac{\mathrm{d}u}{\mathrm{d}x}-\frac{u}{x^2}\right)+\frac{u}{x}=\frac{u}{x}\ln u$，即 $\frac{1}{x}\mathrm{d}x=\frac{1}{u\ln u}\mathrm{d}u$.

上式两边积分得 $\ln|x|=\ln|\ln u|+C_1$，整理可以得到 $u=\mathrm{e}^{Cx}$.

将 $u=xy$ 代入上式可得原方程的通解为 $xy=\mathrm{e}^{Cx}$，即 $y=\frac{1}{x}\mathrm{e}^{Cx}$.

(4) 可以将原方程变形为 $y'=(y+\sin x-1)^2-\cos x$，设 $u=y+\sin x-1$，代入原方程化为 $\frac{\mathrm{d}u}{\mathrm{d}x}-\cos x=u^2-\cos x$，整理得 $\frac{1}{u^2}\mathrm{d}u=\mathrm{d}x$.

上式两边积分得 $-\frac{1}{u}=x+C$. 将 $u=y+\sin x-1$ 代入可得原方程的通解为

$$-\frac{1}{y+\sin x-1}=x+C.$$

(5) 原方程可以变形为 $\frac{\mathrm{d}y}{\mathrm{d}x}=-\frac{y(xy+1)}{x(1+xy+x^2y^2)}$，设 $u=xy$，代入原方程化为

$$\frac{1}{x}\frac{\mathrm{d}u}{\mathrm{d}x}-\frac{u}{x^2}=-\frac{u(u+1)}{x^2(1+u+u^2)},$$

即 $\frac{1}{x}\frac{\mathrm{d}u}{\mathrm{d}x}=\frac{u^3}{x^2(1+u+u^2)}$.

8 二维码

分离变量得 $\frac{1}{x}\mathrm{d}x=\left(\frac{1}{u^3}+\frac{1}{u^2}+\frac{1}{u}\right)\mathrm{d}u$. 上式两边积分可得 $\ln|x|+C_1=-\frac{1}{2u^2}-\frac{1}{u}+\ln|u|$. 将 $u=xy$ 代入可得原方程的通解为 $\ln|x|+C_1=-\frac{1}{2x^2y^2}-\frac{1}{xy}+\ln|xy|$，整理得到 $2x^2y^2\ln|y|-2xy-1=Cx^2y^2$.

8. 此处解析请扫二维码查看.

习题 7-5　解答　可降阶的高阶微分方程

1. 求下列各微分方程的通解：

（1）$y''=x+\sin x$；　　（2）$y'''=xe^x$；

（3）$y''=\frac{1}{1+x^2}$；　　（4）$y''=1+y'^2$；

（5）$y''=y'+x$；　　（6）$xy''+y'=0$；

（7）$yy''+2y'^2=0$　　（8）$y^3y''-1=0$；

（9）$y''=\frac{1}{\sqrt{y}}$；　　（10）$y''=(y')^3+y'$.

解　（1）方程两边积分得 $y'=\int(x+\sin x)\mathrm{d}x=\frac{1}{2}x^2-\cos x+C_1$，再次积分得 $y=\int\left(\frac{1}{2}x^2-\cos x+C_1\right)\mathrm{d}x=\frac{1}{6}x^3-\sin x+C_1x+C_2$，所以原方程的通解为 $y=\frac{1}{6}x^3-\sin x+C_1x+C_2$.

（2）方程两边积分得 $y''=\int xe^x\mathrm{d}x=xe^x-e^x+2C_1$，再次积分得 $y'=\int(xe^x-e^x+2C_1)\mathrm{d}x=xe^x-2e^x+2C_1x+C_2$，继续积分得 $y=\int(xe^x-2e^x+2C_1x+C_2)\mathrm{d}x=xe^x-3e^x+C_1x^2+C_2x+C_3$，所以原方程的通解为 $y=xe^x-3e^x+C_1x^2+C_2x+C_3$.

（3）方程两边积分得 $y'=\int\frac{1}{1+x^2}\mathrm{d}x=\arctan x+C_1$，再次积分得

$$y=\int(\arctan x+C_1)\mathrm{d}x=x\arctan x-\int\frac{x}{1+x^2}\mathrm{d}x+C_1x$$

$$=x\arctan x-\frac{1}{2}\ln(1+x^2)+C_1x+C_2,$$

所以原方程的通解为 $y=x\arctan x-\ln\sqrt{1+x^2}+C_1x+C_2$.

（4）设 $p=y'$，$y''=p'$，则原方程化为 $p'=1+p^2$，即 $\frac{1}{1+p^2}\mathrm{d}p=\mathrm{d}x$，方程两边积分得 $\arctan p=x+C$ 即 $y'=\tan(x+C_1)$，再次积分得

$$y=\int\tan(x+C_1)\,\mathrm{d}x=-\ln|\cos(x+C_1)|+C_2.$$

所以原方程的通解为 $y=-\ln|\cos(x+C_1)|+C_2$.

（5）设 $p=y'$，$y''=p'$，则原方程化为 $p'-p=x$，代入一阶线性非齐次方程的通解公式得

$$p=\mathrm{e}^{\int\mathrm{d}x}\left(\int x\cdot\mathrm{e}^{-\int\mathrm{d}x}\mathrm{d}x+C_1\right)=\mathrm{e}^x\left(\int x\mathrm{e}^{-x}\mathrm{d}x+C_1\right)=C_1\mathrm{e}^x-x-1,$$

所以 $y'=C_1\mathrm{e}^x-x-1$，两边积分得 $y=\int(C_1\mathrm{e}^x-x-1)\,\mathrm{d}x=C_1\mathrm{e}^x-\frac{1}{2}x^2-x+C_2$，所以原方程的通解为 $y=C_1\mathrm{e}^x-\frac{1}{2}x^2-x+C_2$.

（6）设 $p=y'$，$y''=p'$，则原方程化为 $xp'+p=0$ 即 $p'+\frac{1}{x}p=0$，分离变量解方程可得 $\ln|p|=\ln\left|\frac{1}{x}\right|+C_1$，整理得 $p=\frac{C_2}{x}$，所以 $y'=\frac{C_2}{x}$，两边积分得 $y=\int\frac{C_2}{x}\mathrm{d}x=C_2\ln|x|+C_3$，所以原方程的通解为 $y=C_2\ln|x|+C_3$.

（7）设 $p=y'$，$y''=\frac{\mathrm{d}p}{\mathrm{d}y}\cdot\frac{\mathrm{d}y}{\mathrm{d}x}=p\frac{\mathrm{d}p}{\mathrm{d}y}$，原方程可化为 $yp\frac{\mathrm{d}p}{\mathrm{d}y}+2p^2=0$，分离变量得 $\frac{1}{p}\mathrm{d}p=-2\frac{1}{y}\mathrm{d}y$，两边积分得 $\ln|p|=-\ln y^2+\ln|C_1|$，整理得 $y'=p=\frac{C_1}{y^2}$，再分离变量得 $y^2\mathrm{d}y=C_1\mathrm{d}x$，两边积分得方程的通解为 $y^3=3C_1x+C_2=C_3x+C_2$.

（8）设 $p=y'$，$y''=\frac{\mathrm{d}p}{\mathrm{d}y}\cdot\frac{\mathrm{d}y}{\mathrm{d}x}=p\frac{\mathrm{d}p}{\mathrm{d}y}$，原方程可以化为 $y^3p\frac{\mathrm{d}p}{\mathrm{d}y}-1=0$，分离变量可以得到 $p\mathrm{d}p=y^{-3}\mathrm{d}y$，两边积分得 $\frac{1}{2}p^2=-\frac{1}{2}y^{-2}+\frac{1}{2}C_1$，整理得 $p^2=-y^{-2}+C_1$，所以 $y'=\pm\sqrt{C_1-y^{-2}}$，分离变量得 $\frac{1}{\sqrt{C_1-y^{-2}}}\mathrm{d}y=\pm\mathrm{d}x$，两边积分得 $\sqrt{C_1y^2-1}=\pm(C_1x+C_2)$，所以原方程的通解为 $C_1y^2=(C_1x+C_2)^2+1$.

（9）设 $p=y'$，$y''=\frac{\mathrm{d}p}{\mathrm{d}y}\cdot\frac{\mathrm{d}y}{\mathrm{d}x}=p\frac{\mathrm{d}p}{\mathrm{d}y}$，原方程可以化为 $p\frac{\mathrm{d}p}{\mathrm{d}y}=\frac{1}{\sqrt{y}}$，分离变量得 $p\mathrm{d}p=\frac{1}{\sqrt{y}}\mathrm{d}y$，两边积分得 $\frac{1}{2}p^2=2\sqrt{y}+2C_1$，即 $p^2=4\sqrt{y}+4C_1$，所以 $y'=\pm2\sqrt{\sqrt{y}+C_1}$，分离变量得 $\frac{1}{\sqrt{\sqrt{y}+C_1}}\mathrm{d}y=\pm2\mathrm{d}x$，所以原方程的通解为 $x=\pm\left[\frac{2}{3}(\sqrt{y}+C_1)^{\frac{3}{2}}-2C_1\sqrt{\sqrt{y}+C_1}\right]+C_2$.

（10）设 $p=y'$，$y''=\frac{\mathrm{d}p}{\mathrm{d}y}\cdot\frac{\mathrm{d}y}{\mathrm{d}x}=p\frac{\mathrm{d}p}{\mathrm{d}y}$，代入原方程整理可以得到 $p\frac{\mathrm{d}p}{\mathrm{d}y}=p^3+p$，可以得到 $p\left[\frac{\mathrm{d}p}{\mathrm{d}y}-(1+p^2)\right]=0$. 由 $\frac{\mathrm{d}p}{\mathrm{d}y}-(1+p^2)=0$ 得 $\arctan p=y-C_1$，所以 $y'=p=\tan(y-C_1)$，从而 $x+C_2=\int\frac{1}{\tan(y-C_1)}\mathrm{d}y=\ln|\sin(y-C_1)|$.

故原方程的通解为 $y=\arcsin\mathrm{e}^{x+C_2}+C_1=\arcsin C_3\mathrm{e}^x+C_1$. 又由 $p=0$ 得 $y=C$，这也是原

方程的一个解.

2. 求下列各微分方程满足所给初值条件的特解：

(1) $y^3y''+1=0$，$y|_{x=1}=1$，$y'|_{x=1}=0$；

(2) $y''-ay'^2=0$，$y|_{x=0}=0$，$y'|_{x=0}=-1$；

(3) $y'''=\mathrm{e}^{ax}$，$y|_{x=1}=y'|_{x=1}=y''|_{x=1}=0$；

(4) $y''=\mathrm{e}^{2y}$，$y|_{x=0}=y'|_{x=0}=0$；

(5) $y''=3\sqrt{y}$，$y|_{x=0}=1$，$y'|_{x=0}=2$；

(6) $y''+y'^2=1$，$y|_{x=0}=0$，$y'|_{x=0}=0$.

解 (1) 设 $p=y'$，$y''=\frac{\mathrm{d}p}{\mathrm{d}y}\cdot\frac{\mathrm{d}y}{\mathrm{d}x}=p\frac{\mathrm{d}p}{\mathrm{d}y}$，代入原方程整理可得 $y^3p\frac{\mathrm{d}p}{\mathrm{d}y}+1=0$，分离变量得 $p\mathrm{d}p=-\frac{1}{y^3}\mathrm{d}y$，两边积分得 $p^2=\frac{1}{y^2}+C_1$，即 $y'=\pm\frac{\sqrt{1+C_1y^2}}{y}$.

由初值条件 $y'|_{x=1}=0$ 得 $C_1=-1$，从而 $y'=\pm\frac{\sqrt{1-y^2}}{y}$，分离变量得 $\pm\frac{y}{\sqrt{1-y^2}}\mathrm{d}y=\mathrm{d}x$，两边积分得 $\pm\sqrt{1-y^2}=x+C_2$，即 $y=\pm\sqrt{1-(x+C_2)^2}$.

由 $y|_{x=1}=1$ 得 $C_2=-1y=\sqrt{1-(x-1)^2}$，从而原方程的特解为 $y=\sqrt{2x-x^2}$.

(2) 设 $p=y'$ 则 $y''=p'$，代入原方程可得 $\frac{\mathrm{d}p}{\mathrm{d}x}-ap^2=0$，分离变量得 $\frac{1}{p^2}\mathrm{d}p=a\mathrm{d}x$，两边积分得 $-\frac{1}{p}=ax+C_1$，即 $y'=-\frac{1}{ax+C_1}$.

由 $y'|_{x=0}=-1$，得 $C_1=1$，$y'=-\frac{1}{ax+1}$，两边积分得 $y=-\frac{1}{a}\ln(ax+1)+C_2$.

由 $y|_{x=0}=0$，得 $C_2=0$. 故所求特解为 $y=-\frac{1}{a}\ln(ax+1)(a\neq 0)$.

(3) $y''=\int\mathrm{e}^{ax}\mathrm{d}x=\frac{1}{a}\mathrm{e}^{ax}+C_1$，由 $y''|_{x=1}=0$ 得 $C_1=-\frac{1}{a}\mathrm{e}^a$.

$y'=\int\left(\frac{1}{a}\mathrm{e}^{ax}-\frac{1}{a}\mathrm{e}^a\right)\mathrm{d}x=\frac{1}{a^2}\mathrm{e}^{ax}-\frac{1}{a}\mathrm{e}^ax+C_2$. 由 $y'|_{x=1}=0$ 得 $C_2=\frac{1}{a}\mathrm{e}^a-\frac{1}{a^2}\mathrm{e}^a$.

$$y=\int\left(\frac{1}{a^2}\mathrm{e}^{ax}-\frac{1}{a}\mathrm{e}^ax+\frac{1}{a}\mathrm{e}^a-\frac{1}{a^2}\mathrm{e}^a\right)\mathrm{d}x$$

$$=\frac{1}{a^3}\mathrm{e}^{ax}-\frac{1}{2a}\mathrm{e}^ax^2+\frac{1}{a}\mathrm{e}^ax-\frac{1}{a^2}\mathrm{e}^ax+C_3.$$

由 $y|_{x=1}=0$ 得 $C_3=\frac{1}{a^2}\mathrm{e}^a-\frac{1}{a}\mathrm{e}^a+\frac{1}{2a}\mathrm{e}^a-\frac{1}{a^3}\mathrm{e}^a$.

故所求特解为 $y=\frac{\mathrm{e}^{ax}}{a^3}-\frac{\mathrm{e}^ax^2}{2a}+\frac{\mathrm{e}^a(a-1)x}{a^2}+\frac{\mathrm{e}^a(2a-a^2-2)}{2a^3}$.

(4) 设 $p=y'$，$y''=\frac{\mathrm{d}p}{\mathrm{d}y}\cdot\frac{\mathrm{d}y}{\mathrm{d}x}=p\frac{\mathrm{d}p}{\mathrm{d}y}$，代入原方程整理可得 $p\frac{\mathrm{d}p}{\mathrm{d}y}=\mathrm{e}^{2y}$，分离变量可得 $p\mathrm{d}p=\mathrm{e}^{2y}\mathrm{d}y$，两边积分得 $p^2=\mathrm{e}^{2y}+C_1$，所以 $y'=\pm\sqrt{\mathrm{e}^{2y}+C_1}$.

由 $y|_{x=0}=y'|_{x=0}=0$ 得 $C_1=-1$，所以 $y'=\pm\sqrt{e^{2y}-1}$，从而 $\frac{1}{\sqrt{e^{2y}-1}}dy=\pm dx$，两边积分得 $-\arcsin e^{-y}=\pm x+C_2$；

又由于 $y|_{x=0}=0$，得 $C_2=-\frac{\pi}{2}$，故 $e^{-y}=\sin\left(\mp x+\frac{\pi}{2}\right)=\cos x$，因此所求特解为 $y=-\ln\cos x$.

(5) 设 $p=y'$，$y''=\frac{dp}{dy}\cdot\frac{dy}{dx}=p\frac{dp}{dy}$，代入原方程整理可得 $p\frac{dp}{dy}=3\sqrt{y}$，分离变量得 $pdp=3\sqrt{y}dy$，方程两边积分得 $\frac{1}{2}p^2=2y^{\frac{3}{2}}+2C_1$，即 $y'=\pm2\sqrt{y^{\frac{3}{2}}+C_1}$.

由 $y|_{x=0}=1$，$y'|_{x=0}=2$ 得 $C_1=0$，$y'=2y^{\frac{3}{4}}$，从而 $y^{-\frac{3}{4}}dy=2dx$，两边积分得 $4y^{\frac{1}{4}}=2x+C_2$，即 $y=\left(\frac{1}{2}x+\frac{1}{4}C_2\right)^4$；

又由 $y|_{x=0}=1$ 得 $C_2=4$，则原方程的特解为 $y=\left(\frac{1}{2}x+1\right)^4$.

(6) 设 $p=y'$，$y''=\frac{dp}{dy}\cdot\frac{dy}{dx}=p\frac{dp}{dy}$，代入原方程整理可得 $p\frac{dp}{dy}+p^2=1$，两边整理可得 $\frac{dp^2}{dy}+2p^2=2$，于是 $p^2=e^{-\int2dy}\left(\int2\cdot e^{\int2dy}dy+C_1\right)=C_1e^{-2y}+1$，因此 $y'=\pm\sqrt{C_1e^{-2y}+1}$，由 $y|_{x=0}=y'|_{x=0}=0$ 得 $C_1=-1$，所以 $y'=\pm\sqrt{1-e^{-2y}}$.

故 $\frac{1}{\sqrt{1-e^{-2y}}}dy=\pm dx$，两边积分得 $\ln(e^y+\sqrt{e^{2y}-1})=\pm x+C_2$；

又由 $y|_{x=0}=0$ 得 $C_2=0$，则 $\ln(e^y+\sqrt{e^{2y}-1})=\pm x$，因此原方程的特解为 $y=\ln\operatorname{ch}x$.

3. 试求 $y''=x$ 的经过点 $M(0,1)$ 且在此点与直线 $y=\frac{1}{2}x+1$ 相切的积分曲线.

解　由 $y''=x$ 积分得 $y'=\frac{1}{2}x^2+C_1$，再次积分得 $y=\frac{1}{6}x^3+C_1x+C_2$. 由题意得 $y|_{x=0}=1$，$y'|_{x=0}=\frac{1}{2}$. 由 $y'|_{x=0}=\frac{1}{2}$ 得 $C_1=\frac{1}{2}$，再由 $y|_{x=0}=1$ 得 $C_2=1$，因此所求曲线为 $y=\frac{1}{6}x^3+\frac{1}{2}x+1$.

4. 设有一质量为 m 的物体在空中由静止开始下落，如果空气阻力为 $R=cv$（其中 c 为常数，v 为物体运动的速度），试求物体下落的距离 s 与时间 t 的函数关系.

解　以 $t=0$ 对应的物体位置为原点，垂直向下的直线为 s 正轴，建立坐标系. 由题设条件得 $\begin{cases}m\frac{dv}{dt}=mg-c\frac{ds}{dt},\\ s|_{t=0}=v|_{t=0}=0,\end{cases}$ 其中 $v=\frac{ds}{dt}$，将方程分离变量得 $\frac{mdv}{mg-cv}=dt$，方程两边积分得 $\ln\left|g-\frac{c}{m}v\right|=-\frac{c}{m}t+C_1$，由 $v|_{t=0}=0$ 得 $C_1=\ln g$，所以 $v=\frac{ds}{dt}=\frac{mg}{c}(1-e^{-\frac{c}{m}t})$，再次积分得 $s=\frac{mg}{c}\left(t+\frac{m}{c}e^{-\frac{c}{m}t}\right)+C_2$. 又初值条件 $s|_{t=0}=0$，则 $C_2=-\frac{m^2g}{c^2}$，因此所求的特解为 $s=$

$\frac{mg}{c}\left(t+\frac{m}{c}\mathrm{e}^{-\frac{c}{m}t}\right)-\frac{m^2g}{c^2}$.

习题7-6　解答　高阶线性微分方程

1. 下列函数组在其定义区间内哪些是线性无关的？

(1) x，x^2；　　(2) x，$2x$；

(3) e^{2x}，$3\mathrm{e}^{2x}$；　　(4) e^{-x}，e^{x}；

(5) $\cos 2x$，$\sin 2x$；　　(6) e^{x^2}，$x\mathrm{e}^{x^2}$；

(7) $\sin 2x$，$\cos x\sin x$；　　(8) $\mathrm{e}^x\cos 2x$，$\mathrm{e}^x\sin 2x$；

(9) $\ln x$，$x\ln x$；　　(10) e^{ax}，$\mathrm{e}^{bx}(a\neq b)$.

解　(1) $\frac{x^2}{x}=x$ 不恒为常数，所以 x，x^2 是线性无关的.

(2) $\frac{2x}{x}=2$ 是个常数，所以 x，$2x$ 是线性相关的.

(3) $\frac{3\mathrm{e}^{2x}}{\mathrm{e}^{2x}}=3$ 是个常数，所以 e^{2x}，$3\mathrm{e}^{2x}$ 是线性相关的.

(4) $\frac{\mathrm{e}^{x}}{\mathrm{e}^{-x}}=\mathrm{e}^{2x}$ 不恒为常数，所以 e^{-x}，e^{x} 是线性无关的.

(5) $\frac{\sin 2x}{\cos 2x}=\tan 2x$ 不恒为常数，所以 $\cos 2x$，$\sin 2x$ 是线性无关的.

(6) $\frac{x\mathrm{e}^{x^2}}{\mathrm{e}^{x^2}}=x$ 不恒为常数，所以 e^{x^2}，$x\mathrm{e}^{x^2}$ 是线性无关的.

(7) $\frac{\sin 2x}{\cos x\sin x}=2$ 是个常数，所以 $\sin 2x$，$\cos x\sin x$ 是线性相关的.

(8) $\frac{\mathrm{e}^x\sin 2x}{\mathrm{e}^x\cos 2x}=\tan 2x$ 不恒为常数，所以 $\mathrm{e}^x\cos 2x$，$\mathrm{e}^x\sin 2x$ 是线性无关的.

(9) $\frac{x\ln x}{\ln x}=x$ 不恒为常数，所以 $\ln x$，$x\ln x$ 是线性无关的.

(10) $\frac{\mathrm{e}^{bx}}{\mathrm{e}^{ax}}=\mathrm{e}^{(b-a)x}$ 不恒为常数，所以 e^{ax}，e^{bx} 是线性无关的.

2. 验证 $y_1=\cos\omega x$ 及 $y_2=\sin\omega x$ 都是方程 $y''+\omega^2y=0$ 的解，并写出该方程的通解.

解　将 y_1 和 y_2 代入方程 $\begin{cases}y_1''+\omega^2y_1=-\omega^2\cos\omega x+\omega^2\cos\omega x=0,\\ y_2''+\omega^2y_2=-\omega^2\sin\omega x+\omega^2\sin\omega x=0,\end{cases}$ 又 $\frac{y_1}{y_2}=\cot\omega x$ 不恒为常数，所以 $y_1=\cos\omega x$ 与 $y_2=\sin\omega x$ 是方程的两个线性无关解，从而方程的通解为 $y=C_1\cos\omega x+C_2\sin\omega x$.

3. 验证 $y_1=\mathrm{e}^{x^2}$ 及 $y_2=x\mathrm{e}^{x^2}$ 都是方程 $y''-4xy'+(4x^2-2)y=0$ 的解，并写出该方程的通解.

解　将 y_1 和 y_2 代入方程

$$\begin{cases}y_1''-4xy_1'+(4x^2-2)y_1=2\mathrm{e}^{x^2}+4x^2\mathrm{e}^{x^2}-4x\cdot 2x\mathrm{e}^{x^2}+(4x^2-2)\cdot\mathrm{e}^{x^2}=0,\\ y_2''-4xy_2'+(4x^2-2)y_2=6x\mathrm{e}^{x^2}+4x^3\mathrm{e}^{x^2}-4x\cdot(\mathrm{e}^{x^2}+2x^2\mathrm{e}^{x^2})+(4x^2-2)\cdot x\mathrm{e}^{x^2}=0.\end{cases}$$

又 $\dfrac{y_2}{y_1}=x$ 不恒为常数，所以 $y_1=e^{x^2}$ 与 $y_2=xe^{x^2}$ 是方程的两个线性无关解，从而方程的通解为 $y=C_1e^{x^2}+C_2xe^{x^2}$.

4. 验证：

(1) $y=C_1e^x+C_2e^{2x}+\dfrac{1}{12}e^{5x}$（$C_1$、$C_2$ 是任意常数）是方程 $y''-3y'+2y=e^{5x}$ 的通解；

(2) $y=C_1\cos 3x+C_2\sin 3x+\dfrac{1}{32}(4x\cos x+\sin x)$（$C_1$、$C_2$ 是任意常数）是方程 $y''+9y=x\cos x$ 的通解；

(3) $y=C_1x^2+C_2x^2\ln x$（C_1、C_2 是任意常数）是方程 $x^2y''-3xy'+4y=0$ 的通解；

(4) $y=C_1x^5+\dfrac{C_2}{x}-\dfrac{x^2}{9}\ln x$（$C_1$、$C_2$ 是任意常数）是方程 $x^2y''-3xy'-5y=x^2\ln x$ 的通解；

(5) $y=\dfrac{1}{x}(C_1e^x+C_2e^{-x})+\dfrac{e^x}{2}$（$C_1$、$C_2$ 是任意常数）是方程 $xy''+2y'-xy=e^x$ 的通解；

(6) $y=C_1e^x+C_2e^{-x}+C_3\cos x+C_4\sin x-x^2$（$C_1$、$C_2$、$C_3$、$C_4$ 是任意常数）是方程 $y^{(4)}-y=x^2$ 的通解.

解 (1) 令 $y_1=e^x$，$y_2=e^{2x}$，$y^*=\dfrac{1}{12}e^{5x}$. 代入方程

$$\begin{cases}y_1''-3y_1'+2y_1=e^x-3e^x+2e^x=0,\\ y_2''-3y_2'+2y_2=4e^{2x}-6e^{2x}+2e^{2x}=0,\end{cases}$$

又 $\dfrac{y_2}{y_1}=e^x$ 不恒为常数，所以 $y_1=e^x$ 与 $y_2=e^{2x}$ 是齐次方程 $y''-3y'+2y=0$ 的线性无关解，因此 $y=C_1e^x+C_2e^{2x}$ 是齐次方程的通解. 将 $y^*=\dfrac{1}{12}e^{5x}$ 代入非齐次方程可得

$$y^{*\prime\prime}-3y^{*\prime}+2y^*=\frac{25}{12}e^{5x}-3\cdot\frac{5}{12}e^{5x}+2\cdot\frac{1}{12}e^{5x}=e^{5x},$$

所以 $y^*=\dfrac{1}{12}e^{5x}$ 是方程 $y''-3y'+2y=e^{5x}$ 的特解，因此 $y=C_1e^x+C_2e^{2x}+\dfrac{1}{12}e^{5x}$ 是原方程的通解.

(2) 设 $y_1=\cos 3x$，$y_2=\sin 3x$，$y^*=\dfrac{1}{32}(4x\cos x+\sin x)$. 将 y_1 和 y_2 代入原方程可得

$$\begin{cases}y_1''+9y_1=-9\cos 3x+9\cos 3x=0,\\ y_2''+9y_2=-9\sin 3x+9\sin 3x=0,\end{cases}$$

又 $\dfrac{y_2}{y_1}=\tan 3x$ 不恒为常数，所以 y_1 和 y_2 是齐次方程 $y''+9y=0$ 的线性无关解，从而 $y=C_1\cos 3x+C_2\sin 3x$ 是齐次方程的通解. 将 $y^*=\dfrac{1}{32}(4x\cos x+\sin x)$ 代入非齐次方程可得

$$y^{*\prime\prime}+9y^*=\frac{1}{32}(-9\sin x-4x\cos x)+9\cdot\frac{1}{32}(4x\cos x+\sin x)=x\cos x,$$

所以 y^* 是方程 $y''+9y=x\cos x$ 的特解. 因此 $y=C_1\cos 3x+C_2\sin 3x+\dfrac{1}{32}(4x\cos x+\sin x)$ 是原

方程的通解.

（3）设 $y_1=x^2$，$y_2=x^2\ln x$. 代入齐次方程

$$\begin{cases}x^2y_1''-3xy_1'+4y_1=2x^2-3x\cdot 2x+4x^2=0,\\ x^2y_2''-3xy_2'+4y_2=x^2(2\ln x+3)-3x(2x\ln x+x)+4x^2\ln x=0,\end{cases}$$

又 $\dfrac{y_2}{y_1}=\ln x$ 不恒为常数，所以 y_1 和 y_2 是方程 $x^2y''-3xy'+4y=0$ 的线性无关解，从而 $y=C_1x^2+C_2x^2\ln x$ 是原方程的通解.

（4）设 $y_1=x^5$，$y_2=\dfrac{1}{x}$，$y^*=-\dfrac{x^2}{9}\ln x$. 将 y_1 和 y_2 代入原方程可得

$$\begin{cases}x^2y_1''-3xy_1'-5y_1=x^2\cdot 20x^3-3x\cdot 5x^4-5\cdot x^5=0,\\ x^2y_2''-3xy_2'-5y_2=x^2\cdot\dfrac{2}{x^3}-3x\cdot\left(-\dfrac{1}{x^2}\right)-5\cdot\dfrac{1}{x}=0,\end{cases}$$

又 $\dfrac{y_1}{y_2}=x^6$ 不恒为常数，所以 y_1 和 y_2 是齐次方程 $x^2y''-3xy'-5y=0$ 的线性无关解，则 $Y=C_1x^5+\dfrac{C_2}{x}$ 是齐次方程的通解. 将 $y^*=-\dfrac{x^2}{9}\ln x$ 代入非齐次方程可得

$$x^2y^{*\prime\prime}-3xy^{*\prime}-5y^*=x^2\cdot\left(-\frac{2}{9}\ln x-\frac{1}{3}\right)-3x\cdot\left(-\frac{2x}{9}\ln x-\frac{x}{9}\right)-5\cdot\left(-\frac{x^2}{9}\ln x\right)=x^2\ln x,$$

所以 y^* 是方程 $x^2y''-3xy'-5y=x^2\ln x$ 的特解. 因此 $y=C_1x^5+\dfrac{C_2}{x}-\dfrac{x^2}{9}\ln x$ 是原方程的通解.

（5）设 $y_1=\dfrac{1}{x}e^x$，$y_2=\dfrac{1}{x}e^{-x}$，$y^*=\dfrac{e^x}{2}$. 将 y_1 和 y_2 代入原方程可得

$$\begin{cases}xy_1''+2y_1'-xy_1=x\cdot\left(\dfrac{2e^x}{x^3}-\dfrac{2e^x}{x^2}+\dfrac{e^x}{x}\right)+2\cdot\left(-\dfrac{e^x}{x^2}+\dfrac{e^x}{x}\right)-x\cdot\dfrac{e^x}{x}=0,\\ xy_2''+2y_2'-xy_2=x\cdot\left(\dfrac{2e^{-x}}{x^3}+\dfrac{2e^{-x}}{x^2}+\dfrac{e^{-x}}{x}\right)+2\cdot\left(-\dfrac{e^{-x}}{x^2}-\dfrac{e^{-x}}{x}\right)-x\cdot\dfrac{e^{-x}}{x}=0,\end{cases}$$

又 $\dfrac{y_1}{y_2}=e^{2x}$ 不恒为常数，因此 y_1 和 y_2 是齐次方程 $xy''+2y'-xy=0$ 的两个线性无关解，所以 $Y=\dfrac{1}{x}(C_1e^x+C_2e^{-x})$ 是齐次方程的通解. 将 $y^*=\dfrac{e^x}{2}$ 代入非齐次方程可得

$$xy^{*\prime\prime}+2y^{*\prime}-xy^*=x\cdot\frac{e^x}{2}+2\cdot\frac{e^x}{2}-x\cdot\frac{e^x}{2}=e^x.$$

所以 y^* 是方程 $xy''+2y'-xy=e^x$ 的特解. 故 $y=\dfrac{1}{x}(C_1e^x+C_2e^{-x})+\dfrac{e^x}{2}$ 是原方程的通解.

（6）设 $y_1=e^x$，$y_2=e^{-x}$，$y_3=\cos x$，$y_3=\sin x$，$y^*=-x^2$. 将 y_1、y_2、y_3、y_4 代入原方程可得

$$\begin{cases}y_1^{(4)}-y_1=e^x-e^x=0,\\ y_2^{(4)}-y_2=e^{-x}-e^{-x}=0,\\ y_3^{(4)}-y_3=\cos x-\cos x=0,\\ y_4^{(4)}-y_4=\sin x-\sin x=0,\end{cases}\quad\text{并且}\begin{cases}k_1e^x+k_2e^{-x}+k_3\cos x+k_4\sin x=0,\\ k_1e^x-k_2e^{-x}-k_3\cos x+k_4\sin x=0,\\ k_1e^x+k_2e^{-x}-k_3\cos x-k_4\sin x=0,\\ k_1e^x+k_2e^{-x}+k_3\cos x-k_4\sin x=0,\end{cases}$$

上面等式构成的齐次线性方程组的系数行列式为

$$\begin{vmatrix} e^x & e^{-x} & \cos x & \sin x \\ e^x & -e^{-x} & -\cos x & \sin x \\ e^x & e^{-x} & -\cos x & -\sin x \\ e^x & e^{-x} & \cos x & -\sin x \end{vmatrix} = 4 \neq 0,$$

所以方程组只有零解，即 $y_1 = e^x$，$y_2 = e^{-x}$，$y_3 = \cos x$，$y_3 = \sin x$ 是线性无关解，因此 $y = C_1e^x + C_2e^{-x} + C_3\cos x + C_4\sin x$ 是原方程的通解．将 $y^* = -x^2$ 代入非齐次方程可得 $y^{*(4)} - y^* = 0 - (-x^2) = x^2$，所以 y^* 是方程 $y^{(4)} - y = x^2$ 的特解．所以 $y = C_1e^x + C_2e^{-x} + C_3\cos x + C_4\sin x - x^2$ 是原方程的通解．

5—8 二维码

5—8. 此处解析请扫二维码查看．

习题 7-7　解答　常系数齐次线性微分方程

1. 求下列微分方程的通解

(1) $y'' + y' - 2y = 0$；　　(2) $y'' - 4y' = 0$；

(3) $y'' + y = 0$；　　(4) $y'' + 6y' + 13y = 0$；

(5) $4\dfrac{d^2x}{dt^2} - 20\dfrac{dx}{dt} + 25x = 0$；　　(6) $y'' - 4y' + 5y = 0$；

(7) $y^{(4)} - y = 0$；　　(8) $y^{(4)} + 2y'' + y = 0$；

(9) $y^{(4)} - 2y''' + y'' = 0$；　　(10) $y^{(4)} + 5y'' - 36y = 0$.

解　(1) 齐次方程的特征方程为 $r^2 + r - 2 = (r+2)(r-1) = 0$，其特征根为 $r_1 = 1$，$r_2 = -2$，可得微分方程的通解为 $y = C_1e^x + C_2e^{-2x}$.

(2) 齐次方程的特征方程为 $r^2 - 4r = r(r-4) = 0$，其特征根为 $r_1 = 0$，$r_2 = 4$，可得微分方程的通解为 $y = C_1 + C_2e^{4x}$.

(3) 齐次方程的特征方程为 $r^2 + 1 = 0$，其特征根为 $r_1 = i$，$r_2 = -i$，可得微分方程的通解为 $y = C_1\cos x + C_2\sin x$.

(4) 齐次方程的特征方程为 $r^2 + 6r + 13 = 0$，其特征根为 $r_1 = -3 - 2i$，$r_2 = -3 + 2i$，可得微分方程的通解为 $y = e^{-3x}(C_1\cos 2x + C_2\sin 2x)$

(5) 齐次方程的特征方程为 $4r^2 - 20r + 25 = (2x-5)^2 = 0$，其特征根为 $r_{1,2} = \dfrac{5}{2}$，可得微分方程的通解为 $x = C_1e^{\frac{5}{2}t} + C_2te^{\frac{5}{2}t}$，整理得 $x = (C_1 + C_2t)e^{\frac{5}{2}t}$.

(6) 齐次方程的特征方程为 $r^2 - 4r + 5 = 0$，其特征根为 $r_{1,2} = 2 \pm i$，可得微分方程的通解为 $y = e^{2x}(C_1\cos x + C_2\sin x)$.

(7) 齐次方程的特征方程为 $r^4 - 1 = (r-1)(r+1)(r^2+1) = 0$，其特征根为 $r_1 = 1$，$r_2 = -1$，$r_{3,4} = \pm i$，可得微分方程的通解为 $y = C_1e^x + C_2e^{-x} + C_3\cos x + C_4\sin x$.

(8) 齐次方程的特征方程为 $r^4 + 2r^2 + 1 = (r^2+1)^2 = 0$，其特征根为 $r_{1,2} = -i$，$r_{3,4} = i$，可得微分方程的通解为 $y = (C_1 + C_2x)\cos x + (C_3 + C_4x)\sin x$.

(9) 齐次方程的特征方程为 $r^4 - 2r^3 + r^2 = r^2(r-1)^2 = 0$，其特征根为 $r_{1,2} = 0$，$r_{3,4} = 1$，可得微分方程的通解为 $y = C_1 + C_2x + C_3e^x + C_4xe^x$.

（10）齐次方程的特征方程为 $r^4+5r^2-36=0$，其特征根为 $r_{1,2}=\pm2$，$r_{3,4}=\pm3\mathrm{i}$，可得微分方程的通解为 $y=C_1\mathrm{e}^{2x}+C_2\mathrm{e}^{-2x}+C_3\cos3x+C_4\sin3x$.

2. 求下列微分方程满足所给初值条件的特解：

（1）$y''-4y'+3y=0$，$y|_{x=0}=6$，$y'|_{x=0}=10$；

（2）$4y''+4y'+y=0$，$y|_{x=0}=2$，$y'|_{x=0}=0$；

（3）$y''-3y'-4y=0$，$y|_{x=0}=0$，$y'|_{x=0}=-5$；

（4）$y''+4y'+29y=0$，$y|_{x=0}=0$，$y'|_{x=0}=15$；

（5）$y''+25y=0$，$y|_{x=0}=2$，$y'|_{x=0}=5$；

（6）$y''-4y'+13y=0$，$y|_{x=0}=0$，$y'|_{x=0}=3$.

解　（1）齐次方程的特征方程为 $r^2-4r+3=(r-1)(r-3)=0$，其特征根为 $r_1=1$，$r_2=3$，可得微分方程的通解为 $y=C_1\mathrm{e}^{x}+C_2\mathrm{e}^{3x}$.

由初值条件 $y|_{x=0}=6$，$y'|_{x=0}=10$，得

$$\begin{cases}C_1+C_2=6,\\C_1+3C_2=10,\end{cases}$$

解得 $C_1=4$，$C_2=2$. 因此微分方程的特解为 $y=4\mathrm{e}^{x}+2\mathrm{e}^{3x}$.

（2）齐次微分方程的特征方程为 $4r^2+4r+1=(2r+1)^2=0$，其特征根为 $r_{1,2}=-\dfrac{1}{2}$，故所求微分方程的通解为 $y=\mathrm{e}^{-\frac{1}{2}x}(C_1+C_2x)$.

由初值条件 $y|_{x=2}=2$，$y'|_{x=0}=2$，得 $\begin{cases}C_1=2,\\-\dfrac{1}{2}C_1+C_2=0,\end{cases}$ 解得 $C_1=2$，$C_2=1$. 因此微分方程的特解为 $y=\mathrm{e}^{-\frac{1}{2}x}(2+x)$.

（3）齐次微分方程的特征方程为 $r^2-3r-4=(r-4)(r+1)=0$，其特征根为 $r_1=-1$，$r_2=4$，故所求微分方程的通解为 $y=C_1\mathrm{e}^{-x}+C_2\mathrm{e}^{4x}$.

由初值条件 $y|_{x=0}=0$，$y'|_{x=0}=-5$，得 $\begin{cases}C_1+C_2=0,\\-C_1+4C_2=-5,\end{cases}$ 解得 $C_1=1$，$C_2=-1$. 因此微分方程的特解为 $y=\mathrm{e}^{-x}-\mathrm{e}^{4x}$.

（4）齐次微分方程的特征方程为 $r^2+4r+29=0$，其特征根为 $r_{1,2}=-2\pm5\mathrm{i}$，所以所求微分方程的通解为 $y=\mathrm{e}^{-2x}(C_1\cos5x+C_2\sin5x)$.

由初值条件 $y|_{x=0}=0$，得 $C_1=0y=C_2\mathrm{e}^{-2x}\sin5x$. 由初值条件 $y'|_{x=0}=15$，得 $C_2=3$. 因此微分方程的特解为 $y=3\mathrm{e}^{-2x}\sin5x$.

（5）齐次微分方程的特征方程为 $r^2+25=0$，其特征根为 $r_{1,2}=\pm5\mathrm{i}$，所以所求微分方程的通解为 $y=C_1\cos5x+C_2\sin5x$.

由初值条件 $y|_{x=0}=2$，得到 $C_1=2$，$y=2\cos5x+C_2\sin5x$. 由初值条件 $y'|_{x=0}=5$，得 $C_2=1$. 因此微分方程的特解为 $y=2\cos5x+\sin5x$.

（6）齐次微分方程的特征方程为 $r^2-4r+13=((r-2)^2+9)=0$，其特征根为 $r_{12}=2\pm3\mathrm{i}$，所以所求微分方程的通解为 $y=\mathrm{e}^{2x}(C_1\cos3x+C_2\sin3x)$. 由初值条件 $y|_{x=0}=0$，$y'|_{x=0}=3$，得 $C_1=0$，$C_2=1$，因此微分方程的特解为 $y=\mathrm{e}^{2x}\sin3x$.

3. 一个单位质量的质点在数轴上运动，开始时质点在原点 O 处且速度为 v_0，在运动过程中，它受到一个力的作用，这个力的大小与质点到原点的距离成正比（比例系数 $k_1>0$），而方向与初速度一致．又介质的阻力与速度成正比（比例系数 $k_2>0$）．求反映该质点的运动规律的函数．

解 设在数轴 x 轴上运动，v_0 方向为 x 轴正方向．由题意可得微分方程

$$x''=k_1x-k_2x',$$

整理得 $x''+k_2x'-k_1x=0$.

由初值条件 $x|_{t=0}=0$，$x'|_{t=0}=v_0$，得微分方程的特征方程为 $r^2+k_2r-k_1=0$，求解特征方程得 $r_1=\dfrac{-k_2+\sqrt{k_2^2+4k_1}}{2}$，$r_2=\dfrac{-k_2-\sqrt{k_2^2+4k_1}}{2}$，因此微分方程的通解为

$$x=C_1\mathrm{e}^{\frac{-k_2+\sqrt{k_2^2+4k_1}}{2}t}+C_2\mathrm{e}^{\frac{-k_2-\sqrt{k_2^2+4k_1}}{2}t}.$$

由初值条件 $x|_{t=0}=0$，$x|_{t=0}=v_0$，得 $\begin{cases}C_1+C_2=0,\\C_1r_1+C_2r_2=v_0,\end{cases}$ 解得 $C_1=\dfrac{v_0}{\sqrt{k_2^2+4k_1}}$，$C_2=-\dfrac{v_0}{\sqrt{k_2^2+4k_1}}$. 所以方程的特解，也就是质点的运动规律函数为

$$x=\frac{v_0}{\sqrt{k_2^2+4k_1}}\left(\mathrm{e}^{\frac{-k_2+\sqrt{k_2^2+4k_1}}{2}t}-\mathrm{e}^{\frac{-k_2-\sqrt{k_2^2+4k_1}}{2}t}\right).$$

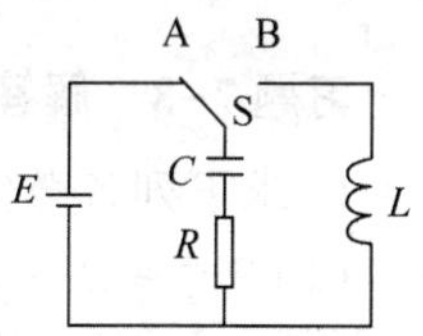

图 7-2

4. 在如图 7-2 所示的电路中先将开关 S 拨向 A，达到稳定状态后再将开关 S 拨向 B，求电压 $u_C(t)$ 及电流 $i(t)$. 已知 $E=20\ \mathrm{V}$，$C=0.5\times10^{-6}\ \mathrm{F}$，$L=0.1\ \mathrm{H}$，$R=2\,000\ \Omega$.

解 由回路电压定律可得 $E=L\dfrac{\mathrm{d}i}{\mathrm{d}t}-\dfrac{q}{C}-Ri=0$. 又由于 $q=Cu_C$，因此 $i=\dfrac{\mathrm{d}q}{\mathrm{d}t}=Cu_C'$，$\dfrac{\mathrm{d}i}{\mathrm{d}t}=Cu_C''$，代入上式可得微分方程 $-LCu_C''-u_C-RCu_C'=0$，方程的两边同除以 LC 可得 $u_C''+\dfrac{R}{L}u_C'+\dfrac{1}{LC}u_C=0$，当 $t=0$ 时 $u_C=20$，$u_C'=0$.

已知 $\dfrac{R}{L}=\dfrac{2\,000}{0.1}=2\times10^4$，$\dfrac{1}{LC}=\dfrac{1}{0.1\times0.5\times10^{-6}}=\dfrac{1}{5}\times10^8$，所以 $u_C''+2\times10^4u_C'+\dfrac{1}{5}\times10^8u_C=0$.

因为齐次微分方程的特征方程为 $r^2+2\times10^4r+\dfrac{1}{5}\times10^8=0$，其特征根为 $r_1\approx-1.9\times10^4$，$r_2\approx-10^3$，故微分方程的通解为 $u_C=C_1\mathrm{e}^{-1.9\times10^4t}+C_2\mathrm{e}^{-10^3t}$.

由于 $t=0$ 时，$u_C=20$，$u_C'=0$，因此 $C_1=-\dfrac{10}{9}$，$C_2=\dfrac{190}{9}$.

则所求的电压为 $u_C(t)=\dfrac{10}{9}(19\mathrm{e}^{-10^3t}-\mathrm{e}^{-1.9\times10^4t})$ (V) .

所求的电流为 $i(t)=\dfrac{19}{18}\times10^{-2}(\mathrm{e}^{-1.9\times10^4t}-\mathrm{e}^{-10^3t})$ (A) .

5. 设圆柱形浮筒的底面直径为 0.5 m，将它铅直放在水中，当稍向下压后突然放开，浮筒在水中上下振动的周期为 2 s，求浮筒的质量．

解 设 S 为浮筒的横截面积，ρ 为水的密度，R 为浮筒的直径，且设压下的位移为 x，则 $f=-\rho gSx$. 因为 $f=ma=m\dfrac{\mathrm{d}^2x}{\mathrm{d}t^2}$，所以

$$-\rho gS\cdot x=m\frac{\mathrm{d}^2x}{\mathrm{d}t^2}，即 m\frac{\mathrm{d}^2x}{\mathrm{d}t^2}+\rho gSx=0.$$

齐次微分方程的特征方程为 $mr^2+\rho gS=0$，特征根为 $r_{1,2}=\pm\sqrt{\dfrac{\rho gS}{m}}\mathrm{i}$，故微分方程的通解为 $x=C_1\cos\sqrt{\dfrac{\rho gS}{m}}t+C_2\sin\sqrt{\dfrac{\rho gS}{m}}t$，也可以写成 $x=A\sin\left(\sqrt{\dfrac{\rho gS}{m}}t+\varphi\right)$. 由此可得浮筒的振动频率为 $\omega=\sqrt{\dfrac{\rho gS}{m}}$.

又因为周期为 $T=2$，故 $\dfrac{2\pi}{\omega}=2\pi\sqrt{\dfrac{m}{\rho gS}}=2$，$m=\dfrac{\rho gS}{\pi^2}$. 将 $\rho=1\,000\ \mathrm{kg/m^3}$，$g=9.8\ \mathrm{m/s^2}$，$R=0.25\ \mathrm{m}$ 代入，得

$$m=\frac{\rho gS}{\pi^2}=\frac{1\,000\times9.8\times0.25^2}{\pi^2}=195\ (\mathrm{kg}).$$

习题7-8 解答 常系数非齐次线性微分方程

1. 求下列各微分方程的通解：

(1) $2y''+y'-y=2\mathrm{e}^x$；　(2) $y''+a^2y=\mathrm{e}^x$；

(3) $2y''+5y'=5x^2-2x-1$；　(4) $y''+3y'+2y=3x\mathrm{e}^{-x}$；

(5) $y''-2y'+5y=\mathrm{e}^x\sin2x$；　(6) $y''-6y'+9y=(x+1)\mathrm{e}^{3x}$；

(7) $y''+5y'+4y=3-2x$；　(8) $y''+4y=x\cos x$，

(9) $y''+y=\mathrm{e}^x+\cos x$；　(10) $y''-y=\sin^2x$.

解 (1) 原微分方程对应齐次方程的特征方程为 $2r^2+r-1=0$，其特征根为 $r_1=\dfrac{1}{2}$，$r_2=-1$，所以对应的齐次方程的通解为 $Y=C_1\mathrm{e}^{\frac{1}{2}x}+C_2\mathrm{e}^{-x}$.

又因为 $f(x)=2\mathrm{e}^x$，可以知道 $\lambda=1$ 不是特征方程的根，所以原方程的特解可以设为 $y^*=A\mathrm{e}^x$，将 y^* 代入原方程可得 $2A\mathrm{e}^x+A\mathrm{e}^x-A\mathrm{e}^x=2\mathrm{e}^x$，解得 $A=1$，所以 $y^*=\mathrm{e}^x$. 因此原方程的通解为 $y=C_1\mathrm{e}^{\frac{1}{2}x}+C_2\mathrm{e}^{-x}+\mathrm{e}^x$.

(2) 原微分方程对应齐次方程的特征方程为 $r^2+a^2=0$，其特征根为 $r=\pm a\mathrm{i}$，所以对应齐次方程的通解为 $Y=C_1\cos ax+C_2\sin ax$.

又因为 $f(x)=\mathrm{e}^x$，可以知道 $\lambda=1$ 不是特征方程的根，所以原方程的特解可以设为 $y^*=A\mathrm{e}^x$，将 y^* 代入原方程可得 $A\mathrm{e}^x+a^2A\mathrm{e}^x=\mathrm{e}^x$，解得 $A=\dfrac{1}{1+a^2}$，从而 $y^*=\dfrac{\mathrm{e}^x}{1+a^2}$，所以，原方程的通解为 $y=C_1\cos ax+C_2\sin ax+\dfrac{\mathrm{e}^x}{1+a^2}$.

(3) 原微分方程对应齐次方程的特征方程为 $2r^2+5r=0$，其特征根为 $r_1=0$，$r_2=-\dfrac{5}{2}$，所以原方程的对应齐次方程的通解为 $Y=C_1+C_2\mathrm{e}^{-\frac{5}{2}x}$.

又因为$f(x)=5x^2-2x-1$，可以知道$\lambda=0$是原特征方程的单根，所以特解可以设为$y^*=x(ax^2+bx+c)$，将y^*代入原方程并整理得

$$15ax^2+(12a+10b)x+(4b+5c)=5x^2-2x-1,$$

比较系数，由对应系数相等可得$a=\frac{1}{3}$，$b=-\frac{3}{5}$，$c=\frac{7}{25}$，因此$y^*=\frac{1}{3}x^3-\frac{3}{5}x^2+\frac{7}{25}x$.

综上，原微分方程的通解为$y=C_1+C_2e^{-\frac{5}{2}x}+\frac{1}{3}x^3-\frac{3}{5}x^2+\frac{7}{25}x$.

（4）原微分方程对应齐次方程的特征方程为$r^2+3r+2=(r+2)(r+1)=0$，其特征根为$r_1=-1$，$r_2=-2$，所以对应齐次方程的通解为$Y=C_1e^{-x}+C_2e^{-2x}$.

又因为$f(x)=3xe^{-x}$，可以知道$\lambda=-1$是原特征方程的单根，所以原方程的特解可以设为$y^*=x(ax+b)e^{-x}$，将y^*代入原方程并整理得$2ax+(2a+b)=3x$，比较系数，由对应系数相等可得$a=\frac{3}{2}$，$b=-3$，因此$y^*=e^{-x}\left(\frac{3}{2}x^2-3x\right)$.

综上，原微分方程的通解为$y=C_1e^{-x}+C_2e^{-2x}+e^{-x}\left(\frac{3}{2}x^2-3x\right)$.

（5）原微分方程对应齐次方程的特征方程为$r^2-2r+5=0$，其特征根为$r_{1,2}=1\pm2i$，所以对应齐次方程的通解为$Y=e^x(C_1\cos2x+C_2\sin2x)$. 又因为$f(x)=e^x\sin2x$，可以知道$\lambda=1\pm2i$是原特征方程的根，所以特解可以设为$y^*=x(a\cos2x+b\sin2x)e^x$，将$y^*$代入原方程并整理得$e^x[4b\cos2x-4a\sin2x]=e^x\sin2x$，比较系数，由对应系数相等可得$a=-\frac{1}{4}$，$b=0$，因此$y^*=-\frac{1}{4}xe^x\cos2x$.

综上，原微分方程的通解为$y=e^x(C_1\cos2x+C_2\sin2x)-\frac{1}{4}xe^x\cos2x$.

（6）原微分方程对应齐次方程的特征方程为$r^2-6r+9=0$，其特征根为$r_{1,2}=3$，所以对应齐次方程的通解为$Y=e^{3x}(C_1+C_2x)$. 又因为$f(x)=(x+1)e^{3x}$，可以知道$\lambda=3$是原特征方程的重根，所以特解可以设为$y^*=x^2(ax+b)e^{3x}$，将y^*代入原方程并整理得$e^{3x}[6ax+2b]=(x+1)e^{3x}$，比较系数，由对应系数相等可得$a=\frac{1}{6}$，$b=\frac{1}{2}$，所以$y^*=e^{3x}\left(\frac{1}{6}x^3+\frac{1}{2}x^2\right)$. 综上，原微分方程的通解为$y=e^{3x}(C_1+C_2x)+e^{3x}\left(\frac{1}{6}x^3+\frac{1}{2}x^2\right)$.

（7）原微分方程对应齐次方程的特征方程为$r^2+5r+4=0$，其特征根为$r_1=-1$，$r_2=-4$，所以对应齐次方程的通解为$Y=C_1e^{-x}+C_2e^{-4x}$.

又因为$f(x)=3-2x$，可以知道$\lambda=0$不是原特征方程的根，所以特解可以设为$y^*=ax+b$，将y^*代入原方程并整理得$4ax+(5a+4b)=-2x+3$，比较系数，由对应系数相等可得$a=-\frac{1}{2}$，$b=\frac{11}{8}$，所以$y^*=-\frac{1}{2}x+\frac{11}{8}$.

综上，原微分方程的通解为$y=C_1e^{-x}+C_2e^{-4x}-\frac{1}{2}x+\frac{11}{8}$.

（8）原微分方程对应齐次方程的特征方程为$r^2+4=0$，其特征根为$r_{1,2}=\pm2i$，所以对应齐次方程的通解为$Y=C_1\cos2x+C_2\sin2x$.

又因为$f(x)=x\cos x$，可以知道$\lambda=\mathrm{i}$不是特征方程的根，所以特解可以设为$y^*=(ax+b)\cos x+(cx+d)\sin x$，将$y^*$代入原方程并整理得

$$(3ax+3b+2c)\cos x+(3cx-2a+3d)\sin x=x\cos x,$$

比较系数，由对应系数相等可得$a=\dfrac{1}{3}$，$b=0$，$c=0$，$d=\dfrac{2}{9}$，所以$y^*=\dfrac{1}{3}x\cos x+\dfrac{2}{9}\sin x.$

综上，原微分方程的通解为$y=C_1\cos 2x+C_2\sin 2x+\dfrac{1}{3}x\cos x+\dfrac{2}{9}\sin x.$

(9) 原微分方程对应齐次方程的特征方程为$r^2+1=0$，其特征根为$r_{1,2}=\pm\mathrm{i}$，所以对应齐次方程的通解为$Y=C_1\cos x+C_2\sin x.$

又因为$f(x)=\mathrm{e}^x+\cos x=f_1(x)+f_2(x)$. 其中，方程$y''+y=\mathrm{e}^x$具有$a\mathrm{e}^x$形式的特解；方程$y''+y=\cos x$具有$x(b\cos x+c\sin x)$形式的特解，所以原方程的特解设为$y^*=a\mathrm{e}^x+x(b\cos x+c\sin x)$，将$y^*$代入原方程并整理得

$$2a\mathrm{e}^x+2c\cos x-2b\sin x=\mathrm{e}^x+\cos x,$$

比较系数，由对应系数相等可得$a=\dfrac{1}{2}$，$b=0$，$c=\dfrac{1}{2}$，因此$y^*=\dfrac{1}{2}\mathrm{e}^x+\dfrac{x}{2}\sin x.$

综上，原微分方程的通解为$y=C_1\cos x+C_2\sin x+\dfrac{1}{2}\mathrm{e}^x+\dfrac{x}{2}\sin x.$

(10) 原微分方程对应齐次方程的特征方程为$r^2-1=0$，其特征根为$r_1=-1$，$r_2=1$，所以对应齐次方程的通解为$Y=C_1\mathrm{e}^{-x}+C_2\mathrm{e}^x.$

又因为$f(x)=\sin^2 x=\dfrac{1}{2}-\dfrac{1}{2}\cos 2x=f_1(x)+f_2(x)$，其中方程$y''-y=\dfrac{1}{2}$的特解为常数$a$；方程$y''-y=-\dfrac{1}{2}\cos 2x$具有$b\cos 2x+c\sin 2x$形式的特解，所以原方程的特解设为$y^*=a+b\cos 2x+c\sin 2x$，将$y^*$代入原方程并整理得

$$-a-5b\cos 2x-5c\sin 2x=\frac{1}{2}-\frac{1}{2}\cos 2x,$$

比较系数，由对应系数相等可得$a=-\dfrac{1}{2}$，$b=\dfrac{1}{10}$，$c=0$，因此$y^*=-\dfrac{1}{2}+\dfrac{1}{10}\cos 2x.$

综上，原微分方程的通解为$y=C_1\mathrm{e}^{-x}+C_2\mathrm{e}^x+\dfrac{1}{10}\cos 2x-\dfrac{1}{2}.$

2. 求下列各微分方程满足已给初值条件的特解：

(1) $y''+y+\sin 2x=0$，$y|_{x=\pi}=1$，$y'|_{x=\pi}=1$；

(2) $y''-3y'+2y=5$，$y|_{x=0}=1$，$y'|_{x=0}=2$；

(3) $y''-10y'+9y=\mathrm{e}^{2x}$，$y|_{x=0}=\dfrac{6}{7}$，$y'|_{x=0}=\dfrac{33}{7}$；

(4) $y''-y=4x\mathrm{e}^x$，$y|_{x=0}=0$，$y'|_{x=0}=1$；

(5) $y''-4y'=5$，$y|_{x=0}=1$，$y'|_{x=0}=0.$

解 (1) 原微分方程对应齐次方程的特征方程为$r^2+1=0$，其特征根为$r_{1,2}=\pm\mathrm{i}$，所以对应齐次方程的通解为$Y=C_1\cos x+C_2\sin x.$

又因为$f(x)=-\sin 2x$，可以知道$\lambda=2\mathrm{i}$不是特征方程的根，所以特解可以设为$y^*=a\cos 2x+b\sin 2x$，将y^*代入原方程并整理得

$$-3a\cos 2x - 3b\sin 2x = -\sin 2x,$$

比较系数，由对应系数相等可得 $a=0$，$b=\frac{1}{3}$，从而 $y^{*}=\frac{1}{3}\sin 2x$.

综上，原微分方程的通解为 $y=C_1\cos x + C_2\sin x + \frac{1}{3}\sin 2x$.

又由初值条件 $y|_{x=\pi}=1$，$y'|_{x=\pi}=1$，得 $C_1=-1$，$C_2=-\frac{1}{3}$. 因此满足初值条件的特解为 $y=-\cos x-\frac{1}{3}\sin x+\frac{1}{3}\sin 2x$.

(2). 原微分方程对应齐次方程的特征方程为 $r^2-3r+2=(r-2)(r-1)=0$，其特征根为 $r_1=1$，$r_1=2$. 所以对应齐次方程的通解为 $Y=C_1e^{x}+C_2e^{2x}$.

可以非常容易得到 $y^{*}=\frac{5}{2}$ 为非齐次方程的一个特解，因此所求原方程的通解为

$$y=C_1e^{x}+C_2e^{2x}+\frac{5}{2}.$$

又由初值条件 $y|_{x=0}=1$，$y'|_{x=0}=2$，得 $\begin{cases}C_1+C_2+\frac{5}{2}=1,\\ C_1+2C_2=2,\end{cases}$ 解得 $C_1=-5$，$C_2=\frac{7}{2}$. 因此原方程满足初值条件的特解为 $y=-5e^{x}+\frac{7}{2}e^{2x}+\frac{5}{2}$.

(3) 原微分方程对应齐次方程的特征方程为 $r^2-10r+9=(r-9)(r-1)=0$，其特征根为 $r_1=1$，$r_2=9$，所以对应齐次方程的通解为 $Y=C_1e^{x}+C_2e^{9x}$.

又因为 $f(x)=e^{2x}$，可以知道 $\lambda=2$ 不是特征方程的根，所以特解可以设为 $y^{*}=ae^{2x}$，将 y^{*} 代入原方程并整理得 $(4a-20a+9a)e^{2x}=e^{2x}$，比较系数，由对应系数相等可得 $A=-\frac{1}{7}$，从而 $y^{*}=-\frac{1}{7}e^{2x}$. 因此原方程的通解为 $y=C_1e^{x}+C_2e^{9x}-\frac{1}{7}e^{2x}$.

由 $y|_{x=0}=\frac{6}{7}$，$y'|_{x=0}=\frac{33}{7}$，得 $C_1=C_2=\frac{1}{2}$. 因此满足初值条件的特解为 $y=\frac{1}{2}e^{x}+\frac{1}{2}e^{9x}-\frac{1}{7}e^{2x}$.

(4) 原微分方程对应齐次方程的特征方程为 $r^2-1=0$，其特征根为 $r_1=1$，$r_2=-1$，所以对应齐次方程的通解为 $Y=C_1e^{x}+C_2e^{-x}$.

又因为 $f(x)=4xe^{x}$，$\lambda=1$ 是特征方程的单根，所以特解可以设为 $y^{*}=xe^{x}(ax+b)$，将 y^{*} 代入原方程并整理得 $(4ax+2a+2b)e^{x}=4xe^{x}$，比较系数，由对应系数相等可得 $a=1$，$b=-1$，从而 $y^{*}=xe^{x}(x-1)$. 因此原方程的通解为

$$y=C_1e^{x}+C_2e^{-x}+xe^{x}(x-1).$$

由初值条件 $y|_{x=0}=0$，$y'|_{x=0}=1$，得 $\begin{cases}C_1+C_2=0,\\ C_1-C_2-1=1,\end{cases}$ 解得 $C_1=1$，$C_2=-1$，从而得到满足初值条件的特解为 $y=e^{x}-e^{-x}+xe^{x}(x-1)$.

(5) 原微分方程对应齐次方程的特征方程为 $r^2-4r=0$，其特征根为 $r_1=0$，$r_2=4$，所

以对应齐次方程的通解为 $Y=C_1+C_2e^{4x}$. 又因为 $f(x)=5$，$\lambda=0$ 是特征方程的单根，所以特解可以设为 $y^*=ax$. 将 y^* 代入原方程并整理得 $-4a=5$，所以 $a=-\frac{5}{4}$，从而 $y^*=-\frac{5}{4}x$.

因此，原方程的通解为 $y=C_1+C_2e^{4x}-\frac{5}{4}x$. 又由初值条件 $y|_{x=0}=1$，$y'|_{x=0}=0$，可得 $C_1=\frac{11}{16}$，$C_2=\frac{5}{16}$. 所以满足初值条件的特解为 $y=\frac{11}{16}+\frac{5}{16}e^{4x}-\frac{5}{4}x$.

3. 大炮以仰角 α 、初速度 v_0 发射炮弹，若不计空气阻力，求弹道曲线.

解 可以设大炮发射口为原点，将炮弹前进的水平方向设为 x 轴正方向，铅直向上的方向为 y 轴正方向，根据题意可以知道弹道运动曲线的参数方程 $\begin{cases}x=x(t),\\y=y(t)\end{cases}$ 满足的微分方程为

$$\begin{cases}\dfrac{d^2y}{dt^2}=-g,\\[2mm]\dfrac{dx}{dt}=v_0,\end{cases}\quad\text{初值条件为}\begin{cases}y|_{t=0}=0,\ y'|_{t=0}=v_0\sin\alpha,\\x|_{t=0}=0,\ x'|_{t=0}=v_0\cos\alpha.\end{cases}$$

求解方程可以得到满足方程和初值条件的解（弹道运动曲线）为 $\begin{cases}x=v_0\cos\alpha\cdot t,\\y=v_0\sin\alpha\cdot t-\frac{1}{2}gt^2.\end{cases}$

4. 在 RLC 含源串联电路中，电动势为 E 的电源对电容器 C 充电. 已知 $E=20$ V，$C=0.2$ μF，$L=0.1$ H，$R=1\,000$ Ω，试求合上开关 S 后的电流 $i(t)$ 及电压 $u_C(t)$.

解 由回路定律可以得到 $L\cdot C\cdot u_C''+R\cdot C\cdot u_C'+u_C=E$，两边同除以 LC 得 $u_C''+\frac{R}{L}u_C'+\frac{1}{LC}u_C=\frac{E}{LC}$，并且根据题意可知当 $t=0$ 时，$u_C=0$，$u_C'=0$.

又 $E=20$ V，$C=0.2$ μF，$L=0.1$ H，$R=1\,000$ Ω，那么

$$\frac{R}{L}=\frac{1\,000}{0.1}=10^4\cdot\frac{1}{LC}=\frac{1}{0.1\times0.2\times10^{-6}}=5\times10^7,\ \frac{E}{LC}=5\times10^7\times20=10^9.$$

代入微分方程得到 $u_C''+10^4u_C'+5\times10^7u_C=10^9$. 可以知道微分方程的特征方程为 $r^2+10^4r+5\times10^7=0$，求解其特征根为 $r_{1,2}=-5\times10^3\pm5\times10^3i$. 因此可以得到齐次方程的通解为 $u_C=e^{-5\times10^3t}[C_1\cos(5\times10^3)t+C_2\sin(5\times10^3)t]$.

容易看出 $y^*=20$ 为非齐次方程的一个特解. 因此微分方程的通解为

$$u_C=e^{-5\times10^3t}[C_1\cos(5\times10^3)t+C_2\sin(5\times10^3)t]+20.$$

又当 $t=0$ 时，$u_C=0$，$u_C'=0$，可得 $C_1=-20$，$C_2=-20$. 代入方程可得

$$u_C=20-20e^{-5\times10^3t}[\cos(5\times10^3)t+\sin(5\times10^3)t]\ (\text{V}),$$

$$i(t)=Cu_C'=0.2\times10^{-6}u_C'=4\times10^{-2}e^{-5\times10^3t}\sin(5\times10^3t)\ (\text{A}).$$

5. 一链条悬挂在一钉子上，起动时一端离开钉子 8 m，另一端离开钉子 12 m，分别在以下两种情况下求链条滑下来所需要的时间：

(1) 若不计钉子对链条所产生的摩擦力；

(2) 若摩擦力的大小等于 1 m 长的链条所受重力的大小.

解 (1) 若不计钉子对链条所产生的摩擦力，可以设在 t 时刻，链条上较长的一段下垂长度为 x m，且设链条的线密度为 ρ，则链条下滑的作用力为

$$F = x\rho g - (20 - x)\rho g = 2\rho g(x - 10)$$

又由牛顿第二定律，可以得到 $20\rho x'' = 2\rho g(x - 10)$，整理方程得 $x'' - \frac{g}{10}x = - g$.
根据上式可以得到微分方程的特征方程为

$$r^2 - \frac{g}{10} = 0,$$

其根为 $r_1 = -\sqrt{\frac{g}{10}}$，$r_2 = \sqrt{\frac{g}{10}}$，因此齐次方程的通解为 $x = C_1 e^{-\sqrt{\frac{g}{10}}t} + C_2 e^{\sqrt{\frac{g}{10}}t}$.

容易看到 $x^* = 10$ 为非齐次方程的一个特解，所以可以写出通解为

$$x = C_1 e^{-\sqrt{\frac{g}{10}}t} + C_2 e^{\sqrt{\frac{g}{10}}t} + 10.$$

又由初值条件 $x(0) = 12$ 及 $x'(0) = 0$，可得 $C_1 = 1$，$C_2 = 1$，所以方程的特解为

$$x = e^{-\sqrt{\frac{g}{10}}t} + e^{\sqrt{\frac{g}{10}}t} + 10.$$

当 $x = 20$ 时，链条完全滑下来就有 $e^{-\sqrt{\frac{g}{10}}t} + e^{\sqrt{\frac{g}{10}}t} = 10$，可以解得滑下来所需的时间为

$$t = \sqrt{\frac{10}{g}}\ln(5 + 2\sqrt{6})\ (\mathrm{s}).$$

(2) 若摩擦力的大小等于 1 m 长的链条所受重力的大小，此时向下拉链条的作用力变为

$$F = x\rho g - (20 - x)\rho g - \rho g = 2\rho g x - 21\rho g.$$

又由牛顿第二定律得到 $20\rho x'' = 2\rho g x - 21\rho g$，整理方程得 $x'' - \frac{g}{10}x = - 1.05g$.

求解上面的方程，可得微分方程的通解为 $x = C_1 e^{-\sqrt{\frac{g}{10}}t} + C_2 e^{\sqrt{\frac{g}{10}}t} + 10.5$.

又由初值条件 $x(0) = 12$ 及 $x'(0) = 0$，可得 $C_1 = \frac{3}{4}$，$C_2 = \frac{3}{4}$. 因此所求微分方程的特解为 $x = \frac{3}{4}(e^{-\sqrt{\frac{g}{10}}t} + e^{\sqrt{\frac{g}{10}}t}) + 10.5$. 当 $x = 20$ 时，链条完全滑下来，则有 $\frac{3}{4}(e^{-\sqrt{\frac{g}{10}}t} + e^{\sqrt{\frac{g}{10}}t}) = 9.5$，可解得滑下来所需时间为

$$t = \sqrt{\frac{10}{g}}\ln\left(\frac{19}{3} + \frac{4\sqrt{22}}{3}\right)(\mathrm{s}).$$

6. 设函数 $\varphi(x)$ 连续，且满足 $\varphi(x) = e^x + \int_0^x t\varphi(t)\,dt - x\int_0^x \varphi(t)\,dt$，求 $\varphi(x)$.

解 $\varphi(x) = e^x + \int_0^x t\varphi(t)\,dt - x\int_0^x \varphi(t)\,dt$，两边对 x 求导得 $\varphi'(x) = e^x - \int_0^x \varphi(t)\,dt$. 再求一次导得到二阶微分方程

$$\varphi''(x) = e^x - \varphi(x).$$

该微分方程对应的特征方程为 $r^2 + 1 = 0$，其特征根为 $r_{1,2} = \pm i$，因此微分方程对应的齐次方程的通解为 $\varphi(x) = C_1\cos x + C_2\sin x$. 容易看出 $\varphi^* = \frac{1}{2}e^x$ 是该微分方程的一个特解，所以

该微分方程的通解为 $\varphi = C_1\cos x + C_2\sin x + \frac{1}{2}e^x$.

由题目中所给的等式知 $\varphi(0)=1$，$\varphi'(0)=1$，由此可以得到 $C_1 = C_2 = \frac{1}{2}$. 因此 $\varphi(x) = \frac{1}{2}(\cos x + \sin x + e^x)$.

总习题七　解答

1. 填空：

(1) $xy''' + 2x^2y'^2 + x^3y = x^4 + 1$ 是________阶微分方程；

(2) 一阶线性微分方程 $y' + P(x)y = Q(x)$ 的通解为________；

(3) 与积分方程 $y = \int_{x_0}^{x} f(x, y)\,dx$ 等价的微分方程初值问题是________；

(4) 已知 $y=1$，$y=x$，$y=x^2$ 是某二阶非齐次线性微分方程的三个解，则该方程的通解为________.

解　(1) 3；

(2) $y = e^{-\int P(x)dx}\left(\int Q(x)e^{\int P(x)dx}dx + C\right)$；

(3) $y' = f(x, y)$，$y|_{x=x_0} = 0$；

(4) $y = C_1(x-1) + C_2(x^2-1) + 1$.

2. 以下两题中给出了四个结论，从中选出一个正确的结论：

(1) 设非齐次线性微分方程 $y' + P(x)y = Q(x)$ 有两个不同的解：$y_1(x)$ 与 $y_2(x)$，C 为任意常数，则该方程的通解是（　　）；

(A) $C[y_1(x) - y_2(x)]$　　(B) $y_1(x) + C[y_1(x) - y_2(x)]$

(C) $C[y_1(x) + y_2(x)]$　　(D) $y_1(x) + C[y_1(x) + y_2(x)]$

(2) 具有特解 $y_1 = e^{-x}$，$y_2 = 2xe^{-x}$，$y_3 = e^x$ 的三阶常系数齐次线性微分方程是（　　）.

(A) $y''' - y'' - y' + y = 0$　　(B) $y''' + y'' - y' - y = 0$

(C) $y''' - 6y'' + 11y' - 6y = 0$　　(D) $y''' - 2y'' - y' + 2y = 0$

解　(1) B；(2) B.

3. 求下列各式所表示的函数为通解的微分方程：

(1) $(x+C)^2 + y^2 = 1$（其中 C 为任意常数）；

(2) $y = C_1e^x + C_2e^{2x}$（其中 C_1、C_2 为任意常数）.

解　(1) 将等式变形为 $x + C = \pm\sqrt{1-y^2}$，两边对 x 求导可得 $1 = \pm\frac{yy'}{\sqrt{1-y^2}}$，整理得 $1 - y^2 = y^2y'^2$，因此所求的微分方程为 $y^2y'^2 + y^2 = 1$.

(2) 两边对 x 求导得 $y' = C_1e^x + 2C_2e^{2x}$，整理得

$$y' = y + C_2e^{2x}, \qquad ①$$

两边再求导得

$$y'' = y' + 2C_2e^{2x}, \qquad ②$$

②-①×2 可以得到 $y'' - 2y' = y' - 2y$，即 $y'' - 3y' + 2y = 0$.

4. 求下列微分方程的通解：

(1) $xy'+y=2\sqrt{xy}$;　(2) $xy'\ln x+y=ax(\ln x+1)$;

(3) $\dfrac{dy}{dx}=\dfrac{y}{2(\ln y-x)}$;　(4) $\dfrac{dy}{dx}+xy-x^3y^3=0$;

(5) $y''+y'^2+1=0$;　(6) $yy''-y'^2-1=0$;

(7) $y''+2y'+5y=\sin 2x$;　(8) $y'''+y''-2y'=x(e^x+4)$;

(9) $(y^4-3x^2)dy+xydx=0$;　(10) $y'+x=\sqrt{x^2+y}$.

解　(1) 方程的两边同时除以 $2x\sqrt{y}$，则方程变形为 $\dfrac{y'}{2\sqrt{y}}+\dfrac{1}{2x}\sqrt{y}=\dfrac{1}{\sqrt{x}}$，即 $(\sqrt{y})'+\dfrac{1}{2x}\sqrt{y}=\dfrac{1}{\sqrt{x}}$.

利用一阶线性微分方程的通解公式可得方程的通解为

$$\sqrt{y}=e^{-\int\frac{1}{2x}dx}\left(\int\frac{1}{\sqrt{x}}e^{\int\frac{1}{2x}dx}dx+C\right)=\frac{1}{\sqrt{x}}(x+C),$$

两边平方得原方程的通解为 $y=\dfrac{(x+C)^2}{x}$.

(2) 方程两边同时除以 $x\ln x$，则方程变形为 $y'+\dfrac{1}{x\ln x}y=a\left(1+\dfrac{1}{\ln x}\right)$，利用一阶线性微分方程的通解公式可得方程的通解为

$$y=e^{-\int\frac{1}{x\ln x}dx}\left[\int a\left(1+\frac{1}{\ln x}\right)e^{\int\frac{1}{x\ln x}dx}dx+C\right]=\frac{1}{\ln x}(ax\ln x+C),$$

整理得原方程的通解为 $y=ax+\dfrac{C}{\ln x}$.

(3) 方程的两边同时取倒数，则方程变形为 $\dfrac{dx}{dy}+\dfrac{2}{y}x=\dfrac{2\ln y}{y}$，这是一个 x 关于自变量 y 的一阶微分方程，利用一阶线性微分方程的通解公式可得方程的通解为 $x=e^{-\int\frac{2}{y}dy}\left(\int\dfrac{2\ln y}{y}e^{\int\frac{2}{y}dy}dy+C\right)=\dfrac{1}{y^2}\left(y^2\ln y-\dfrac{1}{2}y^2+C\right)$，整理得原方程的通解为 $x=\ln y-\dfrac{1}{2}+\dfrac{C}{y^2}$.

(4) 这是一个伯努利方程，方程两边同时除以 y^3，则方程变形为

$$\frac{1}{y^3}\frac{dy}{dx}+xy^{-2}=x^3,\ \text{即}\ \frac{d(y^{-2})}{dx}-2xy^{-2}=-2x^3.$$

设 $z=y^{-2}$，代入方程得 $\dfrac{d(z)}{dx}-2xz=-2x^3$，利用一阶线性微分方程的通解公式可得方程的通解为 $z=e^{\int 2xdx}\left[\int(-2x^3)e^{-\int 2xdx}dx+C\right]=e^{x^2}(x^2e^{-x^2}+e^{-x^2}+C)$，将 $z=y^{-2}$ 代回，则原方程的通解为 $y^{-2}=Ce^{x^2}+x^2+1$.

(5) 原方程为可降阶的微分方程，设 $p=y'$，$y''=p'$，则原方程变形为 $p'+p^2+1=0$，这是一个可分离变量方程，分离变量并积分得 $\int\dfrac{dp}{1+p^2}=-\int dx$，解得 $\arctan p=-x+C_1$，因

此 $y'=p=\tan(-x+C_1)$，对 y' 积分可得 $y=\int\tan(-x+C_1)\mathrm{d}x=\ln|\cos(-x+C_1)|+C_2$.

（6）原方程为可降阶的微分方程，设 $p=y'$，$y''=p\dfrac{\mathrm{d}p}{\mathrm{d}p}$，则原方程变形为 $yp\dfrac{\mathrm{d}p}{\mathrm{d}y}-p^2-1=0$，两边同时除以 y 可得 $\dfrac{\mathrm{d}(p^2)}{\mathrm{d}y}-\dfrac{2}{y}p^2=\dfrac{2}{y}$，利用一阶线性微分方程的通解公式可得方程的通解为

$$p^2=\mathrm{e}^{\int\frac{2}{y}\mathrm{d}y}\left(\int\frac{2}{y}\mathrm{e}^{-\int\frac{2}{y}\mathrm{d}y}\mathrm{d}y+C\right)=y^2(-y^{-2}+C)=Cy^2-1.$$

整理得 $y'=p=\pm\sqrt{Cy^2-1}$，分离变量得 $\dfrac{\mathrm{d}y}{\sqrt{(C_1y)^2-1}}=\pm\mathrm{d}x(C=C_1^2)$，两边积分得 $\ln(C_1y+\sqrt{(C_1y)^2-1})=\pm x+C_2$，整理得原方程的通解 $y=\dfrac{1}{C_1}\mathrm{ch}(\pm x+C_2)$.

（7）微分方程对应的齐次方程为 $y''+2y'+5y=0$，特征方程为 $r^2+2r+5=0$，其特征根为 $r_{1,2}=-1\pm2\mathrm{i}$. 又因为 $f(x)=\sin 2x$，并且 $2\mathrm{i}$ 不是特征方程的根，因此非齐次方程的特解形式可以设为 $y^*=a\cos 2x+b\sin 2x$，将 y^* 代入原方程得

$$(a+4b)\cos 2x+(b-4a)\sin 2x=\sin 2x,$$

比较系数，由两边系数相等得 $a=-\dfrac{4}{17}$，$b=\dfrac{1}{17}$，代入方程得 $y^*=-\dfrac{4}{17}\cos 2x+\dfrac{1}{17}\sin 2x$.

综上，原方程的通解为 $y=\mathrm{e}^{-x}(C_1\cos 2x+C_2\sin 2x)-\dfrac{4}{17}\cos 2x+\dfrac{1}{17}\sin 2x$.

（8）微分方程对应的齐次方程为 $y'''+y''-2y'=0$，特征方程为 $r^3+r^2-2r=0$，其特征根为 $r_1=0$，$r_2=1$，$r_3=-2$. 齐次方程的通解为 $y=C_1+C_2\mathrm{e}^x+C_3\mathrm{e}^{-2x}$. 而原方程中 $f(x)=x(\mathrm{e}^x+4)=x\mathrm{e}^x+4x=f_1(x)+f_2(x)$.

对于方程 $y'''+y''-2y'=x\mathrm{e}^x$，因为 $\lambda=1$ 是特征方程的单根，故其特解可设为 $y_1^*=x(ax+b)\mathrm{e}^x$，将 y_1^* 代入方程 $y'''+y''-2y'=x\mathrm{e}^x$，得 $(6ax+8a+3b)\mathrm{e}^x=x\mathrm{e}^x$，比较系数，由两边系数相等得 $a=\dfrac{1}{6}$，$b=-\dfrac{4}{9}$，因此 $y_1^*=x\left(\dfrac{1}{6}x-\dfrac{4}{9}\right)\mathrm{e}^x$.

对于方程 $y'''+y''-2y'=4x$，因为 $\lambda=0$ 是特征方程的单根，故其特解可设为 $y_2^*=x(cx+d)$，将 y_1^* 代入方程 $y'''+y''-2y'=x\mathrm{e}^x$，得 $-4cx+2c-2d=4x$，比较系数，由两边系数相等得 $c=-1$，$d=-1$. 因此 $y_2^*=x(-x-1)$.

综上，原方程的通解为 $y=C_1+C_2\mathrm{e}^x+C_3\mathrm{e}^{-2x}+\left(\dfrac{1}{6}x^2-\dfrac{4}{9}x\right)\mathrm{e}^x-x^2-x$.

（9）整理方程，将原方程变形为 $x\dfrac{\mathrm{d}x}{\mathrm{d}y}-\dfrac{3}{y}x^2=-y^3$，或 $\dfrac{\mathrm{d}(x^2)}{\mathrm{d}y}-\dfrac{6}{y}x^2=-2y^3$.

设 $z=x^2$，代入方程得 $\dfrac{\mathrm{d}z}{\mathrm{d}y}-\dfrac{6}{y}z=-2y^3$，利用一阶线性微分方程的通解公式可得方程的通解为 $z=\mathrm{e}^{\int\frac{6}{y}\mathrm{d}y}\left[\int(-2y^3)\mathrm{e}^{-\int\frac{6}{y}\mathrm{d}y}\mathrm{d}y+C\right]=y^6(y^{-2}+C)$，将 $z=x^2$ 代回，即可得到原方程的通解为 $x^2=y^4+Cy^6$.

（10）设 $u=\sqrt{x^2+y}$，则 $y=u^2-x^2$，两边对 x 求导得 $\dfrac{\mathrm{d}y}{\mathrm{d}x}=2u\dfrac{\mathrm{d}u}{\mathrm{d}x}-2x$，代入原方程化为

$$2u\frac{\mathrm{d}u}{\mathrm{d}x}-x=u,\quad 即\ \frac{\mathrm{d}u}{\mathrm{d}x}=\frac{1}{2}\left(\frac{x}{u}\right)+\frac{1}{2}.$$

这是一个齐次方程，可以令 $\frac{u}{x}=z$，则 $u=xz$，$\frac{\mathrm{d}u}{\mathrm{d}x}=z+x\frac{\mathrm{d}z}{\mathrm{d}x}$，则上述齐次方程化为

$$z+x\frac{\mathrm{d}z}{\mathrm{d}x}=\frac{1}{2z}+\frac{1}{2},\quad 即\ x\frac{\mathrm{d}z}{\mathrm{d}x}=-\frac{1}{2}\left(2z-\frac{1}{z}-1\right),$$

这是一个可分离变量方程，分离变量得 $\frac{z\mathrm{d}z}{2z^2-z-1}=-\frac{1}{2}\frac{\mathrm{d}x}{x}$，两边积分得 $\frac{1}{6}\ln(2z^3-3z^2+1)=-\frac{1}{2}\ln|x|+C_1$，整理得 $2z^3-3z^2+1=Cx^{-3}$. 将 $z=\frac{u}{x}$ 代入得 $2u^3-3xu^2+x^3=C$，再将 $u=\sqrt{x^2+y}$ 代入，得原方程的通解为 $2\sqrt{(x^2+y)^3}-2x^3-3xy=C$.

5. 求下列微分方程满足所给初值条件的特解：

(1) $y^3\mathrm{d}x+2(x^2-xy^2)\mathrm{d}y=0$，$x=1$ 时 $y=1$；

(2) $y''-ay'^2=0$，$x=0$ 时 $y=0$，$y'=-1$；

(3) $2y''-\sin 2y=0$，$x=0$ 时 $y=\frac{\pi}{2}$，$y'=1$；

(4) $y''+2y'+y=\cos x$，$x=0$ 时 $y=0$，$y'=\frac{3}{2}$.

解　(1) 将原微分方程变形为 $\frac{\mathrm{d}x}{\mathrm{d}y}-\frac{2}{y}x=-\frac{2}{y^3}x^2$，这是一个伯努利方程，两边同时除以 x^2，方程变形为 $x^{-2}\frac{\mathrm{d}x}{\mathrm{d}y}-\frac{2}{y}x^{-1}=-\frac{2}{y^3}$，即 $\frac{\mathrm{d}(x^{-1})}{\mathrm{d}y}+\frac{2}{y}x^{-1}=\frac{2}{y^3}$.

利用一阶线性微分方程的通解公式可得方程的通解为

$$x^{-1}=\mathrm{e}^{-\int\frac{2}{y}\mathrm{d}y}\left(\int\frac{2}{y^3}\mathrm{e}^{\int\frac{2}{y}\mathrm{d}y}\mathrm{d}y+C\right)=\frac{1}{y^2}(2\ln y+C),$$

整理得原方程的通解为 $y^2=x(2\ln y+C)$. 又 $x=1$ 时 $y=1$，解得 $C=1$. 故满足所给初值条件的微分方程的特解为 $y^2=x(2\ln y+1)$.

(2) 设 $y'=p$，则 $y''=p'$，因此原方程化为 $\frac{\mathrm{d}p}{\mathrm{d}x}-ap^2=0$. 这是一个可分离变量方程，分离变量得 $\frac{\mathrm{d}p}{p^2}=a\mathrm{d}x$，两边积分得 $-\frac{1}{p}=ax+C_1$，即 $y'=-\frac{1}{ax+C_1}$.

又由 $x=0$ 时 $y'=-1$，解得 $C_1=1$，故 $y'=-\frac{1}{ax+1}$. 方程两边积分得 $y=-\frac{1}{a}\ln|ax+1|+C_2$. 又 $x=0$ 时 $y=0$，解得 $C_2=0$. 因此满足所给初值条件的微分方程的特解为 $y=-\frac{1}{a}\ln|ax+1|$.

(3) 原方程为一个可降阶的微分方程，设 $p=y'$，$y''=p\frac{\mathrm{d}p}{\mathrm{d}y}$，则原方程变形为 $2p\frac{\mathrm{d}p}{\mathrm{d}y}-\sin 2y=0$. 这是一个可分离变量方程，分离变量得 $2p\mathrm{d}p=\sin 2y\mathrm{d}y$，方程两边积分得 $p^2=-\frac{1}{2}\cos 2y+C_1$.

又 $x=0$ 时 $y'=1$，解得 $C_1=\frac{1}{2}$，因而 $y'^2=-\frac{1}{2}\cos 2y+\frac{1}{2}=\sin^2 y$，即 $y'=\sin y$. 再次分离变量得 $\frac{dy}{\sin y}=dx$，方程两边积分得 $\frac{1}{2}\ln\tan\frac{y}{2}=x+C_2$. 又 $x=0$ 时 $y=\frac{\pi}{2}$，解得 $C_2=0$. 因此满足所给初值条件的微分方程的特解为 $y=2\arctan e^x$.

（4）微分方程对应的齐次方程为 $y''+2y'+y=0$，齐次方程的特征方程为 $r^2+2r+1=0$，其特征根为 $r_{1,2}=-1$. 因此齐次方程的通解为 $y=(C_1+C_2x)e^{-x}$. 又因为 $f(x)=\cos x$，则 i 不是特征方程的根，所以非齐次方程的特解应设为 $y^*=a\cos x+b\sin x$，将 y^* 代入原方程可得 $-2a\sin x+2b\cos x=\cos x$，比较系数，由对应系数相等得 $a=0$，$b=\frac{1}{2}$. 故特解为 $y^*=\frac{1}{2}\sin x$. 因此原方程的通解为

$$y=(C_1+C_2x)e^{-x}+\frac{1}{2}\sin x.$$

又 $x=0$ 时 $y=0$，$y'=\frac{3}{2}$，将初值条件代入通解得 $\begin{cases}C_1=0,\\-C_1+C_2+\frac{1}{2}=\frac{3}{2},\end{cases}$ 解得 $C_1=0$，$C_2=1$.

因此满足所给初值条件的微分方程的特解为 $y=xe^{-x}+\frac{1}{2}\sin x$.

6. 已知某曲线经过点（1，1），它的切线在纵轴上的截距等于切点的横坐标，求它的方程.

解 设点 (x, y) 为曲线上任一点，则曲线在该点的切线方程可以表示为 $Y-y=y'(X-x)$，取 $X=0$ 得其在纵轴上的截距为 $y-xy'$，由题意可得 $y-xy'=x$，即 $y'-\frac{1}{x}y=-1$. 这是一个一阶线性方程，利用一阶线性微分方程的求解公式，求得其通解为 $y=e^{\int\frac{1}{x}dx}\left[\int(-1)e^{-\int\frac{1}{x}dx}dx+C\right]=x(-\ln|x|+C)$.

又因为曲线过点（1，1），所以 $C=1$. 因此所求曲线的方程为 $y=x(-\ln|x|+1)$.

7. 已知某车间的容积为 $30\times30\times6\ m^3$，其中的空气含 0.12% 的 CO_2（以容积计算），现以含 CO_2 0.04% 的新鲜空气输入，问：每分钟应输入多少，才能在 30 min 后使车间空气中 CO_2 的含量不超过 0.06%？（假定输入的新鲜空气与原有空气很快混合均匀后，以相同的流量排出）.

解 设每分钟输入的空气为 $a\ m^3$，在 t 时刻车间中 CO_2 的浓度为 $x(t)$，因此车间中 CO_2 的含量（以体积计算）在 t 时刻经过 dt min 的改变量为

$$30\times30\times60dx=0.000\,4adt-axdt,$$

这是个可分离变量方程，分离变量得 $\frac{1}{x-0.000\,4}dx=-\frac{a}{5\,400}dt$，两边积分得 $\ln(x-0.000\,4)=-\frac{a}{5\,400}t+\ln C(x>0.000\,4)$，即 $x=0.000\,4+Ce^{-\frac{a}{5\,400}t}$.

根据题意，由于开始时车间中的空气含 0.12% 的 CO_2，即当 $t=0$ 时 $x=0.001\,2$，将初

值条件代入解得 $C=0.0008$. 故 $x=0.0004+0.0008\mathrm{e}^{-\frac{a}{5400}t}$，且 $a=-\dfrac{5400}{t}\ln\dfrac{x-0.0004}{0.0008}$.

根据题意，要求30 min后车间中 CO_2 的含量不超过0.06%，即当 $t=30$ 时，$x\leqslant 0.0006$，将 $t=30$，$x=0.0006$ 代入解得 $a=180\ln 4\approx 250$.

又因为 $x'=-\dfrac{0.0008}{5400}\mathrm{e}^{-\frac{a}{5400}t}<0$，所以 x 是 a 的减函数，因此我们可以判定当 $a\geqslant 250$ 时可保证空气中的 CO_2 含量 $x\leqslant 0.0006$. 因此每分钟输入新鲜空气的量应为250 m^3，即可满足题目的要求.

8. 设可导函数 $\varphi(x)$ 满足 $\varphi(x)\cos x+2\int_0^x\varphi(t)\sin t\mathrm{d}t=x+1$，求 $\varphi(x)$.

解 在等式两边对 x 求导可得 $\varphi'(x)\cos x-\varphi(x)\sin x+2\varphi(x)\sin x=1$，整理可得 $\varphi'(x)+\varphi(x)\tan x=\sec x$. 可以发现这是一个一阶线性方程，利用一阶线性微分方程的求解公式，得到方程的通解为 $\varphi(x)=\mathrm{e}^{-\int\tan x\mathrm{d}x}\left(\int\sec x\mathrm{e}^{\int\tan x\mathrm{d}x}\mathrm{d}x+C\right)=\sin x+C\cos x$.

根据题意，令 $x=0$，代入等式得 $\varphi(0)=1$，代入通解可解得 $C=1$. 故 $\varphi(x)=\sin x+\cos x$.

9. 设光滑曲线 $y=\varphi(x)$ 过原点，且当 $x>0$ 时 $\varphi(x)>0$，对应于 $[0,x]$ 一段曲线的弧长为 e^x-1，求 $\varphi(x)$.

解 根据弧长公式以及题意可得

$$\int_0^x\sqrt{1+y'^2}\mathrm{d}x=\mathrm{e}^x-1,$$

对上式两边求导再平方可得 $1+y'^2=\mathrm{e}^{2x}$，因此 $y'=\pm\sqrt{\mathrm{e}^{2x}-1}$. 若取 $y'=\sqrt{\mathrm{e}^{2x}-1}$，积分可得 $y=\sqrt{\mathrm{e}^{2x}-1}-\arctan\sqrt{\mathrm{e}^{2x}-1}+C$，又因为曲线 $y=\varphi(x)$ 过原点，$y|_{x=0}=0$，代入得 $C=0$，所以光滑曲线的方程为 $y=\sqrt{\mathrm{e}^{2x}-1}-\arctan\sqrt{\mathrm{e}^{2x}-1}$；

若取 $y'=-\sqrt{\mathrm{e}^{2x}-1}$，当 $x>0$ 时 $\varphi(x)>0$，显然不满足，故所求函数为

$$y=\sqrt{\mathrm{e}^{2x}-1}-\arctan\sqrt{\mathrm{e}^{2x}-1}.$$

10. 设 $y_1(x)$、$y_2(x)$ 是二阶齐次线性方程 $y''+p(x)y'+q(x)y=0$ 的两个解，令

$$W(x)=\begin{vmatrix}y_1(x) & y_2(x)\\ y_1'(x) & y_2'(x)\end{vmatrix}=y_1(x)y_2'(x)-y_1'(x)y_2(x),$$

证明：(1) $W(x)$ 满足方程 $W'+p(x)W=0$；(2) $W(x)=W(x_0)\mathrm{e}^{-\int_{x_0}^x p(t)\mathrm{d}t}$.

证 (1) 由于 $y_1(x)$、$y_2(x)$ 是二阶齐次线性方程 $y''+p(x)y'+q(x)y=0$ 的解，因此有 $y_1''+p(x)y_1'+q(x)y_1=0$ 和 $y_2''+p(x)y_2'+q(x)y_2=0$，从而

$$\begin{aligned}W'+p(x)W&=[y_1(x)y_2'(x)-y_1'(x)y_2(x)]'+p(x)[y_1(x)y_2'(x)-y_1'(x)y_2(x)]\\&=[y_1'(x)y_2'(x)+y_1(x)y_2''(x)-y_1''(x)y_2(x)-y_1'(x)y_2'(x)]+\\&\quad p(x)[y_1(x)y_2'(x)-y_1'(x)y_2(x)]\\&=y_1(x)[y_2''(x)+p(x)y_2'(x)]-y_2(x)[y_1''(x)+p(x)y_1'(x)]\\&=y_1(x)[-q(x)y_2(x)]-y_2(x)[-q(x)y_1(x)]=0.\end{aligned}$$

故 $W(x)$ 满足方程 $W'+p(x)W=0$.

（2）由（1）可知 $W(x)$ 满足方程 $W'+p(x)W=0$ 这是一个可分离变量方程，分离变量得

$$\frac{\mathrm{d}W}{W}=-p(x)\mathrm{d}x.$$

将上式两边在 $[x_0, x]$ 上积分，可得 $\ln W(x)-\ln W(x_0)=-\int_{x_0}^{x}p(t)\mathrm{d}t$，即方程的通解为 $W(x)=W(x_0)\mathrm{e}^{-\int_{x_0}^{x}p(t)\mathrm{d}t}$.

三、提高题目

1.（2008 数三）微分方程 $xy'+y=0$ 满足条件 $y(1)=1$ 的解为________.

【答案】 $y=\frac{1}{x}$.

【解析】 由 $-\frac{\mathrm{d}y}{y}=\frac{\mathrm{d}x}{x}$，两端积分得 $-\ln|y|=\ln|x|+\ln|C|$，所以 $\frac{1}{y}=Cx$，又 $y(1)=1$，所以 $y=\frac{1}{x}$.

2.（2014 数二）已知函数 $y=y(x)$ 满足微分方程 $x^2+y^2y'=1-y'$，且 $y(2)=0$，求 $y(x)$ 的极大值和极小值.

【答案】 当 $x=1$ 时，函数取得极大值 $y=1$；当 $x=-1$ 时，函数取得极小值 $y=0$.

【解析】 把方程化为标准形式：$(1+y^2)\frac{\mathrm{d}y}{\mathrm{d}x}=1-x^2$，这是一个可分离变量的一阶微分方程，两边分别积分可得方程的通解为 $\frac{1}{3}y^3+y=x-\frac{1}{3}x^3+C$，由 $y(2)=0$ 得 $C=\frac{2}{3}$，即 $\frac{1}{3}y^3+y=x-\frac{1}{3}x^3+\frac{2}{3}$. 令 $\frac{\mathrm{d}y}{\mathrm{d}x}=\frac{1-x^2}{1+y^2}=0$，得 $x=\pm1$，且可知 $\frac{\mathrm{d}^2y}{\mathrm{d}x^2}=\frac{-2x(1+y^2)^2-2y(1-x^2)^2}{(1+y^2)^3}$.

当 $x=1$ 时，可解得 $y=1$，$y''=-1<0$，函数取得极大值 $y=1$；

当 $x=-1$ 时，可解得 $y=0$，$y''=2>0$，函数取得极小值 $y=0$.

3.（2019 非数学预赛）设函数 $f(x)$ 在 $[0, +\infty)$ 内具有连续导数，满足

$$3[3+f^2(x)]f'(x)=2[1+f^2(x)]^2\mathrm{e}^{-x^2},$$

且 $f(0)\leqslant1$. 证明：存在常数 $M>0$，使得 $x\in[0, +\infty)$ 时，恒有 $|f(x)|\leqslant M$.

【证明】 由于 $f'(x)>0$，因此 $f(x)$ 是 $[0, +\infty)$ 内的严格单调增加函数，故 $\lim\limits_{x\to+\infty}f(x)=L$（有限或为 $+\infty$）. 下面证明 $L\neq+\infty$.

记 $y=f(x)$，将所给等式分离变量并积分得 $\int\frac{3+y^2}{(1+y^2)^2}\mathrm{d}y=\frac{2}{3}\int\mathrm{e}^{-x^2}\mathrm{d}x$，即

$$\frac{y}{1+y^2}+2\arctan y=\frac{2}{3}\int_0^x\mathrm{e}^{-t^2}\mathrm{d}t+C,$$

其中 $C=\dfrac{f(0)}{1+f^2(0)}+2\arctan f(0)$.

若 $L=+\infty$，则对上式取极限 $x\to+\infty$，并利用 $\int_0^{+\infty}\mathrm{e}^{-t^2}\mathrm{d}t=\dfrac{\sqrt{\pi}}{2}$，得 $C=\pi-\dfrac{\sqrt{\pi}}{3}$.

另外，令 $g(u)=\dfrac{u}{1+u^2}+2\arctan u$，则 $g'(u)=\dfrac{3+u^2}{(1+u^2)^2}>0$，所以函数 $g(u)$ 在 $(-\infty,+\infty)$ 内严格单调增加．因此，当 $f(0)\leqslant 1$ 时，$C=g(f(0))\leqslant g(1)=\dfrac{1+\pi}{2}$，但 $C>\dfrac{2\pi-\sqrt{\pi}}{2}>\dfrac{1+\pi}{2}$，矛盾．这就证明了 $\lim\limits_{x\to+\infty}f(x)=L$ 为有限数．

最后，取 $M=\max\{|f(0)|,|L|\}$，则 $|f(x)|\leqslant M$，$\forall x\in[0,+\infty)$.

4.（2014 数一）微分方程 $xy'+y(\ln x-\ln y)=0$ 满足条件 $y(1)=\mathrm{e}^3$ 的解为 $y=$ ________．

【答案】$x\mathrm{e}^{2x+1}$.

【解析】$xy'+y(\ln x-\ln y)=0$ 为齐次方程，两边同时除以 x 有 $y'-\dfrac{y}{x}\ln\dfrac{y}{x}=0$，令 $\dfrac{y}{x}=u$，则 $y=ux$，$\dfrac{\mathrm{d}y}{\mathrm{d}x}=u+x\dfrac{\mathrm{d}u}{\mathrm{d}x}$，代入方程有 $u+x\dfrac{\mathrm{d}u}{\mathrm{d}x}-u\ln u=0$，即 $\dfrac{1}{u(\ln u-1)}\mathrm{d}u=\dfrac{1}{x}\mathrm{d}x$，$\int\dfrac{1}{u(\ln u-1)}\mathrm{d}u=\int\dfrac{1}{x}\mathrm{d}x$，$\ln|\ln u-1|=\ln|x|+\ln|C|$，所以方程的通解为 $\ln u-1=Cx$，即 $y=x\mathrm{e}^{Cx+1}$．再把 $y(1)=\mathrm{e}^3$ 代入，得 $C=2$. 故结果为 $y=x\mathrm{e}^{2x+1}$.

5.（2017 数二）设 $y(x)$ 是区间 $\left(0,\dfrac{3}{2}\right)$ 内的可导函数，且 $y(1)=0$，点 P 是曲线 L: $y=y(x)$ 上任意一点，L 在点 P 处的切线与 y 轴相交于点 $(0,Y_P)$，法线与 x 轴相交于点 $(X_P,0)$，若 $X_P=Y_P$，求 L 上点的坐标 (x,y) 满足的方程．

【答案】$\dfrac{1}{2}\ln\left(\dfrac{y^2}{x^2}+1\right)+\arctan\dfrac{y}{x}=-\ln|x|$.

【解析】设在点 $P(x,y(x))$ 处的切线为 $Y-y(x)=y'(x)(X-x)$，令 $X=0$，得 $Y_P=y(x)-y'(x)x$，法线为 $Y-y(x)=-\dfrac{1}{y'(x)}(X-x)$，令 $Y=0$，得 $X_P=x+y(x)y'(x)$. 由 $X_P=Y_P$ 得 $y-xy'(x)=x+yy'(x)$，即 $\left(\dfrac{y}{x}+1\right)y'(x)=\dfrac{y}{x}-1$. 令 $\dfrac{y}{x}=u$，则 $y=ux$，按照齐次微分方程的解法不难解出 $\dfrac{1}{2}\ln(u^2+1)+\arctan u=-\ln|x|+C$，即 $\dfrac{1}{2}\ln\left(\dfrac{y^2}{x^2}+1\right)+\arctan\dfrac{y}{x}=-\ln x+C$. 代入 $y(1)=0$，得 $C=0$. 所以方程为 $\dfrac{1}{2}\ln\left(\dfrac{y^2}{x^2}+1\right)+\arctan\dfrac{y}{x}=-\ln x$.

6.（2011 数一）微分方程 $y'+y=\mathrm{e}^{-x}\cos x$ 满足条件 $y(0)=0$ 的解为________．

【答案】$y=\mathrm{e}^{-x}\sin x$.

【解析】本题先按一阶线性微分方程的求解步骤求出其通解，再根据定解条件，确定通解中的任意常数.

原方程的通解为

$$y=e^{-\int 1dx}\left[\int e^{-x}\cos x\cdot e^{\int 1dx}dx+C\right]=e^{-x}\left[\int\cos x dx+C\right]=e^{-x}[\sin x+C],$$

由 $y(0)=0$，得 $C=0$，故所求解为 $y=e^{-x}\sin x$.

7.（2012 数二）微分方程 $y dx+(x-3y^2)dy=0$ 满足条件 $y|_{x=1}=1$ 的解为 $y=$ ________.

【答案】$\sqrt{x}$.

【解析】原题可化为 $\dfrac{dx}{dy}+\dfrac{x}{y}=3y$，属于一阶线性微分方程，通解为 $xy=y^3+C$. 代入 $y|_{x=1}=1$，可以得到 $C=0$，所以 $x=y^2$. 因为 $y|_{x=1}=1$，所以 $y=\sqrt{x}$.

8.（2017 非数学预赛）已知可导函数 $f(x)$ 满足 $f(x)\cos x+2\int_0^x f(t)\sin t dt=x+1$，则 $f(x)=$ ________.

【答案】$\sin x+\cos x$.

【解析】两边同时对 x 求导，得 $f'(x)\cos x+f(x)\sin x=1\Rightarrow f'(x)+f(x)\tan x=\sec x$.

从而 $f(x)=e^{-\int\tan x dx}\left(\int\sec x e^{\int\tan x dx}dx+C\right)=e^{\ln\cos x}\left(\int\dfrac{1}{\cos x}e^{-\ln\cos x}dx+C\right)$

$$=\cos x\left(\int\frac{1}{\cos^2 x}dx+C\right)=\cos x(\tan x+C)=\sin x+C\cos x.$$

由于 $f(0)=1$，故 $f(x)=\sin x+\cos x$.

9.（2016 年数三）设函数 $f(x)$ 连续，且满足 $\int_0^x f(x-t)dt=\int_0^x(x-t)f(t)dt+e^{-x}-1$，求 $f(x)$.

【答案】$f(x)=-\dfrac{1}{2}e^x-\dfrac{1}{2}e^{-x}$.

【解析】令 $u=x-t$，则 $\int_0^x f(x-t)dt=\int_x^0 f(u)(-du)=\int_0^x f(u)du$，则原式可化为 $\int_0^x f(u)du=x\int_0^x f(t)dt-\int_0^x tf(t)dt+e^{-x}-1$. 两边求导可得 $f(x)=\int_0^x f(t)dt-e^{-x}$，令 $u(x)=\int_0^x f(t)dt$，则 $u'(x)=u(x)-e^{-x}$，初始条件为 $u(0)=0$. 求解一阶线性微分方程有 $u(x)=-\dfrac{1}{2}e^x+\dfrac{1}{2}e^{-x}$，求导 $f(x)=-\dfrac{1}{2}e^x-\dfrac{1}{2}e^{-x}$.

10.（2006 数三）在 xOy 坐标平面上，连续曲线 L 过点 $M(1,0)$，其上任意点 $P(x,y)\ (x\neq 0)$ 处的切线斜率与直线 OP 的斜率之差等于 ax（常数 $a>0$）.

（1）求 L 的方程；（2）当 L 与直线 $y=ax$ 所围成平面图形的面积为 $\dfrac{8}{3}$ 时，确定 a 的值.

【答案】（1）$y=ax^2-ax$；（2）$a=2$.

【解析】(1) 设曲线 L 的方程为 $y=f(x)$，则由题设可得 $y'-\frac{y}{x}=ax$，这是一阶线性微分方程，其中 $P(x)=-\frac{1}{x}$，$Q(x)=ax$，代入通解公式得

$$y=\mathrm{e}^{\int\frac{1}{x}\mathrm{d}x}\left(\int ax\mathrm{e}^{-\int\frac{1}{x}\mathrm{d}x}\mathrm{d}x+C\right)=x(ax+C)=ax^2+Cx,$$

又 $f(1)=0$，所以 $C=-a$. 故曲线 L 的方程为 $y=ax^2-ax(x\neq 0)$.

(2) L 与直线 $y=ax$ ($a>0$) 所围成平面图形如图 7-3 所示．所以

$D=\int_0^2[ax-(ax^2-ax)]\,\mathrm{d}x=a\int_0^2(2x-x^2)\,\mathrm{d}x=\frac{4}{3}a=\frac{8}{3}$，故 $a=2$.

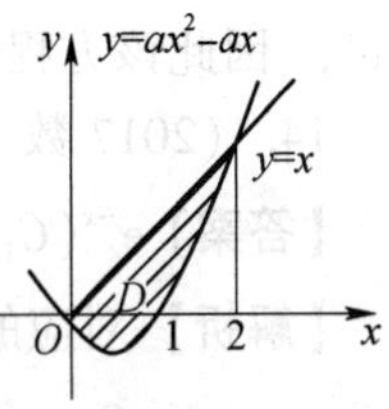

图 7-3

11. (2018 非数学决赛) 满足 $\frac{\mathrm{d}u(t)}{\mathrm{d}t}=u(t)+\int_0^1u(t)\,\mathrm{d}t$ 及 $u(0)=1$ 的可微函数 $u(t)=$________.

【答案】$\frac{2\mathrm{e}^t-\mathrm{e}+1}{3-\mathrm{e}}$.

【解析】令 $\int_0^1u(t)\,\mathrm{d}t=a$，则微分方程 $\frac{\mathrm{d}u(t)}{\mathrm{d}t}-u(t)=a$ 为一阶线性微分方程，解得 $u(t)=C\mathrm{e}^t-a$. 方程 $\frac{\mathrm{d}u(t)}{\mathrm{d}t}-u(t)=a$ 两边取积分，得 $\int_0^1\frac{\mathrm{d}u(t)}{\mathrm{d}t}=\int_0^1[u(t)+a]\mathrm{d}t$，于是 $u(1)-u(0)=2a$，即 $u(1)=2a+1$. 把 $u(0)=1$ 和 $u(1)=2a+1$ 代入 $u(t)=C\mathrm{e}^t-a$ 中，有

$$\begin{cases}C-a=1,\\C\mathrm{e}-a=2a+1,\end{cases}\quad \text{解得}\begin{cases}C=\frac{2}{3-\mathrm{e}},\\a=\frac{\mathrm{e}-1}{3-\mathrm{e}}.\end{cases}$$

所以 $u(t)=\frac{2\mathrm{e}^t-\mathrm{e}+1}{3-\mathrm{e}}$.

12. (2010 数二、数三) 设 y_1、y_2 是一阶线性非齐次微分方程 $y'+p(x)y=q(x)$ 的两个特解，若存在常数 λ、μ，使 $\lambda y_1+\mu y_2$ 是该方程的解，$\lambda y_1-\mu y_2$ 是该方程对应的齐次方程的解，则 ( ).

(A) $\lambda=\frac{1}{2}$, $\mu=\frac{1}{2}$　　(B) $\lambda=-\frac{1}{2}$, $\mu=-\frac{1}{2}$

(C) $\lambda=\frac{2}{3}$, $\mu=\frac{1}{3}$　　(D) $\lambda=\frac{2}{3}$, $\mu=\frac{2}{3}$

【答案】A.

【解析】$\lambda y_1-\mu y_2$ 为 $y'+p(x)y=0$ 的解，故 $(\lambda y_1-\mu y_2)'+p(x)(\lambda y_1-\mu y_2)=0$，整理得 $\lambda[y_1'+p(x)y_1]-\mu[y_2'+p(x)y_2]=0$，由已知得 $(\lambda-\mu)q(x)=0$，因为 $q(x)\neq 0$，所以 $(\lambda-\mu)=0$.

$\lambda y_1+\mu y_2$ 为 $y'+p(x)y=q(x)$ 的解，故 $(\lambda y_1+\mu y_2)'+p(x)(\lambda y_1+\mu y_2)=q(x)$，整理得 $\lambda[y_1'+p(x)y_1]+\mu[y_2'+p(x)y_2]=q(x)$，由已知得 $(\lambda+\mu)q(x)=q(x)$，因为 $q(x)\neq 0$，所以 $(\lambda+\mu)=1$.

解得 $\lambda=\frac{1}{2}$，$\mu=\frac{1}{2}$.

13.（2013 数一、数二）已知 $y_1=\mathrm{e}^{3x}-x\mathrm{e}^{2x}$，$y_2=\mathrm{e}^{x}-x\mathrm{e}^{2x}$，$y_3=-x\mathrm{e}^{2x}$ 是某二阶常系数非齐次线性微分方程的 3 个解，该方程的通解为 $y=$________.

【答案】 $C_1\mathrm{e}^{3x}+C_2\mathrm{e}^{x}-x\mathrm{e}^{2x}$.

【解析】 因 $y_1=\mathrm{e}^{3x}-x\mathrm{e}^{2x}$，$y_2=\mathrm{e}^{x}-x\mathrm{e}^{2x}$ 是非齐次线性微分方程的解，则 $y_1-y_2=\mathrm{e}^{3x}-\mathrm{e}^{x}$ 是它所对应的齐次线性微分方程的解，可知对应的齐次线性微分方程的通解为 $Y=C_1\mathrm{e}^{3x}+C_2\mathrm{e}^{x}$，因此该方程的通解可写为 $y=C_1\mathrm{e}^{3x}+C_2\mathrm{e}^{x}-x\mathrm{e}^{2x}$.

14.（2017 数一）微分方程 $y''+2y'+3y=0$ 的通解为 $y=$________.

【答案】 $\mathrm{e}^{-x}(C_1\cos\sqrt{2}x+C_2\sin\sqrt{2}x)$（$C_1$、$C_2$ 为任意常数）.

【解析】 对应的特征方程为 $r^2+2r+3=0$，特征根为 $r_{1,2}=-1\pm\sqrt{2}\mathrm{i}$，故微分方程的通解为 $y=\mathrm{e}^{-x}(C_1\cos\sqrt{2}x+C_2\sin\sqrt{2}x)$.

15.（2008 数一）在下列微分方程中，以 $y=C_1\mathrm{e}^{x}+C_2\cos 2x+C_3\sin 2x$（$C_1$、$C_2$、$C_3$ 为任意的常数）为通解的是（　　）.

（A）$y'''+y''-4y'-4y=0$　　（B）$y'''+y''+4y'+4y=0$

（C）$y'''-y''-4y'+4y=0$　　（D）$y'''-y''+4y'-4y=0$

【答案】 D.

【解析】 由 $y=C_1\mathrm{e}^{x}+C_2\cos 2x+C_3\sin 2x$，可知其特征根为 $\lambda_1=1$，$\lambda_{2,3}=\pm 2\mathrm{i}$，故对应的特征根方程为 $(\lambda-1)(\lambda+2\mathrm{i})(\lambda-2\mathrm{i})=(\lambda-1)(\lambda^2+4)=\lambda^3+4\lambda-\lambda^2-4=\lambda^3-\lambda^2+4\lambda-4$. 所以所求微分方程为 $y'''-y''+4y'-4y=0$. 应选 D.

16.（2015 数二）设函数 $y=y(x)$ 是微分方程 $y''+y'-2y=0$ 的解，且在 $x=0$ 处 $y(x)$ 取得极值 3，则 $y(x)=$________.

【答案】 $2\mathrm{e}^{x}+\mathrm{e}^{-2x}$.

【解析】 特征方程为 $r^2+r-2=0$，解得 $r_1=1$，$r_2=-2$. 所以微分方程的通解为 $y=C_1\mathrm{e}^{x}+C_2\mathrm{e}^{-2x}$. 由已知 $y(0)=3$，$y'(0)=0$，代入解得 $C_1=2$，$C_2=1$. 故 $y(x)=2\mathrm{e}^{x}+\mathrm{e}^{-2x}$.

17.（2016 数一）设函数 $y(x)$ 满足方程 $y''+2y'+ky=0$，其中 $0<k<1$.

（1）证明：反常积分 $\int_0^{+\infty}y(x)\mathrm{d}x$ 收敛；（2）若 $y(0)=1$，$y'(0)=1$，求 $\int_0^{+\infty}y(x)\mathrm{d}x$ 的值.

【答案】（2）$\frac{3}{k}$.

【解析】（1）对应的特征方程为 $r^2+2r+k=0$，特征根为 $r_{1,2}=\frac{-2\pm\sqrt{4-4k}}{2}=-1\pm\sqrt{1-k}$（$0<k<1$），方程的通解为 $y(x)=C_1\mathrm{e}^{r_1x}+C_2\mathrm{e}^{r_2x}$.

$$\int_0^{+\infty}y(x)\mathrm{d}x=\int_0^{+\infty}(C_1\mathrm{e}^{r_1x}+C_2\mathrm{e}^{r_2x})\mathrm{d}x=\frac{C_1}{r_1}\mathrm{e}^{r_1x}\Big|_0^{+\infty}+\frac{C_2}{r_2}\mathrm{e}^{r_2x}\Big|_0^{+\infty}=-\frac{C_1}{r_1}-\frac{C_2}{r_2}\text{（因为 }r_{1,2}<0\text{）},$$

极限存在，证毕.

（2）由 $y(x)=C_1\mathrm{e}^{r_1x}+C_2\mathrm{e}^{r_2x}$，$y(0)=1$，$y'(0)=1$ 知 $\begin{cases}C_1+C_2=1,\\C_1r_1+C_2r_2=1,\end{cases}$ 解得

$$\begin{cases} C_1 = \dfrac{r_2 - 1}{r_2 - r_1}, \\ C_2 = \dfrac{1 - r_1}{r_2 - r_1}. \end{cases}$$

将 C_1, C_2，$r_{1,2}$ 的值代入，得 $\int_0^{+\infty} y(x)\,\mathrm{d}x = -\dfrac{C_1}{r_1} - \dfrac{C_2}{r_2} = \dfrac{3}{k}$.

18.（2015 数一）设 $y = \dfrac{1}{2}\mathrm{e}^{2x} + \left(x - \dfrac{1}{3}\right)\mathrm{e}^{x}$ 是二阶常系数非齐次线性微分方程 $y'' + ay' + by = c\mathrm{e}^{x}$ 的一个特解，则（　　）.

(A) $a = -3$，$b = 2$，$c = -1$　　(B) $a = 3$，$b = 2$，$c = -1$

(C) $a = -3$，$b = 2$，$c = 1$　　(D) $a = 3$，$b = 2$，$c = 1$

【答案】 A.

【解析】 此题考查二阶常系数非齐次线性微分方程的反问题——已知解来确定微分方程的系数，此类题有两种解法，一种是将特解代入原方程，然后比较等式两边的系数可得待估系数值，另一种是根据二阶线性微分方程解的性质和结构来求解，也就是下面的解法.

由题意可知，$\dfrac{1}{2}\mathrm{e}^{2x}$ 、$-\dfrac{1}{3}\mathrm{e}^{x}$ 为二阶常系数齐次微分方程 $y'' + ay' + by = 0$ 的解，所以2、1为特征方程 $r^2 + ar + b = 0$ 的根，从而 $a = -(1+2) = -3$，$b = 1\times 2 = 2$，从而原方程变为 $y'' + ay' + by = c\mathrm{e}^{x}$，再将特解 $y = x\mathrm{e}^{x}$ 代入得 $c = -1$. 故选 A.

19.（2012 数一）若函数 $f(x)$ 满足方程 $f''(x) + f'(x) - 2f(x) = 0$ 及 $f'(x) + f(x) = 2\mathrm{e}^{x}$，则 $f(x) =$ ________.

【答案】 e^{x}.

【解析】 $f''(x) + f'(x) - 2f(x) = 0$ 对应的特征方程为 $r^2 + r - 2 = 0$，特征根为 $r_1 = 1$，$r_2 = -2$，故通解为 $f(x) = C_1\mathrm{e}^{x} + C_2\mathrm{e}^{-2x}$. 代入 $f'(x) + f(x) = 2\mathrm{e}^{x}$，得 $C_1 = 1$，$C_2 = 0$. 故 $y = \mathrm{e}^{x}$.

19.（2010 数一）求微分方程 $y'' - 3y' + 2y = 2x\mathrm{e}^{x}$ 的通解.

【答案】 $y = C_1\mathrm{e}^{x} + C_2\mathrm{e}^{2x} - (x^2 + 2x)\mathrm{e}^{x}$.

【解析】 对应的齐次微分方程是 $y'' - 3y' + 2y = 0$，其特征方程为 $r^2 - 3r + 2 = 0$，特征根为 $r_1 = 1$，$r_2 = 2$，故通解为 $f(x) = C_1\mathrm{e}^{x} + C_2\mathrm{e}^{2x}$.

因为 $\lambda = 1$ 为特征方程的单根，所以设方程的特解为 $y = x(ax + b)\mathrm{e}^{x}$，代入原方程得 $a = -1$，$b = -2$. 所以微分方程的通解为 $y = C_1\mathrm{e}^{x} + C_2\mathrm{e}^{2x} - (x^2 + 2x)\mathrm{e}^{x}$.

20.（2009 数一）若二阶常系数线性齐次微分方程 $y'' + ay' + by = 0$ 的通解为 $y = (C_1 + C_2x)\mathrm{e}^{x}$，则非齐次方程 $y'' + ay' + by = x$ 满足条件 $y(0) = 2$，$y'(0) = 0$ 的解为 $y =$ ________.

【答案】 $-x\mathrm{e}^{x} + x + 2$.

【解析】 由常系数线性齐次微分方程 $y'' + ay' + by = 0$ 的通解为 $y = (C_1 + C_2x)\mathrm{e}^{x}$，可知 $y_1 = \mathrm{e}^{x}$，$y_2 = x\mathrm{e}^{x}$ 为其线性无关解. 所以 $r = 1$ 为对应的特征方程的二重根，从而 $a = -2$，$b = 1$. 微分方程为 $y'' - 2y' + y = x$，$\lambda = 0$ 不是特征方程的根，所以设特解为 $y^* = Ax + B$，代入方程，得 $A = 1$，$B = 2$. 故特解为 $y^* = x + 2$.

所以非齐次微分方程的通解为 $y = (C_1 + C_2x)\mathrm{e}^{x} + x + 2$，把 $y(0) = 2$，$y'(0) = 0$ 代入，得 $C_1 = 0$，$C_2 = -1$. 故所求为 $y = -x\mathrm{e}^{x} + x + 2$.

21. （2017 数二）微分方程 $y''-4y'+8y=e^{2x}(1+\cos 2x)$ 的特解可设为 $y^*=$（　　）.

（A）$Ae^{2x}+e^{2x}(B\cos 2x+C\sin 2x)$　　（B）$Axe^{2x}+xe^{2x}(B\cos 2x+C\sin 2x)$

（C）$Ae^{2x}+xe^{2x}(B\cos 2x+C\sin 2x)$　　（D）$Axe^{2x}+e^{2x}(B\cos 2x+C\sin 2x)$

【答案】C.

【解析】特征方程为 $r^2-4r+8=0$，则特征根为 $r_{1,2}=2\pm 2i$.

方程 $y''-4y'+8y=e^{2x}$ 中 $\lambda_1=2$ 不是特征方程的根，所以特解设为 $y_1^*=Ae^{2x}$；$y''-4y'+8y=e^{2x}\cos 2x$ 中 $\lambda_2=2+2i$ 是特征方程的单根，所以特解为 $y_2^*=xe^{2x}(B\cos 2x+C\sin 2x)$，故该方程的特解可设为

$$y=y_1^*+y_2^*=Ae^{2x}+xe^{2x}(B\cos 2x+C\sin 2x)$$

故选 C.

22. （2011 数二）微分方程 $y''-\lambda^2 y=e^{\lambda x}+e^{-\lambda x}(\lambda>0)$ 的特解形式为（　　）.

（A）$a(e^{\lambda x}+e^{-\lambda x})$　　（B）$ax(e^{\lambda x}+e^{-\lambda x})$

（C）$x(ae^{\lambda x}+be^{-\lambda x})$　　（D）$x^2(ae^{\lambda x}+be^{-\lambda x})$

【答案】C.

【解析】微分方程对应的齐次方程的特征方程为 $r^2-\lambda^2=0$，解得特征根为 $r_1=\lambda$，$r_2=-\lambda$.

所以非齐次方程 $y''-\lambda^2 y=e^{\lambda x}$ 有特解 $y_1=x\cdot a\cdot e^{\lambda x}$，非齐次方程 $y''-\lambda^2 y=e^{-\lambda x}$ 有特解 $y_1=x\cdot b\cdot e^{-\lambda x}$，故由微分方程解的结构可知非齐次方程 $y''-\lambda^2 y=e^{\lambda x}+e^{-\lambda x}$ 的特解形式为 $y=x(ae^{\lambda x}+be^{-\lambda x})$.

23. （2019 数二）已知微分方程 $y''+ay'+by=ce^x$ 的通解为 $y=(C_1+C_2x)e^{-x}+e^x$. 则 a，b，c 依次为（　　）.

（A）1，0，1　　（B）1，0，2　　（C）2，1，3　　（D）2，1，4

【答案】D.

【解析】由题知，齐次方程的通解为 $(C_1+C_2x)e^{-x}$，非齐次方程的特解为 e^x. 所以特征方程 $r^2+ar+b=0$ 有二重根-1，因而 $a=2$，$b=1$. 把 $y=e^x$ 代入方程 $y''+ay'+by=ce^x$，得 $c=4$. 故选 D.

24. （2016 数二）已知 $y_1(x)=e^x$，$y_2(x)=u(x)e^x$ 是二阶微分方程 $(2x-1)y''-(2x+1)y'+2y=0$ 的解，若 $u(-1)=e$，$u(0)=-1$，求 $u(x)$，并写出该微分方程的通解.

【答案】$u(x)=-(2x+1)e^{-x}$，$y=C_1e^x+C_2(2x+1)$.

【解析】将 $y_2(x)=u(x)e^x$ 代入 $(2x-1)y''-(2x+1)y'+2y=0$，有 $(2x-1)u''(x)+(2x-3)u'(x)=0$，

$\dfrac{u''(x)}{u'(x)}=-\dfrac{2x-3}{2x-1}$，两边积分得 $\ln|u'(x)|=-x+\ln|2x-1|+\ln|C_1|$，即 $u'(x)=C_1(2x-1)e^{-x}$. 因而 $u(x)=-C_1(2x+1)e^{-x}+C_2$. 代入已知条件 $u(-1)=e$，$u(0)=-1$，得 $C_1=1$，$C_2=0$，则 $u(x)=-(2x+1)e^{-x}$.

$y_1(x)$，$y_2(x)$ 是二阶微分方程 $(2x-1)y''-(2x+1)y'+2y=0$ 的两个线性无关的解，所以所求的通解为 $y=C_1e^x+C_2(2x+1)$.

25. （2016 数二）以 $y=x^2-e^x$ 和 $y=x^2$ 为特解的一阶非齐次线性微分方程为________.

【答案】$y'-y=2x-x^2$.

【解析】设所求一阶非齐次线性微分方程为 $y'+p(x)y=q(x)$，显然 $y=x^2-e^x$ 和 $y=x^2$ 的差 e^x 是对应齐次方程 $y'+p(x)y=0$ 的解，代入方程得 $p(x)=-1$.

把 $y=x^2$ 代入 $y'-y=q(x)$，得 $q(x)=2x-x^2$. 故所求的一阶非齐次线性微分方程为 $y'-y=2x-x^2$.

26.（2012 数二）已知函数 $f(x)$ 满足方程 $f''(x)+f'(x)-2f(x)=0$ 及 $f''(x)+f(x)=2e^x$，

（1）求 $f(x)$ 的表达式；　　（2）求曲线 $y=f(x^2)\int_0^x f(-t^2)\mathrm{d}t$ 的拐点.

【答案】(1) $f(x)=e^x$；(2) (0, 0).

【解析】(1) $f''(x)+f'(x)-2f(x)=0$ 的特征方程为 $r^2+r-2=0$，解得特征根为 $r_1=1$，$r_2=-2$. 所以微分方程的通解为 $y=C_1e^x+C_2e^{-2x}$. 代入 $f''(x)+f(x)=2e^x$，有 $2C_1e^x+5C_2e^{-2x}=2e^x$. 所以 $C_1=1$，$C_2=0$. 即 $f(x)=e^x$.

(2) $y=f(x^2)\int_0^x f(-t^2)\mathrm{d}t=e^{x^2}\int_0^x e^{-t^2}\mathrm{d}t$，所以 $y'=2xe^{x^2}\int_0^x e^{-t^2}\mathrm{d}t+1$，$y''=2x+2(1+2x^2)e^{x^2}\int_0^x e^{-t^2}\mathrm{d}t$. 当 $x<0$ 时，$y''<0$；当 $x>0$ 时，$y''>0$. 所以拐点为 $(0, f(0))=(0, 0)$.

四、章自测题（章自测题的解析请扫二维码查看）

1. 设二阶线性微分方程 $y''+P(x)y'+Q(x)y=f(x)$ 的 3 个特解为 $y_1=x$，$y_2=e^x$，$y_3=e^{2x}$，此方程满足条件 $y(0)=1$，$y'(0)=3$ 的特解为________.

第七章自测题二维码

2. 求微分方程 $y''=x+\sin x$ 的通解.

3. 求微分方程 $\frac{\mathrm{d}y}{\mathrm{d}x}+\frac{y}{x}=\sin x$ 的通解.

4. 已知 $y_1=xe^x+e^{2x}$，$y_2=xe^x+e^{-x}$，$y_3=xe^x+e^{2x}-e^{-x}$ 是某二阶线性非齐次微分方程的三个解，求此微分方程.

5. 已知方程 $xy''+2y'+xy=0$ 的一个特解为 $y_1=\frac{\sin x}{x}$，求它的通解.

6. 设可微函数 $y(x)$ 满足 $y'(x)+y(x)-\frac{1}{1+x}\int_0^x y(t)\mathrm{d}t=0$，$x>-1$，并且 $x=0$ 时有 $y=1$，求 $y'(x)$.

7. 求微分方程 $\frac{\mathrm{d}y}{\mathrm{d}x}+\cos\frac{1}{2}(x-y)=\cos\frac{x+y}{2}$ 满足 $x=0$ 时，$y=\pi$ 的特解.

8. 证明 $y=C_1\cos x+C_2\sin x+\int_0^x f(t)\sin(x-t)\mathrm{d}t$（$C_1$，$C_2$ 为常数）为方程 $y''+y=f(x)$（其中 $f(x)$ 连续）的通解.

第二部分

《高等数学》试卷选编

《高等数学》试卷（一）

1. 选择题（本大题共 5 题，每题 3 分，共 15 分）．

（1）设 $f(x)=\begin{cases}\sin\dfrac{1}{x}, & x>0,\\ x\sin\dfrac{1}{x}, & x<0,\end{cases}$ 那么 $\lim\limits_{x\to 0}f(x)$ 不存在的原因是（　　）；

（A）$f(0)$ 无定义　　（B）$\lim\limits_{x\to 0^-}f(x)$ 不存在

（C）$\lim\limits_{x\to 0^+}f(x)$ 不存在　　（D）$\lim\limits_{x\to 0^-}f(x)$ 和 $\lim\limits_{x\to 0^+}f(x)$ 都存在但不相等

（2）当 $x\to 0$ 时，$(1-\cos x)\ln(1+x^2)$ 的等价无穷小是（　　）；

（A）$\dfrac{1}{2}x^4$　　（B）$\dfrac{1}{2}x^3$　　（C）x^4　　（D）$2x^4$

（3）设在 $[0,1]$ 上 $f''(x)>0$，则有（　　）；

（A）$f'(1)>f'(0)>f(1)-f(0)$　　（B）$f'(1)>f(1)-f(0)>f'(0)$

（C）$f(1)-f(0)>f'(1)>f'(0)$　　（D）$f(1)-f(0)>f'(0)>f'(1)$

（4）设 $f(x)=(x+\sin 2x)''$，则 $\int f(x)\mathrm{d}x=$（　　）；

（A）$1+2\cos 2x+C$　　（B）$x+\sin 2x+C$

（C）$\dfrac{x^2}{2}-\dfrac{\cos 2x}{2}+C$　　（D）$\dfrac{x^2}{2}-\cos 2x+C$

（5）设 $f(x)$ 是连续函数，且 $f(x)=x+2\int_0^1 f(t)\mathrm{d}t$，则 $f(x)=$（　　）．

（A）$\dfrac{x^2}{2}$　　（B）$\dfrac{x^2}{2}+2$　　C. $x-1$　　（D）$x+2$

2. 填空题（本大题共 5 题，每题 3 分，共 15 分）．

（1）若 $\lim\limits_{x\to 1}\dfrac{x^2-ax+6}{x-1}=-5$，则 $a=$ ________；

（2）若 $f(a)=0, f'(a)=1$，则 $\lim\limits_{n\to\infty}nf\left(a+\dfrac{1}{n}\right)=$ ________；

（3）设由 $\mathrm{e}^y+xy-\mathrm{e}=0$ 所确定的隐函数为 $y=y(x)$，则 $\mathrm{d}y=$ ________；

（4）$\int_{-\frac{\pi}{2}}^{\frac{\pi}{2}}\left(\cos^2 x+\dfrac{x\cos x}{1+\cos^2 x}\right)\mathrm{d}x=$ ________；

（5）由 $y=x^2$，$y=0$，$x=1$ 围成的平面图形绕 x 轴旋转一周所得几何体的体积为 ________．

3. 计算题（本题共5小题，每题6分，满分30分）.

（1）求极限 $\lim\limits_{x\to 0}\left(\frac{1}{x^2}-\frac{1}{x\tan x}\right)$；

（2）若 $f(x)$ 在 $x=0$ 的某邻域内连续，求 $\lim\limits_{x\to 0}\frac{\int_0^x (x-t)f(t)\,\mathrm{d}t}{x\tan x}$；

（3）求 $\int_{-1}^{1}\frac{x}{\sqrt{5-4x}}\mathrm{d}x$；（4）求 $\int\frac{x^2}{1+x^2}\arctan x\mathrm{d}x$；（5）求 $\int(\ln x)^2\mathrm{d}x$.

4.（8分）设参数方程 $\begin{cases}x=a(t-\sin t),\\ y=a(1-\cos t)\end{cases}$ 确定 y 是 x 的函数，求 $\frac{\mathrm{d}y}{\mathrm{d}x}$ 和 $\frac{\mathrm{d}^2y}{\mathrm{d}x^2}$.

5.（7分）设连续函数 $f(x)$ 满足 $f(x)+f(-x)=\sin^2 x$，求积分 $\int_{-\frac{\pi}{2}}^{\frac{\pi}{2}}f(x)\sin^2 x\mathrm{d}x$.

6.（13分）已知函数 $y=x+\frac{4}{x^2}$，试求其单调增加区间、单调减少区间、凹凸区间，并求该函数的极值和拐点.

7.（6分）求由直线 $y=0$ 与曲线 $y=x^2$ 及它在点（1，1）处的法线所围图形的面积.

8.（6分）设 $f(x)$ 在 $[0,2]$ 上连续，在（0，2）内可导，且 $2f(0)=\int_0^2 f(x)\mathrm{d}x$. 证明：

（1）$\exists\eta\in(0,2)$，使 $f(\eta)=f(0)$；

（2）对任意实数 λ，$\exists\xi\in(0,2)$，使 $f'(\xi)+\lambda[f(\xi)-f(0)]=0$.

试卷（一）的解析请扫二维码查看.

《高等数学》试卷（二）

1. 选择题（本大题共5题，每题3分，共15分）.

(1) 设$f'(0)=2$，则当$x\to 0$时，$f(x)-f(0)$是x的（　　）；

(A) 低阶无穷小　　(B) 同阶无穷小

(C) 高阶无穷小　　(D) 等价无穷小

(2) $f(x)=x(x-1)(x-2)$ 则$f'(1)=$（　　）；

(A) 0　　(B) 1　　(C) -1　　(D) -2

(3) 已知$\lim\limits_{x\to\infty}\left(\dfrac{x+1}{x}\right)^{ax+1}=\int_{-\infty}^{a} te^t\mathrm{d}t$，则$a=$（　　）；

(A) 1　　(B) $\dfrac{1}{2}$　　(C) $\dfrac{5}{2}$　　(D) 2

(4) 若函数$f(x)$在区间(a,b)内可导，x_1和x_2是区间(a,b)内任意两点，且$x_1<x_2$，则至少存在一点ξ，使（　　）；

(A) $f(b)-f(a)=f'(\xi)(b-a)$，$a<\xi<b$

(B) $f(b)-f(x_1)=f'(\xi)(b-x_1)$，$x_1<\xi<b$

(C) $f(x_2)-f(x_1)=f'(\xi)(x_2-x_1)$，$x_1<\xi<x_2$

(D) $f(x_2)-f(a)=f'(\xi)(x_2-a)$，$a<\xi<x_2$

(5) 若$\int f(x)\mathrm{d}x=F(x)+C$，则$\int \mathrm{e}^{-x}f(\mathrm{e}^{-x})\mathrm{d}x=$（　　）.

(A) $-F(\mathrm{e}^{-x})+C$　　(B) $-F(\mathrm{e}^{x})+C$

(C) $F(\mathrm{e}^{x})+C$　　(D) $\dfrac{F(\mathrm{e}^{-x})}{x}+C$

2. 填空题（本大题共5题，每题3分，共15分）.

(1) 设函数$f(x)=\begin{cases}\mathrm{e}^{-x}, & x<0,\\ \ln(a+x), & x\geqslant 0,\end{cases}$ 则a为________时，$f(x)$在$x=0$处连续（$a>0$）；

(2) 若$f(a)=0,f'(a)=1$，则$\lim\limits_{n\to\infty} nf\left(a-\dfrac{1}{n}\right)=$________；

(3) 设$y=x^{\sin x}$，则$\mathrm{d}y=$________；

(4) 设函数$f(x)$的一个原函数是$\dfrac{1}{x}$，则$f'(x)=$________；

(5) $\int_{-\frac{1}{2}}^{\frac{1}{2}}\dfrac{x^2\arcsin x+1}{\sqrt{1-x^2}}\mathrm{d}x=$________.

3. 计算题（本题共4小题，每题6分，满分24分）.

（1）$\lim\limits_{x\to 0}\dfrac{(1+x)^{\frac{1}{x}}-\mathrm{e}}{x}$；　　（2）$\lim\limits_{x\to 0}\dfrac{\int_0^{x^2}\sqrt{1+t}\,\mathrm{d}t}{x^2}$；

（3）$\int_0^1 x\arctan x\mathrm{d}x$；　　（4）$\int\dfrac{1}{x(1+x^8)}\mathrm{d}x$.

4. （7分）已知$f(2)=\dfrac{1}{2}$，$f'(2)=0$，及$\int_0^2 f(x)\mathrm{d}x=1$，求$\int_0^1 x^2 f''(2x)\mathrm{d}x$.

5. （8分）$\begin{cases}x=\int_0^t f(u^2)\mathrm{d}u,\\ y=[f(t^2)]^2,\end{cases}$ 其中$f(u)$具有二阶导数，且$f(u)\neq 0$，求$\dfrac{\mathrm{d}^2y}{\mathrm{d}x^2}$.

6. （13分）已知函数$y=\dfrac{2x^2}{(1-x)^2}$，试求其单调增加区间、单调减少区间、凹凸区间，并求该函数的极值和拐点.

7. （12分）计算由$y=x^2$，$x=2$，$y=0$所围成的平面图形的面积，以及该图形分别绕x轴和y轴所形成的旋转体的体积.

8. （6分）设函数$f(x)$在$[a,b]$上连续，在(a,b)内可导，且$f'(x)\neq 0$，试证存在$\xi,\eta\in(a,b)$，使得$\dfrac{f'(\xi)}{f'(\eta)}=\dfrac{\mathrm{e}^b-\mathrm{e}^a}{b-a}\cdot\mathrm{e}^{-\eta}$.

试卷（二）的解析请扫二维码查看.

试卷（二）解析二维码

《高等数学》试卷（三）

1. 填空题（每题 3 分，共 15 分）.

（1）已知 $y = x\arctan x - \frac{1}{2}\ln(1+x^2)$，则 $\mathrm{d}y =$ ________；

（2）$\lim\limits_{n\to\infty}\left(\frac{1}{n^2+1}+\frac{2}{n^2+2}+\cdots+\frac{n}{n^2+n}\right) =$ ________；

（3）曲线 $y = x^3 - 3x^2$ 的拐点横坐标为________，凸区间为________；

（4）设 $f(x) = x(x-1)(x-2)\cdots(x-2\,020)$，则 $f'(0) =$ ________；

（5）设 $f(x)$ 是连续函数，且满足 $f(x) = 3x^2 - \int_0^2 f(x)\,\mathrm{d}x$，则 $f(x) =$ ________.

2. 选择题（每题 3 分，共 15 分）.

（1）如果 $f(x) = \begin{cases} \mathrm{e}^{ax}, & x \leqslant 0, \\ b(1-x^2), & x > 0 \end{cases}$ 处处可导，则（　　）；

（A）$a = b = 1$　　（B）$a = 0,\ b = 1$　　（C）$a = 1,\ b = 0$　　（D）$a = -2,\ b = -1$

（2）设常数 $k > 0$，则函数 $f(x) = \ln x - \frac{x}{\mathrm{e}} + k$ 在 $(0, +\infty)$ 内零点的个数为（　　）；

（A）3　　（B）2　　（C）1　　（D）0

（3）已知 $\lim\limits_{x\to 2^+} f(x) = 3$，以下结论正确的是（　　）；

（A）函数在 $x = 2$ 处有定义且 $f(2) = 3$

（B）函数在 $x = 2$ 处的某去心邻域内有定义

（C）函数在 $x = 2$ 处的左侧某邻域内有定义

（D）函数在 $x = 2$ 处的右侧某邻域内有定义

（4）下列无穷积分收敛的是（　　）；

（A）$\int_0^{+\infty} \sin x\,\mathrm{d}x$　　（B）$\int_0^{+\infty} \mathrm{e}^{-2x}\,\mathrm{d}x$　　（C）$\int_0^{+\infty} \frac{1}{x}\,\mathrm{d}x$　　（D）$\int_0^{+\infty} \frac{1}{\sqrt{x}}\,\mathrm{d}x$

（5）若 $\frac{\ln x}{x}$ 为 $f(x)$ 的一个原函数，则 $\int x f'(x)\,\mathrm{d}x =$（　　）.

（A）$\frac{\ln x}{x} + C$　　（B）$\frac{1+\ln x}{x^2} + C$

（C）$\frac{1}{x} + C$　　（D）$\frac{1}{x} - \frac{2\ln x}{x} + C$

3.（7 分）求极限 $\lim\limits_{x\to 0}\frac{\int_0^x (\mathrm{e}^t - 1 - t)^2\,\mathrm{d}t}{x\sin^4 x}$.

4.（6 分）设方程 $\begin{cases} x = \ln \sin t, \\ y = \cos t + t\sin t, \end{cases}$ 求 $\dfrac{dy}{dx}$ 与 $\dfrac{d^2y}{dx^2}$.

5.（12 分）设 $f(x)$ 在区间 $[-a, a]$ 上连续.

（1）证明：$\int_{-a}^{a} f(x)\,dx = \int_{0}^{a} [f(x) + f(-x)]\,dx$；

（2）利用（1）的结果计算 $\int_{-\frac{\pi}{4}}^{\frac{\pi}{4}} \dfrac{\cos x}{1 + e^{-x}}dx$.

6. 计算题（每题 6 分，共 12 分）：

（1）求不定积分 $\int \dfrac{1}{\sqrt{ax+b} + d}dx\,(a \neq 0)$；

（2）求常系数齐次微分方程 $y^{(4)} + 2y''' + 3y'' = 0$ 的通解.

7.（6 分）证明：当 $x > 0$ 时，$\dfrac{x}{1+x} < \ln(1+x) < x$.

8.（10 分）$F(x) = \int_{-1}^{x} t(t-4)\,dt$，求 $F(x)$ 的极值及 $F(x)$ 在 $[-1, 5]$ 上的最值.

9.（10 分）由抛物线 $y = x^2$ 与 $y^2 = x$ 所围成的图形，求该平面图形的面积及该平面图形绕 x 轴旋转而成的旋转体的体积.

10.（7 分）设函数 $f(x)$ 在 $[0, 1]$ 上连续，在 $(0, 1)$ 内可导，且 $f(1) = 0$，求证：至少存在一点 $\xi \in (0, 1)$，使得 $2f(\xi) + \xi f'(\xi) = 0$.

试卷（三）的解析请扫二维码查看.

试卷（三）解析二维码

《高等数学》试卷（四）

1. 填空题（每题3分，共15分）.

（1）极限 $\lim\limits_{x\to 0}\left(\dfrac{1-\tan x}{1+\tan x}\right)^{\frac{1}{\sin kx}}=\mathrm{e}$，则 $k=$ ________；

（2）设函数 $f(x)=(\mathrm{e}^{x}-1)(\mathrm{e}^{2x}-2)\cdots(\mathrm{e}^{100x}-100)$，则 $f'(0)=$ ________；

（3）计算不定积分 $\displaystyle\int\frac{\mathrm{d}x}{(3-x)\sqrt{2-x}}=$ ________；

（4）$f'(x)+\dfrac{1}{x}f(x)=-1$ 的通解为________；

（5）设 $f(x)$ 为连续函数，且 $f(x)=\sqrt{1-x^{2}}+3x\displaystyle\int_{0}^{1}f(t)\,\mathrm{d}t$，则 $f(x)=$ ________.

2. 选择题（每题3分，共15分）.

（1）设函数 $f(x)=\begin{cases}x|x|, & x\leqslant 0,\\ x\ln x, & x>0,\end{cases}$ 则 $x=0$ 是 $f(x)$ 的（　　）；

（A）可导点，极值点　　（B）不可导点，极值点

（C）可导点，非极值点　　（D）不可导点，非极值点

（2）设 $M=\displaystyle\int_{-\frac{\pi}{2}}^{\frac{\pi}{2}}\frac{(1+x)^{2}}{1+x^{2}}\mathrm{d}x$，$N=\displaystyle\int_{-\frac{\pi}{2}}^{\frac{\pi}{2}}\frac{1+x}{\mathrm{e}^{x}}\mathrm{d}x$，$K=\displaystyle\int_{-\frac{\pi}{2}}^{\frac{\pi}{2}}(1+\sqrt{\cos x})\,\mathrm{d}x$，则（　　）；

（A）$M>N>K$　　（B）$M>K>N$

（C）$K>M>N$　　（D）$K>N>M$

（3）设 $y=\dfrac{1}{2}\mathrm{e}^{2x}+\left(x-\dfrac{1}{3}\right)\mathrm{e}^{x}$ 是二阶常系数非齐次微分方程 $y''+ay'+by=c\mathrm{e}^{x}$ 的一个特解，则（　　）；

（A）$a=-3$，$b=2$，$c=1$　　（B）$a=3$，$b=2$，$c=1$

（C）$a=3$，$b=2$，$c=1$　　（D）$a=-3$，$b=2$，$c=-1$

（4）若 $F'(x)=f(x)$，则 $\displaystyle\int\mathrm{d}F(x)=$（　　）；

（A）$f(x)$　　（B）$F(x)$　　（C）$f(x)+c$　　（D）$F(x)+c$

（5）下列反常积分中发散的是（　　）.

（A）$\displaystyle\int_{0}^{3}\frac{\mathrm{d}x}{\sqrt{3-x}}$　　（B）$\displaystyle\int_{0}^{1}\frac{\mathrm{d}x}{x\sin x}$　　（C）$\displaystyle\int_{0}^{+\infty}\frac{\mathrm{d}x}{2+x^{2}}$　　（D）$\displaystyle\int_{2}^{+\infty}\frac{\mathrm{d}x}{x(\ln x)^{2}}$

3.（6分）求极限 $\lim\limits_{x\to 1}\dfrac{\displaystyle\int_{1}^{x^{2}}(1-t)\sin t^{2}\,\mathrm{d}t}{(1-x)^{2}}$.

4.（10 分）设函数 f 具有一阶连续导数，$f''(0)$ 存在，且 $f'(0)=0$，$f(0)=0$，$g(x)=\begin{cases}\dfrac{f(x)}{x}, & x\neq 0,\\ a, & x=0.\end{cases}$

（1）确定 a，使 $g(x)$ 处处连续；

（2）对以上所确定的 a，证明 $g(x)$ 的一阶导数连续.

5.（8 分）设参数方程 $\begin{cases}x=\ln\left(\sin t+\sqrt{1+\sin^2 t}\right),\\ y=\sqrt{1+\sin^2 t},\end{cases}$ 求 $\dfrac{\mathrm{d}^2y}{\mathrm{d}x^2}$.

6.（8 分）求由方程 $xy+\ln y=1$ 所确定的函数 $y=f(x)$ 在点 $M(1, 1)$ 处的法线方程.

7. 计算题（共 13 分）：

（1）（7 分）求不定积分 $\int \mathrm{e}^{2x}\arctan\sqrt{\mathrm{e}^x-1}\,\mathrm{d}x$；

（2）（6 分）$\int_0^1 \dfrac{\mathrm{d}x}{1+\sqrt{1-x^2}}$.

8.（7 分）求方程 $y''+3y'+2y=\mathrm{e}^{-x}$ 的通解.

9.（10 分）求由 $y=\sin x\cos x$，$y=1$，$x=0$，$x=\dfrac{\pi}{2}$ 所围成的平面图形的面积，并求由此图形绕 x 轴旋转所成旋转体的体积.

10.（8 分）若 $f(x)$ 在 $[a, b]$ 上连续，在 (a, b) 内可导，$f(a)=f(b)=0$，证明：$\forall\lambda\in\mathbf{R}$，$\exists\xi\in(a, b)$，使得 $f'(\xi)-\lambda f(\xi)=0$.

试卷（四）的解析请扫二维码查看.

参 考 文 献

[1] 同济大学数学系. 高等数学（上册）[M]. 7 版. 北京：高等教育出版社，2014.

[2] 李永乐，王式安. 数学历年真题全精解析（数学一）基础篇 [M]. 西安：西安交通大学出版社，2020.

[3] 李永乐，王式安. 数学历年真题全精解析（数学二）[M]. 北京：中国农业出版社，2021.

[4] 张天德，窦慧. 全国大学生数学竞赛辅导指南 [M]. 3 版. 北京：清华大学出版社，2019.

[5] 社科赛斯考试研究中心. 考研数学真题精讲：高等数学 [M]. 北京：清华大学出版社，2020.

[6] 同济大学数学系. 高等数学习题全解指南 [M]. 6 版. 北京：高等教育出版社，2007.